U0185611

华章 IT
HZBOOKS | Information Technology

Web开发技术丛书

前端跨界开发指南

JavaScript工具库原理解析与实战

史文强 著

机械工业出版社
China Machine Press

图书在版编目（CIP）数据

前端跨界开发指南：JavaScript 工具库原理解析与实战 / 史文强著 . -- 北京：机械工业出版社，2022.8

（Web 开发技术丛书）

ISBN 978-7-111-70804-9

I. ①前… II. ①史… III. ① JAVA 语言 – 程序设计 IV. ① TP312.8

中国版本图书馆 CIP 数据核字（2022）第 083963 号

前端跨界开发指南
JavaScript 工具库原理解析与实战

出版发行：机械工业出版社（北京市西城区百万庄大街 22 号　邮政编码：100037）

责任编辑：杨绣国　　　　　　　　　　　　责任校对：马荣敏

印　　刷：北京铭成印刷有限公司　　　　　版　　次：2022 年 8 月第 1 版第 1 次印刷

开　　本：186mm×240mm　1/16　　　　　印　　张：26.5

书　　号：ISBN 978-7-111-70804-9　　　　定　　价：129.00 元

客服电话：（010）88361066　88379833　68326294　　投稿热线：（010）88379604

华章网站：www.hzbook.com　　　　　　　　读者信箱：hzjsj@hzbook.com

为什么要写这本书

笔者学习 JavaScript 语言并在前端开发领域工作若干年以后，发现了一些有趣的现象。例如，很多不了解前端的开发者都认为前端很简单，因为主流的框架都提供了完备的脚手架工具，开发者很容易初始化一个前端项目，只要浏览一下官方文档，复制、粘贴一些示例代码并按照自己的业务逻辑进行相应的定制和修改就可以了，即使不是专业的前端工程师，也可以很快实现一个有模有样的网站或者应用程序，在他们的认知里，这就是前端的全部。对此，经验尚浅的前端工程师几乎无力反驳，因为他们日常工作里所做的事情大抵如此，看起来非常容易，这使得许多前端工程师在团队里没有话语权，成为真正意义上的"码农"，升职加薪的机会就更不用想了。

很多新人在社区里咨询如何实现个人技术的积累或突破瓶颈，有经验的工程师都会推荐新人在遇到瓶颈时阅读 JavaScript 领域的经典书籍来积累基础知识。部分新人对此并不理解，或者说只是人云亦云地觉得基础很重要，毕竟每个行业做到顶尖以后，比拼的都是基本功，巩固基础知识总是不会错的。于是，他们花了不少时间在 JavaScript 的基础知识上，然而这么做除了对这门语言的认知在不断增加以外，个人能力却似乎并没有什么变化。客观来讲，无论你是否清晰地理解自己所写的程序，对用户来说你所提供的价值几乎没有什么变化，即便你使用 React 或者 Vue 等流行的新技术重构了团队的"祖传代码"，提高了可维护性，也并不会成为用户买单的理由。2014 年笔者刚接触编程的时候，在只了解基本JavaScript 语法的情况下，只用了 2 个多月就自学并利用开发框架和第三方服务独立开发出了一款带有即时通信功能的 App 并成功交付。那时候 Angularjs1 在国内才刚刚起步，连中文资料都极少。这就是框架带来的可能性，即使编程经验不足，依旧能编写出界面优雅的可交付程序。从这个角度来看，花很多时间积累基础知识似乎只是一种个人的追求罢了。

我们常听到"技术深度"和"技术广度"这两个词语，基础知识的积累就属于加强"技术深度"的范畴，它提升的是开发者解决问题的能力，这种技术能力在面试、技术方案评审或定位并解决问题时才会表现出价值。如果你希望自己在常规的业务开发之外承担更多复杂度较高的工作，就需要不断加强"技术深度"。前端领域提升"技术深度"的路线是相对明朗的，就是不断阅读优秀的源码并深入原理，从 JavaScript 语言的基础知识到翻过"三座大山"——设计模式、数据结构、基础算法，再到开发框架的设计思想、核心原理和最佳实践，最后再在工程化或者更加综合的场景中应用自己所学。这是一个漫长且煎熬的过程，是每一个希望在行业里一直走下去的高级前端工程师必须经历的修行。行内常有人说"前端没有中级工程师，如果你觉得自己算不上高级工程师，那只能算是个新人"。前端领域的知识很庞杂，在积累"技术深度"的过程中，你能创造的价值或许跟之前没什么区别，但请一定保持耐心。

而提到"技术广度"，很多开发者都非常热衷于"全栈工程师"的概念，觉得那是比单纯的前端更高级的职业形态。许多前端工程师在拥有 1~2 年的开发经验后，将技术提升的路线转向了后端、数据库和运维等领域，梦想着有一天能够独立编写一个项目的各个组成部分，然后转岗成为"全栈工程师"或者"架构师"，走向人生巅峰。然而现实是残酷的，你会发现大多数奔着提升技术广度去的开发者，最终沦为了"全栈码农"，因为他们不得不在各个开发角色之间来回切换，但是大多数人只能做一些"搬砖"性质的低技术含量的工作。诚然，我们应该学习和了解其他开发角色所做的一些工作，拓宽知识储备，但这并不是为了抢谁的饭碗，而是为了借鉴、交流不同的思想和经验，也是为了更好地协作。

对于前端工程师来说，技术广度的拓宽其实另有途径，也就是笔者将在本书中展示的路线，即通过学习和应用优秀的第三方库来了解 JavaScript 除了用来写页面外还能做什么。很多时候，我们缺少的并不是与某个特定语言相关的知识，而是不了解编程语言之外的思想和领域知识。要知道并不是只有先学会 Java 或者 Go 才可能成为后端工程师，也不是不懂 Python 就无法涉足人工智能领域。通过本书你会发现世界各地的前端工程师正在用 JavaScript 做着各种有趣且生动的尝试，即便只了解 JavaScript，你一样可以了解任何你想要了解的领域，做非常多有意思的事情。在一步步了解 JavaScript 带来的无限可能性以及它为你的职业规划和人生选择所带来的想象空间后，你一定会喜欢上"前端工程师"这个身份，这也是笔者编写本书的原因所在。

读者对象

本书适合拥有 0~3 年开发经验的 JavaScript 开发者、前端工程师、Node.js 工程师以及所有对前端感到好奇或者感兴趣的读者阅读。

如何阅读本书

本书分为六篇，笔者挑选了图形学、多媒体、跨端开发、游戏开发、人工智能、物联网等领域的第三方 JavaScript 库，针对基本原理、领域相关知识、最佳实践等进行了详细的讲解，具体内容包含：

基础篇（第 1~10 章）挑选了前端工程师日常开发中经常用到的工具，主要涉及编写模拟数据、服务端开发、静态类型检查、模块管理工具、实用工具库、函数式编程等，旨在帮助初级前端工程师了解日常使用工具的原理和最佳实践，提升开发能力。

图形学篇（第11～15章）首先介绍前端工程师如何实现流程图的绘制，然后给出 Canvas 技术、数据可视化、SVG 技术及 3D 渲染相关的知识及实战指南，帮助读者掌握 2D/3D 渲染相关技巧。

多媒体篇（第16～20章）主要介绍如何在网页中绘制 PPT，以及高性能动画、音频处理和视频处理相关的知识与应用。在短视频技术流行的当下，一线互联网公司中有很多前端工程师专门从事音视频相关领域的研发工作，本篇能够帮助读者基本了解这个细分领域。

跨端开发篇（第21～25章）主要介绍如何使用 JavaScript 编写命令行工具、Shell 自动化脚本、跨端 Hybrid 应用和桌面应用，以及如何发送二进制消息或通过控制反转来实现代码解耦，旨在帮助读者提升工程化能力和基本的跨端跨界开发能力。

游戏开发篇（第26～28章）主要介绍游戏开发相关的基本知识、开发技巧以及物理引擎相关的知识和实践，每一章都提供了完整的可运行代码和美术素材。

跨界实践篇（第29～31章）主要介绍如何使用 JavaScript 来实现人工神经网络，并利用工具库实现了一个可以语音控制的"吃豆人"游戏，最后讲解了如何使用 JavaScript 来进行物联网的开发。

由于篇幅的原因，关于成长和职场反思的文章以及部分代码未能放在书中，笔者将其发表在个人的掘金博客（掘金账号：大史不说话）和本书代码仓库中，具体内容包括：

- ❏《写作那些事儿》讲述笔者写技术博客的收获、心得并针对读者的写作给出了建议。
- ❏《学习那些事儿》介绍笔者对于"图像记忆""快速阅读"和"思维导图"等高效学习法的理解与使用建议。
- ❏《职场那些事儿》讲述笔者如何从个人开发者视角转变为团队管理者视角，并进行了反思和总结。
- ❏《面试那些事儿》为准备面试大厂的候选人提供了结构化备战的建议。

书中演示的所有源代码均可以在 https://github.com/dashnowords/imfe 找到。

勘误和支持

由于笔者水平有限，书中难免会出现一些错误或者不准确的地方，恳请读者批评指正。如果大家在阅读过程中遇到问题，可以在本书的 Github 仓库里提 issue，笔者将尽量提供满意的解答。如果你有更多的宝贵意见，也欢迎发送邮件至邮箱 dashnowords@qq.com。期待听到你们的真挚反馈。

致谢

感谢机械工业出版社华章分社编辑杨绣国的耐心指导，她的鼓励和帮助引导我顺利完成全部书稿，她认真仔细的工作风格给我留下了非常深刻的印象。

感谢京程一灯的创始人志佳老师在我接触前端领域之初就为我极大地拓宽了视野，让我喜欢上前端这个领域并不断深入探索，不断进步。

感谢前端早早聊的创始人 Scott 老师在我职业生涯面临关键选择时提供宝贵且专业的建议和方向指引。

感谢所有在本书创作过程中给予我中肯建议的朋友。

感谢我的家人，我的爸爸、妈妈和妻子，他们在我写作的过程中给予了足够的鼓励和支持。

最后要感谢自己，即使花费了比预期长 2 倍的时间，也没有轻言放弃，最终完成了本书的创作。

谨以此书，献给所有热爱前端的朋友。

史文强（大史不说话）

2022 年 6 月于北京

Contents 目 录

基 础 篇

Mock.js：如何与后端潇洒分手

前后端分离的架构模式已在业内践行多年，实践证明，在这样的分工模式下，前端开发人员更能专注于样式和渲染性能的问题，后端开发人员则更能专注于业务逻辑的实现，以及如何通过接口为前端提供所需的数据和服务。随着应用程序复杂度的提高，前后端分离的架构模式几乎已经成为开发团队的标配。从用户的角度来看，前后端是否分离对他们而言并没有什么差别，毕竟用户最终使用的产品是作为一个整体来工作的。然而，对于开发人员而言，前后端分离的思想则具有很重要的意义：它能以更细的粒度划分开发人员的职责，对每个角色的要求也越来越高，同时还能使最终的项目文件在模块划分和层次设计上变得更加清晰，也更容易维护。在这样的合作模式下，后端开发者不需要像以前那样在服务端渲染好模板之后再传给前端开发者，只需要可靠、稳定地为前端提供约定的数据或服务即可，只有在性能要求较高的场景中才可能需要选用服务端渲染（Server Side Render）技术。不过，请不要误以为这件事情像上面所描述的那样简单，因为除了常规的"增删改查"操作之外，后端开发人员还需要关注诸如鉴权、缓存、分流、备份、并发、安全等一系列功能性的开发工作，以保障基本功能的正常运行，只有这样才能尽量为不断发展的业务提供高度可靠的支撑。无论如何，用户直接面对的是产品界面，后端开发人员在合作中所做的工作就是为界面提供数据。

前后端分离的协作模式可以使前后端开发人员并行完成自己所负责的那部分工作。现代化前端开发是依赖数据驱动的，如果后端开发人员还没有写好前端开发需要用到的接口，那么前端开发人员要如何获取开发阶段所需要的数据呢？本章就来讲解在本地开发中，前端开发人员如何使用 Mock.js 技术为自己提供模拟数据，以便在与后端开发人员约定好相关接口后启动并行开发，从而避免受限于后端的开发进度，最后还会简单剖析 Mock.js 技术背后的实现原理。

1.1　为什么你总是下不了班

如果你是一个初级前端开发人员，很有可能并不知道 Mock.js 是什么技术，我们先抛开对技术的理解来看看一个初级前端开发人员的工作具体包括哪些内容。一个任务被拆分为前端和后端两个部分后，前端和后端开发者通常会先商议接口细节并编写相关文档，然后团队的成员就会开始自己的编码工作。当前端开发人员写完页面静态部分的代码时，后端开发人员很有可能还没有准备好后台的接口。这种情况下，团队的项目经理往往会要求前端开发人员先使用虚拟数据把页面填充起来看一下效果，调整一下样式，等到后端开发完毕后再进行联调，这也是非常合理的。对此，开发者通常都会选择如下几种处理方式。

❑ 将数据直接写在所使用的代码段附近，等后台的接口开发完毕并进行联调之后再来修改。这是初级前端开发人员最容易想到也最常使用的方式，虽然选择这种方式本身并没有什么问题，但可以确定的是，将来重构代码时的工作量将会非常大，因为需要手动改写每一段虚拟数据，将它们的获取方式改为从后台请求。这里还需要注意的一点是，数据的返回是异步的，如果依旧像对待静态数据一样来编写代码，那么很有可能后续的逻辑会在获得数据之前先被执行，这时得到的结果往往不是自己所期望的，而初级前端开发人员却不能理解到底发生了什么。

❑ 将需要的数据写入 JSON 文件，从本地引用或请求。稍有经验的前端开发人员会更容易接受这样的方式，相对于前一种方案而言，它的"侵入性"更小，虚拟数据可以保存在独立的文件中，像普通模块一样被引入，在联调结束后将其移除即可。但以这种方式引用的数据仍然是同步获得的，而联调阶段需要对接的是后端开发人员提供的接口，它是异步返回数据的，如果联调过程不顺利，则很有可能还需要在虚拟数据和真实接口之间来回切换，那么这种方式的协作效率问题就会暴露出来。例如，联调时发现接口出现问题，在后端开发人员修复的这段时间内，前端开发人员自然也需要做一些其他工作，而不是一直等待。可是，联调阶段的代码已经改成前端异步请求后端数据的方式了，后端的接口一直报错会导致前端的整个页面白屏，为了修复与用户界面（UI）相关的其他问题，前端开发人员又不得不将代码改为使用虚拟数据的方式，因此通常只能先把写好的请求代码小心翼翼地注释掉。另外，页面使用的虚拟数据很有可能需要前端开发人员手动准备，面对数组或是嵌套结构较深的对象，手动准备这些测试数据也会消耗大量的时间。

❑ 等待后端开发人员开发完毕后提供接口。这种方式的确会比较省力，但潜在的风险却很大，因为前端开发人员不得不面对这样一种可能，并非每一位合作的后端开发人员都是专业且友好的，如果他提供的接口一切正常，那自然是皆大欢喜，前端开发人员只需要进行一些字段的检验和调整就可以宣告联调成功了。但如果与你合作的后端开发人员恰好是位新手，那么联调的过程可能就会变成反复刷新页面、协助测试接口、抓取请求 log_id 等无聊的工作。可能几个小时下来，你除了不停地刷新页面以外，几乎什么进展都没有。如果与你配合的后端开发人员比你更有话语权，或者恰好是你的领导，那么他们极有可能会坐在你的电脑前进行各种调试，而你尽管有其他任务在身也只能耐心等待。最终的结果就是，你需要写很多额外的代码来解析和重组后端返回给你的数据，甚至还有可能因为数据结构的变化而导致前端的整个逻辑需要进行重构。最后，别人的工作都做完了，你却不得不留下来加班。

你为什么总是加班？开发经验的欠缺只是原因之一，更重要的解决方法是，我们需要学习在团队作战中如何高效地完成自己的任务，以及如何更有效地与他人合作，这从来都不是一个靠妥协和忍让就能解决的问题。工作流程的优化对任何团队来说都是一件重要但不紧急的事情，你可以置身事外等待队友来处理，也可以躬身入局自己来推进问题的解决（并不是让你独自一个人来实现的意思），而后者不正是我们作为软件工程师的本职工作吗？

1.2 联调加速

高效的联调是基于前后端开发人员有效的约定来达成的，也就是说，在开发前，前后端开发人员应提前对所需要的接口进行沟通和设计。发送哪些参数，以及参数的具体结构一般是由后端开发人员决定的，因为他们是最终接收并使用这些数据的人。后端返回的响应数据的构成一般需要由前端开发人员来决定，如果不对细节进行约定，那么很多后端开发人员都会直接在响应体中返回一个需求数据的超集，然后让前端开发人员自己去筛选和重组数据。随着接口数量的增多和业务逻辑的日益复杂，前端的代码中会混入越来越多的对数据进行二次加工的逻辑，如果没有相应的代码规范约束，整个前端代码的可维护性很快就会变得非常糟糕。

前后端开发人员对接口细节的协定并不是一件多么复杂的事情，但是许多团队都做不好。需要说明的一点是，接口的开发协定并不是"银弹"，即使开发之初前后端已经进行了详细的约定，但是在过程中还是有可能会出现各种各样的问题，及时沟通反馈才是问题的解决之道，开发协作中并非不允许出现偏离约定的事情，但是绝对不能等到最后一刻才告诉对方某个事物与最初的设计不一致。对接口的细节进行基本的约定之后，前端开发人员就可以在开发中为自己提供虚拟数据了。前端发送请求的代码可以在本地开发阶段一次性写好，联调的时候只需要简单修改一下请求的地址就可以了，因为测试数据与后端开发的真实接口所返回的数据在数据结构和使用的字段名上都是一致的，这样做无疑会大大提升前端开发人员的工作效率，当然，请求地址的变更也可以借助打包工具以参数的形式从代码外部注入。1.3 节就来详细讲解如何使用 Mock.js 生成指定结构的数据。

1.3 使用 Mock.js

Mock.js[⊖]是使用 JavaScript 语言生成测试数据的第三方库，它能用一套相对规范的模板

⊖ 官网地址：http://mockjs.com/。

语法让开发者自行定制测试数据的结构，然后根据模板生成用于测试的数据。Mock.js 不仅可以使用类似于"@date""@cname"这样的模板占位符来生成时间和中文姓名等特殊的测试数据，而且可以编写自定义的扩展占位符来生成需要的测试数据，更方便的是，仅仅使用简单的标记符就可以生成大量结构重复的测试数据。如果你使用过任何 SPA（Single Page Application，单页面应用）框架，就不难联想到 Mock.js 与"*ngFor""v-for"这类用于生成重复结构的模板语法如出一辙。

1.3.1 Mock.js 的语法规范

Mock.js 的语法规范可以分为数据模板定义规范和数据占位符定义规范，规范的详细内容可以在项目 GitHub 仓库的 wiki 页中查看和学习。

1. 数据模板定义规范

数据模板中的每个属性均由 3 部分构成：属性名、生成规则和属性值。数据模板的格式如下：

```
"<name>|<rule>": <value>
```

这个简单的规则会依据 value 的类型将 rule 解释为不同的编译规则。例如，当 value 的类型为 number 时，rule 的不同写法可以最终生成指定范围内的整数，或者指定范围和小数位数的浮点数；而当 value 的类型为 Array 时，rule 的不同写法可以最终生成数组中的某一项，或者是将 value 重复若干次后得到的新数组。或许这些规则最初会让人感到很烦琐，但实际上在手动模拟 2～3 个接口的响应之后，绝大多数开发人员很容易掌握其中的规律。

2. 数据占位符定义规范

占位符是写在属性值字符串中的，在最终生成数据时，会依据定义替换为对应的内容。数据占位符的格式如下：

```
'name|rule': '@占位符'
'name|rule': '@占位符(参数[,参数])'
```

Mock.js 内置的占位符可以生成常见的字符串，诸如姓名、时间、地址、段落、指定大小的图片链接、符合某个正则表达式的字符串等，只需要在数据模板的 value 字段处使用"@[keywords]"的形式进行声明即可。同时，Mock.Random 命名空间下也提供了与占位符同名的生成函数，开发人员可以根据自己的需求编写新的占位符。

拓展知识　将同类别的方法集中到命名空间下是一种非常好的编程习惯，因为这样做可以避免全局环境的污染。浏览器脚本的全局环境是一个无限制的命名空间，你挂载在全局环境中的方法有可能会覆盖其他人的同名方法，也有可能被后来的开发人员所编写的函数覆盖。可怕的是，这样的覆盖并不是语法错误，所以你的程序有可能并没有报错，而最终的业务逻辑却出现了与预期不符的结果，这种情况下的调试往往会非常困难。初级开发人员应该从最初学习编程时就培养良好的习惯，独立的命名空间意味着如果你的代码写得很好，那么其他开发人员可以直接引入以进行复用；如果你的代码写得不够好，或者最终由于业务逻辑变更而失效，那么你也可以很轻松地用新的函数替代它。

1.3.2 Mock.js 实战

Mock.js 支持在浏览器环境和 Node.js 环境中使用。在浏览器中，Mock.js 既可以使用 <script> 标签直接引入，也可以使用诸如 require.js 等符合 AMD 规范的包管理库进行加载；在服务端 Node.js 环境中，通过 "npm install mockjs" 命令安装依赖项并引入该模块即可。引入 Mock.js 后，就可以在本地 Web 服务中监听对应的请求并返回虚拟数据了。起初，前端开发人员可能需要对照后端开发人员提供的接口文档来手动定制测试数据，尽管 Mock.js 可以方便地生成序列数据，但如果业务数据的结构本身就很复杂，那么手动构造数据依然是一件效率低下的事情。如果熟悉 Node.js 应用开发，可以尝试编写一些自动化工具来完成上面的工作，这样就可以根据后端接口文档中的定义直接自动生成 Mock 数据模板，从而提高工作效率。待接口数量逐渐增多，这样做的好处就会体现出来，自动化工具可以很方便地实现批量接口回归测试和健康度检查等工程任务。下面就通过两个实例来介绍 Mock.js 最常见的使用场景。

实例 1: 请求 /get_userinfo 接口时返回模拟的用户信息

```
Mock.mock('/get_userinfo','GET',{
    'status|1':true,                        //标识请求是否成功，返回true的概率是1/2
    'message':'@csentence',                 //请求失败时返回错误信息，使用占位符返回中文句子
    'data':{
        'id|1-20':0,                        //id为1~20之间的整数，0表示返回值为数字类型
        'nickname' : '@ctitle',             //昵称使用中文标题占位符
        'realname' : '@cname',              //实名使用中文名称占位符
        'birthday' : '@date',               //生日使用日期占位符
        'signature' : '@csentence',         //签名使用中文语句占位符
        'address' : '@county(true)',        //城市占位符转译格式为'陕西省 西安市'
        'email' : '@email',                 //邮箱使用邮箱占位符
        'openId' : '@word(28)',             //生成28位字符串模拟ID
        'avatar' : '@dataImage(200x100)',   //生成尺寸为200×100的头像图片链接
        'account' : '2000-3000.2':1,        //账户余额整数部分为2000~3000，小数点后保留2位
    }
})
```

当程序向 "/get_userinfo" 接口发送 GET 请求时，会得到 Mock.js 利用上述模板编译出的结果，注意，每次返回的结果都是不同的，但是都符合模板的格式，示例如下：

```
{
    status:true,
    message: '是真总为开土子于放对又际因。',
```

```
    data:{
        id:8,
        nickname:'院争议',
        realname:'张静',
        birthday:'1092-02-18',
        signature:'话经做技展使放至又太色委可每',
        address:'陕西省 西安市',
        email:'cgqqwjb@uaqfy.ev',
        openId:'ahtisldienkdsdfwieurnslidnfg',
        avatar:'http://dummyimage.com/125x125',
        account:2048.12
    }
}
```

实例 2：请求 /get_orders 接口返回模拟的订单列表

```
Mock.mock('/get_orders', 'GET',{          //标识请求是否成功，返回true的概率是1/2
    'status|1':true,
    'message':'@csentence',               //请求失败时返回错误信息，使用占位符返
                                            回中文句子
    'data|4':{                            //将返回数组，数组包含4个具有相同格式
                                            的对象
        'id|+1':0,                        //id为从0开始的自增整数
        'create_time':'@datetime',        //创建日期使用日期时间占位符
        'request_price|2000-3000.2':0,    //应收金额整数部分为2000~3000，小数点
                                            后保留2位
        'pay_price|1000-2000':0,          //实付金额为1000~2000之间的整数
        'status|1':['已支付','已发货','已收货']   //订单状态为数组中的某一项
    }
}))
```

当程序向"/get_orders"接口发送 GET 请求时，会得到一个数组型的有效数据，其格式如下：

```
{
    status:true,
    message:'这里仅仅给出一定长度的文字。',
    data:[{
        id:0,
        create_time:'1990-08-12 12:00:23',
        request_price:2048.10,
        pay_price:1050,
        status:'已支付'
    },{
        id:1,
        create_time:'2010-09-12 14:00:50',
        request_price:2400.10,
        pay_price:1250,
        status:'已收货'
    },{
```

```
        id:2,
        create_time:'1998-01-01 12:00:23',
        request_price:2128.40,
        pay_price:1050,
        status:'已收货'
    },{
        id:3,
        create_time:'2018-08-12 20:00:23',
        request_price:2648.10,
        pay_price:1800,
        status:'已支付'
    }]
}
```

1.3.3 自定义扩展

    Mock.js 官方提供了大量基础且常用的占位符，但很多随机生成的数据都是无意义的，仅仅是为了在调整样式的时候更方便一些。在日常开发中，我们极有可能需要向客户或非技术人员进行阶段性的功能演示，一些贴近真实场景的虚拟数据能够有效地降低非技术人员的理解难度以及沟通成本。此时，我们就可以利用 Mock.js 提供的自定义扩展接口定制符合开发需求或业务逻辑的占位符。Mock.js 中提供了 Mock.Random.extend 方法来扩展占位符，该方法作为占位符时，会从给定的枚举项中随机选取某一项来生成数据。下面通过一个示例来说明，我们通过添加一个占位符 @car 来获得一些静态的汽车信息，示例代码如下：

```
Mock.Random.extend({
    car: function(){
        var cars = ['大众', '别克', '劳斯莱斯', '保时捷', '迈巴赫', '公交车'];
        return this.pick(cars);
    }
});
```

    添加上述代码后，我们就可以在模板中使用 @car 占位符获得一些车辆信息了。

 拓展知识   阶段性的功能演示是开发过程中的常见环节，千万不要直接以开发中的版本向非技术人员做功能演示，对于代码开发的进度，非技术人员通常是没有直观感受的，那些在开发人员眼里 3～5 分钟就可以完善的细节，在非技术人员看来可能与最终结果存在非常大的差距，从而引发其对开发人员工作质量的质疑。比如，一个需要展示横幅广告（Banner）图片的地方，如果展示的是一幅无关的图片，那么在技术人员看来完成度已很高，只需要等设计师给出横幅广告的图片直接替换就可以了；但如果演示的时候展示的是一个灰色的矩形，非技术人员可能就会认为代码开发工作还没开始做，因为他们可能无法评估"把灰色矩形替换为横幅广告图片"所对应的工作量，他们更倾向于认为灰色矩形和图片是两种完全不同的东西。所以哪怕使用 Mock 数据，也请让对外演示的产品尽量贴近真实的样子。观看演示的人给出的反馈很有可能会对项目甚至你未来的职业发展产生影响，你需要让别人理解自己正在做的事情进展如何，如果已经做了 90 分的工作，就不要用一个看起来只有 60 分的演示来呈现。

1.4　Mock.js 的基本原理

作为前端工程师，熟练使用某个第三方工具库只是基本要求，你需要对相关技术的基本原理、优缺点甚至未来的迭代优化方向有自己的理解，建议先尝试手动实现一些核心特征，看看自己能不能做到，然后再来阅读源码，看看工具库的作者是如何设计整体代码架构的，反思一下自己实现的那一部分与作者的实现思路是否一致，再仔细研究一下自己写不出来的那一部分，相较于阅读相关的技术博客，这种方式更能促进你快速成长。本节就来尝试手动复现 Mock.js 的主要功能，并学习如何以不同的方式将 Mock 数据作为请求的响应数据返回给调用者。

1.4.1　从模板到数据

Mock.js 的核心功能是将特殊标记的语法转换为对应的模拟数据，也可以将其看作一种简易的 DSL（Domain-Specific Language，领域特定语言）转换器。DSL 并不是一种具体的语言，而是泛指任何针对指定领域的语言，它并不一定会有严格的标准，也可能仅仅是一种约定规范。在未来的前端开发中还会出现很多类似的任务，比如当下非常热门的"可视化搭建"技术，就是围绕 DSL 解析来实现的。Mock.js 使用了一种非常简单的标记语法来描述数据的类型和结构，对于提供模拟业务数据这样的需求而言它已经够用了。阿里妈妈前端团队出品的开源接口管理工具 Rap2⊖在实现 Mock 功能时也使用了这样的语法。如果想要描述更复杂的数据结构，比如对表单项或是前端 UI 进行抽象描述，简易的模板语法可能会显得力不从心，此时就可以考虑使用更为通用的 JSON Schema⊖格式，如果希望构造出更加强大的模板语法，则还需要学习编译原理方面的知识，当然，这并不是本章的重点。

从前文中我们已经看到了 Mock.js 模板语法的格式比较固定，所以解析难度并不大。下面就以常见类型的语法解析为例来讲解从模板到数据的转换过程，示例代码如下：

```
//转换策略单例
Strategies = {
    'String':(rule, value)=>{//...字符串类型的转换处理函数},
    'Number':(rule, value)=>{//...数字类型的转换处理函数},
    'Boolean':(rule, value)=>{//...布尔型类型的转换处理函数},
```

⊖ 官网地址：http://rap2.taobao.org/。
⊖ 官网地址：http://json-schema.org/。

```
    'Array':(rule, value)=>{//...数组类型的转换处理函数},
    'Placeholder':(rule, value)=>{//...占位符类型的转换处理函数}
    //...其他类型的转换策略
}
//模板转换函数
function parseTemplate(schema = {}){
    let result = {};
    for ( let prop of Object.keys(schema)){
        let [name, rule] = prop.split('|');
        let value = tplObj[prop];
        let type = value.startsWith('@')?
                    'Placeholder':
                    Object.prototype.toString.call(value).slice(8,-1);
        result[name] = Strategies[type](rule, value);
    }
    return result;
}
```

　　上面的代码并不难理解，首先使用一个对象来封装模板中不同类型所对应的模板转换
函数，模板转换函数的返回结果即所生成的虚拟数据，这是一个典型的策略模式应用场景。
当你想要增加新的类型时，只需要将新的解析函数以键值对的形式加入策略（Strategies）对
象中即可，不必修改旧的代码。这样我们只需要遍历模板对象中的每条规则并拆分出关键
信息即可，如果初始值是以 @ 开头的字符串，则需要映射为占位符，否则就直接根据值的
类型来找到对应的转换函数，最后将拆分出的信息作为参数传入对应的转换函数中就可以
得到模拟数据。

　　拓展知识　　"策略模式"是前端领域使用率较高的经典设计模式之一，使用该模式需要先定义一
系列的算法，把它们封装起来，然后在使用过程中根据参数来动态选择算法，其目
的是将算法的使用和算法的实现隔离开来，这样一来，使用者对于可变部分的修改
和扩展就不会影响到不可变的部分，这是让代码保持"开放封闭原则"的一种有效
手段。

　　例如在一个结算系统中，代码中编写了多个函数用于计算不同类别的会员可以享受的
满减优惠，对于程序的逻辑来说，不变的部分就是结算时需要根据会员类别计算的满减规
则，而变化的部分就是不同的会员类别对应的满减策略是不同的，那么对满减策略进行修
改或扩充的代码就不应该影响结算流程的代码，同样，当向结算流程中加入其他环节时，
也不应该影响满减策略的相关代码，这就是开发中常说的"解耦"。在 JavaScript 编程中使
用"策略模式"时，通常会将各种策略函数以"键值对"的形式收集到一个对象上，这个
对象称为"策略集"。当然，为了避免全局污染，也可以使用闭包将策略集对象包裹起来形
成一个全局单例，然后对外暴露相应的扩展和修改方法，最后只要在结算流程中通过动态
传入参数调用对应的满减策略就可以了。从代码风格上来看，策略模式的使用可以在一定
程度上避免多重条件选择，相关代码的聚合度和程序的可维护性也更高。

1.4.2　为 Ajax 请求提供 Mock 数据

使用 Node.js 很容易创建出一个简易的 Web 服务器来响应请求，在项目开发中，使用 Express 或 Koa2，可以很方便地通过路由来分发请求，本节将以使用 express-generator 脚手架工具生成工程为例，对应路由的示例代码如下（完整的实现代码可在本章代码仓库中获得）：

```
var express = require('express');
var router = express.Router();
var Mock = require('mockjs');

//获取订单
router.get('/v1/query_orders', function (req, res) {
    var result = Mock.mock({
        //此处为数据模板
    });
    res.send({
        status:1,
        state:'success',
        message:'',
        result
    });
});

module.exports = router;
```

在本地 Mock 服务的支持下，我们可以在服务端代码中随时添加新的接口并生成需要的数据。测试的数据并不只是为了辅助 UI 开发，也可以通过在 Mock 服务中为某些字段赋予特别长的字符串，或是诸如 null、undefined 等特殊值来测试前端样式和逻辑的健壮性。更重要的是，所有这些操作都是在前端工程以外实现的，上线时只需要在打包工具中将请求的基准地址替换为生产环境的地址即可。

当 Mock.js 从服务端为 Ajax 请求提供数据时，它只承担了生成模拟数据的任务，而 Web 服务的功能是直接借助其他库来实现的，前文已经介绍过，Mock.js 也可以直接在浏览器环境中运行，并为请求提供虚拟数据，那么它是如何做到的呢？在前端应用中，开发者通常不会直接使用底层的 Ajax 对象，而是更多地使用 jQuery 或 axios 这样的第三方库来管理网络请求，所以想要实现对网络请求的拦截和修改，只能对底层 Ajax 对象本身的表现进行修改，毕竟你无法知道应用层的代码到底使用了哪个请求库，又不希望为了使用 Mock 数据而修改应用层的逻辑代码。客户端的 Ajax 请求是通过 XMLHttpRequest 的全局对象（IE 浏览器除外）来实现的，下面的代码演示了如何使用 XMLHttpRequest 的全局对象发送一个 GET 请求并处理它的响应：

```
let xmlhttp = new XMLHttpRequest();
xmlhttp.onreadystatechange = function(){
    If (xmlhttp.readyState == 4 && xmlhttp.status == 200){
        //虚拟的响应处理函数
```

```
        handleResponse(xmlhttp.responseText);
    }
}
xmlhttp.open('GET','/try/Ajax',true);
xmlhttp.send();
```

为了改变 JavaScript 中原生对象的默认行为，这里需要用到另一个经典设计模式——代理模式。

我们先从一个简单的场景入手，假设你在代码中编写了一个通用的 A 方法，其他同事在他们编写的 B、C、D 方法中都调用了这个方法。现在因为业务升级，你希望在 A 方法中添加一些新的扩展逻辑，如果不允许修改 A 方法的现有代码，那么你要如何来实现呢？我们最容易想到的方法就是新建一个 A2 方法，在它的函数体中先调用一次 A 方法，然后再加入新增的逻辑，这样的确可以达到上述要求，但你也不得不将 B、C、D 方法中调用的 A 方法逐个修改为 A2 方法，所以在代码实现上最好能够对调一下 A 和 A2 的函数名，这样对于上层的 B、C、D 而言，它们调用的仍然是 A 方法，而 A 方法的实现其实已经更换成了新的函数，新函数通过调用 A2 方法（即原来的 A 方法逻辑）保留了之前的逻辑，然后执行自己函数体中新增加的逻辑，这样就完成了 A 方法的功能扩展。其实，JavaScript 中代理模式的实现也是这样一个过程，有趣的是，很多认为自己无法理解代理模式的开发人员，都可以依靠自己的思维完成上面的推演过程。

> **拓展知识** 代理模式也称为 Proxy 模式，有时还被称为"劫持"模式，是前端使用率较高的经典设计模式中的一种，其目的是为其他对象提供一种代理机制，以控制对这个对象的访问。代理模式使用代理对象来控制具体对象的引用，代理对象几乎可以是任何对象：文件、资源、内存中的对象，或者是一些难以复制的东西。例如生活中的房屋中介，可以代表卖家把房子卖给买家，这中间卖家提出期望的价钱，买家也可以提出自己心仪的户型和预算，房产中介可以帮忙处理各类中间环节，从而促成交易，双方都只面对中介开展业务。从买家的视角来看，房产中介就相当于卖家的代理，尽管他不是卖家本身，但是在交易活动中可以代表卖家。

下面我们来看一段经典的应用"代理模式"的实例代码，Vue2 中为了能够让数组具备"响应式"的特点，对典型的数组变异方法（指方法运行后会影响原数组的方法）进行了代理，代码如下（引用自 Vue 官方代码仓库 src/core/observer/array.js[⊖]）：

```
const arrayProto = Array.prototype
export const arrayMethods = Object.create(arrayProto)

const methodsToPatch = [
    'push',
    'pop',
```

⊖ 代码仓库地址：https://github.com/vuejs/vue/blob/dev/src/core/observer/array.js。

```
        'shift',
        'unshift',
        'splice',
        'sort',
        'reverse'
]

/**
 * 插入代理方法并发送事件通知
 */
methodsToPatch.forEach(function (method) {
    // 缓存原方法
    const original = arrayProto[method]
    def(arrayMethods, method, function mutator (...args) {
        const result = original.apply(this, args)
        const ob = this.__ob__
        let inserted
        switch (method) {
            case 'push':
            case 'unshift':
                inserted = args
                break
            case 'splice':
                inserted = args.slice(2)
                break
        }
        if (inserted) ob.observeArray(inserted)
        // 将变化通知给监听者
        ob.dep.notify()
        return result
    })
})
```

下面就来简化一下上述代码，只保留它的核心结构，简化后的代码如下：

```
methodsToPatch.forEach(function (method) {
    //保存旧方法
    const original = arrayProto[method]
    //定义新方法
    def(arrayMethods, method, function mutator (...args) {
        //执行旧方法
        const result = original.apply(this, args)

        //新增逻辑，用于增加响应式特性
        //...

        return result;
    })
})
```

由示例代码可以看出，原生的方法被保存在 original 上（也就是将原生方法更为 original），而原生方法名则在 def 方法中指向了新的函数，它的实现逻辑与我们之前的猜想是一致的。

了解了"代理模式"之后，再来看看如何在客户端得到 Mock 数据。当开发人员在程序中使用第三方库来处理 Ajax 请求时，实际上已经对原生 XMLHttpRequest 进行了代理，如果只是希望达到修改响应数据的目的，则完全可以利用第三方库提供的拦截器或是类似的机制（例如，axios 库提供的 interceptors 机制）。在响应拦截器中，可以使用 Mock.js 生成模拟数据，但这样做的同时，你的库也会与其他库产生耦合，这并不是我们希望的结果。为了让自己的 Mock 代理程序能够"无侵入"地与其他请求库进行协作，我们需要从底层对整个 XMLHttpRequest 对象进行代理，这样无论应用层使用哪个库来进行网络请求，只要在请求过程中使用 XMLHttpRequest，就会用到 Mock 程序。对于应用层方法来说，并不需要区分响应数据的来源，直观上来看其实就是进行了两次代理。具体的代码实现可以通过阅读 Mock.js 源码[⊖]来学习，它对整个 XMLHttpRequest 对象进行了模拟，并在注释中详细描述了标准规范、实现思路和参考资料，本章就不对此展开讲解了。

1.5 从 Mock 服务到 API 管理平台

Mock 服务虽然满足了前端工程师在开发阶段对模拟数据的需求，但一个显而易见的问题就是接口文档通常是由后端开发者维护的，每当接口发生变化时，后端都需要手动更新 Mock 服务中相应的模板代码，这种方式非常低效且容易出错。在现代化前端的工程基础建设中，我们更希望 Mock 数据的模板能够自动同步接口文档的变动，如果前端工程使用了 TypeScript 进行开发，那么后端可能还需要编写大量的接口类型定义代码，其所包含的信息本质上与接口文档是一致的，事实上，接口文档、TypeScript 接口定义和 Mock.js 数据生成模板都可以看作接口定义的一种描述形式，这就意味着它们之间可以相互转换，甚至前后端用来组装符合接口要求的数据格式时所编写的代码也可以看作接口的表现形式。那么我们是否能够使用一种抽象度更高的语法来描述接口，然后通过实现转换器插件的方式来满足不同场景的需求呢？当然是可以的，这正是"适配器模式"所提倡的代码组织方式，这样的设计也符合软件设计的"开放封闭原则"，当以后有其他基于接口信息的描述形式出现时，只需要添加新的转换器就可以了。

如果我们从软件工程的角度来看待编程这件事情，就会发现它其实与工业生产活动高度类似，其本质上都是将原本依赖于人的作业过程逐渐调整为依赖于自动化、智能化的工具，从而持续获得更加稳定和可靠的结果，意识到"软件开发是一项持续进行的活动"是高手的基本素养。

这里举个例子来说明一下，假设你已经搭建了一个 API 管理平台，开发者只需要在网页上通过可视化的方式创建新的 API，在页面内就可以同时得到 Mock.js 数据模板、JSON

⊖ 参考地址：https://github.com/nuysoft/Mock/blob/refactoring/src/mock/xhr/xhr.js。

格式的接口定义和 TypeScript 接口类型的声明，用户只需要复制粘贴就可以得到需要的代码，从功能上来说，它的确已经实现了 API 一致性的需求，然而在真实的开发场景中，接口细节往往会被频繁更新，可能是后端开发者在开发过程中发现之前的设计不合理，于是修改了接口细节；可能是文档中声明某个字段是数字类型，但实际联调时接口却下发了字符串类型的数据；也可能是真实的接口中某个字段的拼写错误，这时虽然程序不会报错，但就是读取不到需要的数据等，各种各样的低级错误可能会造成大量的时间浪费。

如果仅仅向外归因，你可以说后端开发者不够细心，但这对于解决问题几乎没有任何帮助，即使后端开发者真的意识到自己的问题而有所改善，这样的改变也是不稳定的，谁能保证自己一直不犯错呢？如果换个角度来看，这个问题的本质其实在于我们最初设计的 API 管理平台只解决了 API 文档化和 Mock 能力集成等一些开发阶段的诉求，并没有实现包含更新、发布、测试、下线、统计等完整的生命周期管理能力，所以才会在修改和更新接口时产生大量的问题。更有效的做法是扩展平台的能力，从而减轻使用者的心智负担，这里提供一个功能更为完善的设计方案，如图 1-1 所示。

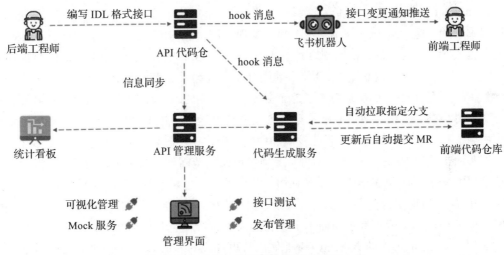

图 1-1 一种接口管理服务的架构设计方案

在此方案中，后端工程师批量更新接口、推送代码并合并到指定分支后，提前在代码仓库中配置的 hook 消息就会生效，它能够通知其他服务某个分支的代码有变更，收到消息的服务只需要在自动化脚本中执行 "git clone" 命令就可以获取最新的 API 信息，当然也可以获取其他代码仓库中的代码，这时能做的事情就非常多了，比如拉取前端代码，根据新的 API 信息更新 TypeScript 接口定义及接口请求代码，然后自动提交代码并发起 MR（Merge Repuest，合并请求），这是不是方便了很多？至于其他诸如多环境管理、流量控制、健康度检查、度量统计等更丰富的工程能力，只需要在实践中不断迭代就可以了。

Chapter 2 第 2 章

Node.js：连接

在 JavaScript 语言努力摆脱"玩具语言"这个标签的进化历程中，Node.js 绝对能记下浓墨重彩的一笔。Node.js 并不是一个用于实现具体功能的第三方工具库，而是 JavaScript 程序的运行环境。在 Node.js 出现之前，使用 JavaScript 语言编写的脚本需要在网页中被 <script> 标签引用后才能执行，这就使得前端开发人员编写的程序无论怎么看都像是界面的一种附属品。而 Node.js 的出现打破了这个枷锁，它提供的运行时能够让 JavaScript 程序在桌面、命令行终端、手机、平板电脑甚至嵌入式系统上运行，这不仅极大地丰富了 JavaScript 的应用场景，也为后来的前端工程化发展和中间层架构模型的兴起奠定了基础。十多年的技术沉淀和演进使得 Node.js 早已经不再是一项扩展阅读范畴的新兴技术，而是前端开发人员必须掌握的技能，那句"不懂 Node 的前端是不完整的"也早已不再是一句玩笑话。

Node.js 的出现使得前端开发人员可以不必切换语言就能完成客户端和服务端的开发，了解它的人往往对它爱不释手，而不了解它的人则常会把它看作前端工程师自娱自乐的玩具，认为 Node.js 能做到的事情 Java 都能做而且更加成熟。那么 Node.js 到底能做什么，又适合做什么呢？本章就来看看 Node.js 为前端工程师铺设的全栈工程师之路。

2.1　大话 Node.js

本节我们来认识一下 Node.js，了解它能帮助我们完成哪些工作。

2.1.1　Node.js 是什么

Node.js 是一个基于 Chrome V8 引擎的 JavaScript 运行环境。Node.js 使用了一个事件驱动的、非阻塞式 I/O 的模型，轻量又高效，它的底层是用 C/C++ 编写的。这是 Node.js 的官方描述，对前端开发人员来说，想要搞清楚其中所包含的"引擎""运行环境""事件驱动"以及"非阻塞 I/O 模型"到底是什么意思，并不是一件容易的事情。那么 Node.js 到底是什么？我们先用一个类比的示例来进行解释。比如，有人向你发送了一个扩展名为 docx 的文档，你想要查看其中的内容，于是打开记事本，把该文档拖到记事本的窗口里，然后就看到了一大堆乱码。这是因为记事本程序并不能识别这种格式的文档，你需要先安装 Microsoft Office 2007 以上版本的软件，然后用 Word 程序打开，这样才能看到正确解码的内容。如果把示例中的 docx 文件看作程序，那么 Word 就是它的运行环境，这就像 JavaScript 程序与浏览器的关系一样。如果你了解过现代浏览器的结构，就会知道其中包含了 JavaScript 引擎。以前，想要查看 docx 文件的内容，几乎只能依赖于 Microsoft Office，后来金山公司也推出了办公软件工具 WPS Office，它也能够解释和运行 docx 文件，于是 docx 文件就有了多个可运行环境，而 Node.js 对于 JavaScript 语言的意义也是如此。

> 🔘 **拓展知识**　为了更加直观地理解运行时的概念，你可以尝试一个有趣的实验，自己创造一种简单的编程语言，规定一些简易的语法，然后使用 JavaScript 来编写能够解释这些语法的代码。例如，用自创的语言编写一些简单的程序，最后通过 Node.js 运行 JavaScript 程序，并在程序中用 Node.js 提供的文件读写接口（File API）读入你用自创的编程语言编写的程序，看看它能否被正确地解释和执行。待你了解了 JavaScript 是如何完成对自创编程语言的解释和执行的，自然就能明白在 Node.js 运行环境中，C/C++ 对 JavaScript 脚本做了什么事情。当然，真实的代码解释执行过程要复杂得多，很多关键的思想和技术也被应用在前端框架的设计中，这些可以在今后的学习中慢慢消化。

相较于技术上的亮点，Node.js 设计者的开发思想或许更值得学习，这一点正是大多数初级开发者所缺少的。Node.js 的开发初衷是更方便地实现一个高性能的 Web 服务器，但当它最终问世时，并没有宣称自己是"实现高性能 Web 服务器的技术"，而是为开发人员提供了一个工具，这个工具的能力之一是实现高性能的 Web 服务器。这种思想差距在初级和高级开发人员之间表现得尤为明显：初级开发人员往往会针对具体的业务需求采用面向过程的风格进行开发，这使得他们编写的程序几乎无法灵活应对任何需求变更；而有经验的开发人员面对需求时，通常会先设计一个类，或者抽象一个与业务逻辑无关的工具方法，然后在自己的程序中调用这个方法。第 5 章讲解 Lodash.js 的相关内容时，相信读者会对这种做法的优势有更深刻的体会。要想成为优秀的程序设计师，就要不断地培养自己设计程序的能力，而不是仅仅完成语言层面的翻译工作。

2.1.2　Node.js 能做什么

在 Node.js 的诸多功能中，与前端开发人员关系最紧密的就是创建 Web 服务器和本地文件的读写能力。

1. 创建高性能 Web 服务器

许多 Node.js 的初学者应该都见过那段只用了不到 10 行代码就建立了一个 Web 服务器的经典示例。尽管对于前端开发人员而言，他们依然需要学习基本的 Web 服务器知识，才能更加得心应手地进行服务端开发，但与配置 Apache 或 Nginx 来实现同样的功能相比，这样的学习成本已经非常低了，毕竟前端开发人员可以使用自己最熟悉的 JavaScript 语言来构建应用。另一方面，在 Node.js 中，代码可以与各类数据库进行交互，这就意味着前端工程师可以直接使用 JavaScript 语言编写与数据库进行交互的代码（尽管在大型应用中并不推荐这样做），且编写业务逻辑代码时，Node.js 与其他后端语言没有明显的差别，因此前端开发人员不用切换开发语言就可以掌握全栈开发的技能。

由于 Node.js 底层使用的是异步非阻塞的 I/O 机制，因此它更适合于 I/O 密集、少量业务逻辑和计算消耗的场景。尽管解释型脚本语言本身并不适合执行计算型任务，但 Node.js 底层是由 C/C++ 代码编写的，并且提供了 JavaScript 代码层与 C/C++ 代码交互的接口，面对计算密集型任务时，Node.js 只需要作为启动脚本调用底层 C/C++ 程序来完成计算密集型任务就可以了。

服务端执行的任务大体可分为读写密集型任务和计算密集型任务。对于读写密集型任务而言，CPU 更多的时间是在等待磁盘读写，使用率并不高，在 Web 服务器上进行的网络通信、信息传输和磁盘读写等都属于读写操作，它对磁盘的响应速度和传输效率有着更高的需求。相较而言，计算密集型任务对 CPU 的运算能力要求更高，但对磁盘读写造成的性能负担很小，计算过程中通常也不需要与 I/O 接口进行交互，可直接、高效地在内存中执行，这类任务的计算过程通常比较复杂，例如需要实现某些加密算法或者矩阵计算等。

大型架构的后端技术选型需要考虑的因素更为复杂，Node.js 设计之初并没有准备承担这项任务，就连 Node.js 之父 Ryan Dhal 自己也说，在面对大型服务端应用开发时，Node.js 的开发体验不如 Go 语言。但是，全世界目前有 600 多种编程语言，没有任何一种语言能够解决所有问题，语言只是承载和传递程序设计思想的媒介，如何为目标场景选择一项合适的技术，或许是开发人员更应该关注的问题。当你在前端领域有一定的积累时，很多前辈都会推荐你继续学习 Java 或 C++ 等更为完备也更为复杂的语言，这样做的目的并不仅仅是扩展能力边界，更多的是希望你能够跳出一种编程语言的束缚，学习和体会编程语言背后的思想。

2. 本地文件的读写功能

文件读写功能的底层所要解决的问题其实有很多。如果文件里的内容比较多，读入内存的过程比较耗时，应该怎么处理呢？是等待读入操作完成还是先去执行其他任务？如果客户端请求的资源是一部高清电影，文件比程序可用的总内存还大，那么该文件是否就一定无法读取了呢？Node.js 的 fs 模块几乎为每个文件操作接口都提供了同步和异步两种方法，同时也支持以流的方式对读写过程实现更细粒度的控制，甚至还可以监测指定文件或文件夹的变动。文件可读写意味着开发人员可以通过程序分析另一个程序中文件的内容，并对其进行检查和纠错，甚至可将其编译成另一种语言，这便是前端工程化的能力基石。

2.1.3　招黑的 JavaScript 全栈工程师

Node.js 凭借创建高性能 Web 服务器以及与数据库通信的能力，为前端开发人员提供了服务端开发的机会。早在几年之前，开发人员就可以使用 MEAN（MongoDB + Express + Angular.js + Node.js）这种纯 JavaScript 技术栈完成闭环的业务逻辑开发，很多前端工程师也因此自诩为全栈工程师。不可否认当年这样的技术栈确实可以使许多中小型团队以更少的人力和时间就把产品从创意阶段推进到线上，但这也使得 JavaScript 开发人员成为业内最招黑的全栈工程师，因为业务逻辑的实现并不足以撑起全栈工程师进行后端开发。

在企业级开发中，后端开发仍然以 Java 工程师为主力军。由于 Java 本身具有强类型和完整的面向对象的特性，因此后端工程师的编码质量和程序设计意识整体要高于前端工程师，再加上与 Java 开发体验非常相似的 Angular 技术栈的支持（Angular 本身就是一项由 Google 的 Java 工程师开发和维护的技术），后端工程师很容易就能编写出规范性和可维护性都不输于前端开发人员的代码，这大大提升了 Java 全栈工程师的竞争力。如果不是工程化配置和 CSS 实战经验形成的门槛，前端工程师在面对后端全栈工程师时很难体现其自身价值。然而，前端开发出身的工程师在使用 Node.js 技术栈进行服务端开发时却没有那么顺利，最流行的 Express 和 Koa 框架，仅仅提供了框架和基本中间件，要想实现更多的功能，还需要引入或者自行开发大量中间件。这时开发人员之间的差别就会表现得非常明显，即使完全不懂 Node.js，后端开发人员也很清楚自己应该寻找具备日志记录、错误追踪、会话管理、安全校验、性能监控、对象关系映射（ORM）、数据库连接等功能的模块或中间件，而普通的前端开发人员却除了业务逻辑的增删改查外，往往连使用"try...catch..."语句捕获运行时错误的意识都没有。前端工程师很容易只考虑业务逻辑一切正常的情况，只要主流程能够正常运行，就觉得万事大吉了，然而在真实的开发过程中，往往是那些没有覆盖到的边界情况需要花费更多的精力。

把后端开发等同于编写业务逻辑代码，就好像把前端开发等同于编写静态页面代码一样。如果真的想成为全栈工程师，需要用一颗谦虚求知的心，踏踏实实地去学习那些陌生的知识，学习的过程可能充满艰辛，但你一定会受益于所学的结果。

2.2　业界用 Node.js 做什么

在日常工作中，前端工程师通常会使用 Node.js 做哪些事情呢？下面来看一下。

2.2.1 前端工程化

毫不夸张地说，Node.js 对前端开发的推动作用简直就像"工业革命"对生产力的推进作用一样。十几年前，JavaScript 连最基本的模块化规范都没有，代码的优化也只能依赖于 IDE 的简陋工具和手动优化。现今的前端开发工作流则已经拥有了全生命周期的自动化工具支持：Yeoman 提供的脚手架定制能力可以使开发人员快速生成指定技术栈的目录框架；使用 npm 包管理工具可以直接通过命令行获取所需要的依赖库；以 webpack 为代表的打包工具不仅能够在开发过程中提供实时编译和热更新支持，还能够依靠高可定制的参数配置对源代码进行优化，并最终构建出可用于生产环境的程序；ESLint 提供了代码校验功能；Prettier 提供了格式美化功能；Babel 提供了"ES6+"代码到低版本 JavaScript 语言的编译功能；Mocha 和 Karma 提供了跨浏览器自动化测试的功能；Istanbul 提供了代码测试覆盖率检测的功能；TypeScript 提供了强类型和面向对象的特性；Git 命令行提供了代码管理功能。更重要的是，开发人员可以通过 Node.js 定制私有的命令行工具集，来对这些基础的工程能力进行集成和扩展，从而打造出属于自己团队的前端自动化工具链或解决方案。

除此之外，"多端编译"技术也是前端工程化领域的热门方向之一，它可以让开发人员只编写一套源代码，即可通过配置编译出 H5 程序、Android、iOS 及多个平台的小程序，业界已经有很多团队推出了相关的技术。而这些技术变革的推动力，正是 Node.js 那看似平淡无奇的文件读写能力。当然随着技术的发展和演进，像 Esbuild 这类尝试通过跨语言实现高性能的工具也在逐渐兴起。

2.2.2 中间层

在前后端分离的时代，前端开发人员自然希望后台返回的数据正好就是自己需要的格式，这样只需要把这些数据挂载到相应的组件属性上，剩下的事情交给框架就可以了，省去了二次加工的过程，前端代码通常也会因此变得更加简洁。然而，在后端开发人员的认知里，这种杂务当然最好由前端来完成。

Node.js 的服务端开发能力使得业界在"前后端分离"的基础上衍生出了"中间层"的概念，并为这部分烦琐却都觉得"应该由别人来实现"的代码提供了一种优雅的实现方式。"中间层"，顾名思义就是建立在前端和后端之间的逻辑分层，最大的作用就是整合，包括整合接口、整合数据、整合逻辑，通常由前端工程师编写和实现。中间层的出现，既可以使客户端工程师专注于编写清晰的"声明式组件"代码，也可以使后端工程师在提供相应的业务逻辑接口后，能够专注于系统性能和稳定性的提升，其他的事情则可以放到中间层完成。

如果你所面对的数据存在很多历史遗留问题，组装的过程也非常复杂，那么可以将它们放在中间层，利用服务端的运算能力来处理，就不必考虑在耗时的数据拼装过程中如何保证浏览器的主线程不会因为阻塞而失去响应了。作为数据的消费者，如果客户端程序获取的数据直接可用，那无疑会是一种福利。有时候需要展示的数据来自不同团队维护的不同接口，这些接口之间可能是协作关系，也可能是竞态关系，甚至有些重要的接口是需要隐藏起来的。这时，利用中间层来聚合接口和逻辑，就可以将复杂的逻辑链条和各个请求细节都隐藏在服务端，只为客户端暴露一个调用接口，并最终返回数据或包装后的异常信息。除了接口整合和数据清洗之外，中间层代码还可以完美胜任鉴权和会话管理、请求过滤、访问日志记录、应用接口升级等任务。

中间层的出现也是"单一职责原则"的体现，它使得整体的技术架构变得更清晰，每个环节需要承担的宏观任务类型也变得更加清晰。客户端负责交互、渲染和状态记录，中间层负责整合连接和清洗数据，后端负责基础服务逻辑、性能和容错。这样的架构能够使不同的模块职责更加清晰，代码的可维护性也会变得更好。

2.2.3　SSR 引擎

SSR 是指服务端渲染（Server Side Render），其实服务端渲染并不是什么新技术，只是在 Node.js 的帮助下，前端工程师可以更方便地实现该技术。在 Ajax 技术出现以前，网页本来就是在服务端渲染的，例如，Java 技术栈使用的 JSP 技术就是在服务端动态生成网页，然后传输给客户端进行显示的。但随着单页面应用模型的广泛使用，以及浏览器性能的不断提升，前端可以自行在 JavaScript 程序中独立完成页面的动态渲染，所以除了那些对访问速度有较高要求且变化较少的项目，更多的项目仍然会采用客户端渲染的方式来实现。在现代开发中，基于框架的 SSR 技术也称为同构直出技术。"同构"是指开发者在服务端开发时，可以使用与客户端开发一样的技术栈并复用同样的组件，三大 SPA 框架都推出了自己的同构直出框架；"直出"则是指模板渲染的过程是在服务端完成的，从而将可直接使用的页面、文档片段和脚本返回给客户端。SSR 技术通常可用于以下几个典型场景。

1. 提升首屏渲染速度

由于 SPA 框架具有动态渲染的特点，因此在渲染首屏之前往往要进行初始化操作，同时加载其他资源，这就使得使用者不得不面对一段较长的白屏时间，既影响使用体验也容易造成用户流失。为了解决这个问题，将首屏内容或经过设计的等待页面放在服务端渲染，并优先展示给用户，可以有效提升用户体验，从而避免用户流失。

2. 提升搜索引擎优化（SEO）性能

现代 SPA 框架的动态渲染特性使其在应对搜索引擎爬虫时表现得很不友好，因为爬虫只能抓取静态页面的内容，而 SPA 框架的静态 HTML 页面通常只是一个包含了内容挂载点的空页面。利用服务端技术就可以很好地解决这个问题，当检测到访问者为爬虫机器人时，会返回渲染好的页面，以便它可以分析其中的内容，从而提升网站的搜索引擎优化性能。

3. 独立运营页面的制作

运营页面通常是独立于主程序而存在的，其内容会随着运营活动的变化而不断更新，且访问量较大。用 SSR 技术来实现可以让页面更快地完成构建和渲染，因为它不必加载主程序中那些自己并不依赖的第三方库。同时，运营页面本身就具备时效性，服务端渲染的实现方式也使得它更容易在使用后下架。

2.2.4 协作连接

Node.js 无疑是一种能够帮助前端工程师成为团队核心成员的技术，它提供了一种更加简单有效地推动团队协作的方法，那就是不要总提要求，而是要为团队成员提供自动化的工具。与 UI 人员进行协作时，可以使用 BackstopJS 来完成开发结果与 UI 的自动化回归测试，或者像阿里集团的开源项目 Fusion Design 那样尝试提供开发端和设计端两种工具，从而帮助设计师和开发者统一认知和物料。在与后端人员进行协作时，可以使用 DocLever 或 Rap2 搭建内部 API 管理平台，推动更加规范的 API 管理工作流，以免因为 API 的不断变动而承担额外的工作。又或者通过在中间层提供日志来协助运维人员获得更多有针对性的信息，甚至对于一些更大体量的可视化工具的开发，即使 Node.js 没有出现在生产环境的技术选型中，它也依然拥有属于自己的重要角色。

协作中遇到问题是在所难免的，不断指出别人的问题总归是一件影响团队协作的事情。有了 Node.js 的帮助，前端工程师就可以主动思考和优化与团队其他成员的合作方式，并将可行的实践转化为工具，提供给其他与自己工作有交集的协作者，以便在实践中逐步完善。试问谁不喜欢与这样的同事合作呢？当你用解决方案取代命令和抱怨时，自然会赢得属于自己的那份尊重。在这个过程中，你也更容易学会从用户和产品的角度来看待事物，这是很多初级开发者都缺乏的视角。

2.3 小结

当你开始学习一项新的技术时，官方网站无疑是最重要的学习平台。Node.js 的官方网站在 "DOCS" 栏中提供了数十篇非常高质量的文章来介绍 Node.js 中的核心概念、设计思想，以及如何使用和调试应用程序，而很多从最开始就坚持使用 Node.js 中文网的开发人员可能根本就不知道官网提供了这样的文章，因为中文网站只提供了安装包和中文版的 API 文档等常用资源。

初级的前端开发人员可以先利用第 1 章介绍的知识，使用 Express 和 Mock.js 来实现一个自用的 Mock 服务器。Express 的学习难度不大，易于使用和掌握，社区里也有很多优秀的中间件，它可以帮助前端开发人员了解可插拔的中间件模式，以及如何使用路由功能将请求分发到不同的模块中进行处理。如果进展顺利，你很快就能享受 Express 所带来的开发效率的提升，即便进展不顺利，自研项目也不会对其他人造成负面影响。

在搭建起一个 Mock 服务器后，就可以开始尝试实现与数据库的交互和业务逻辑代码的编写了。通常，你至少需要使用一个名为 "node-×××" 的数据库连接数据库管理模块，然后调用相关的接口就可以执行所编写的 SQL 语句了，最后，以 JavaScript 能识别的数据格式获得其返回的结果。实现业务逻辑并不是这个阶段的工作重点，因为你很可能在日常开发中已经做过类似的事情。相比之下，你更应该关注在服务端应用开发中如何对代码进行分层，数据访问层应该写什么，服务层应该写什么，控制层又该写什么。这些建立在语言之上的知识才是影响代码清晰度和可维护性的关键。

完成了前面的基本练习之后，就可以根据自己的兴趣选择一个专精的方向了。如果你对前端工程化更感兴趣，则可以开始学习基本的编译原理，了解构建工具的运作细节和相关的生态；如果你对服务端开发更感兴趣，则可以通过 Nest.js 或阿里集团开源的 Egg.js 框架来系统地学习企业级后端开发中所关注的问题、场景和解决方案。无论如何，技术的进步都是一个逐渐积累的过程，只要真正把时间和精力投入其中，总能找到适合自己的方式和方法。

综上所述，Node.js 让前端领域变得更多元和有趣，同时也带来了无尽的可能性，它就像自己的名字那样，作为一个节点，连接着 JavaScript 和这个精彩的世界。

ESLint：你的代码里藏着你的优雅

网上曾经流传着这样一个笑话：

一天，我路过一座桥，碰巧看见一个人想跳河自杀。我跑过去对他大喊道："别跳，别死啊。"

"为什么不让我跳？"他说。

"因为还有很多东西值得我们活下去啊。"

"有吗？比如说？"

"呃……你做什么工作？"

"程序员。"

我说："我也是！瞧，有共同点了吧。你是软件还是硬件？"

"软件。"

"我也是！PC 还是移动？"

"PC。"

"我也是！Vue 还是 React？"

"Vue。"

"我也是！那你用 Vscode 还是 Sublime？"

"Vscode。"

"我也是。缩进用 Tab 还是空格？"

"Tab。"

"你这个另类！"我一把将他推下桥去。

从有代码的那天起，关于代码风格的争论就没有停息过，代码质量的问题也从来没有消失过。中式英语和拼音无缝切换的命名风格，冗余的代码，随心所欲的缩进风格，千奇百怪的注释，夹杂着耦合度高到一微调就崩溃的业务逻辑，每天沉浸在这样的代码中，那种心情真的是难以描述。如果你比较反感对代码风格和编程规范进行严格要求，那么基本上可以断定你在团队中仍然处于相对底层的位置，因为你只注意到规范限制了代码编写的自由度，却没有意识到它在代码质量管理和维护工作上所提供的价值，当你需要管理更多开发者产出的代码时，自然就会喜欢规范所带来的一致性。"产出规范且优质的代码"是开发者的基本素养，不要等到别人因为代码的质量而开始质疑你本人的工作态度时才意识到问题的严重性。

本章将以 ESLint 等工具为例，来讲解前端工程师如何借助开发工具制定或实践团队所遵循的编程规范，最后再简单介绍代码检查相关的扩展知识——编译器。

3.1　代码风格与破窗理论

在 2019 年小米的一次发布会上，雷军因为一句"我没有写过诗，但有人说我写过的代码像诗一样优雅"登上热搜，后来网上流传出一份代码的截图，从中可以看到顶部的版权信息、摘要注释、修订记录，最后才是工整的代码，即便没有学过汇编语言，相信大部分开发者都能感受到代码中表现出的严谨和认真。

不好的代码各有各的问题，而好的代码却存在很多共性：一致的语法风格、规范的命名方式、清晰的逻辑结构，简洁且优雅。对比一下我们小时候诵读的唐诗宋词，或五言或七言，或绝句或律诗，不就是对语法风格的统一要求吗？词牌名的使用也是一种命名规范，至于逻辑清晰和简洁优雅，诗词本身就已经是完美的诠释了。如果说代码是开发者的文字，那么无论是看似呆板的代码，还是优美动人的诗词，对美的表达是有异曲同工之妙的。

要想提高整个团队的代码质量，仅仅依靠制定编码规范是不够的，这就好像统治者除了依靠道德约束之外，还需要依赖法律的力量才能维持社会稳定一样。或许每个团队都有自己的开发规范，但几乎所有的团队也都需要面对代码维护的问题。我们最好能使用一些辅助工具，帮助开发者养成符合规范要求的良好的编码习惯，并在不符合项出现时给予提示，同时制定一些强制的拦截策略，以阻止不符合要求的代码入库。同时，你还需要通过多种途径，借鉴好的代码和设计模式来提高自己的编码水平。虽然用若干个嵌套在一起的 for 循环来实现某个业务逻辑并没有违背任何编码规范，但当你看到别人用 map、filter、some 等更具语义性的方法连在一起实现同一段业务逻辑时，立刻就会明白自己的代码语义不够清晰。你能够看懂高手使用的每一个方法，却无法写出类似的代码，很多时候这并不是代码本身的复杂性造成的，而仅仅是你还没有意识到原来还可以那样写。

很多时候初级开发者在开发中只是"用程序语言来翻译业务逻辑"，而并没有在进行"程序设计"，下面的示例或许能让你更好地理解这种差异。

假设有这样一个数组：

```
var dataList = [{
    id:0,
    name:'Tony',
    food:['apple', 'peach', 'coconut']
},{...},{...}];
```

现在需要将所有 food 字段的值用逗号连接起来，拼成一个字符串后发送给后台，你会如何编写代码呢？下面我们来看一些常见的写法：

```
/*版本一*/
var result = '';
for (var i = 0; i < dataList.length; i++){
    for (var j = 0; j < dataList[i].food.length; j++){
        result = result + dataList[i].food[j] + ',';
    }
}
result = result.slice(0,-1);

/*版本二*/
var result = [];
for (var i = 0; i < dataList.length; i++){
    for (var j = 0; j < dataList[i].food.length; j++){
        result.push(dataList[i].food[j]);
    }
}
result = result.join(',');

/*版本三*/
result = dataList.map(item=>item.food.join(',')).join(',');
```

对比上述三个版本，相信不需要多做解释，你也能明白笔者想要传达的东西。下面再来看一个例子，假设我们希望实现这样的功能：将学生的考试成绩转化为用 ABCD 表示的等级，如表 3-1 所示。

表 3-1　分数区间对应等级表

分数区间	等级	分数区间	等级
[60,70)	D	[80,90)	B
[70,80)	C	[90,100]	A

下面先来看一些常见的写法（代码中省略了边界及类型检查）：

```
/*版本一　直译业务逻辑*/
function transformScore(score) {
    if(score >= 60 && score < 70) return 'D';
    if(score >= 70 && score < 80) return 'C';
    if(score >= 80 && score < 90) return 'B';
    if(score >= 90 && score <= 100) return 'A';
}
```

```
/*版本二 使用对象+字典模式*/
function transformScore(score) {
    var resultMap = {
        '6':'D',
        '7':'C',
        '8':'B',
        '9':'A',
        '10':'A',
    }
    return resultMap[Math.floor(score / 10)];
}

/*版本三 使用字符串+字典模式*/
function transformScore(score) {
    return 'DCBAA'[(Math.floor(score / 10)) - 6];
}

/*版本四 使用ASCII码转换*/
function transformScore(score) {
    return score === 100 ? 'A' : String.fromCharCode(74 - Math.floor(score/10));
}
```

上述代码展示的四个版本中，版本三仅仅是转换结果较为简单时的一种特殊情况，相比之下，更推荐的做法是使用版本二的模式，尽管其看起来不如后两种版本简洁。也许有人会觉得版本四那样的代码很酷，但事实上它不仅增加了其他开发人员的理解难度，性能也不如其他几种版本。没有人会因为这样的代码而对你刮目相看，因为它怎么看都像是过分卖弄，好代码的首要条件必须是清晰且可读的。

犯罪心理学中著名的"破窗效应"并不仅仅适用于犯罪行为，符合这个法则的例子在生活中随处可见，对于软件工程来说也不例外。如果团队中定期组织开发人员进行代码检视，每个人都坚持依照规范来修正自己代码中不够好的部分，长此以往，整个工程文件就会保持在一个相对规范的状态，那么大家就可以把关注点聚焦在业务逻辑的复杂性和代码的健壮性上。一旦有人放松要求，开始贡献劣质代码，很快其他人就会降低对代码质量的要求，每个人都会觉得代码整体质量的恶化不是自己一个人造成的，不久之后整个项目的代码就会变得难以维护。很多时候，技术不得不为业务"开绿灯"，如果因为紧急情况来不及进行代码检视就发布上线，这时负责人最好让相关开发者在接下来的一周内完成代码检视和问题修复并主动公示，否则你将会发现越来越多的人以此为借口来绕开代码检视的环节。

拓展知识　破窗效应⊖是一个犯罪心理学理论，它认为如果放任环境中的不良现象存在，则会诱使人们效尤，甚至变本加厉。以一幢有少许破窗的建筑为例，如果那些窗户不及时修理好，可能就会引发破坏者故意破坏更多窗户。最终他们甚至还会闯入建筑物内，

⊖　摘录自百度百科。

> 如果发现无人居住，也许就会在那里定居或纵火。再比如，如果一面墙上出现了一些涂鸦并且没有及时清洗掉，很快墙上就会布满乱七八糟、不堪入目的内容；如果一条人行道上有些许纸屑，不久之后就会有更多的垃圾，最终人们会理所应当地将垃圾顺手丢在地上。这些现象所表述的，就是犯罪心理学中的破窗效应。

在工程实践中你会发现，即使花费再多的精力去制定和完善编码规范，并不断组织学习和宣讲，也依然很难奢求此规范获得所有人的重视，因为在很多开发者的眼里，这属于"无关紧要的小事"。当一个人意识不到某些事情的重要性时，将事情的结果寄托在强制要求和自觉性上是一种不明智的做法。我们要做的是使用正确的工具来简化这一过程，这就好比是不断叮咛别人吃苹果与你把苹果洗干净递到别人手里的区别——"不想吃苹果"的意思其实只是"不想洗苹果"而已。前端领域已经提供了很多成熟的工具，我们只需要学习其用法，并将团队的开发规范融入进去即可，这样做的好处非常明显，具体说明如下。

- ❏ 不同语言的开发者喜欢使用不同的开发工具，随着现代化开发中多语言混合开发的场景日益增多，配置文件能够帮助团队成员突破编辑器的限制而遵循相同的规则。
- ❏ 能够节省代码评审的时间，我们可以安全地忽略与代码风格相关的所有问题，并专注于开发者真正需要关注的的事情，例如，代码的结构、语义、耦合度等。
- ❏ 能够发现语法错误和一般类型错误、未定义的变量，等等，我们可以根据团队的实际情况启用不同的检查规则，事实上，ESLint 官方公布的可开启和关闭的规则就多达 200 条。
- ❏ 为工具设置配置文件几乎是一次性的工作，但其节省时间的作用却是持久化的。

下面就来学习如何利用各种辅助工具为团队制定编码规范。

3.2　用 editorconfig 配置 IDE

本节先来了解 editorconfig 这种相对古老的工具。

editorconfig 不是一个软件，而是一个名为".editorconfig"的自定义文件，它可以用来定义项目的编码规范，编辑器的行为会与".editorconfig"文件中的定义保持一致。其优先级比编辑器自身的设置还要高，而且支持各种 IDE，这一点在多人合作开发项目中非常重要。你可以在官方网站⊖上下载自己喜欢的编辑器插件，当你打开一个文件时，editorconfig 插件就会在打开文件的目录和每一级的父目录中查找名为".editorconfig"的文件，直到某个配置文件中设置了"root=true"。通常，我们只会在项目文件夹的根路径下放置一份规则文件。如果没有找到，就遵循编辑器自身的规定。当然，如果团队成员所用的编辑器不一样，则很有可能会造成代码格式的差异性。

　　⊖　editorconfig 官网地址：https://editorconfig.org/。

拓展知识　在 Linux 中，我们可以直接使用 touch 命令生成一个".editorconfig"文件，但是 Windows 操作系统是不支持这样写的，同时也不支持在重命名时使用以点号开头的名称。我们可以使用支持 Shell 的命令行工具来执行 touch 命令（例如 cmder），或者将文件命名为".editorconfig."（前后各有一个点），这样系统就会自动将其保存为".editorconfig"文件，然后用编辑器打开即可对其内容进行编辑。当然在大多数 IDE 中，也可以直接创建这种命名风格的新文件。

3.2.1　基本语法及属性

editorconfig 配置文件需要使用 UTF-8 字符集进行编码，以回车符或换行符作为一行的分隔符，以斜线（/）作为路径分隔符，基本语法如下。

- ❏ #：表示注释。
- ❏ *：匹配除斜线（/）之外的任意字符。
- ❏ **：匹配任意字符串。
- ❏ ?：匹配任意单个字符。
- ❏ [name]：匹配 name 字符串。
- ❏ [!name]：匹配非 name 字符串。
- ❏ {S1,S2,S3}：匹配任意给定的字符串。

editorconfig 支持的属性及其说明具体如下。

- ❏ root：表明是最顶层的配置文件，设置为 true 时，会停止继续向上查找。
- ❏ indent_style：设置缩进风格为制表符缩进或空格缩进。
- ❏ indent_size：缩进宽度，即列数。如果 indent_style 为 tab（制表符缩进），则默认等于 tab_width。
- ❏ tab_width：设置 tab 的列数。默认为 indent_size。
- ❏ end_of_line：换行符，lf、cr 或 crlf。
- ❏ charset：编码格式，支持 Latin1、UTF-8 等。
- ❏ trim_trailing_whitespace：设置为 true 时，会除去换行行首的空白字符，对".md"格式有明显作用。
- ❏ insert_final_newline：设置为 true 时，表明文件以一个空白行结尾。

3.2.2　配置实例

下面先看一个最基本的例子，示例代码如下：

```
# 根据 editorconfig配置
root = true

# 使用Unix风格的换行符标记换行，并自动在每个文件末插入一个空行
```

```
[*]
end_of_line = lf
insert_final_newline = true

# 匹配多种指定格式的文件
# 设置默认字符集
[*.{js,html,css}]
charset = utf-8

# 设置缩进格式
[*.js]
indent_style = space
indent_size = 4
```

上述配置实例非常简单，不需要多做解释。也许有读者会觉得 editorconfig 所做的事情微不足道，甚至好像没什么用，这很有可能是因为你还没有接触过适配不同的操作系统或者对整个文件进行字符串解析之类的任务。在"需要区分文件中的每一个字符到底代表什么"的开发任务中，统一的字符使用风格会带来极大的便利，这样就不用担心新老程序员对于缩进风格的偏好不同，或者源代码没有经过构建，或者因为没有运行某个自动化脚本而错过了自动纠正的环节等会造成文件风格不一致的问题。无论团队成员使用的是哪一款编辑器，我们几乎都可以利用这样一份配置文件，使得指定文件夹中的文件满足最基本的风格规范。

3.3　使用 ESLint 规范编程风格

editorconfig 只对程序文件的通用基本格式进行了限制，并不关心某个编程语言自身的语法特性，而 ESLint 可以说是专为 JavaScript 服务的代码检查工具。ESLint 通过对工程目录中的 js 或 jsx 文件执行自动扫描来查找常见的语法和代码风格错误（安装插件后即可支持 ts 和 tsx），并根据用户设定的报警等级给出提示，甚至还可以配置自动修复策略。它的整体架构是一个插件平台，这就意味着我们可以只让自己期望的检测规范生效，或者编写自己团队专属的检测规范，而不是被动地接受某些设定。当然，如果你觉得配置很烦琐，也可以直接下载一些知名的前端技术团队开源的配置文件来使用。

另一方面，ESLint 的流行得益于其广泛支持的集成方式，我们不仅可以通过编辑器插件使用它，也可以直接在命令行中启用它，或者配合各种自动化构建工具及 API 通过编写代码的方式将它接入自己的前端工程化体系中。ESLint 具有如此广泛的适用性，可以称得上是业界良心了。

3.3.1　配置文件和规则集

ESLint 可以支持如下两种配置方式。

❑ 注释配置：直接使用 JavaScript 注释把配置信息嵌入代码源文件中。

❑ 文件配置：使用 JavaScript、JSON 或 YAML 文件格式为整个目录配置 ".eslintrc.*" 文件来存放配置信息。

通常建议的策略是使用文件配置的方式来编写配置，而在特定的场合下，使用注释配置的方式可以避开某些检测项目。我们可以在安装 ESLint 工具后，使用 "eslint --init" 命令初始化生成一个配置文件，只需要根据向导的提示做一些选择，就能够得到一个 eslintrc 配置文件。ESLint 拥有很多配置项，官方网站上提供了非常详细的使用说明，虽然烦琐但并不复杂，本书就不再赘述了，仅针对其检测规则集配置项 rules 进行说明，规则集的配置格式如下：

```
rules:{
    "规则名" : [规则值，规则配置]
}
//规则值支持:"off"或0表示关闭，"warn"或1表示告警，"error"或2表示错误
```

下面展示的是一份配置好的 ".eslintrc.js" 文件（以 JavaScript 格式为例）：

```
module.exports = {
    //根级设置，全局生效
    "root":true,
    //设置支持的环境，支持的环境激活后会提供一组特定环境的预定义全局变量
    "env":{
        "browser":true,
        "node":true
    },
    //要检查的规则集
    "rules":{
        // 进行条件判断时，强制使用"==="或"! ==",告警级别为"错误"
        "eqeqeq" : 2,
        // 禁止在条件表达式中出现赋值语句，告警级别为"错误"
        "no-cond-assign" : 2,
        // 禁止使用alert()方法，告警级别为"警告"
        "no-alert" : 1,
        // 禁止使用eval方法，告警级别为"错误"
        "no-eval" : 2
    }
}
```

把上面的配置文件放在项目的根目录下，通过任何一种方式启用 ESLint 对代码进行检查，都会得到上述几个规则的检测结果，开发者一般会选择在 IDE 中安装 ESLint 插件的方式来使用。官方提供的可选检测规则多达 200 条，我们可以从中筛选出自己需要的规则，或者下载共享配置文件，然后通过配置文件中的 "extends" 字段来启用官方推荐的规则，或者使用某些知名的前端团队提供的开源规则集。例如，下面的配置就会默认启用 ESLint 官方推荐的规则（即官方网站的规则集中所有带有绿色对号标记的规则）：

```
"extends" : "eslint:recommended"
```

如果在某些特殊场景中，需要有针对性地避开某些检测规则（而不是对整个工程禁用某项检测），则可以使用下面的语法在源代码中进行注释：

```
alert('foo'); /* eslint-disable-line no-alert*/

/*eslint-disable-next-line no-alert*/
alert('foo');
```

3.3.2　ESLint 插件开发实战

ESLint 官方提供的校验规则大多是细粒度的原子型规则，我们可以自由地将其组合为自己需要的集合。但仅仅这样还不足以保障团队的代码质量，ESLint 更多地是在多人协作开发中约束代码风格的一致性，它的约束范围有一定的限度，像是团队内部达成的约定或是最佳实践的沉淀，如果没有工具层面的保障，新人很有可能会因为不了解约定而无法写出符合要求的代码。如果我们将一些代码检视中反复出现的问题收集起来，并通过 ESLint 自定义插件来进行检查并给出提示，通常就能有效地减少代码检视中大量重复问题或低级问题的干扰，这样一来，开发者也能够将更多精力放在设计模式上或者深入业务场景打磨产品。这些才是开发人员真正需要去关注和思考的部分。

假设团队中的新人在编码时想要实现判断变量是否为数组的功能，但由于不熟悉 ES6 的语法，他可能并不知道直接使用 Array.isArray() 这个原生方法就能够实现该功能，于是转而使用 Lodash 提供的 isArray 方法，然而由于其不知道 Lodash 可以分模块引入指定方法，也不知道使用 webpack 插件可以在不修改代码的情况下达到同样的目的（使用 lodash-webpack-plugin 和 babel-plugin-lodash），于是他直接全量引用了 Lodash 库，导致包体积增大。这种问题并不是错误，但类似的问题如果大量出现，势必会加重代码维护的负担，还可能影响构建产物的质量。笔者在实际工作中也曾遇到过这样的场景，在针对打包产物进行性能优化时，仅仅是针对 Lodash 体积的优化，就让打包产物的体积减小了近 70KB，要知道完整的 Vue2 框架的大小也不过才 80KB。

关于如何使用 ESLint 插件进行开发，可以参考笔者发表在掘金社区的文章《使用 ESLint 自定义插件保障团队最佳实践有效落地》，其中详细介绍了 ESLint 插件开发和使用的相关知识，本文中就不再展开讲解了。

3.3.3　初学者的修行

如果你是一名初学者，千万不要因为自己浏览了官方文档，并产出了一份能够生效的".eslintrc"配置文件，就觉得自己已经掌握了 ESLint，因为即使是非前端开发者也能轻松做到这一点。想要真正掌握它，需要更多的修炼。官方文档为每一条 ESLint 规则编写了非常详细的说明，并给出了对比示例代码，建议花点时间逐条仔细地去研究和学习，尽可能了解每条规则背后所隐藏的 JavaScript 语言的基础知识或编程原则。这是一个非常庞大的工程，不可能一蹴而就。比如，为了搞清楚一个简单的"eqeqeq"规则，可能需要花费很长的时间去学习"隐式类型转换"的知识，但是请不要跳过它们，很多从事前端开发工作好几年的工程师依然搞不清楚它底层所依赖的"抽象比较算法"是如何运行的。笔者在学习这些规则的时候，每天午饭后阅读 5～10 条规则，然后把有疑惑的部分记录下来，晚上下班后再花 20min 左右的时间查找资料，如果扩展资料太多就收藏下来等到周末统一消化，最终的效果非常好，因此强烈推荐这个方法，这样用一个月左右的时间就能学习完整个规则集。当你完成的时候，就会明白这样学习的意义所在。

3.4 新秀工具 Prettier

Prettier 是一个调整前端开发中常见文件格式的格式化工具，官方还提供了针对其他编程语言的扩展插件。Prettier 可用于扫描文件中的格式问题，并自动重新格式化代码，以确保缩进、间距、分号、单双引号等遵循一致的规则，可以将它看作升级版的 editorconfig，但 Prettier 的使用方式更加多元化，对于排版格式的控制粒度也更细，支持命令行、nodeAPI、ESLint 插件等多种引入方式，是一个非常适合前端开发的新秀工具。正如官方网站的指南中所描述的那样，"使用 Prettier 最大的理由就是它可以终止所有现存的有关格式的争论"。

Prettier 从安装、配置再到使用，整个过程与 ESLint 极其相似，浏览一下官方文档，你会发现很容易上手使用。需要注意的是，如果希望它能够与自己的代码编辑器配合使用，则仍然需要从官网下载对应编辑器的插件。一个典型的".prettierrc"配置文件是下面这样的（完整的配置项可以查阅官方文档）：

```
{
    "printWidth":80,            //每一行字符数，超出后会启用换行策略
    "tabWidth":4,               //每个Tab代表几个空格
    "useTabs":false,            //是否使用Tab进行缩进，默认为false，即使用空格进行缩进
    "semi":false,               //是否在语句后强制加分号
    "singleQuote":true,         //字符串是否使用单引号
    "trailingComma":none,       //是否去除末尾逗号
    "bracketSpacing":true,      //对象字面量的大括号与内容之间是否自动添加空格
}
```

如果已经在全局安装了 Prettier 工具，那么只需要在项目的根目录下开启命令行，并输入"Prettier"就可以进行代码的格式化了。对于在初始化时就使用了 Prettier 工具的项目，建议直接在 IDE 中将其配置为"保存时自动格式化"的形式。

拓展知识 ESLint 和 Prettier 是非常好的搭档，尽管有时候因为配置的问题可能会在检查项上出现冲突，这种时候根据实际要求关闭其中一个的检查项即可。总之，ESLint 更倾向于发现和修复语言本身相关的漏洞或风险，而 Prettier 关注的则是格式和排版风格方面的一致性，两者各司其职。

3.5　静态类型检查工具的实现原理

代码检查是一种静态分析的方法，用于寻找有问题的模式或代码。代码检查工具极大地提高了开发者代码评审的效率，并有效减少了工作量，在享受它带来的便利性的同时，我们也应该思考它是如何实现检查功能的。如果你使用过 Node.js，就不难想到通过 fs 模块也可以将整个文件以字符串的形式读取到我们的程序中，那么拿到字符串文本之后，又该如何分析呢？事实上，这个问题会引出前端领域一个非常重要，对于初级开发者而言却非常陌生的概念——编译，它不仅仅是 ESLint 的基础，包括大名鼎鼎的 Babel、webpack 以及你每天都在用的 Vue、Angular、React 框架都离不开这个重要的知识点。

3.5.1　编译语言和解释语言

编程语言可分为编译语言和解释语言。无论哪种语言，在最终执行前都会被翻译成机器能够识别的机器码，但编译语言和解释语言被翻译的时机是不同的。举例来说，编译语言就像是先做好一桌菜再开吃，而解释语言则更像是吃火锅，边煮边吃，所以也就不难理解为什么解释语言在运行时效率更低了。

编译语言在编写完成后并不能直接使用，而是需要先将其编译为计算机可以识别的机器码，这样计算机才能够运行高级语言所实现的功能。由于其提前完成了翻译工作，所以执行的时候速度更快，但缺点也是显而易见的，因为不同的平台能够识别的机器码并不相同，所需要的编译器也不一样。所以，高级语言会使用一种被称为"字节码"的技术将高级语言所编写的程序编译为虚拟机能够识别的中间状态的二进制编码，而将跨平台的兼容性放在虚拟机中来实现，从而兼顾编程语言的跨平台特性和运行效率。而解释语言则会在执行虚拟机中一边翻译一边执行，也就是我们常说的即时编译（Just-In-Time Compilation），不难理解其优缺点与编译语言正好是对立的。JavaScript 就是一种解释型语言。

3.5.2　编译流程

传统编译型语言的编译过程大致需要经过如下几个典型阶段。

1. 分词分析 (Lexical Analysis) 阶段

编译器将字符串序列分割成若干个具有一定意义的字符串单元，也称为词法单元（token），分词所依赖的策略会依据不同语言的特点来制定，其结果一般会以数组的形式标记出每个词法单元的类型和原始字符串，比如，某个编译器可能会使用 identifier（标识符）、number（数值）、operator（操作符）、punctuation（标点符号）等来标识词法单元的类型。

2. 语法分析 (Syntactic Analysis) 阶段

语法分析是在词法分析的基础上进行的，它会尝试将词法单元组合成为符合一定语法规范的语句，如果词法单元的序列无法拼接成合法的语法，就说明源程序出现了语法错误。比如在

JavaScript 语法中，一个标识符加上一个等号，再加上一个数值或者另一个标识符，就可以组成一个赋值语句。语法分析转换后的形式一般称为"抽象语法树"（Abstract Syntax Tree，AST）。

3. 遍历分析（Traversal Analysis）阶段

遍历分析是在抽象语法树的基础上进行的，其依据一个自定义的策略集合（可能是语法转换策略，也可能是针对抽象语法树中某些特定类型节点的检查或优化策略）对相应的部分进行操作，我们可以对抽象语法树中的节点进行增删改查操作（如果你已经掌握了一些基本的数据结构和算法知识，就不难意识到，抽象语法树的本质就是树，所有对于树型结构的抽象理论和运算都可以用于抽象语法树）。

4. 代码生成（Code Generation）阶段

在这个阶段中，编译器会将抽象语法树转换为可执行代码，或者一组机器指令，这个过程与使用的平台密切相关，当你在编译参数中指定不同的适用系统时，最终生成的结果通常也不相同。这就好像是我们熟悉的 React，在架构设计中就引入了独立的渲染层，引入不同的渲染器模块可以将同样的应用层代码渲染到不同的平台中。同理，当我们使用不同的代码生成器时，理论上也可以将同一个抽象语法树结构转换为其他语言的代码。

3.5.3　编译简单的 JavaScript 程序

本节将通过一段简单的示例代码来展示编译过程，它能够帮助我们更直观地理解编译器的工作：

```
/*源代码*/
var a = 1;

/**
* 1.词法分析：
* type-词法类型，
* value-原始字符串，
* start-词法单元开始位置，
* end-词法单元结束位置
*/

[
    {type:'Keyword', value:'var', start:0, end:3},
    {type:'Identifier', value:'a', start:4, end:5},
    {type:'Punctuator', value:'=', start:6, end:7},
    {type:'Numeric', value:'1', start:8, end:9},
    {type:'Punctuator', value:';', start:9, end:10}
]

/**
* 2.语法分析：
* type:'Program'程序段，
* type:'VariableDeclaration'-变量声明语句，
```

```
* type:'VariableDeclarator'-变量声明表达式,
* type:'Identifier'-标识符,
* type:'Literal'-字面量
*/

{
    "type": "Program",
    "start": 0,
    "end": 10,
    "body": [
        {
            "type": "VariableDeclaration",
            "start": 0,
            "end": 10,
            "declarations": [
                {
                    "type": "VariableDeclarator",
                    "start": 4,
                    "end": 9,
                    "id": {
                        "type": "Identifier",
                        "start": 4,
                        "end": 5,
                        "name": "a"
                    },
                    "init": {
                        "type": "Literal",
                        "start": 8,
                        "end": 9,
                        "value": 1,
                        "raw": "1"
                    }
                }
            ],
            "kind": "var"
        }
    ],
    "sourceType": "module"
}
```

　　看到抽象语法树的"庐山真面目"后,代码静态类型检查的实现思路就变得很清晰了,下面试着用伪代码实现一些常见的静态类型检查项目:

```
//1.声明变量时必须为其赋初始值
if (node.type === 'VariableDeclarator' && node.init === null){
    console.log('变量必须初始化');
}

//2.每一个变量声明语句只能声明一个变量
if (node.type === 'VariableDeclaration' && node.declarations.length > 1){
    console.log('存在声明语句声明了多个变量的情况');
```

```
    }

//3.标识符指向对象类型时，变量需要用关键字const进行声明
if (node.type === 'VariableDeclaration'){
    node.declarations.map(declarator=>{
        if (declarator.init
            && declarator.init.type === 'ObjectExpression'
            && node.kind !== 'const'){
            console.log('标识符指向对象时需要使用const进行声明');
        }
    });
}
```

可能有读者已经察觉到，对于编译过程来说，代码本身就是数据。上面的过程只演示了抽象语法树分析工作的冰山一角，我们还需要学习一些树结构遍历的基本算法，才能对抽象语法树的遍历分析有更好的理解。至此，编译工作还差最后一步，那就是生产代码。这个环节比较神奇，抽象语法树实际上是一个关键信息的聚合结构，换句话说，它与语言并不是强耦合的。对于抽象语法树里的每一种语法类型，编译器都会有对应的代码字符串生成策略（当然，有的策略是依赖于配置参数的），假如我们的编译目标是"中文"或"机器码"，那么最终产生的代码可能会是下面这个样子：

```
//假设从'VariableDeclarator'节点开始分析

/**
* 编译成中文
* 生成策略：`变量声明 ${node.id.name} 初始化赋值为 ${node.init.value} ;`
* 输出结果：变量声明 a 初始化赋值 为 1 ;
*/


/**
* 编译成机器码
* 生成策略：(略)
* 输出结果：01001001 00101010......
*/
```

生成了代码之后，只需要将它写到编译结果目录下的指定文件中即可，这个步骤通常称为"emit"。至此，我们完成了一段简易的 JavaScript 代码的编译工作。你可以在 astexplorer. net 网站上方便地将 JavaScript 代码转换为抽象语法树，从而了解其他语法的转换结果。

 拓展知识　掌握编译原理是初级前端开发者进阶非常重要的知识储备，前端领域的所有重要技术几乎都与它有关，但其学习难度也非常大。如果你对相关的内容感兴趣，可以从下面几个项目着手学习。

（1）The-Super-Tiny-Compiler[⊖]

这个项目在 GitHub 上有 2.1 万颗星星，它实现了一个极简却"五脏俱全"的编译器，

⊖ 源代码仓库地址：https://github.com/jamiebuilds/the-super-tiny-compiler。

代码中包含非常丰富的注释和知识讲解，建议反复观摩源代码来学习，直到能够自行实现或默写。

（2）Espree

它是著名的 JavaScript 代码编译工具，也是 ESLint 使用的解析器，可以调用它提供的方法来查看一些典型的代码分词结果和抽象语法树。

（3）Acorn

大名鼎鼎的 Babel 在版本升级中基于 Acorn 解析器定制了自己的 @babel/parser，如果你对抽象语法树的解析效率感兴趣，可以自行研究、对比不同的解析器。

（4）ASTexplorer

在线 AST 转换工具，可以实时地将 JavaScript 代码转换成为抽象语法树，当开发者编写 ESLint 插件或是 Babel 插件等任何依赖于 AST 转换的工具时，经常会使用它来查看目标节点的类型。

（5）"编译原理"公开课

如果时间和精力都允许，可以尝试观看斯坦福大学的"编译原理"公开课，以便系统地学习编译相关知识，当然大多数前端工程师可能并没有机会使用到这么深入的知识，斯坦福大学的官方线上学习平台⊖或 B 站⊜上都可以找到相关视频（B 站有中文字幕）。

⊖ online.stanford.edu/lagunita-learning-platform 斯坦福大学官方在线学习平台，其中包含了大量计算机相关课程。
⊜ bilibili.com，知名视频网站。

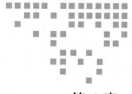

模块演义与 Require.js

JavaScript 最初并没有提供模块化规范，可能连它的设计者都没有指望让它承担过重的任务，但随着前端的发展，JavaScript 逐渐承担起完整应用的开发工作，这必然会带来模块划分和管理的需求。JavaScript 社区出现了很多模块化解决方案，这让许多非专业前端开发者感到很混乱。旧的模块化解决方案都是利用 JavaScript 自身的特性模拟出来的，它们无一例外都有着奇怪的语法，且无法在浏览器环境中直接使用，更别提社区里先后出现的 CMD、AMD、UMD 等多种模块化方案，想要分清楚真的很难。好不容易等到 ES6 标准提出解决方案，却又在工程实践中因为种种问题而未能统一实行，如果你查看过 webpack 的打包产物，就会发现其中内置了一个实现了 CommonJS 规范的简易加载器，它可使打包产物运行在浏览器中，而开发过程中使用 ES Module 的语法（指通过 import 关键字来引入模块，export 关键字来导出模块）仅仅是为了方便理解，对应的模块会在 webpack 打包的过程中被转换为 CommonJS 模块。直到 2021 年，基于 ES Module 的构建工具才开始在开发环境中崭露头角，它借助跨语言的优势将构建速度提升了几十倍，不过要在生产环境中稳定使用还需要一些时间。目前，许多前端工程师对于模块化的认知仅仅是"打包工具会处理好它们的"。

要想掌握模块化的知识，需要明确的一个最重要的原则就是："即使没有模块化，业务逻辑代码也是能正常运行的"。在不同的模块化标准中，我们用不同的外层代码结构包裹着自己编写的业务逻辑代码，相信你也曾有过这样的疑惑，明明是代码在承载着业务逻辑，即使不用外层代码结构来包裹，它也依然可以正常运行，模块化相关的代码并没有增加任何业务逻辑，为什么还要画蛇添足呢？你的疑惑是有道理的，但模块化规范的出现，本身就是软件工程的一种诉求，它的目的是提高工程层面的可维护性，并不会直接面向业务逻辑场景。本章就从前端开发领域最初面临的问题开始，来看看对模块化的诉求是如何产生的，再分别讲述各种模块化标准是如何处理这些诉求的，Require.js 是 AMD 模块化规范的实现，本章的最后将以它为例讲解包模块管理工具的用法和原理。

4.1 模块化的需求推演

本节将为你介绍 JavaScript 最初面对模块化诉求时的解决方案及其存在的问题。

4.1.1 script 标签

在 ES Module 模块化标准出现以前，JavaScript 本身并没有提供任何模块化规范，当我们需要在项目中添加多个依赖时，往往是通过大量的由上到下并列排布的 <script> 标签来实现的，很容易在旧代码中看到类似下面这样的代码片段：

```
<link rel="stylesheet" href="./lib/bootstrap.min.css">
<link rel="stylesheet" href="./lib/bootstrap-theme.min.css">
<link rel="stylesheet" href="./lib/jQuery-table.min.css">
<link rel="stylesheet" href="./lib/flat-ui.min.css">
...
<script src="./lib/js/jQuery.min.js"></script>
<script src="./lib/js/underscore.min.js"></script>
<script src="./lib/js/bootstrap.min.js"></script>
<script src="./lib/js/jQuery-table.min.js"></script>
<script src="./lib/js/echarts.min.js"></script>
<script src="./lib/js/angularjs.min.js"></script>
```

十年前非常流行的 jQuery 和 Bootstrap 都拥有极好的插件生态，许多现成的第三方库都可以直接拿来使用，开发者普遍使用上面的方式来引用多个脚本文件。即使是在现代开发中，许多非专业的前端开发者也仍然非常喜欢使用这种方式来引入外部文件，因为这样即使不学习前端构建工具和各种脚手架工具，也很快就可以让自己编写的脚本在浏览器中运行，而且效果还不错。随着项目中的代码日渐增多，这种原始的依赖管理方案的弊端就会逐渐显现出来。如果 <script> 标签上没有设置任何延迟执行的属性（defer 或 async 属性），那么 <script> 标签的执行就会阻塞文档对象模型（Document Object Model，即 DOM 对象）的解析，加载的脚本文件越多，页面完成初始化的时间就会越长，所以我们经常会看到 <script> 标签被放在 <body> 标签之后，这可让网站首屏的内容信息先完成解析渲染，再为页面增加交互，因为交互和逻辑能力的增加对用户而言在视觉上几乎是无感知的。

尽管多个 <script> 标签看似将不同的代码块隔离到了不同的文件中，但这层代码就像窗户纸一样一捅就破，每一个由 <script> 标签引入的脚本文件实际上都是直接暴露在同一个全局作用域之下的，这就意味着如果参与合作的开发者在自己的脚本代码中使用了其他某个文件使用过的标识符，那么只有最后一个被引入的脚本中的定义会生效，而先引入的脚本中的定义全都会被覆盖掉，由此引发的混乱可想而知。在现代化基于构建的前端工程体系中，应用程序的入口已经转移到了 JavaScript 中，多模块加载顺序和并发请求限制数的问题也将通过 JavaScript 基础工具来实现。

4.1.2　代码隔离

为了满足代码隔离的基本需求，业内出现了以立即执行函数（Immediately Invoked Function Expression，IIFE）为模块包装的第一代模块化解决方案，它的基本代码结构如下：

```
;(function(window, undefined){
    //...具体的业务逻辑代码
})(window);
```

在 ES6 标准之前，JavaScript 只能使用函数来划分作用域，也就是说 JavaScript 需要借助函数来解决多人协作时的代码隔离问题。上面的代码结构看似简单，却包含了非常多的基础知识点，下面就来详细说明。

1. 开头的分号

在代码段的开头添加分号，是早期的代码合并工具引发的。浏览器在加载网站资源时，同一个域名下的并发连接数是有上限的（一般为 6 个），例如，你的网站引用了 7 个外部资源，那么前 6 个资源会先行下载，等到其中一个完成下载后，第 7 个文件才会开始下载。为了提升加载性能，早期的合并工具会将多个脚本文件合并压缩并生成一个文件，但此时定义当前模块的 function 语句就会与前一个模块结尾的语句连在一起被解析，这就会引发错误。合并后的脚本文件往往都是经过变量替换的，开发者也很难在生成的文件中手动解决这些错误。而在自执行函数的开头添加一个分号，就能有效避免这种问题。

2. 立即执行函数

上述代码的主体是一段立即执行函数，也就是我们常说的 IIFE，小括号将 function(){}定义语句括起来，这个括号的作用是将函数定义变成一个表达式（当然这并不是唯一的方法），紧接其后的括号里的是函数调用语句，这个匿名函数会在定义后直接运行。这样，函数体中使用的标识符就都只在当前函数作用域有效了，立即执行函数就是通过这种方式来达到代码隔离效果的。

3. 函数的形参和实参

许多开发者最初会被这个写法中的两个"window"搞得晕头转向，实际上只要分清楚形参和实参，就比较容易区分它们了。在代码中创建一个函数时，写在参数列表里的参数称为"形式参数（简称形参）"，它代表你调用这个函数时所传入的实际参数，无论传入的那个实际参数的真实名称是什么，在当前定义的函数体范围内都可以用形参的名称代表它。稍微改动一下上面的例子，就更容易看清楚了：

```
;(function(global, undefined){
    //...具体的业务逻辑代码
})(window);
```

改动之后，在函数体范围内，"global"这个标识符就代表了传入的"window"参数，即真实的全局对象，如果你在实参处传入 Math 对象，那么函数体范围内的"global"就代表了 Math，它只在自执行函数封闭作用域中有意义。

4. undefined

我们知道"undefined"在 JavaScript 语言中是一个关键字，不仅如此，它还是全局对象的一个属性，它的值被定义为"undefined"。在低版本的浏览器中，它是可以被赋值修改的，一旦有人恶意修改了"undefined"这个属性的值，那么你写在代码里的所有针对"undefined"的判断逻辑就会混乱。由于立即执行函数中的最后一个形参没有对应于任何值，因此其会被自动赋值为真正的"undefined"，以避免上述风险。另一方面，"undefined"作为形参时，一些代码压缩工具也会对其进行有效的压缩和变量替换，从而减小文件体积，所以在第三方工具库的脚本文件中，我们经常会看到这种书写风格。在 JavaScript 中可以使用"void 0"来得到真实的"undefined"。

5. 与外部作用域的通信

如果我们将所有的模块代码都编写在自执行函数中，那么函数执行结束后，这些模块代码就会被销毁，其中的某些执行结果或定义的方法又该如何传达给外界呢？常见的方法有以下两种。第一，函数实参为对象类型时，函数体内只保留对原对象的引用，对实参执行的所有操作都会直接影响到原对象。这就好比是在上面的模型中，我们在函数体内定义了一些方法，然后把它挂载在"window"对象的某个命名空间下，这时我们所挂载的目标对象实际上是外层"window"对象的引用，所以在函数执行完毕后，它对"window"对象的影响也会保留下来，因为销毁的只是对它的一个引用，就好像你在系统中删除了一个快捷方式的图标一样。第二，在形式上更贴近模块化规范，自执行函数也是一个函数，它是可以有返回值的，我们可以把自执行函数内部定义的方法通过"return"语句返回，然后将其赋值给另一个变量，这样函数内部的值或方法就可以传递到函数外部了。需要注意的是，在 IIFE 函数体中书写的对于 global 变量的赋值并不会影响外部的全局对象，它只会让 global 这个本地变量指向堆内存中的另一个地址，只有当你对 global 变量的某个属性进行赋值操作时，相应的值才会出现在全局对象上，这也是初学者非常容易忽略的知识。

4.1.3 依赖管理

借助于前文中介绍的模块化方案，我们能够在一定程度上解决代码隔离的问题，然而，当完整的代码被划分为模块以后，我们又需要对模块的加载顺序和相互之间的依赖关系进行管理。这件事情乍看起来似乎并没有那么重要，在项目依赖较少时，我们可以通过手动排序来避免冲突，随后每一次增加外部依赖，几乎都是按次序继续写在已有的 <script> 标签之下，那么为什么要对依赖关系图进行解析管理呢？

首先，需要明确的是，尽管 HTML 标准为 <script> 标签的 async 和 defer 这两个异步加载的属性使得加载脚本时可以不阻塞主线程，但浏览器在实现上并不是完全遵循标准的，每个浏览器在实现层面都会以自己的方式对加载和执行的过程进行优化。在真实的使用场景中，基于浏览器的不同和网络条件的差异，<script> 标签的异步属性对脚本加载顺序的影响是不稳定的，这就让开发者陷入了一个两难的境地，同步加载的话会导致页面的等待时间越来越长，异步加载的话依赖关系又会无法保障。常规的脚本在加载完成后就会自动执行，如果访问的模块还没有解析就会引发错误。如果不同模块的依赖关系非常明确，我们就可以在代码层面对这种依赖关系进行强制加载，并对执行顺序进行限制，这样做能够尽量避免环境差异带来的影响，提高代码的健壮性和稳定性，同时清晰的依赖关系也是代码优化所需要的重要信息。

当然，成熟的模块化工具还会添加许多工程化的特性，例如，在测试模式下自动为请求增加时间戳，为请求打上自定义 LogID 等。模块化最基本的诉求是解决代码隔离和依赖管理两大问题，4.2 节将具体介绍各种 JavaScript 模块化规范。

4.2　模块规范大杂烩

本节将对几种常见的 JavaScript 模块化方案进行简单的对比和讨论。

4.2.1　概述

初级开发者在理解非标准的前端模块化时之所以会感到非常吃力，并不是因为模块化规范本身有多复杂，所谓规范不过是一种约定，对如何定义模块、如何加载模块和如何管理模块的一种约定，即使你的开发经验还不足以理解规范中的每一条要求，仅仅遵从规范要求的格式来编写代码也并不难做到，况且模块化规范中定义的 API 非常少。事实上，前端模块化的困难在于规范和实现的分离所带来的一系列工程层面的兼容性问题。

我们先来直观感受一下几种主流的模块化管理方案对应的代码：

```
// 在AMD规范下引用模块
require(['axios'],function(axios){})

// 在CMD规范下引用模块
define(function(require){
    const axios = require('axios');
})

// 在CommonJS规范下引用模块
const axios = require('axios');

// 在ES Module规范下引用模块
import axios from faxios'x
```

我们在谈及 AMD、CMD 和 UMD 这几种模块定义规范时，事实上都只是在描述工程实践层面的约定，浏览器并没有对它们进行原生支持，也就是说，当你把一个 AMD 模块或

CMD 模块直接引入浏览器环境时，浏览器就会报错（UMD 模块因为可以兼容无模块化的工程，所以不会报错），因此你需要事先引入一个实现了某种模块化规范的库（AMD 标准使用 Require.js，CMD 标准使用 Sea.js），之后所引入的模块才能够被识别，相当于在运行时预制了模块化管理的代码，它并不受运行环境原生支持。这里有必要提一下 UMD 模块化规范，它并不是一种具体的规范，而是一种代码模式，遵循 UMD 规范的模块在加载时，会根据适用的 API 来推断当前工程所遵循的模块化规范，并以恰当的方式把封装在模块中的内容提供给引用者。

提起 CommonJS 规范（它是一个模块化规范，并不是外部类库），就不得不提起大名鼎鼎的 Node.js，它是一个 JavaScript 语言的服务端运行环境，Node.js 对 CommonJS 模块化规范提供了原生支持，这就意味着使用 JavaScript 进行服务端开发时，不需要借助任何外部类库，就可以实现模块化管理。遗憾的是，要想让浏览器识别 CommonJS 模块，通常还需要依赖于构建工具注入的模块加载器代码来实现。

随着 ES6 标准的出现，JavaScript 终于有了自己的模块化规范——ES Module 规范，这就意味着将来无论是在浏览器端还是在服务端进行开发，都可以遵从同样的模块化规范，然而这仅仅是一件看起来很美好的事情。随着前端自动化工具的日渐成熟，"构建"逐渐成为前端开发工作流中的标配，我们可以在源代码中编写符合 ES Module 规范的模块管理语法，或者是一些还未被正式发布的规范（例如懒加载语法的规范），甚至是自创的语句（例如 TypeScript 中独有的" import...require"模块引用语句），新的语法通常会更精简，然后通过各种构建工具编译来得到符合生产环境需求或是能够兼容指定浏览器版本的软件包。自动化工具带来的便利是可想而知的，随着浏览器支持度的升级，只需要在构建工具中调整一些参数，就可以直接从源代码中编译出符合新需求的生产环境代码，而不必担心由此引发的重构负担，等到 ES Module 的运行时方案稳定后，很容易实现技术方案的迁移。

4.2.2　几个重要的差异

1. AMD 规范和 CMD 规范

首先，强烈建议不要使用网络上流传的"异步"和"同步"的概念来记忆或是理解这两种规范，这只会带来更多的困扰。这两种规范使用的 API 非常相似，只是推崇的书写风格有差异而已。AMD 规范推崇模块依赖前置，也就是定义模块时，需要在依赖列表中列举出该模块依赖的其他外部模块。当模块被加载时，加载器会先确保所依赖的模块已被下载和执行，然后在执行当前模块时将这些解析后的模块注入进来（表现上就是当前模块执行时可以通过形参来访问注入的模块）。CMD 规范推崇在代码中就近编写依赖，它通过参数注入的方式为开发者提供了一个加载方法 require，开发者可以用它来引用其他模块，所实现的效果就是，被依赖的模块只有在被需要时才会去解析和执行。这里需要注意的是，无论是在何时执行所依赖模块的代码，依赖的模块文件都需要提前下载到本地，不同的只是执行的时机，这种差异在大多数运行场景中带来的差别几乎微乎其微，因为模块解析的耗时其实非常少。对比各种开发语言的包管理规范，显然开发者更容易接受 AMD 规范所提倡的前置依赖声明方式。另一方面，规范是比较抽象和严谨的，但代码实现上却可以相对灵活，例如，早期使用 Require.js 进行模块化管理时，既可以采用依赖前置的写法，也可以采用依赖就近的写法。现代化前端开发中几乎已经很少提及这两种模块化规范了，对开发者而言只需要稍作了解即可。

2. 懒执行和懒加载

当代码中需要引用一个体积较大的外部依赖时，无论是采用 AMD 规范还是 CMD 规范的方式来书写，对应模块的下载都是提前进行的，区别只是解析这个模块的时机，CMD 的机制通常称为"懒执行"，但由于模块解析相较于网络请求而言耗时非常短，因此这样的设计并没有表现出显著的差异。在另一种场景中，我们更希望代码首次加载时能够先忽略某个体积较大的库，等用户真正进入某个页面时再下载这个依赖文件，也就是开发者常说的"懒加载"技术，有时也称为"分包加载"。"分包加载"是一种宏观的异步行为，它不像 AMD 或 CMD 规范中要求的那样需要提前下载依赖，然后按需解析，而是当代码执行到需要外部依赖的时候才会下载该依赖文件，这种处理方式在组件化开发的性能优化中很常见，因为它可以有效减小首屏依赖代码的体积。

3. CommonJS 和 ES Module

CommonJS 规范是 Node.js 原生支持的模块化管理方案，这个规范并不是 JavaScript 官方提出的标准，所以浏览器并没有对它提供支持，在 JavaScript 语言有了自己的模块系统标准后，Node.js 势必会跟进并实现这个标准。在 CommonJS 规范下，既支持具名模块导出，也支持默认模块导出：

```
// 具名模块导出
exports.a = 1;

// 默认模块导出
module.exports = {
    b:2
}
```

但开发者不能同时使用这两种导出方式，因为 exports 和 module.exports 会指向内存中的同一个地址，且最终导出的模块会以 module.exports 为准，例如上面示例代码中的书写方式在模块导出后，a 属性及其对应的值将会丢失。CommonJS 中加载模块使用的是 require 关键字，它是同步执行的，并且只能全量加载模块的导出。尽管开发者可以像下面这样用类似于 ES Module 中引用具名模块的语法来编写代码，但实际上它只是将 require 引用语句和解构赋值语句联合在一起简写罢了，b 模块中导出的其他未被使用的模块实际上也会被解析和加载。

```
const { b } = require('b');
```

下面再来看看 ES Module 规范，它同样支持具名模块导出和默认模块导出这两种形式，这两种模块的导出方式可以共存但不能混用，在使用 import 关键字引用模块时使用的语法也不同，示例如下：

```
// 具名模块导出
export { a }

// 默认模块导出
export default b;

// 引用具名模块
import { a } from 'a';

// 引用默认模块
import c from 'a';

// 在浏览器中引用ES Module模块
<script src="……" type="module"></script>
```

默认模块的具体名称由引用者自己提供。这样的语法看起来与 CommonJS 类似，但其运作机制却存在着非常大的差异。图 4-1 和图 4-2 所示的两段代码分别遵循 CommonJS 规范和 ES Module 规范，可以看到，代码运行后两者的表现结果完全不同。

```
// b.js
module.exports = {};
console.log('in b module');

// a.js
console.log('before require');
const { A } = require('./b.js');
console.log(A);
console.log('after require');

// 运行时输出
before require
in b module
undefined
after require
```

图 4-1　遵循 CommonJS 规范
的模块导出导入结果

```
// b.mjs
export default {
  A:'A',
  B:'B'
}

// a.mjs
console.log('before import');
import { A } from './b.mjs';
console.log('after import');

// 运行结果
import { A } from './b.mjs';
         ^
SyntaxError: The requested module './b.mjs' does not provide an export
named 'A'
```

图 4-2　遵循 ES Module 规范的模块导出导入结果

遵循 CommonJS 规范的 b.js 文件，虽然没有导出具名模块 A，但这并不影响其他代码的执行顺序，b.js 文件中的输出内容出现在"before require"之后，这意味着 a.js 中的代码执行到 require 这一行时才运行 b.js 中的代码。再来看看遵循 ES Module 规范时模块引用的表现，当 a.mjs 需要从 b.mjs 中加载具名模块 A 时，代码还没有执行就先报错了，这说明错误抛出是在代码运行之前发生的（否则控制台会先输出"before import"，然后再报错），而且 ES Module 规范中导入的具名模块只能从导出的具名模块中获取，并不会从默认模块中获取，b.mjs 文件中仅有一个默认导出，所以 a.mjs 文件在静态分析阶段就检查到依赖关系异常从而抛出了错误。读者可以尝试在 b.mjs 中导出一个具名模块 A 并输出一些信息，再运行程序时就可以看到控制台能够正常打印信息了，不过 b.mjs 输出的内容会在 a.mjs 输出的"before import"之前，这说明 b.mjs 文件是在 a.mjs 之前运行的。另一个显著的区别是，在 CommonJS 规范中，指向模块名的标识符是可以被重新赋值的，而在 ES Module 中是不允许这样做的。

前面说过，CommonJS 中的 require 函数是同步执行的，它将根据 Node.js 原生提供的寻址策略来寻找模块的定义文件，找到后就会立即执行，require 函数可以在代码中的任何地方调用，引用到某个模块时才会去执行相关的代码，这就意味着想要知道一个模块对外到底会导出哪些内容，需要等到运行时才行。而在 ES Module 规范中，import 和 export 语句只能在顶层作用域中使用，加载器并不会直接运行脚本，它会先对代码进行静态类型检查，构建出完整的"依赖图谱"，获取并解析这些模块，然后才会从"依赖图"的末端开始执行模块代码，具名模块和默认模块互不干扰。ES Module 规范⊖规定了将文件转换为模块记录（Parse）、进行实例化（Instantiate），以及对模块进行求值（evaluate）的过程，但它并没有规定在此之前应该如何获取模块定义文件。其对于文件的获取方式依赖于加载器的实现，在浏览器环境中它是依赖于 HTML 标准⊜的，而浏览器则需要按照 ES Module 规范中要求的 ParseModule、Module.Instantiate 和 Module.Evaluate 方法来实现加载逻辑，以便控制 JavaScript 引擎加载模块的过程。为了避免对主线程造成阻塞，加载器会先完成模块的远程下载和 ParseModule 部分，以便构建出模块的依赖关系图谱，等到所有的依赖模块都下载至本地并完成 Parse 环节后，再执行后续的步骤。

ES Module 规范以及 Node.js 对新特性的支持都是在不断发展变化的，例如 ES Module 规范最初并不支持动态的模块路径标识，而在 CommonJS 规范下却可以像使用普通函数一样为 require 函数传入动态路径，示例如下：

```
// 在CommonJS规范下可以使用包含变量的拼接路径来加载模块
const mPath = `module-${lang}`;
const submodule = require(mPath);

// ES Module规范最初并不支持包含变量的路径
import submodule from `module-${lang}`;  // 这样的动态路径最初是不符合规范的
```

因为在 ES Module 规范中，代码在依赖分析阶段并未运行，变量也还没有被赋值，所以无法使用动态路径来寻找模块，这个特性在很长一段时间内也被用于面试题中，但在本书写作时，"动态加载"⊕已经处于 ECMA 标准提案的第 4 阶段，这表示它很快会被纳入正式的 ECMA 语言标准。

更多地关注技术背后的原理对我们的成长有很大帮助，比如，对于另一个与模块化规范高度相关的性能优化技术——"tree-shaking"（摇树优化），或许你听说过想要让它生效，就需要使用 ES Module 规范中的语法来管理模块而不能使用 CommonJS 规范中的语法；

⊖ https://tc39.es/ecma262/#sec-modules，见 EcmaScript 规范中与 Module 相关的描述章节。

⊜ https://html.spec.whatwg.org/#fetch-a-module-script-tree，见 HTML 标准中关于如何获取模块脚本的章节。

⊕ https://github.com/tc39/proposal-dynamic-import，关于在 ES Module 模块化规范中实现动态加载的提案。

或许你也知道背后的原因与 ES Module 静态依赖分析的处理机制有关，那么当 ES Module 规范支持"动态导入"的特性后，依赖关系在静态分析阶段就会变得不再确定了，这时，"tree-shaking"的机制还能正常工作吗？如果不能，我们要如何在工程化方案中对其进行改进呢？顺着这条脉络探寻背后的原理，相信你会对许多前端工程化的方案有更深入的理解。对 ES Module 模块化规范感兴趣的读者可以自行阅读《通过动画深入理解 ES Modules》[⊖]一文，里面非常详细地描述了加载器对于 ES Module 模块的处理机制，本节就不再赘述了。

4.3　模块化规范的兼容与工具演进

如果没有深入了解过前端工程化技术，可能并不会对模块化规范带来的影响有太多感知，因为只从代码编写的层面来看，无论是使用 import 还是 require 来引用模块，最终的打包产物都可以在浏览器中运行，但这并不意味着浏览器环境能够兼容 CommonJS 规范和 ES Module 规范，而是因为在工程实践中，为了方便复用 Node.js 庞大的第三方生态，构建工具通常会将模块包装为符合 CommonJS 规范的模块。以 webpack 为例，它在构建产物中注入了一段用于模拟 CommonJS 模块加载器的运行时代码，然后将开发者编写的代码嵌入其中，最终打包后的代码才得以在浏览器环境中正常运行。当开发者需要开发通用的 SDK 时，通常会使用 rollup 作为打包工具，为了使构建产物能够支持不同的模块化标准，一般会生成多个符合不同模块化规范的 SDK 文件。换句话说就是，我们看到的"兼容"实际上是构建工具通过工程化的手段回避了模块化规范兼容性的问题。

除了 IE 浏览器之外，主流的浏览器大都实现了基于 ES Module 的模块系统，Node.js 也兼容了 CommonJS 和 ES Module 规范（从 Node.js v13 开始，package.json 中声明了"type"："module"的包都会采用 ES Module 标准进行解析），那么在浏览器环境中加载依赖还存在哪些问题呢？

Node.js 中引用第三方依赖时并不需要写相对路径，只需要指定依赖名即可，Node.js 模块系统中对路径的处理有一套自己的方案，例如自动拼接 node_modules 中第三方依赖的完整路径，自动解析 package.json 中入口字段的声明，自动在末尾补全 index 文件名或文件扩展名等，而浏览器环境中并没有提供类似的解析策略，要想在浏览器环境中使用 ES Module 规范来加载 CommonJS 模块，比较容易想到的处理办法是将第三方依赖转换为 ES Module 模块，并将模块的引用地址全部替换为独立的线上地址（而不是与开发者编写的代码打包在一起），这样浏览器就可以直接加载这些模块了，但这种简单的方式会引发新的问题——"请求爆炸"。例如最常用的 Antd 组件库，里面使用的第三方依赖有上千个，如果去掉打包环节直接从浏览器加载这些依赖，那么加载过程就变成了网络请求，仅一个 Antd 组件库就需要发送近 2000 个网络请求，这种方案对于首屏渲染的影响是非常大的。

⊖　https://hacks.mozilla.org/2018/03/es-modules-a-cartoon-deep-dive/。

从数量上来看，针对第三方依赖进行打包还是很有必要的。在 webpack 原本的设计理念中，每次启动本地开发服务器时，都会重新做一次打包，随着项目体量的增大，此操作会变得越来越耗时。但在开发过程中，第三方依赖的代码基本上是维持不变的，只需要预处理一次即可。基于这样的现状，第三方依赖和源代码其实可以拆分为两个维度的概念，也就是将几乎不变的代码和开发者编写的应用层源码拆分开，开发工具不再将其打包在一起，而是为第三方依赖单独构建一个依赖包，以达到一次处理到处使用的目的。随着开发者对技术方案的不断探索，以 Snowpack 和 Vite 为代表的下一代 WebApp 开发工具也随之而生。

以 Vite 为例，其核心原理就是在启动本地开发服务器之前，先使用开发工具遍历源码目录，将每个文件中的代码转换为 AST（抽象语法树），然后解析获取其中所有的 Import-Declaration 类型的节点（即引用声明节点），获得所有需要用到的第三方依赖的路径后，将解析出的第三方依赖路径作为多个入口传入传统的构建工具（例如在 webpack 中通过将 entry 属性配置为对象来实现多文件入口），从而获得一个虚拟的 node_modules 目录，出现在 entry 配置对象中的依赖项会继续作为目标文件存在，其他的公共依赖部分则会被打包成一个大的依赖项。接下来工具会跳过对源码的处理，直接启动本地服务器，新的构建工具使用的 index.html 模板会直接使用 ES Module 规范的语法来加载源代码的入口文件：

```
<script type="module" src="/index.js">
```

本地服务器会将静态资源请求代理到源码目录的对应文件中。这样在开发环境中，所有的模块都会基于 ES Module 规范来加载，整体构建流程的变化如图 4-3 所示。

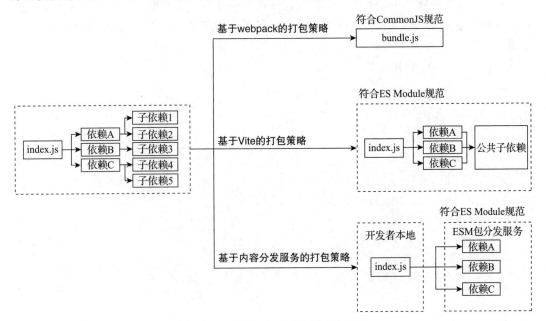

图 4-3　不同构建工具的原理对比图

在这种新的架构下，第三方依赖已经完成了预处理，在没有新的外部依赖的情况下，理论上每次启动本地开发服务器的时间都可以到达秒级，加上跨语言实现的高性能构建工具（如 esbuild）的助力，相较于传统构建工具在面对大型项目时动辄几分钟的构建耗时而言，其优势已经非常明显了。

在这样的基本方案中，node_modules 中的依赖项在每个开发者本地环境中都需要经过一次预处理，很明显这部分工作在多人协作的项目中是重复的，我们完全可以将这部分工作转移到云端完成，然后在本地开发环境中通过插件将所有指向本地 node_modules 目录中的依赖全部代理到某个包分发服务上（例如著名的 esm.sh[⊖]，它也支持私有化部署）。这样，相应的模块只要被引用过，就会在云端生成符合 ES Module 规范的构建产物，当其他开发者再次引用时就可以直接使用构建结果。当然也可以自行实现一个简易的依赖分发服务，至少它可以帮助你更好地治理团队内部依赖项管理混乱的问题。

新一代依赖管理方案和开发工具仍处于建设初期，相信随着前端工程师的持续努力，前端的工程化支持和开发体验都会越来越好。

4.4 Require.js 的使用方法

前文介绍了在现代化开发中大量由前端模块化方案引发的问题，本节就回归到本章的主角 Require.js 上，尽管现代化前端开发中几乎已经不再使用 Require.js 来进行模块管理了，但它仍然是一个值得学习的优秀的 JavaScript 库，而且谁又能确保自己的工作永远不需要再维护旧代码呢？ Require.js 在设计上遵循多态原则，虽然核心 API 非常精简，但其包含了多种场景的函数重载，同时条件分支也被封装了起来，以简化用户的使用。require.config() 方法用于传入基本配置，define() 方法用于定义模块，require() 方法用于引入模块，下面通过一个实例讲解其基本用法。

首先定义两个业务逻辑模块，代码如下：

```
/** scripts/business1.js
 * 第一个模块采用依赖前置的风格定义
 */
define('business1',['jQuery'],function(){
    function welcome(){
        $('#welcome-modal').animate({opacity:1},2000);
    }
    return { welcome }
});

/** scripts/business2.js
 * 第二个模块采用依赖就近的风格定义,且不指定模块名
 */
```

⊖ https://github.com/alephjs/esm.sh，使用 esbuild 将 npm 包构建为 ES Module 规范的包分发网络。

```
define(function(require,exports,module){
        require('jQuery');
        exports.showPrototype = function(){
            return $.prototype;
        }
});
```

然后在 index.html 文件中引用 Require.js，代码如下：

```
/** index.html
 * 可以看到，index.html文件中引入了Require.js后，模块管理部分的代码实际上转移到了main.js文件中
 */
<script data-main="main.js" src="require.js"></script>
```

最后在 main.js 中编写基本配置并运行启动方法，代码如下：

```
/** main.js
 * require.js的配置项还有很多，详情请参考官方文档
 */

require.config({
    paths:{
        jQuery:'scripts/jquery.min',
        business1:'scripts/business1.js',
    }
});

//依赖使用注册的模块Id或文件路径均可
require(['business1','./scripts/business2.js'],function(bus1,bus2){
    bus1.welcome();
    console.log(bus2.showPrototype());
});
```

1. 代码执行流程

前面的代码在执行时，index.html 会先通过外部脚本加载 Require.js 库，标签上通过
"data-*"传入的自定义属性是可以被脚本代码获取到的，Require.js 完成加载和初始化后
就会下载并执行 data-main 所指向的入口文件。在 main.js 中，先通过 require.config() 传入
一些基本配置，例如用显式 id 注册模块的名称和模块定义文件的地址，接着开始执行正式
的逻辑。"require"语句声明了两个模块依赖，由于 'business1' 模块已经在 config 中进行了
注册，因此根据注册地址就可以加载并执行模块文件，而 './scripts/business2.js' 模块并没有
进行初始化声明，此时 Require.js 会将其视作路径地址，并尝试获取对应的脚本文件，如果
获取失败则会报错，表示所依赖的模块并没有定义。不过，这两个业务逻辑模块中依赖的
jQuery 模块在 config 中已经注册了，模块加载系统可以直接识别它们（jQuery 加载后会直
接挂载在全局对象中，有的版本有返回值，有的版本则没有）。依赖分析完成后，Require.
js 就会按照被依赖的次序开始从依赖树的末端加载并执行各个模块，待 'business1' 模块和
'./scripts/business2.js' 模块加载完之后，require 方法中传入的最后一个实参函数才会得到调

用和执行，执行结果是页面上 id 为 'welcome-modal' 的元素在 2 秒内逐渐变为可见，同时控制台会打印出 jQuery 对象的原型对象。

2. 实用性

Require.js 库不仅实现了符合 AMD 规范的模块管理方案，还在工程实践中为开发者提供了许多便捷的功能，如引用模块时自动添加时间戳以便强制使用最新的代码，或者为非AMD 模块提供 shim 包装等，更多的功能请参考官方文档进行学习。如果流行的自动化工具链让你觉得过于复杂，难以掌握，那么你完全可以从使用 Require.js 开始着手来学习模块化的相关知识，以了解在模块管理和加载中需要解决的问题，以及 Require.js 提供的解决方案。虽然我们使用的工具在不断升级，但需要解决的软件工程问题是一致的。

4.5 Require.js 的核心原理

在前端开发普遍"拥抱"自动化工具的今天，编写并实现一个包管理工具也许并没有什么价值，但这样的练习对于前端开发者来说，可以有效提升编程水平和加深对代码执行细节的理解。初级开发者在工作中很少有机会跳出具体的业务逻辑来观察代码本身，而这种抽象编程的能力却是成为高级开发者的必备技能。

前文已经提到过，defer 和 async 这两个异步相关的属性可用于解决下载脚本时主线程阻塞的问题：async 异步属性可在脚本下载后立即解析，这极有可能打乱手动管理的自上而下的脚本顺序，导致系统报错；而 defer 异步属性则会将脚本的解析延迟到文档解析完毕后再进行，尽管其保持了手动编排的脚本顺序，但由于解析顺序的限制，排序靠后的库即使先完成下载，也需要等待排序靠前的脚本解析完成后才能解析，这无疑增加了整个工程的加载等待时间。

如何才能做到既利用 async 异步属性带来的非阻塞特性，又能在下载完成后立即解析，而且还能保证乱序后的脚本在解析时不会报错？下面就来看看如何使用 require 函数和define 函数来解决这个问题。

首先，建立一个模块信息注册表，以及一个待执行工厂函数栈（栈是一种常见的数据结构，遵循先进后出的原则，原因稍后讲解），当使用 require() 函数加载一个有效模块时（有效模块是指在配置中声明了文件地址，或者其本身的模块名就是一个文件地址的模块），先在模块信息注册表中为这个依赖添加一条注册信息，记录它的模块名，并将标识其是否已经完成加载的属性设置为 false，接着根据模块资源文件的地址发起 jsonp 请求以获得模块文件。此时，由于有前置依赖的关系，require 函数的最后一个实参，也就是等所有依赖项都加载完成后才能运行的主函数，必须延迟执行。在 JavaScript 语言中，作为参数传递的函数称为"函数表达式"，此时它并不会直接运行，只有在外层函数的函数体中主动调用时，它才会运行，所以只需要将主函数压入待执行工厂函数栈，等它的依赖项都加载运行完毕后再拿出来执行即可。

　　假设我们请求的某个依赖项的文件全部下载到客户端了，而且浏览器已经完成了对这个文件内容的解析和运行，那么程序内部又是如何得知这一点的呢？答案是监听脚本的 load 事件，程序监听到某个模块加载完成后，就会触发对应脚本 load 事件的回调函数。在回调函数中，我们会在模块信息注册表中将这个模块注册信息中的 loaded 属性标记为 true，标识它已经下载到客户端且完成了解析，可以使用了。

　　接着，程序需要检查待执行函数栈顶端的工厂函数，查看它所依赖的模块是否已经全部加载完毕，如果所依赖的模块中还存在 loaded 属性为 false 的模块，则什么也不做，如果所依赖的模块全都完成了解析，那么这个工厂方法就可以开始执行了。无论是 require 方法还是 define 方法，通过函数声明就可以知道，当工厂方法开始执行时，其依赖项的工厂函数都已经运行结束，且依赖模块的输出会作为实参传入该工厂方法中，示例代码如下：

```
require(['moment','lodash'],function(moment,_){
    //...工厂方法的函数体
})

define('moduleX',['moment', 'lodash'],function(moment,_){
    //...工厂方法的函数体
})
```

　　那么，依赖项是什么时候解析的呢？等我们分析完 define 函数的运行机制后自然就会明白。一个依赖模块的脚本下载至客户端后，浏览器就会解析该脚本，此时实际上运行的就是 define 函数。根据前面的讲解我们不难知道，此时模块登记表中已经拥有同名模块的 id 信息，且 loaded 属性为 false，在 define 函数运行时，load 事件还没有触发，登记表中这个模块的 loaded 属性依旧为 false，所以即使这个模块文件已经到达客户端，也不会在检测待执行工厂函数栈时造成误判。

　　define 函数所执行的逻辑是这样的，先查看当前这个模块是否有依赖项，如果有依赖，则处理方式与 require 函数一致，也就是将工厂函数压入待执行栈，然后对依赖的模块进行注册登记并获取之。如果没有依赖项，则直接执行该工厂函数，然后将工厂函数的输出结果添加到注册信息表中该模块命名空间下的 exports 属性上，接下来系统将触发该模块脚本的 load 事件，如果此时待执行栈顶的工厂函数正好只依赖该模块，那么工厂函数就会从注册信息表中找到该模块的信息，然后从 exports 属性上获取它执行后的输出，如果工厂函数还依赖于其他未加载的模块，则需要继续等待。但无论如何，当注册信息表中某个模块的 loaded 属性被设置为 true 时，就表示你可以从它的 exports 属性上获取模块的输出了（这个输出也可能是 undefined，比如 jQuery 这种直接挂载全局命名空间的模块就没有输出），这也就保证了栈顶的工厂函数在执行时总是可以获得它需要的所有依赖模块的输出。

　　最后一个关键点就是，我们为什么要使用栈结构来存储待执行的工厂函数，而不能简单地使用集合呢？实际上，栈结构是为了防止间接依赖引发错误。我们来设想这样一个场景，A 模块依赖于一个较小的 B 模块，B 模块依赖于一个较大的 C 模块，当 B 模块完成下载并解析时，C 模块可能还在下载，但此时如果检查 A 模块的依赖，就会发现它所依赖的 B 模块的 loaded 属性为 true，因此，A 的工厂函数将会开始执行。如果 A 模块在执行时所调用的 B 模块的方法恰好依赖于 C 模块，就会引发错误。如果使用栈结构，就必须每次都从栈顶进行检查，而此时，只会检查位于栈顶的 B 模块的依赖，如果发现 C 模块还没有完成下载和解析，就不再继续检查其他的模块。这样，当一个模块的工厂方法执行时，它的直接或间接依赖肯定都已经完成了解析，当然这只是一种基本的策略。

　　至此，对于 Require.js 的核心逻辑已经分析完毕，大家可自己动手实现一个简易的模块管理工具，以加深对整个过程的理解。如果需要参考代码，可以在本章配套仓库中获取，笔者已经按照前文阐述的思路实现了一个简易的模块加载库"brief-require"，其中添加了大量的注释和控制台打印信息，虽然它的功能并不完善，但足以帮助你搞清楚模块获取和加载的核心流程。"造轮子"有的时候并不是为了得到一个简陋的解决方案，而是帮助我们更好地拆分和理解所面对的问题，从而在有能力学习和研究其他流行的技术方案时，更容易明白新工具到底好在哪里，而不只是人云亦云地紧追潮流。

## 第 5 章

Lodash.js 是工具，更是秘籍

　　熟练运用 Lodash.js 工具库，能够极大地精简代码量，使编码效率提升到一个全新的水平，同时可以有效地帮助初级开发者提升代码的可读性。也许有人认为 Lodash.js 的时代已经过去了，毕竟现代化的前端开发在 ES6+Babel 的支持下已经非常精简了，但笔者仍然建议大家花点时间去学习并掌握它，即使最终并不一定要使用 Lodash.js 进行开发，了解它也会让你对 JavaScript 的理解提升到一个新的层次。一个开发者若能跳出编码的细节，从更高的角度看待问题，那么他才有可能将更多的精力用于关注代码的可读性、模块划分、用户体验、业务逻辑的合理性或者前端工程的整体架构上。每个人的时间和精力都是有限的，如果一直困在低级的琐事上，自然就会无法接触和体验相对更高级的事物，更别提领略程序设计的逻辑之美了。

　　投入时间来学习 Lodash.js 绝对是一件超高性价比的事情，因为 Lodash.js 与初级开发者的日常工作密切相关，很容易做到学以致用，即使你对 API 的实现原理不感兴趣，也可以利用它来极大地提高自己的开发速度，写出稳定可靠且更加易读的代码。当你想要更进一步时，也很容易做到举一反三，从它的整体代码框架和每个函数的具体逻辑中，你可以学到代码编写技巧和编程范式知识，比如函数式编程、不可变数据、链式调用、柯里化和反柯里化、函数的节流和去抖等，它能带给你更高的开发效率以及对 JavaScript 语言特性更深入的理解，"抽象编程"能力是一种秘密武器，最终能够让你与其他开发者拉开距离，这也是成为高手的必备能力。

　　下面就来介绍 Lodash.js 这个经典的工具库。

5.1　Lodash.js 是什么

　　本节先分析为什么需要使用 Lodash.js，接着再通过实例来对比使用 Lodash.js 和原生 JavaScript 的区别。

5.1.1 概述

正如 Lodash.js 官方主页上所写的，它是一个具有一致性、模块化且高性能的 JavaScript 实用工具库。一致性，是指无论是在浏览器环境下，还是在服务端的 Node.js 环境下，开发者都可以通过统一的 API 来使用它。模块化，是指你可以仅在程序中引用 Lodash.js 提供的工具函数的子集，而不需要在所有场景中加载整个库。开发中，大多数计算逻辑背后的算法都不是唯一的，不同的实现方式之间自然也就有了性能的比较，开发者当然都希望自己能使用性能比较好的方法，但并不是每个人都有能力判定哪个最优，Lodash.js 在内部帮助大家完成了这件事情。

说到实用性，Lodash.js 所做的工作实际上很抽象，就是将重复率非常高的方法、算法和处理逻辑等提取出来形成一个方法集合，将原本暴露在业务逻辑代码中的循环语句和条件判断语句隐藏起来，而对外提供一致且便于记忆的 API，这样不仅可以使业务逻辑代码变得更加精简且易读，也降低了多人合作开发时因个人能力差异造成的混乱。当你在检视或维护代码时，不再需要猜测别人代码中那一层层的 for 循环和 if 判断的真正意图。

在真实的开发合作中，其他人不了解你所认为的"理所应当"的事情是一种非常普遍的现象，因为与你合作的人甚至可能都不是前端工程师。对于 for(var...) 循环、for(let...) 循环、for...of...、forEach 和 map 这些看起来非常相似的方法，一些非前端开发者很有可能分不清它们之间的区别，以及它们对数据源的影响。如果所有人统一使用"_.each()"或"_.map()"进行遍历，则不仅能降低 JavaScript 的编写难度，而且数据的变化相对来说也更容易追踪。当然，在 ES6+ 版本的规范早已普及的今天，许多同名的方法都已经标准化，原生的 JavaScript 语法配合 Babel 插件使用可以让代码变得更加简洁和优雅，但在一些去重、分组、递归遍历等更为复杂的场景中，使用 Lodash.js 往往能使语义变得更清晰。

5.1.2 代码的较量

我们先通过一个示例直观地感受一下不同的编程方式是如何处理同一个业务逻辑需求的，以便于更深入地了解 Lodash.js 带来的便利。

假设后端在响应中返回了一个包含了多个对象的数组类型的数据，它的结构如下，dinner 属性中记录了每个人最近 3 天每餐所吃的食物，记录中的每一项既可能是字符串，也可能是字符串组成的数组（代表所吃的食物不止一种）：

```
[{
    id:0,
    name:'Tony',
    dinner:['apple',['peach','blueberry'],//....]
},{
    //....
},//....]
```

现在为了分析目标群体的饮食结构，我们需要把在 dinner 属性中出现过的所有食物都记录下来，并按照字母顺序对其排序，相同的食物只需要出现一次即可。下面就来看看不同的开发者可能会如何实现这样的功能。

1. 初级开发者的代码

```
function getAllFood(data){
    let resultMap = {};

    //遍历每一条记录的dinner字段，然后使用对象实现去重功能
    for(let i = 0; i < data.length; i++){
        for(let j = 0; j <data[i].dinner.length; j++){
            let foods = data[i].dinner[j];
            if(typeof foods === 'string' && !resultMap[foods]){
                //处理字符串类型的情况
                resultMap[foods] = 1;
            }else if (isArray(foods)){
                //处理数组类型的情况
                foods.forEach(item=>{
                    if(!resultMap[item]){
                        resultMap[item] = 1;
                    }
                });
            }
        }
    }
    //从对象中生成并返回最终结果
    return Object.keys(resultMap).sort((a,b)=>a.localeCompare(b));
}
//判断传入的数据是不是一个数组
function isArray(data){
    return Object.prototype.toString.call(data).slice(8,-1) === 'Array'
}
```

上面的代码大约有 30 行，尽管实现了示例中所要求的功能，但暴露了太多实现细节。开发者将无关紧要的代码细节都平铺在函数中了，其他人可能需要完整地阅读整段代码才能搞清楚开发者的意图。同时，开发者并没有对可能出现的状况进行足够的预判，上面统计部分的代码最多只能实现二维嵌套数组的解析，尽管它可以满足当前的需求，但是很难应对未来可能出现的变化，换句话说就是程序的健壮性不足。另一方面，getAllFood 方法承担了过多实现业务逻辑的责任，违背了"单一职责"的模块化设计原则，以至于很难直接被复用，后续再出现类似的需求时，几乎只能选择复制粘贴，然后再进行逐句检查和修改，如果团队在构建流水线上加入了重复代码检查等环节，那么这样的代码恐怕无法通过检查。

2. 中级开发者的代码

```
let originData = require('./data.js');
```

```
function getAllFood(data) {
    return sortAndUnique(flatmap(data.map(item=>item.dinner),[]));
}

//排序去重
function sortAndUnique(arr){
    let resultMap = {};
    arr.forEach(i=>resultMap[i]=1);
    return Object.keys(resultMap).sort((a, b) => a.localeCompare(b));
}

//数组扁平化
function flatmap(arr, result){
    if(isArray(arr)){
        arr.map(item=>{
            flatmap(item,result);
        });
    }else{
        result.push(arr);
    }
    return result;
}

//判断传入的数据是不是一个数组
function isArray(data) {
    return Object.prototype.toString.call(data).slice(8, -1) === 'Array';
}
```

中级开发者的代码大约也有30行，但代码质量明显比前面的要好。这份代码遵循了"单一职责"的开发原则，将数组的类型判断、数组的扁平化、数组的排序和去重等可重用的方法从业务逻辑中剥离出来，形成了独立的方法。同时，主业务逻辑本身只用了一行代码，而且通过函数名就可以非常直观地了解其功能。提取出来的功能方法，其实现逻辑不止一种，仅数组去重就能够写出5种以上的方式，即使开发者在此使用的算法效率不高，后续的优化工作也可以直接针对这个方法进行，而不需要去重写业务逻辑代码。这样的代码就已经非常好了。

3. 高级开发者的代码

```
//高级开发者的实现

let originData = require('./data.js');
const _ = require('lodash');

function getAllFood(){
    return _.chain(originData)
            .map('dinner')
            .flattenDeep()
            .sortBy()
```

```
            .sortedUniq()
            .value();
}

console.log(getAllFood(originData));
```

当使用 Lodash.js 封装好的工具来实现同样的逻辑时，代码总共不超过 10 行，主业务逻辑部分只有一个链式调用。在高级开发者实现的代码中，首先是调用"_.chain"方法声明一段链式调用逻辑，然后通过 map 方法将原数组中的指定字段提取出来（本质上是一种数组映射），通过 flattenDeep 方法将数组展平为一维数组，通过 sortBy 方法对集合进行排序，通过 sortedUniq 方法对一个已经排好序的集合实现去重功能（已排序序列的去重操作可以通过对相邻项进行比较来完成，相较于针对乱序集合去重的算法，排序去重的效率更高），Lodash.js 中链式调用的语法并不是立即执行的，它需要调用 value 方法来启动计算。与中级开发者编写的代码相比，使用 Lodash.js 后，开发者不需要再重复实现常用的工具方法，而且可以使用链式调用的方式将方法连接在一起，提高了代码的可读性。当大家都使用类似的 API 来组织代码时，代码的规范性和可读性自然就提高了。

5.2　重点 API 的剖析

通过前文的示例代码对比，相信有读者已经迫不及待地想要学习 Lodash.js 的使用方法了，本节就先来看看它的 API 的构成吧。Lodash.js 的 API 大致可以分为如下几个大类。
- 数组（Array）操作类
- 集合（Collection）操作类
- 函数（Function）操作类
- 语言（Lang）工具类
- 数学（Math）类
- 序列（Sequence）类
- 字符串（String）操作类
- 常用工具（Util）类

详细的使用方法直接查看官方文档就可以了，大部分方法并不复杂，我们需要做的只是熟悉它们，然后使用它们，感兴趣的话还可以自己试着实现一下，然后再看看官方的源码是如何实现的，你会发现其中有非常多既有趣又实用的知识。本节将重点介绍官方文档没有详细说明但开发者需要了解的那部分内容。

1. Collection

Lodash.js 中的许多方法是基于特定的数据类型来分组的，细心的读者会发现针对数组和对象的方法分别放在了 Array 组和 Object 组中，还有一部分方法在归类时划分到了 Collection 组中，可是 JavaScript 中并没有 Collection 这个数据类型，我们要如何使用这类方法呢？事实上，划分到 Collection 这个类别中的方法，其数据集既可以是 Array 类型，也可以是 Object 类型，这样划分的目的是为一些抽象行为提供统一的名称。在 JavaScript 语言中，数组实例和对象实例的原型链分别如下：

```
//数组实例的原型链
[].__proto__ = Array.prototype
[].__proto__.__proto__ = Object.prototype
//对象实例的原型链
({}).__proto__ = Object.prototype
```

从原型链中我们很容易看出，数组实例是可以使用对象方法的，因为它的原型链上有 Object.prototype 对象，但是对象实例也会因为类似的原因而无法直接使用数组方法，这就使得许多看起来非常相似的逻辑在实现细节上却有很大的差别。例如，典型的遍历、查找、映射、排序、聚合等操作，在数组中我们可以直接使用对应的 forEach find、map、sort、reduce 等方法，但是在处理对象类型时，几乎只能通过一遍又一遍地在逻辑的外层包裹上"for...in..."和"hasOwnProperty"等代码段来实现。而 Lodash.js 为这些数组和对象都会用到的方法（不仅仅是 Array.prototype 上的方法）提供了不同的实现并将其封装起来了，这就为开发者提供了更加友好且一致的 API。

2. 不可变数据

初级开发者常常会分不清一个原生方法是会直接改变源数据还是会生成新的数据，为了在开发中避免自己编写的逻辑影响不想修改的数据，许多初级开发者会多次调用深备份方法对数据集进行备份，这种思路是正确的，但是多次深备份所带来的的性能损失却不容忽视。使用 Lodash.js 就可以避免出现这种混乱。

在函数的实现上，Lodash.js 会遵循"不修改原数据"的原则，这就意味着在你将一个数据集传入某个方法后，期望的结果总是会以函数返回值的形式传递回来，如果另一个变量标识符指向了原来的数据集，那么它不会受到任何影响。这样的设计提供了额外的一致性保障，你可以非常确切地知道自己得到的是否是新的数据集。操作嵌套类型的数据时，需要格外小心，最稳妥的办法就是在使用前测试一下某个方法的真实表现。

3. 高阶函数

Function 操作类中的方法所涉及的几乎都是高阶函数的知识，也是前端面试必考的知识点——闭包的应用，即使不使用高阶函数，虽然一样也可以实现这些方法的功能，但这样做的代价就是将一些本来只有自己使用的状态变量提升到了更外层的作用域中，这样一来，不仅无法实现私有变量的隔离，而且也很容易带来更多的干扰。

例如，你正在使用 Vue 框架开发一个组件，在一个鼠标移动事件中，你希望通过函数节流（throttle）的功能来限制一个高性能消耗的事件处理函数的触发频率，如果不使用高阶函数，那么你就必须将记录每次移动事件时间戳的变量挂载在"data"上（即一个更外层的作用域），尽管它的消费者只有鼠标移动事件的回调函数，但是它的挂载方式却使得这个变量可以被其他函数访问或修改。从组件设计的角度来看，这种做法违背了基本的封装原则，增加了不必要的干扰。如果使用高阶函数来实现，那么这个记录时间戳的变量就会被封装在高阶函数内部，如果你使用的是 Lodash.js 提供的"_.throttle()"方法，那么主逻辑代码中甚至连这个变量都不会出现，组件中的主逻辑代码也会因此变得更加清晰，这样的结构也更符合"高内聚，低耦合"的开发原则。

4. 数据分离和逻辑聚合

"数据分离"是指将数据从逻辑中剥离出来，"逻辑聚合"是指将主逻辑的代码尽量聚合在一起，而把它们的实现细节封装起来。一个复杂的业务逻辑可能会按步骤调用大量的方法，初学者极有可能会写出耦合度超高的巨型函数，又或者将其拆解为若干个步骤，在每个步骤的结尾处调用下一个步骤，这样的代码维护和调试起来非常困难，过多的细节会让你难以聚焦主要的业务逻辑代码。在 Lodash.js 中，我们既可以使用类似于 jQuery 的链式调用风格来组装业务逻辑的多个步骤，也可以使用类似于函数式编程中管道（pipe）的风格，无论如何，将细节封装起来，将重要的信息聚合在一起，都可以让代码变得更清晰和易维护。

在 Lodash.js 中，将数据集传入"_.chain()"方法中，可以开启一段链式调用风格的逻辑，示例[一]代码如下：

```
var users = [
    { 'user': 'barney',  'age': 36 },
    { 'user': 'fred',    'age': 40 },
    { 'user': 'pebbles', 'age': 1 }
];

var youngest = _
    .chain(users)
    .sortBy('age')
    .map(function(o) {
        return o.user + ' is ' + o.age;
    })
    .head()
    .value();
//输出的结果为: 'pebbles is 1'
```

也可以引用函数式编程（Functional Programming）风格的 Lodash.js，并使用"_.pipe"方法将函数按照执行步骤组合在一起，示例代码如下：

```
const _ = require('lodash/fp');
const youngest = _.pipe([_.sortBy('age'),_.map(o=>o.user+' is '+o.age),_.head]);
console.log(youngest(users));
//输出的结果为: 'pebbles is 1'
```

函数式编程和面向对象编程是两种不同的编程范式，面向对象编程通常更适合用来描

───────────────

㊀　示例来自 Lodash.js 官方文档。

述抽象实体之间的联系，而函数式编程则在数据加工的任务中显得更灵活简洁。无论选择哪种逻辑聚合风格，我们几乎都可以通过编写出更少的应用层代码来表达业务逻辑的主线，搞清楚程序中"做了哪些事"，而不是"做了哪些事以及分别是怎么做的"，另一方面，业务逻辑的聚合也减少了中间变量的使用，使代码更加精简。

5.3 Lodash.js 的源码结构

本章的最后一节将详细介绍 Lodash.js 的基本框架结构。官方代码仓库中的 Lodash.js 文件是完整的代码，其中包含的大量注释可以帮助开发者理解代码的意图。

5.3.1 基本结构

1. 模块化结构
如果在编辑器中将代码折叠起来，就能看到 Lodash.js 的最外层代码框架如下所示：

```
;(function(){}.call(this));
```

第 4 章中介绍过这种代码结构，从模块外部传入参数"this"，就可以让 Lodash.js 脱离对环境的依赖，因为浏览器环境与 Node.js 环境中全局"this"的指向是不同的。Lodash.js 会先将方法聚合在一起，然后在整个代码的最后部分根据运行环境支持的模块化标准选择导出方式，尽管其没有使用通用的模块定义（UMD）规范的代码范式，但基本思想是完全一致的。

2. 面向对象思想
Lodash.js 中导出的"_"标识符并不仅仅是一个聚合了各种方法的命名空间，同时也是一个用于生成 Lodash 包装对象的工厂函数。事实上，这种结构与 jQuery 是一致的，jQuery 中的"$"既可以作为静态方法的命名空间（例如直接使用"$.each""$.ajax"等方法），也可以作为 jQuery 包装对象的构造方法（传入查询字符串后返回 jQuery 包装对象，而不是原生的 DOM 节点），jQuery 包装对象可以直接使用更丰富的方法来操作文档对象模型（DOM），并通过在方法体中返回"this"来实现链式调用，因为原型对象方法中的"this"是指向实例的。Lodash.js 的做法与 jQuery 如出一辙，只不过它针对的不是文档对象模型元素，而是 JavaScript 中的引用类型。如果你喜欢链式调用风格的代码，则可以使用"_"将原生类型转换成一个 Lodash 包装对象。从源代码中我们可以发现，前面启用链式调用时使用的"_.chain()"方法实际上是将数据集作为参数传入构造函数，然后返回一个新的 Lodash 包装对象，使得它可以访问定义在 Lodash 原型对象上的那些支持链式调用的方法，这个看起来非常神奇的操作只有 3 行代码。这里需要注意的是，Lodash.js 对外暴露的构造函数是一个工厂方法，根据传入参数的不同，该方法会以不同的方式返回包装对象，只有在传入了未被包装的数组或对象类型的值时才会生成新的包装对象。

了解了 Lodash.js 的基本结构之后，剩下的工作就是编写内部函数和对外暴露的工具函数了，其中会涉及大量的 JavaScript 基础知识和编程技巧，但它们并不会对整体架构造成影响，感兴趣的读者完全可以自学，限于篇幅本书不再赘述。

5.3.2　Lodash.js 源码的学习方法

笔者曾经阅读过很多分析 Lodash.js 源码的文章，它们能帮助笔者更好地理解这些代码，但直到自己动手实践之后，笔者才能逐渐运用那些经典原则和抽象编程知识来改善自己的代码。如果你只想要高效且省力的工作，那么熟练使用 API 就可以了；如果你想要成为高手，就需要搞清楚 API 背后的逻辑和原理；如果你想要成为大师，就需要将经典代码中包含的思想和技巧内化为自己的能力。现代前端开发通常是基于框架来进行的，除了声明式的组件代码之外，使用 Lodash.js 改善代码的细节几乎是初级工程师唯一可以自由发挥的部分。

如果决定开始学习 Lodash.js 的源码（默认你已经了解了 Lodash.js 中大部分常用的 API），可以从官方代码仓库复制一份完整版的 Lodash.js 源代码，大约有 17 000 行，不要担心，其中多半都是注释，你的目标很简单，就是从这份完整的 Lodash.js 源码中逐步删除自己已经掌握的代码，直到它成为一个空文件为止。建议从自己最常用的那些方法开始，先试着自己去编写它，然后到官方代码仓库中找到对应方法的独立模块文件，看看 Lodash.js 是如何实现该方法的，确认自己已经搞清楚相关的知识之后，将它从你复制的 Lodash.js 中删除，或者将自己的收获写成博文分享给其他人，随着那份源代码的行数不断减少，你就能感知到自己的进步了。不用赶进度，一定要做得足够细。秘籍就在这里，能否成为高手，就看自己愿意付出多少了。

静态类型检查：Flow.js 和 TypeScript

如果你一直使用原生的 JavaScript 语言编写程序，没有接触过其他编程语言，或许会对"代码静态类型检查"的概念感到陌生。在介绍什么是"代码静态检查"之前，需要先介绍静态类型语言和动态类型语言的定义。静态类型语言是指在编译时就能确定各个变量的类型，所以在代码运行之前，就可以对其进行类型检查，自然在程序运行之前也就可以发现其中一些潜在的问题。而动态类型语言是指在编译时并不知道变量的确切类型，变量的类型可以通过赋值改变，所以只能等程序运行时才能获取变量的准确类型，如果程序中存在类型错误，代码可能会直接报错，严重时还会导致程序退出。

JavaScript 就是一门动态类型语言，一般在开发初期，需要更快地开发出应用原型，动态类型可以提供更好的编程体验，使开发者可以更专注于业务逻辑的程序设计，而不必纠结于如何为每一个声明的变量指定正确的类型。既然如此，那为什么还要引入静态类型呢？动态类型的灵活性并不是没有成本的，灵活性必然会带来编码的多样性和随意性，这无疑会增加调试和维护的难度。试想，你编写的程序在运行时报出一个错误，你根据错误中的堆栈信息找到相关代码之后，发现它只是一个低级错误，尽管你很快就可以将它修复好，但问题还远远没有结束，比如修改后的代码就一定是正确的吗？其他代码会受到影响吗？还有没有类似的问题也会引起报错？这些你都无法确定，只有再次运行程序才可能确定。这会使调试的过程变得枯燥且艰难，你不得不花费大量的时间一次次重新运行代码，然后依靠报错信息来找出自己或其他人在程序中留下的错误。当你花了好几个小时调试代码，最终却发现是别人的代码导致的错误时，那种感觉真的是一言难尽。

为了解决上面的问题，我们需要在源代码的基础上引入一层类型系统，静态类型的引入为语言增加了静态类型检查的能力，从而使得开发者不必运行代码就可以检测出明显的语法错误，另外，它还可以用来共享接口定义或类定义等一些公共的定义信息。这些看似多余的做法都是为了能够让 JavaScript 在现代前端开发中承担更多的责任，而不只是被当作一种"玩具"语言。

本章将介绍静态类型检查的相关知识，以及两种流行的静态类型检查方案 Flow.js 和 TypeScript 的使用方法。

6.1　静态类型检查

在 JavaScript 语言中引入静态类型，可以为程序提供在运行前进行静态类型检查的能力。软件工程里没有银弹，静态类型检查也不例外，你需要做的是了解它的优势和劣势，然后在恰当的时候使用它。

6.1.1　静态类型检查的优势

1. 提前发现 Bug 和编码错误

这是静态类型检查最主要的优势，它允许开发者在程序运行前进行检查，从而发现编码中的一些问题，而不必等到运行时程序报错。例如，你编写了一个返回数组长度的方法，代码如下：

```
const getLength = arr => arr.length
```

假设团队中另一个开发者在希望得到一个对象自有属性的个数时也调用了这个方法，并把该对象作为参数传入方法中，那么他只能得到"undefined"或一个自定义的 length 属性的值，这显然是不符合预期的。如果在代码中增加类型限制信息，将可接收的参数限定为如下数组类型：

```
const getLength = (arr:Array<any>):number => arr.length;
```

那么当其他开发者在代码中调用这个方法时，如果传入的是非数组型的参数，则检查工具就会进行错误提示，这时静态类型检查的作用就体现出来了。如果你的代码是运行在浏览器环境中的，那么有错误的代码很有可能会隐藏在某个用户行为触发的响应函数中，即便程序运行起来也不会立刻触发错误，这就使得依靠运行时报错来调试代码的方法不仅非常烦琐，而且在每次修改后还要面临回归测试。

2. 替代部分注释信息

在编写原生 JavaScript 代码时，我们通常会使用开发工具在函数声明之前生成 jsdoc 风格的注释信息，尽管其中也包含了形参类型的信息，但这种方式往往会使注释信息变得冗长，甚至比函数本身还要长，反而容易在其他人阅读代码时造成影响。另一方面，大多数开发者都不愿意花太多功夫去编写注释，导致注释信息的质量和可靠性较差。而使用静态类型时，类型信息是直接出现在代码中的，编写注释能够让它具备更好的可读性，即便不写注释，它也能够起到提示和限制代码结构的作用。

3. 捕获重构引发的错误

如果你在重构代码时，更新了一个类属性的数据类型，或者更新了某个方法的实现细节，那么该如何对其他代码进行更新呢？在不支持静态类型检查的环境里，开发者或许只能在工程中手动跨文件查找关键词，然后逐个进行检查和修改，通常还需要重新阅读相关的业务逻辑，以确保类型的变化不会引发其他错误。即使是这样，开发者也很难确定自己是否覆盖了所有可能的影响范围。在拥有静态类型检查的环境里，检查工具会帮我们捕获所有受到影响的代码片段，无论这段代码是否直接使用了这个类属性，开发者只需要浏览检测结果并逐个修复即可。静态类型检查的引入提高了代码重构的可靠性，这一点在大型项目中是非常有价值的。

4. 更少却更有意义的单元测试

在引入了静态类型检查后，开发者就可以移除单元测试中那些用来触发类型错误的用例，转而使用类型正确的边缘用例来检测代码的逻辑。例如，在一个进行数字类型运算的函数中，原本的测试用例或许是下面这样的：

```
it('should not work - case 1', () => {
    expect(() =>someMethod([1,2]).to.throw(Error);
});

it('should not work - case 2', () => {
    expect(() => someMethod('abcde').to.throw(Error);
});

it('should return 1', () => {
    expect(() => someMethod(1.2)).to.be(1);
});
```

上述代码经过了静态类型检查后，事实上前两个用例的场景就已经被排除了，可以用负数，或者某个非常大或非常小的值，甚至是 NAN 对这个方法进行测试，它们在类型上都是正确的，但是却可能会对你编写的业务逻辑造成影响，这样的测试比那些显而易见的类型错误测试用例更有意义。

6.1.2　静态类型检查的劣势

1. 附加的学习成本

对于没有接触过静态类型系统的开发者而言，学习静态类型系统的过程并不轻松，你不能再随心所欲地为变量赋值，并且需要在开发中时刻关注类型信息，Node.js 的官方包仓库 npm 上甚至有帮助开发者将 JavaScript 代码转换成 TypeScript 代码的工具，但这毕竟是一种本末倒置的做法。如果使用面向对象的方式编程，类型的信息还会扩展到类和接口的部分，你可能会经常遇到那种心里明明知道想要实现什么样的类型限制但就是写不出来的尴尬场景，这都是需要花费时间去学习和积累的。有的团队尽管声称已经引入了静态类型检查，但许多新人还无法熟练掌握类型系统的相关知识，为了让自己的代码能够顺利提交，他们可能会将超过 80% 的类型都写为"any"（简单的理解就是随便什么类型都可以），然后只在涉及 number 或 string 这种简单的类型时才声明具体的类型，这就使得静态类型检查成了一种摆设，看似存在，却无法有效发挥作用。

2. 代码变得冗长

带有静态类型声明的代码看起来更加冗长，也更加复杂，但它并不一定会使程序变得更难理解。尽管增加了类型信息的代码，但同时也减少了类型容错处理的代码，而且带有类型信息的代码在许多场景中能够帮助他人更好地理解开发者的意图。

3. 短期内可能会延缓开发的进度

通常来说，类型检查会导致开发者精力无法集中，对于习惯了动态类型语言的开发者来说，它无疑将开发过程复杂化了，尤其是当你需要一边编写业务逻辑，一边还要兼顾类型告警时，真的很让人抓狂。静态类型检查的引入在初期很可能会延缓开发的进度，但是从整个项目周期来看，在后期进行代码维护时，它无疑又能够为开发者节约了更多的时间和精力，同时也能够在一定程度上防止初学者在项目中引入质量不佳的代码，尤其是在其他工具的支持下，许多类型的定义已经可以自动生成，因此从较长的周期来看，开发者更多是受益于类型提示的。

流行的 JavaScript 静态类型检查方案包括 Flow.js 和 TypeScript，接下来分别进行介绍。

6.2　Flow.js，易上手的静态类型检查工具

Flow.js[⊖]是 Facebook 出品的 JavaScript 静态类型检查工具，也是 Vue2 框架官方最初使用的静态类型检查解决方案。相比于 TypeScript，Flow.js 更容易上手使用，定位也更加纯粹，其作用就是完成静态类型检查。显然，带有类型信息的代码是不符合 JavaScript 语法规范的，它无法直接运行，所以 Flow.js 的静态类型检查功能需要借助编译器实现，通常它会作为前端工程化的一部分被集成在项目中，官方网站已经提供了非常详细的安装指南，其上手难度也非常低，因此此处不再赘述基本用法。但不得不说，拥有 VSCode 的支持的 TypeScript 确实对 Flow.js 造成了"降维打击"，TypeScript 也几乎成为高级前端工程师必须掌握的技能之一。

6.2.1　Flow.js 中的类型标注

在 JavaScript 中进行静态类型检查，并不仅仅是为了标记语言中原生支持的数据类型，

───────────────

⊖　官网地址：flow.org。

对原生数据类型的检测仅仅是静态类型检查工作的冰山一角。下面就来看看 Flow.js 的类型注释提供的一些实用的高级特性（非全部特性）。

（1）Literal 类型

Flow.js 支持使用字面量（Literal）来表示类型，也就是说，当你希望声明一个 Number 类型时，可以直接使用数字 2 来表示，Flow.js 能识别。这样的标记仅仅是一种类型推断，并不会为原本的变量赋值，也就是以字面量的类型作为类型声明。第 2 章中介绍的 Mock.js 也有类似的用法。

（2）Class 类型

Flow.js 支持以类（Class）名作为类型，这一点对于在 JavaScript 中进行面向对象编程很有帮助。当你知道某个变量是哪个类的实例时，就可以检测它的原型链上有哪些方法和属性。当你访问的属性不存在，或者在编程中调用的方法不存在时，就能够得到相应的提示信息。Flow.js 与代码编辑器相结合，可以明确地知道某个变量是哪个类的实例，也能够使我们得到更明确的提示信息，这样的开发体验是非常棒的。

（3）Interface 类型

Interface 类型在 Flow.js 中的使用方法与其他面向对象编程中的方法并没有什么区别，如果你对此感到陌生，那么也许需要额外学习一些面向对象编程的知识。Flow.js 中的 Class 类型都是独立定义的，即使两个声明的类具有一模一样的属性和方法，也不能将它们混合使用。但是用 Interface 类型声明，就可以实现混合使用的功能。在 Flow.js 中，可以使用"interface"关键字声明一个接口，并在定义一个类时使用"implements"关键字声明这个类需要实现的接口，当然，是可以同时实现多个接口的。

（4）Generic 类型

Generic 类型，也称为泛型类，如果从高阶函数的角度进行类比，会更容易理解它的定义。可以将泛型看作是一个"生产类型信息的工厂函数"，不过它的调用方法是通过"< >"而不是"()"来表示的，只有在你为它传入一个实参后，才会得到一个确定的类型。换句话说就是，传入的参数类型不同，这个类所依据的类型检查标准就不同。

（5）Module 类型

在 Module 类型的支持下，开发者可以在模块之间传递别名、接口和类的定义。

6.2.2　Flow.js 的优势

无侵入性是 Flow.js 最有吸引力的特点之一，当你希望尝试它时，可以轻松地将它引入项目中，当你的项目不再需要使用它时，使用"babel"或"flow-remove-types"命令可以非常轻松地将类型信息从源代码中去除，进而得到一份纯净的源代码，它就像一个自带卸载程序的辅助工具。相较于 TypeScript 的学习曲线，Flow.js 的上手难度几乎低到可以忽略不计。无论如何，建议尝试使用它，将它作为 TypeScript 或是 Java 的预备知识也是非常好的。

6.3　TypeScript，另一种选择

笔者最初学习 TypeScript 时，它在前端的地位远不及如今，前端三大框架中也只有 Angular 强制使用 TypeScript，毕竟它最初是由 Google 的 Java 工程师开发的，他们似乎更希望使用 TypeScript 和 Java 来作为全栈编程技术的标配。遗憾的是，在 Angular1 升级到 Angular2 的过程中，这种"断崖式更新"使得 Angular 失去了大量粉丝，随后几年里，国内 Angular 的用户数远远少于 Vue 和 React 了。但是，随着前端应用承担的任务日渐加重，TypeScript 却逐渐在前端开发中拥有了更重要的地位。面对类型检查的需求时，人们已经很少再提及 Flow.js 了，而是说"如果你需要进行静态类型检查，就直接用 TypeScript 吧"。如果你面对的是一个企业级的项目，或者是一个需要长期维护和不断迭代的项目，那么 TypeScript 的确会是更好的选择。尽管微软在 2013 年就已经正式发布了 TypeScript，但直到有了 VSCode 编辑器的完美支持，它才能在前端拥有现在的江湖地位。

TypeScript 是 JavaScript 的超集，它完全兼容 JavaScript，并且可以通过引入更多高级特性来提高 JavaScript 承载大型应用的能力，但最终你编写的代码还是会被编译为 JavaScript 代码。如果你使用过它就会发现，相较于原生的 JavaScript 代码，TypeScript 几乎就是另外一门编程语言，它的编程体验更加贴近于 Java。在 ES6 标准还没有出现时，TypeScript 就已经支持了模块化编程、静态类型和面向对象编程等许多对于大型应用开发而言非常重要的高级特性，但想要真正在开发实践中熟练使用，对前端开发者而言仍有一定的学习门槛。

当你查看任何一家公司对于高级前端工程师或前端架构师的招聘信息时，就会发现他们几乎都会要求前端开发者必须掌握一门后端语言，而有经验的前端工程师也会告诉你 Node.js 并不在这条要求覆盖的范围之内。你也许会感到困惑，Node.js 是运行在服务端的，而且同样可以实现服务端功能，为什么就不能算作后端语言呢？事实上要求中所期望的能力，并不只是服务端的业务代码开发能力，更多的是面向对象编程的思维方式和更加严谨的编码意识。

相较而言，后端开发者对于面向对象的理解和应用往往要更好，因为他们在工作中必须使用这些特性才能编写出符合要求的程序，但 JavaScript 语言却没有这样的限制。严格来讲，JavaScript 中其实并不存在原生的面向对象编程，它的继承特性是基于搜索原型链来实现的，即使将面向对象的概念完全剥离，你也依然能够看懂代码的具体功能，它本质上只是一种"功能委托"。从语法的角度来讲，最初的 JavaScript 也没有实现面向对象编程中常用的描述实体关系的"public""private"或是"protected"的关键词，其类是通过函数和原型对象来模拟的，私有属性是通过闭包来模拟的，继承是通过原型链来模拟的，无论从哪个方面来看，"面向对象编程"都更像是开发者强加给 JavaScript 语言的一种主观认知。

既然语言没有原生实现这些特性，那么我们为什么还要在前端开发中强行使用面向对象编程呢？事实上，这与前端引入其他高级特性的原因是一样的，那就是希望它能够在更

多的开发场景中应用，面对复杂的需求时它仍然能够保持足够的清晰度和可维护性。面向对象编程在描述实体之间的关系和提取抽象信息方面存在很大的优势，当你的前端程序不再只是一些辅助网页运行的小型脚本，而是越来越庞大的应用程序时，面向对象编程能够帮助你管理好各个实体之间的关系，并且可利用静态类型检查能力来保障这种关系，减少甚至杜绝运行时错误，从而构建出更加清晰和健壮的系统。

类型系统是 TypeScript 的另一大优势，在使用 JavaScript 进行开发时，无论是手动编写文档还是使用 jsdoc 等工具自动生成文档，都会带来很大的维护负担，以至于大家都很反感写文档或注释，即使你在修改代码后忘记更新文档信息，短期内也不会造成什么实质影响，毕竟代码和文档是分离的，但如果由其他人来维护或迭代这部分代码，反而可能被注释信息误导。而使用 TypeScript 时，这种情况很容易得到改善，接口定义和类型声明为代码提供了大量的元信息，当你引用其他带有类型声明的库时，通常可以在 VSCode 中得到详细的智能提示，提示信息来源于类型定义或声明文件，而 TypeScript 对代码进行静态类型检查的依据同样也是声明文件，若你的代码和类型声明不符，或者是调用代码时传入了错误的参数，VSCode 都可以快速检测到并给出提示，这就使得类型声明的代码完全可以作为文档来使用，它与代码中真实的情况是实时同步的，你在开发的同时就可以很方便地进行维护和更新。

总的来说，TypeScript 的学习成本相对较高，但是功能更加强大。如果不熟悉相关的类型系统，或者是没有成熟的工程化配置经验，它反而可能会极大地阻塞开发进度。据笔者所知，业界也并非所有的团队都引入了 TypeScript，是否要在项目中引入这种附加的限制来换取更清晰的系统结构和更好的维护性，取决于你自己的判断。当然，就算是为了提高自己的竞争力或者是进入一线企业的机会，你也应该熟练掌握它。

软件工程没有银弹，所有的选择都要付出对应的代价，鼓吹技术是非常幼稚的行为，利弊权衡才是软件工程师该有的思维模式，希望你能够找到合适的选择。

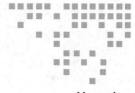

用函数描述世界：Ramda.js

用数学的眼光看世界，这是笔者高中数学老师的口头禅，如今再次想起这句话，我仍不禁为其丰富的内涵而感叹，在程序员的眼里，数学高手好比是"扫地僧"一般的存在。

前文在介绍静态类型的时候曾提及过，JavaScript 语言中的"面向对象编程"不过是强行模拟出来的特性，因为这种从对客观世界的认知进行抽象的程序设计方式更容易被大多数开发者所接受，而原型链实际上只是实现了一种"功能委托机制"，即使我们把面向对象的概念完全剥离，这也是一种合乎语言逻辑的设计方案。需要说明的是，尽管面向对象编程一直是对开发者的基本要求，但事实上，它并不是除了"面向过程编程"之外的唯一的编程范式。

本章即将介绍的"函数式编程"（Functional Programming，FP），无疑就是一个令人兴奋的话题，它甚至还会改变许多开发者对程序设计的认知。并不是说"函数式编程"比"面向对象编程"更高级，但它的确能够为开发者提供另一种基于数学思维的认知角度，同时也更加符合我们在面对复杂事物时的底层思维直觉。在流程控制的清晰度上，"函数式编程"的确要优于"面向对象编程"，笔者甚至一度觉得其才是 JavaScript 语言该有的样子。"函数式编程"并不是 JavaScript 所独有的，如果你喜欢，几乎可以在任何主流语言中使用它。Ramda.js 已经为开发者提供了许多实用的工具原子函数。

7.1　本能的思考方式

我们先来看一道简单的数学题：

$$y = 3x^2 + 2x + 1$$
$$z = 2y^2 + 6$$

若 $x = 2$，求（$2z-4$）/8

如果要求用代码来求解上面的方程，我们很容易写出下面这样的代码：

```
const resolveYX = x => 3 * x * x + 2 * x + 1
const resolveZY = y => 2 * y * y  + 6;
const resolveRZ = z => (2 * z - 4) / 8;
const result = resolveRZ(resolveZY(resolveYX(2)));
```

许多开发者都会采用上面这种面向过程编程的风格来实现代码。有趣的是，如果你将同样的问题抛给一个没有接触过编程的学生，就会发现他们的求解过程通常是下面这样的：

$$r = (2z-4)/8$$
$$= (z-2)/4$$
$$= ((2y^2+6)-2)/4$$
$$= (2y^2+4)/4$$
$$= (2 \times (3x^2+2x+1)^2+4)/4$$
$$= (9x^4+12x^3+10x^2+4x+1)/2+1$$
$$= f(x)$$

大多数人首先会对方程进行合并、简化，在求出结果与单变量之间的关系之后，再将具体数值代入关系式一次性求得最终结果。这是一种本能反应，你会发现自己不写代码的时候似乎也是这样做的，因为合并表达式的过程很有可能会抵消掉一些相反的运算，从而减少一些中间过程的计算量，也能降低出错的可能性。只是在程序开发过程中，计算机强大的运算能力会让你直接忽略这种微小的优化，只会在数据量较大或算法的时间复杂度较高时进行人工优化。相比于命令式编程中那种"一步接一步"的风格，这种"一步到位"的编程风格显然更加简洁清晰，毕竟它隐藏了很多中间变量和过程细节。

试图合并简化流程是我们在面对复杂问题时的思维本能，而这种思维本能是可以运用在程序设计中的。当我们面对复杂的逻辑开发时，如果将中间环节进行合并优化，尽可能缩短已知数据与最终影响之间的关系链，那么代码就能拥有更清晰的层次，事实上，利用本章介绍的函数式编程就可以实现这样的目标。我们暂且把那些复杂的"范畴论"知识放在一边，也不去理会网络上对于函数式编程优劣的争论，仅从语言本身的特性出发，利用自己面对方程时最本能的思考方式，来感受一下函数式编程中的数学之美。

7.2　开始编码

假设现在有这样一个需求，先得到一个数据 x，经历了 3 个步骤后得到一个结果 y，如果每个步骤的实现过程都比较复杂（假定其代码量均超过 20 行），那么如何在代码中实现细节的隐藏和核心逻辑步骤的聚合，让所有团队成员都能快速地梳理其中的逻辑关系呢？

7.2.1　传统编程的实现

传统编程最常用的就是前文示例中使用的函数嵌套方式，它可以非常直观地将前一个步骤的结果作为参数传入下一个步骤。但当步骤的数量增加时，大量的括号嵌套在一起就像是个大洋葱，看起来不怎么优雅，我们可以利用一些小技巧将其改变成"链式调用"的风格，让代码的阅读变得更加容易。先将需要操作的数值构造成一个 Task 类，然后通过 step 方法接收待执行的函数，并返回一个新的 Task 实例，代码如下：

```
class Task{
    constructor(v){
        this.value = v;
    }

    //执行fn函数
    step(fn){
        let _newValue = fn(this.value);
        return new Task(_newValue);
    }
}
```

那么，前文中的函数嵌套代码就可以改写为如下形式：

```
let result = x=>(new Task(x))
                .step(resolveYX)
                .step(resolveZY)
                .step(resolveRZ)
```

"链式调用"风格的代码在步骤增多时能够保持更好的逻辑清晰度，同时顺序调用的代码也更容易编写和阅读。可以把 Task 类看作一个盒子，生成实例时，好比是向其中放入了一个值，每当使用 step 方法传入一个执行函数时，就会用该函数加工盒子里的值，加工完之后，得到的结果会被放到一个新的盒子中，这样它又可以通过 step 方法接收下一个执行函数了。细心的读者可能已经发现了，上面的代码看起来非常像 Promise.then 的使用方式，实际上，Task 函数就是 Promise 原型的简化版，Promise 中传入 then 方法的业务逻辑函数也会被包装为新的 Promise 实例，由于 Promise 的源代码会涉及异步执行和状态判定等问题，因此实现上要比同步顺序执行的场景复杂很多。

7.2.2　函数式编程的推演

下面我们从数学的角度重新审视前文的需求，抛开业务逻辑只看代码本身造成的影响，可以将前面的需求描述为：一个数字（或者数据集合）通过一系列变换，得到了另一个数字（或者数据集合）。尽管有些抽象，但它无疑是从另一个角度描述了代码的抽象本质——对数据集进行变换，这一点与数学中方程的作用是一致的。在函数式编程的世界里，没有对象之间错综复杂的耦合关系，也没有匪夷所思的 this 指向，只有数据和加工数据的方程式，下面就来演示如何将常见的代码或逻辑转换为函数形态，从而将代码的计算本质展现出来。

首先，对前面的代码做一些调整，以便能从宏观上看到函数的本质（下文中对"function"的描述统一采用"函数"一词，以区别面向对象编程中的"方法"）：

```
function f(x){
    return (new Task(x)).step(fn1).step(fn2).step(fn3);
}
let x = 2;
let y = f(x);
```

在上述代码中，f 函数可以接收一个参数 x，只有显式调用这个新生成的函数，并传入一个数值，程序才会启动一系列的计算过程。下面先来观察一下这段链式调用即将执行结束时的一个暂态状况：

```
//fn2Result是XX.step(fn2)执行完后返回的结果，它的值包裹在Task类中
fn2Result.step(fn3);
```

上面的语句中，实际的未知量只有 fn2Result 这一个，而 step 方法和 fn3 都是事先定义好的，也就是说，从暂态数据 fn2Result 到最终结果的变换过程，是一个数据集到另一个数据集的映射，因此可以被抽象为 $y = f(x)$ 的函数形态。下面利用反柯里化的方式将此处的逻辑也改造为一个函数，改造后的函数如下：

```
const goStep = function(fn){
    return function(params){
        let value = fn(params.value);
        return new Task(value);
    }
}
const execFn3 = goStep(fn3);
```

这个改造非常有趣，在向 goStep 中传入一个函数后，它就会变成另一个函数，而这个新的返回函数看起来与 step 非常相似，并且它可以直接作为函数使用（而不是必须作为对象方法），这里实际上是通过反柯里化的方式将原本只能被 Task 实例方法调用的 step 函数进行了功能泛化，新的 execFn3 方法就像一个执行机，它接收一个新的 Task 实例，并使用 fn 函数对其 value 属性上的值进行变换（上例中是 fn3 函数），然后将结果放入一个新的 Task 实例中并返回。这样的变换使我们可以在空间上把已知的信息和核心的业务逻辑放得更近，并把实现细节隐藏起来。同理，下面对上述链式调用的逻辑进行的变换：

```
let execFn3 = goStep(fn3);
let execFn2 = goStep(fn2);
let execFn1 = goStep(fn1);
function (x){
    let initResult = new Task(x);
    return execFn3(execFn2(execFn1(initResult)));
}
```

既然已经变换到这样的程度了，那么我们索性将 Task 类的实例化过程也包裹起来，具体如下：

```
let createTask = function(x){
    return new task(x);
}
```

经过一番变换，函数又变成了嵌套的样子，不过，形态的变换并没有结束。接下来，我们再定义两个用于改变函数形态的工具函数，以对上面的代码做进一步抽象。工具函数的实现代码如下：

```
const composeEx = function(...args){
    return function(x){
        return args.reduceRight((pre, cur)=>cur(pre),x);
    }
}

/*下面是简化版的函数，可以实现两个函数的功能嵌套*/
const compose = function(f,g){
    return function(x){
        return f(g(x));
    }
}
```

下面利用工具函数继续对上面的代码进行变换：

```
const pipeline = composeEx(execFn3, execFn2, execFn1, createTask);
function f(x){
    return pipeline(x);
}
```

composeEx 函数事先将一系列函数的计算过程组合在了一起，就像我们在简化数学方程时所做的那样，然后为 pipeline 函数返回一个新函数，pipeline 函数接收一个初始值 x 后，就会通过一系列运算返回最终的结果。另一方面，上面代码中的 f 函数接收一个参数 x，然后在函数体中调用 pipeline(x)，仔细观察后不难发现，这里的 f 函数相当于 pipeline 函数的代理，但是这个代理没有进行任何额外的工作，相当于只是单纯地在函数调用栈中增加了一层，因此上面的代码实际上是不需要定义 f 函数的，只需要像下面的示例一样把 pipeline 函数赋值给它即可：

```
const f = pipeline;
```

这样的编码风格称为 "point free"，若深入学习函数式编程知识就会经常使用到它，这种将函数本身作为值来传递的形式会隐藏一些参数传递的细节，最初可能会对代码的理解造成一些障碍，但习惯后你很快就会喜欢上这种精简的风格。

学习了上述琐碎的细节之后，你所具备的知识已经足够写出符合"函数式编程"风格的代码了，下面就来尝试重写上面的逻辑，代码如下：

```
composeEx = (...args) => (x) => args.reduceRight((pre,cur) =>cur(pre),x);
getValue = (obj) => obj.value;
createTask = (x) => new Task(x);
execFn3 = composeEx(createTask,fn3,getValue);
execFn2 = composeEx(createTask,fn2,getValue);
execFn1 = composeEx(createTask,fn1,getValue);
pipeline = composeEx(execFn3, execFn2, execFn1, createTask);
```

```
f = pipeline;
y = f(x);
```

至此，你已经具备了将一段常规代码变换为函数式代码的能力。我们可以通过使用
Task 包装器来传递要进行运算的值，而 Task 类中并不包含具体的业务逻辑方法。请注意，
这是函数式代码和面向对象代码的主要区别所在。事实上，函数式编程中包含了大量与
Task 类似的容器类（即函数式编程中的 Functor，也称为"函子"），它们实现了一些抽象逻
辑，以便你可以把编码行为函数化。更有趣的是，如果你仔细观察就会发现，上面的代码
从头到尾都只是函数之间的组合，直到最后一步，"数据"也没有出现过。但是，函数式编
程看起来似乎是把原本简单的问题复杂化了，而且代码本身的命名也失去了具体的语义，
那么，函数式编程到底有什么价值呢？下面就来介绍函数式编程的意义所在。

7.2.3　函数式编程的意义

每一种技术都有其适用的场景，函数式编程也不例外。只有掌握函数式思维是如何影
响代码编写方式的，才能体会什么叫"一切皆函数"。由于前文示例中的使用场景是基于许
多简化条件而来的，因此很难将函数式编程的优势表现出来。

前文示例中，每个步骤都是单值输入和单值输出的，所以你可以轻松地把它们串联起
来，如果计算链条中的一些函数需要多个参数，又或者其中某个函数并不能同步返回结果，
你就会发现很难以函数嵌套的形式实现它，即使使用面向对象编程的方式，也需要在对象
方法中或是对象方法外强行加上辅助管理异步流程的代码（比如 Promise 等），它们虽然可
以保障代码的执行顺序，但是会对业务逻辑的阅读造成干扰。如果使用函数式编程的方式，
你就能够用一致的思维方式和函数形态优雅地实现上述需求。由于部分读者可能还没有函
数式编程的基础，因此这里先简单描述一下相关的实现思路。

前文的示例中已经介绍了如何使用高阶函数将一个要接收多个参数的函数改造为每次
只接收一个参数的形式，函数体中的改造逻辑并不复杂，当向函数中传入参数调用它时，
如果参数的数量不够，系统就会将参数缓存起来，并返回一个接收剩余参数的函数，每次
在接收到新的参数后，就会将其推入缓存的参数数组中，当累计接收到的参数达到了所需
要的数量后，再将其传入实际要计算的方程中并返回计算结果。也就是说，改造过程完成
了如下的代码形态转换：

```
doSomething(arg0,arg1,arg2) ===> doSomething(arg0)(arg1)(arg2)
```

待函数全部转换为单参数的形式后，我们就可以使用前面的 compose 函数将任意数量
的函数组合在一起，实现一些复杂的功能了。异步的实现会更复杂一些，因为它依赖于很
多函数式编程的相关理论，限于篇幅本章暂不进行详细讲解。

不难看到，函数式编程为编写代码这种枯燥乏味的过程增添了一些趣味性，这种编程
方式很像是用乐高积木搭建一个房屋，又或者是像在游戏《我的世界》（Minecraft）里用小
方块建造世界。使用 getValue 或 map 这种近乎原子操作的小函数逐步搭建出庞大的系统，

这本身就是一件极具创造性的事情。当你试图看清楚最终系统是如何运作的时候，函数式编程能够在各个层级为你提供更加清晰的视角，例如，将一个宏观的任务分为三步时，你会看到编码者用 compose 函数将三个主要的步骤连接起来了；当你想要关注其中某个环节的具体实现时，又会看到编码者在某个子步骤中再次使用 compose 函数结合了若干个更小的步骤，而这些操作都是抽象的。更重要的是，函数式编程的思维方式弱化了对象的关系，转而更注重于编程者的实际目的，你不再需要关注某个函数或功能隶属于哪个实体，只需要知道它能够实现什么功能即可，这种更底层的视角就像是使用 React Hooks 来替代类组件生命周期一样。

如果只能用一句话向别人推荐"函数式编程"，笔者想说"它真的很好玩！"

7.2.4　函数式编程的基本理论

对，你没有看错，至此我们才开始正式讲解"函数式编程"的概念，毕竟本书不是教科书，希望读者能够更直观地感受某项新技术是否能提起自己的兴趣，而不是一上来就进行系统地学习，如果毫无兴趣，那么无论你有多清楚它的价值，又或者刚开始走得有多快，最终都很难坚持下去。

"函数式编程"是一种程序设计泛式，它将程序的执行过程视为数学上的函数计算，为开发者提供了一种用数学眼光去看待程序的独特视角，使开发者能够把焦点从实体关系和行为逻辑转移到对于数据的映射关系这种更底层的表现上，编写程序的过程不再是使用程序语言对某个现实的业务过程进行翻译，而更像是为了实现某个数据集的映射而打造的转换管道的游戏，它的抽象度更高，同时也意味着不需要绑定任何具体的业务逻辑，越具体的东西能够复用的场景就越小。对于软件工程师而言，任何时候都不要走极端，你不必非要在"面向对象编程"和"函数式编程"之间做一个了断，编程范式也不是技术选型的唯一标准。要想在编码过程中安全地使用函数式编程，我们首先需要了解两个新的概念——"纯函数"和"不可变数据"。

1. 纯函数

函数式编程中所传递和使用的函数必须是"纯函数"。相较于一个普通函数，纯函数要求函数只能依赖自己的参数，并且在执行的过程中不能有副作用，所谓副作用是指对函数作用域以外的某个数据造成了影响。纯函数的特征就是当你使用一个确定的数据进行运算时，无论执行多少次，无论外部参数如何改变，返回的运算结果都是一致的。这样的要求使得开发者可以更安全地组合函数管道，而不必担心会有意料之外的影响。下面来看这样两个函数：

```
let a = 1;

//普通函数
function add1(x){
    return a + x;
```

```
}
//纯函数
function pureAdd1(x){
    let a = 1;
    return x + a;
}
```

对于 add1 这个函数来说，由于作用域链的机制使得它的结果依赖于外部参数 a，因此如果在程序的生命周期内有其他函数修改了这个 a 值，那么开发者在不同的时间段传入同样的参数调用这个方法时就可能得到不同的结果。当你在一个复杂系统中调用 add1(3) 时，得到的结果可能是 4，也可能不是 4，这样的函数就是"不纯的"。pureAdd1 函数则不会依赖于外界条件的变化，无论你在何处调用 pureAdd1(3)，都会得到一个确定的结果 4。纯函数唯一能影响外部作用域的方式就是开发者在函数外部使用了它返回的值，否则，当它执行结束时其局部生命周期也就结束了，这样的函数就是"纯函数"。

在面向对象编程的过程中，我们所编写的方法通常都不是纯函数，因为在编程的过程中，或多或少会将一些状态信息放在更高的作用域中，以便不同的模块之间可以共享这些信息，又或者是为方法中的动态指针"this"找到执行时它应该指向的数据，这时函数往往就有了副作用，它通常会对其作用域以外的区域产生可观测的变化。例如，函数接受了一个对象类型的参数，然后在函数体内部对其属性进行了修改，这个操作就会影响到函数作用域以外的区域，因为对象类型的参数只会传递引用，这种副作用很容易在函数组合时造成不可预测的问题，比如意外污染数据源等，开发者在使用 React 进行开发时大量使用扩展运算符来对数据进行"浅备份"，就是为了防止数据发生意料之外的改变。看到这里你可能会觉得困惑，尽管前端程序大多采用数据驱动的方式，但最终都是需要借助 DOM 提供的 API 才能将结果表现在页面上，也就是说，即使程序在数据变换的阶段能够以"函数式"的方式运作，最终渲染的时候也一定会产生副作用，事实上也的确如此，"函数式编程"只是一种思想，JavaScript 并不是严格意义上的函数式编程语言，不需要将它们强行绑定在一起。

2. 不可变数据

不可变数据是指一个数据生成以后，就无法再发生改变了。JavaScript 中，原始数据类型就是不可变的，而引用类型是可以改变的。即使你已经明白了纯函数对于函数式编程的重要性，然而当你试图打造纯函数时也会遇到新的问题。在纯函数中处理原始数据类型，很容易保证无副作用，因为在参数传递过程中，原始数据类型是依据"值传递"的原则传递的；如果参数是含有原始值的数组类型，则可以通过强制使用确定会返回新数组的方法来避免副作用（例如，map 方法会返回新数组，splice 方法则会改变原数组）；但是当涉及对象类型的参数时，似乎并没有什么现成的方法能够让开发者在处理对象类型时确保无副作用。我们来看如下这样一个例子：

```
let a = {
    name:'tony'
```

```
};
let b = a;
modify(b);
console.log(a.name);
```

上面的代码会输出什么，我们无法确定，如果你能够理解上面的代码中为什么对 b 的编辑会导致 a 的属性值变得不可预测，就会明白对象类型的参数在函数式编程中的危险性。这就引出了一个老生常谈的话题——"深备份"和"浅备份"。

> 🎯 拓展知识　"深备份"是一种典型的防御性编程策略，相对来说更耗费性能，但是其可以保证对于复制结果的后续操作不会影响到原对象。在"浅备份"机制下，对于引用类型的数据，复制过程中只会复制它的引用，因此在复制出来的新对象的某个属性实际上与原对象指向的是同一份数据（而不是结构相同的两份数据），这就造成了数据间的耦合，从而可能会在其他操作中造成意料之外的影响。

许多工具库都会提供浅备份和深备份两种不同的方法，ES6 中新增的原生方法 Object.assign 是一种浅备份策略，浏览器在实现消息通道（Message Channel）和 History API 时会使用一种称为"结构化克隆"⊖的方式来实现深备份，但它仍然没有覆盖 JavaScript 中所有的类型。

我们没有必要在这个问题上钻牛角尖，前端工程师所处理的大部分数据，要么是自己构建的，要么是从后端那里获取到的，这就意味着，在实际开发中，深备份函数大多数时候都不需要兼顾完整的数据类型，我们完全可以自己实现它，以规避因处理可变数据而导致的副作用（事实上，无论是 Ramda.js 还是 Lodash.js 的 fp 模块都提供了深备份函数）。在实际开发中，我们使用对象类型传参时，通常是为了减少函数形参的个数，或者原本就希望这个函数将某个值挂载在这个对象上，以便后续可以在外部获得某个原本需要返回的结果。换句话说就是，这种函数式编程理论中的"副作用"更多地是被开发者主动制造出来并加以利用的，即使你真的需要操作对象类型的数据，Ramda.js 和 Lodash.js 也提供了许多工具和方法，用于保证你的操作不会影响到源数据。我们学习函数式编程的目的是利用它来改善自己的代码，而不是给自己制造更多的麻烦，或者强行去实践某些看起来高大上的技术。如果你对此仍有顾虑，可以配合使用 Facebook 推出的 Immutable.js 来获得"不可变数据"。

待上述两个基本要素满足后，接下来就可以实践函数式编程了。当然，这仅仅是入门知识，函数式编程中还有很多有趣的内容，学习和掌握它们并不是一件容易的事情。下面就来利用 Ramda.js 体验一下函数式编程。

7.3　基于 Ramda.js 体验函数式编程

终于到了实战环节，相信你已经迫不及待了，你并不需要自己从头开始构建函数式编

⊖　JavaScript 中，原生对象在深备份时使用的算法可以在 MDN 中查阅"结构化克隆"相关资料了解。

程的底层辅助函数，因为 Ramda.js 函数式编程库已经提供了大量的纯函数和函数组合方法，你只需要浏览文档并掌握它们就可以了，如果对底层原理感兴趣，则可以翻看源码，结合函数式编程的理论来学习其原理。

与其他"具有函数式编程风格"的工具包相比，Ramda.js 更希望自己成为纯粹的 JavaScript 函数式编程风格库，它在设计上遵从纯函数和不可变数据这两个核心理念，同时它能在内部对所有已经实现了的纯函数自动完成柯里化，在参数次序的安排上，也将要操作的数据项放在了最后，这样的设计风格可以让你在最终传入数据之前更灵活地组装函数管道。相较于 Lodash/fp 模块在文档中注明哪些对象方法会改变原对象（毕竟 Lodash.js 并不是专门为函数式编程而设计的）的做法，Ramda.js 提供的所有方法都不会改变源数据，你可以放心地使用它来组合业务逻辑。另外，Ramda.js 官方网站提供的《Thinking in Ramda》系列博文也可以很好地帮助你进入函数式编程的世界。

7.3.1 使用 Ramda.js

 拓展知识　Todo-List 被戏称为所有新技术的第二课，第一课当然是大名鼎鼎的"Hello World"了。

下面就来使用 Ramda.js 实现一个针对 Todo-List 的条件查询功能。假设你是一位管理人员，需要从自己的 Todo-List 中找出需要与 Bill Gates 一起进行的尚未完成的事情，并从中筛选出优先级小于 3 且预期项目收益高于 1000 万的项，接着将它们按照截止时间排序并返回，下面我们先来看几种不同的实现方式。

原生编程的实现方式：

```
let unSortResult = tasks.filter(task=>{
    if(task.partner === 'Bill Gates'
        && task.priority <= 3
        && task.profit > 10000000
        && !task.complete ){
            return true;
        }
    return false;
});
let result = unSortResult.sort((a,b)=>{
    return a.deadline <= b.deadline;
});
```

使用 Lodash.js 的实现方式：

```
let result = _
    .chain(tasks)
    .filter(task=>_.eq(task.partner, 'Bill Gates')
    .filter(task=>_.lte(task.priority,3))
    .filter(task=>_.gte(task.profit,10000000))
```

```
      .filter(task=>_.eq(task.complete,false))
      .sortBy('deadline'));
```

使用 Ramda.js 的实现方式：

```
//拼装筛选条件
const condition = {
    partner: R.equals('Bill Gates'),
    priority: R.lte(R.__, 3)              //第一参数小于第二参数时返回true
    profit: R.gte(R.__, 10000000)         //第一参数大于或等于第二参数时返回true
    complete: R.equals(false)
};
//过滤函数
const filterByCondition = R.filter(R.where(condition));
//排序函数
const sortByDeadline = R.sortBy(R.prop('deadline'));
//求解函数
const f = R.compose(sortByDeadline, filterByCondition);
//执行
let result = f(task);
```

与之前的示例一样，函数管道中不存在暂态的数据，在进行最后一步调用之前，我们所做的事情都是拼接函数管道，因此建议在使用 Ramda.js 时仿照上面的代码分步骤进行组合，利用基础的抽象工具将实现过程逐步拼接成复杂的业务逻辑函数，它能够为代码提供额外的层次感，从而提高代码的可读性。通过上面的代码对比，相信读者应该已经了解函数式编程的特点了。

7.3.2　函数化的流程控制

之前展示的所有示例中，只提及了数据和数据映射，事实上，常见的流程控制语句也可以封装起来实现函数化，下面就来看看 Ramda.js 中提供的工具方法。

1. 条件分支函数 R.ifElse

它将 if/else 判断语句封装在函数体中，并且会接收 3 个参数，分别作为条件成立时的执行函数、不成立时的执行函数和用于判断 if 是否成立的表达式，然后返回一个新函数，当向新函数传入数据并调用时，实际上执行的就是 if/else 条件判断语句。

2. 多条件分支函数 R.cond

它可以实现多个 if/else 判断条件，首先接收一个数组作为参数，数组中的每一项包含一个判断条件和当其成立时需要执行的函数，然后返回一个新函数，向新函数传入数据并调用时，实际上执行的就是多个 if/else 条件判断语句。

3. 循环语句函数

以函数的方式实现循环实际上有多种选择，大多数时候，使用 R.map、R.forEach、R.mapObjIndexed 和 R.forEachObjIndexed 就可以实现。

4. 异步流控函数 R.then/R.otherwise

R.then 接收 onSuccess 函数后会生成一个新函数,新函数的入参是一个 promise 实例,如果这个 promise 实例被决议为"fulfilled",那么预先传入的 onSuccess 函数就会被作用于该实例被决议时返回的结果(也就是 resolve 结果)中,新函数仍然会返回一个 promise 实例。R.otherwise 与 R.then 的用法相似,它会在传入的 promise 实例被决议为"reject"时作用于决议的返回值,并将结果包装在一个新的 promise 实例中返回。

上面介绍的流程控制语句已经能够覆盖大多数场景,尽管 Ramda.js 提供了异步流程控制的函数来实现 Promise 的函数化,但直接使用 Promise 可能会更加直观。

7.4 选择

函数式编程的话题即将告一段落,但是要想在工程实践中更好地发挥它的优势,还有很长的路要走。你并不需要在"函数式编程"和"面向对象编程"中二选一,就好像不需要在"关系型数据库"和"非关系型数据库"之间做出选择一样,实际上,它们在工程中更多的是一种互补的关系。"面向对象编程"让你更容易理清实体之间的静态关系,而"函数式编程"则可以减少实体关系的干扰,让开发者更关注实际的目的,从而实现抽象度更高也更简洁的代码。建议在宏观系统的设计上使用"面向对象编程"来获得清晰的模块关系,而在与业务无关的逻辑细节的实现上,使用"函数式编程"来获得更清晰简洁的代码。最后,希望你也能从"函数式编程"的学习中体验到游戏一般的快乐。

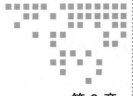

Rxjs：前端世界的"老人与海"

生活总是让我们遍体鳞伤，但到后来，那些受伤的地方一定会变成我们最强壮的地方。

——海明威《老人与海》

　　这不是语文书，这一章也不会讲述海明威的《老人与海》这部著作，但是在本章的最后笔者会讲述一个不一样的"老人与海"的故事，它能够帮助读者理解本章中将要讨论的编程技术——响应式编程（Reactive Programming，有时也翻译为反应式编程）。响应式编程是一种面向事件流和变化传播的编程范式，前端开发者对于响应式程序应该不陌生，响应式是指程序本身能够对一些变化做出响应，JavaScript 事件驱动的特性本质上就是一种对变化的响应。比如我们在程序中监听了一个输入框的 input 事件，并绑定了一个回调函数，那么每当用户在输入框中输入内容时，这个回调函数都会自动执行；再比如热门的三大框架，本质上都是由数据驱动的，当你使用正确的方式在 JavaScript 脚本中改变数据时，框架内部就会自动完成对用户界面的更新，这实际上都是响应式思想的表现。

　　在这一章中，我们先通过一个抽象的思维游戏从数据的生产消费角度来重新审视自己编写的代码，并讲述函数式编程和发布订阅模式联合使用时产生的编程范式——响应式编程，最后介绍如何使用 Rxjs 这个响应式编程的库来进行基于流的应用开发。本章并不会过多地介绍 Rxjs 的实用技巧，由于学习成本较高的缘故，它在国内并不算流行，希望读者能够站在代码之外，从更宏观的角度去观察和理解其背后的设计思想，这比掌握一个工具更为重要，如果你想要学习如何使用 Rxjs，可以参考笔者博客[⊖]中的《响应式编程的思维艺术》系列文章。

　　⊖　https://github.com/dashnowords。

8.1　信息管道

本节中，我们先抛开具体的逻辑，从一个新的视角来观察自己编写的程序。

8.1.1　不同的"单一职责"

第 7 章中曾提到过认知角度的不同会影响编程的风格，尽管代码形态各异，但它们都能够实现开发者想要的效果。现在请从代码中跳出来，从更宏观的层面来看看程序是如何在从客观世界到用户的主观感受之间完成信息传播的。

我们每天都会编写前端代码，用 vuex/redux 来管理状态，用 axios/fetch 来获取数据，用 Lodash/ES6 来加工数据，用 Vue/React/Angular 来管理 DOM，几乎每一个环节都有开箱即用的工具，我们每天都忙得不亦乐乎。尽管 JavaScript 被称为事件驱动的单线程语言，但我们编写的代码只靠一个线程是无法运行的，这里的"单线程"是指依据 ECMAScript 规范，引擎只使用一个线程来解释执行 JavaScript 代码，但解释后得到的任务或指令，是需要通过多个线程或进程配合才能够完成的，常见的异步机制、事件机制、网络请求等都需要通过不同的线程来承担相应的任务。如果你阅读过关于现代浏览器基本原理的资料，就会知道为了能够稳定、安全、流畅地呈现出网页的内容，浏览器需要使用的进程至少包括主进程、渲染进程、网络进程、GPU 进程、插件进程等，每个进程负责一项独立的任务。我们看到的每个页面通常会由一个渲染进程来管理，典型的渲染进程中又包括 GUI 渲染线程、JavaScript 引擎线程、事件队列线程、定时器线程、网络请求线程等多个线程，它们之间也是并行协作的关系（如图 8-1 所示）。把专项的任务交给特定的模块去完成，正是"单一职责"原则的体现。

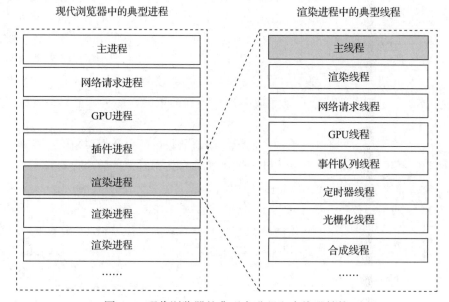

图 8-1　现代浏览器的典型多进程和多线程结构

　　进程是资源分配的单位，不同进程之间的资源是相互隔离的；线程是资源调度的基本单位，同一个进程中的线程会共享该进程的空间，它更轻量级，创建和销毁的代价也更小，如果你想要详细了解进程和线程的知识，网络上有大量的资料可以学习。掌握浏览器机制的相关知识对前端工程师而言是至关重要的，只有了解了 JavaScript 的执行环境和相关机制，在解决问题和性能优化时才更有底气。但它并不是本节的重点，想要深入学习的读者，可以尝试阅读朱永盛老师的《WebKit 技术内幕》一书和知乎上《从 Chrome 源码看浏览器如何 ×××》系列博文⊖，英语阅读能力强的读者可以直接阅读 Chromium 官方网站⊜或 Webkit 官方网站⊜，里面有项目团队提供的大量技术文档和视频演讲资料。

　　如果我们将前端开发中使用的第三方工具库所承担的任务与浏览器各个进程和线程所承担的任务进行比较，就会发现，尽管它们都遵循"单一职责"的设计原则，但在"职责"的划分上却存在着一些差异。前端的工具库是基于"面向切面"的思路来实现的，它们大多针对的是整个任务生命周期中的某个步骤，网络请求的库只负责处理网络请求的任务，状态管理的库则只负责状态管理的任务，这个任务通常是发生在某个时间段内的，不会覆盖程序的整个生命周期；浏览器架构在职责的划分上，更倾向于将复杂的任务拆分为并行的子任务，让进程或线程在整个生命周期内都只负责一个类型的任务。如果在前端编写业务逻辑时也参考浏览器底层架构的任务分解思路，应用层的代码会变成什么样子呢？此时的"单一职责"就不再是"单一功能职责"，而是一种"单一业务职责"了，每个拆分后的子业务都包含网络请求、状态管理、数据转换、页面渲染等关键任务，你需要将它们聚合在一起形成"业务自治"的模块，有时也称为"区块"，这时处理好所有与特定子业务相关的任务就成了区块的"单一职责"，现在流行的"微前端"架构设计宏观上也是这样一种模式。

　　如果我们将客观世界看作是各种信息的集合，将用户看作是信息的接收者，那么浏览器和程序配合所完成的工作就像是一个多级的信号过滤转换系统实现的功能，浏览器负责监听和广播事件，开发框架负责管理页面更新，浏览器将更新后的信息渲染后，信息就从显示器上传递到用户那里，而我们需要在程序中编写的就只剩下了中间环节的状态管理和数据加工的代码。例如从用户点击按钮到最终在界面上看到自己想看到的信息，就可以看作是这个信号系统将一个客观世界的鼠标点击信息转换成显示器上的像素信息的过程。既然程序所做的工作可以看作是一个信号系统实现的功能，那我们就可以从信号分析的角度来观察它。

　　或许有读者已经听说过一个伟大而又神奇的科学分析工具——傅里叶变换，它的核心思想是任何信号都可以被分解为多个正弦波的叠加，这种分解的意义是什么呢？要知道正弦波是可以用数学公式来表示的，换句话说，它具有明确的运行规律。这意味着即使未来还没有发生，你依然能够知道它在未来某个时刻的状态。正弦波是指可以用下面的数学公式表示的信号：

⊖ https://zhuanlan.zhihu.com/p/24911872。
⊜ http://www.chromium.org/。
⊜ http://www.webkit.org/。

$$y = A\left(\sin wt + \varphi\right) + k$$

其中，A 表示振幅，w 表示频率，φ 表示相位，也就是信号水平方向的偏移量，k 表示恒定的竖直方向的偏移量，上面的公式构成了 y 和时间 t 之间的对应关系，这种分析维度称为频域。想想看，从另一个维度观察在时间维度中杂乱无规律的信息时，它竟然是规律且静止的。无论是过去还是将来，只要你将时间截面放置在某个时间点上，就能够通过叠加各个分量获得信号的状态。更重要的是，这样的变换使所有分信号的工作都只依赖于自己内部的参数，它只是单向对外施加影响，自己却可以保持明确的数学规律，这种隔离性和稳定的单向信息流可以极大地简化分析工作，并表现出许多在时域中无法察觉的特征。

既然程序也是一个信息转换系统，那么我们是否可以用类似的思维方式来编写代码呢？时间维度上逐步运行的业务代码是否会因为并行的任务划分方式而变得清晰呢？

8.1.2　分布式状态的可能性

前文中提到开发者日常所编写的代码大多是用于完成"状态记录"和"数据变换"的工作，消息监听以及其他专项功能由浏览器负责，根据数据来自动管理 DOM 的操作则由前端框架来负责。有些人每天都在做的"程序设计"可能只是在研究如何调用别人贡献的模块或方法，千万不要把"熟练搬砖"当成自己的核心竞争力。JavaScript 程序是基于事件驱动机制来工作的，事件既可以是浏览器直接发出的信息，也可以是自定义的信息，还可以是网络请求得到了服务端的响应，为了便于理解，我们统一将触发机制称为事件。

下面先从最简单的情况开始看起，业务代码的响应逻辑通常开始于一个异步请求（同步的情况更简单），还记得第 7 章中学习过的函数式编程吗？只需要在获取到数据后用一个预先构建的纯函数管道来加工，就能够完成数据转换，得到最终可以交付给开发框架的数据，这种做法也可以使开发框架的组件页面保持简洁。如果数据来自于不同的接口，或者个别接口的请求顺序之间还存在一些依赖关系，那么可以通过 Promise 的串联和 Promise.all 的使用来安排好各个接口的逻辑顺序，在得到需要的数据后再将它们丢进纯函数管道就可以了。需要注意的是，函数管道需要使用纯函数来构建。在这种常规的做法中，应用层代码从数据源获取到的数据只是一个半成品，还需要在应用层代码中对它进行二次加工。

函数式编程中本没有状态的概念，只有数据和函数，这对于交互式程序似乎并不适用。例如程序中通过一个网络请求获取数据，如果能够记录状态，在第一次成功响应后即可标记这个状态，之后如果再次触发请求，就可以直接从内存中获取对应的数据，如果没有状态记录，那么每次的事件触发都将会无法感知当前的状态，这就会造成数据的重复请求问题，而这并不是开发者希望看到的情况；再比如，我们可能希望某些响应逻辑执行确定的次数后就停止工作，这些场景的实现都会依赖于状态记录，想要在实践纯函数式编程的同时保持一定的状态，本就是矛盾的需求。集中式的状态管理（例如 vuex 和 redux 实现的那样）会使得函数管道依赖于外部状态而难以进行单元测试，同时也可能使得不同的函数管道之间无法做到相互隔离；而采用分布式的状态管理策略将状态记录混入原有的纯函数管道中的某个环节时，尽管也会导致函数不再完全符合纯函数的定义（依赖于状态的函数无法保证同样的参数无论调用多少次都返回同样的结果），但它的副作用是可预期并可测试的，而且记录在闭包内的私有状态并不会影响到其他的函数管道（例如 Rxjs 中的 scan 操作符），React Hooks 技术也是一种副作用管理手段。分布式的状态管理并不是新概念，想想家用电表和水表就很容易理解了。

前文已经分析过如何利用 Promise 的相关操作让来自不同接口的异步数据组成一个源信号后，再通过函数管道进行结构重组，当这个源信号需要生成多个交付数据时，函数式编程的灵活性就体现出来了，只需要将原来使用 compose 运算符拼接好的数据管道在需要生成交付数据时切断，取得它的返回值，然后将返回值作为启动信号传入不同的函数管道即可。看起来就像是对函数管道进行了分流，新的分流函数管道也可以拥有独立的状态记录，由于数据的不可变性和分布式状态的无副作用性，分流的函数管道之间也是彼此独立的。

看起来还不错，利用函数管道和程序内的分布式状态就可以将时域中离散的命令式代码转变成相互隔离的信息管道。在时域的命令式编程模式下，我们可以看到某个指定时间点上执行堆栈的快照，看到传入的数据信息当前所处的函数作用域，但它们是静态的；而借助于分流的模式我们可以清晰地看到一个信号经历了哪些不同的作用域，直到最终成为可以被消费的信息。即使不使用断点来暂停程序，也能够了解一个特定的事件是如何随时间变化而变化的，借助于函数式编程的优势，我们就将"状态记录"和"信息转换"的工作变成了不同数据源的组合游戏。

8.1.3　你的程序在做什么

基于现代化框架的前端应用开发通常被称为"声明式编程"，因为在组件的编写过程中，开发者需要通过自定义属性来声明它应该对哪些事件做出响应以及所依赖的数据是哪些。通过前文的内容可知，交互动作触发的响应事件，可以作为一个启动信号，网络请求所得的服务端响应的数据也可以作为启动信号，这个信号会驱动一系列从状态判断到信息获取，再到信息映射的过程。信息最终需要交付给框架使用，这个所谓的交付，实际上就是将最终的可消费数据挂载在框架和组件的驱动数据挂载点上，比如 Vue 组件实例中的响应式属性上。无论是浏览器事件还是网络请求，其自身都是无状态的信号，从时间维度上看，每个信号之间都没有关系，所以才需要手动解决状态记录的问题。如果我们在编写程序时，将数据源和它的状态封装在一起，对最终的数据消费者呈现一个有状态的新数据源，消费数据的代码只面对这个新数据源即可，既不需要考虑得到的数据到底是来自于网络请求还是事件触发，也不需要考虑状态的影响，安心地使用数据就可以了。这种将状态记录向数据生产侧转移的模式后文还会继续讨论。

至此，作为前端开发人员，你应该能明白自己平时编写的程序所承担的工作实际上就是构建了一个函数管道，其将事件数据或网络请求得到的原始数据转换成了交付数据，而状态的记录是以集中管理的方式编写在函数管道作用域之外的。这时再来回顾前文中针对编程模式的探索，或许就能够理解这种抽象思维游戏的意义。当你使用框架进行开发时，除了复杂场景中的组件分治设计之外，"状态管理"和"数据变换"几乎是仅剩的需要开发者自己进行程序设计的环节。

8.2 数据的生产

"状态管理"和"数据变换"都是针对数据源进行的操作，本节中我们从数据源的角度来进行编程分析。

8.2.1 数据源的抽象

在进行常规的逻辑编写时，我们通常会用交互事件（例如点击）驱动网络请求来获取数据，但它们并不总是需要串联工作，交互事件本身也带有数据，从引发界面变化这个结果来看，它与网络请求获得的数据并没有什么本质区别。交互事件和网络请求是 JavaScript 中最常见的数据生成方式，遗憾的是这两种仅有的数据源却遵循着不同的运作机制。事件信息的产生模式称为"推送"模式，比如在组件上声明事件监听，这种模式下数据消费者只能被动接收生产者"推送"的消息，数据什么时候到达客户端（本例中是指事件的回调函数）取决于生产者什么时候推送；而网络请求的数据产生模式则称为"拉取"模式，数据到达消费者端的时机取决于消费者什么时候拉取，如果消费者没有请求，即使有新数据生成，也会被暂存于生产者一侧或者被丢弃，数据消费者对此是无感知的。所以除非将网络请求的模式改为"推模式"，否则它是无法独立具备"响应"特性的，你只能通过命令式语句主动启动请求数据的逻辑并获得数据，尽管当数据到达客户端时其回调函数是"响应式"的。

如果希望在编程中实现全响应式的系统，就需要通过某种方法将网络请求生成数据的过程也改造成"推送"模式，当它以这种"响应式"的方式工作时，就意味着所有的数据源都可以支持前文所提及的函数管道和分布式状态，这样所有的数据就全都变成了由推送信号触发并且只依赖于内部状态的独立事件，而每一个信号源的变动信息都会因推送机制的存在而流过依赖于这个信号的函数管道。既然同一个信号源产生的所有数据都会经过同样的变换管道，那我们完全可以将它们当作一个整体黑盒模块，它可以响应所有依赖模块的变化，同时可以直接输出交付给消费者的数据，执行过程则是全部封装起来的。图 8-2 源自 *RxJS in Action* 一书，它直观地展示了这种模型的思路。

全响应式的代码就像是对代码进行"傅里叶变换"而得到的结果，其逻辑不再以交错和逐步执行的状态在时域中呈现，而是成为了一个个带有函数管道和分布式状态的数据源，它们具有清晰而独立的规律性，你可以独立地观察和分析每一个独立的数据源，将它们叠加在一起，就得到了整个程序的状态（如图 8-3 所示）。

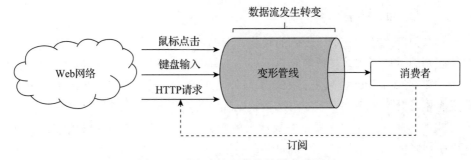

图 8-2　响应式编程的简易信息流模型

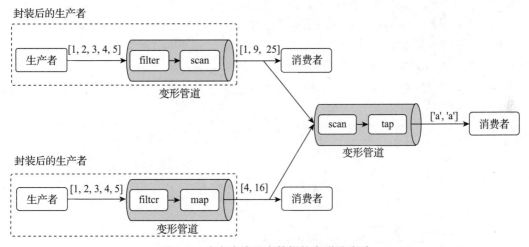

图 8-3　响应式编程中数据的变形及流动

从认知的角度来看，在原有的编程模型中我们更关注某个具体的时间切面，驱动事件在某个时间点触发后，开发者从数据源中提取关键信息来建立状态记录，当再次有来自事件或网络请求的新数据时，就用它来更新状态记录，并根据新的状态重新渲染页面，程序在整个生命周期内都会重复这个过程。而在新的编程模型中，我们更关注一个数据源在程序整个生命周期中所呈现的规律性，鼠标点击、键盘敲击、网络请求、分布式的状态记录和函数管道等联合起来形成了一个新的有状态的数据源，可直接为消费者提供无须二次加工的数据，它拥有与程序一样的生命周期。每个数据源对外发出的数据都会在自己的独立时间轴上形成事件序列，响应式编程对这些序列的规律性和相互影响更感兴趣。每当有数据发出时，新的数据就会"流经"数据源的"变形管道"，最终将可使用的数据传递给它的订阅者，不同的源之间也可以通过组合或分流的方式来构建新的数据源，新的数据源同样可以再添加变形管道。"流"既是指数据随着时间的推移以序列排布的形式出现，也是指原始数据流过"变形管道"或是流入其他数据序列的动态特征，这种编程范式也称为"面向流的编程"或"流式编程"，后文中即将介绍的 Rxjs 就是对这种编程范式的一种实现。

8.2.2　设计模式的应用

从"拉取"模式到"推送"模式的转换，依赖于经典的"发布－订阅模式"，它是一种非常容易识别的设计模式，在很多经典源码中都有应用，例如 Vue 源代码中响应式的实现、Node.js 中的 EventEmitter 模块等都依赖于这种经典设计模式。许多刚开始接触设计模式知识的开发者常常分不清楚"发布－订阅模式"和"观察者模式"，事实上，它们都可以用来实现响应式的程序，且可以优雅地完成代码解耦，只是在能力范围和信息流的控制上有所不同，大多数时候并不需要进行严格的区分。

如图 8-4 所示，"观察者模式"中只有观察者和被观察对象两个抽象实体，观察者先使用被观察者提供的方法注册回调函数，回调函数保存在被观察者那里，一旦触发了对应的消息，相关信息就会作为参数触发回调函数的执行，"观察者模式"中的被观察对象和观察者之间是一对多的关系，一个被观察者对象可以拥有很多不同的观察者，且增加新的观察者通常不需要对被观察者做任何修改。此外，它不存在信息流控制，事件发生时回调函数通常会被立即调用并收到事件信息，就好像你正在敲代码，当字符出现在编辑器中时，作为观察者的你恰好能够看到。

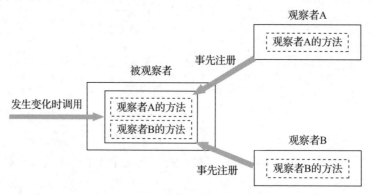

图 8-4　"观察者模式"的基本原理图

当观察者和被观察者的数量呈现"多对多"的关系时，订阅关系看起来就会显得很混乱。"发布－订阅模式"中的发布者和订阅者其实与"观察者模式"中观察者和被观察者的意义是一致的，不同的是，"发布－订阅模式"通过增加第三个抽象实体 Broker 来对关系进行集中管理（如图 8-5 所示）。Broker 在英语中的意思是中介，常被称作"订阅管理中心"，它将分发事件和订阅管理的任务从原来的实体中剥离出来，这样发布者只负责生产信息，订阅者只负责消费信息，而信息以什么节奏传递，传递给谁，都由订阅管理中心来统一管理，服务端常见的消息队列服务就是基于这样的模型来设计的。相对于"观察者模式"，"发布－订阅模式"可以实现多对多的信息分发，同时它还可以控制消息发布的节奏，例如先将消息缓存起来，当消息容量达到某个阈值时再推送给订阅者，甚至干脆提供一个主动调用的方法让订阅者自己"拉取"缓存的数据，这样的扩展能力使它可以适用于更多场景。

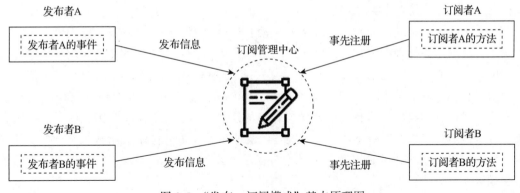

图 8-5　"发布 – 订阅模式"基本原理图

如果上面的理论让你觉得难以理解，也许下面的例子能够提供一些帮助。"观察者模式"就像是你向杂志社直接订阅杂志，每当它们发刊时就会按照你提供的地址把新的期刊递送给你，收货地址是你自己提供给杂志社的，同时杂志社也只会给你发他们出版的刊物；而"发布 – 订阅模式"就像是在原有的关系中出现了报刊亭，杂志社发刊后直接将刊物发给报刊亭，这样杂志社就可以把主要的精力放在编辑和刊印的工作上，而客户管理和销售的工作则转移给了报刊亭，作为订阅者，你既可以让报刊亭每次收到指定的新刊物时寄给你，也可以自己在路过时进行购买；而对于报刊亭来说，其不仅可以暂存多个杂志社的刊物，而且支持采用不同的销售方式将杂志转交到多个订阅者手里。不难看出，在"发布 – 订阅"模式支撑的系统中，各个参与方的选择空间都增加了，整个系统也因此变得更加灵活。

> 拓展知识　设计模式并不是一种高大上的新概念，它的本质就是"套路"，是一种抽象层面的共性，当你觉得某个抽象的概念很难理解时，有一个很实用的方法，就是在现实世界中找一个真实的例子，抽象的事物更容易体现本质，但具体的事物更便于理解和记忆。

再回到本节开头提到的抽象数据源的问题，将网络请求的响应数据改由订阅管理中心来暂存和分发，从数据消费者的角度来看，无论是事件自身所携带的数据，还是网络请求返回的数据，都可以遵循统一的"推模型"来实现。

8.3　Rxjs：一切皆是流的世界

Rxjs[⊖]（Reactive Extensions for JavaScript）即 JavaScript 的响应式扩展，是一个基于可观测数据流在异步编程中应用的框架，它能够帮助 JavaScript 开发者更好地实现响应式编程，常被集成在 Angular 技术栈中。有了前文的铺垫，你会发现它理解起来并不困难，Rxjs所提供的解决方案正是针对我们的期望而构建的。下面继续使用"生产者"和"消费者"

⊖　https://github.com/ReactiveX/rxjs。

的概念进行描述，其表达的含义与"发布者"和"订阅者"是相当的。

在传统的编程范式中，我们的任务是主动发送请求或等待事件触发以便获得数据，接着按照自己的需要处理数据并记录状态；而在基于 Rxjs 的响应式编程中，我们的任务是构建"可观测对象"或者说是"可观测流"，通过流的变形、组合、拆分、控制等让它能够直接向数据消费者提供数据，一些团队在前端工程的分层架构中引入 Transformer（变形层）来专职处理数据的校验、容错兜底及结构转换的任务，本质上也是希望为应用层的调用者提供可直接消费的数据。Rxjs 的创作者说它就像是针对事件流的 Lodash 库，下面的实例中也将体现这种思想。为了实现前文中讨论的"可观测流"的编程需求，Rxjs 需要实现的主要功能至少包括以下几项。

❑ 将数据生产模式统一封装为"推模式"。

❑ 提供函数式数据加工管道。

❑ 提供私有的状态记录机制。

❑ 提供面向流的拆分、组合和控制机制。

Rxjs 提供的能力远不止如此，我们先来熟悉一下它所用的术语，然后再通过一个渐进式的实例来演示 Rxjs 的使用。

8.3.1　Rxjs 的核心概念

（1）Observable

Observable 或"可观测对象"是 Rxjs 中最核心的概念，这个抽象概念所解决的问题就是信息源统一的"推送模式"封装，它很像 Promise，但拥有更多特性。Observable 支持多次向外发出信息，如果将"可观测对象"发出的数据单独绘制在一条时间轴上，就会形成持续的信息节点序列，每个原始驱动信号所携带的数据都会流过"可观测对象"所连接的处理管道，再流向数据消费者。我们可以通过 Rxjs 提供的 API 将数组序列、DOM 事件、网络请求、Promise 实例、定时器产生的数据等统一包装成 Observable，这样一来，所有的数据源都可以按照同样的模式被使用。创建了 Observable 后，它并不会立即开始工作，它默认具备"懒激活"的特点，只有在有消费者通过 subscribe 方法订阅它时，Observable 才会开始工作，订阅方法会返回一个订阅实例 subscription，它拥有一个 unsubscribe 方法以便取消订阅，这样消费者将不再接收 Observable 中流出的数据。

（2）observer

Rxjs 中的 observer 并不是最终的数据消费者，它实际上等同于"发布 - 订阅模式"中提到的 Broker（订阅管理中心），开发者在构建 Observable 实例时，可以通过自定义的 observer 来定制可观测信号的发送细节，从而得到自定义的 Observable 实例。这种模式可以看作是一种串联的"观察者模型"，即 observer 观察 Observable 实例，而数据消费者观察 observer。当使用 Rxjs 提供的 create 方法来创建一个可观测对象时，就需要传入一个函数来对 observer 的行为进行声明，在不同的场景中分别调用它的 next、error 或 complete 方法就可以对外发送数据信息、错误信息和信息流完成信息，这种机制与 Promise 是非常类似的。而数据消费者最终通过调用可观测对象的 subscribe 方法获得 observer 发出的不同类别的信号。在可观测对象上通过操作符来添加的行为，无论是改变发出的数据，还是改变发出数据的方式，本质上都可以理解为对 observer 的定制。

（3）Pipe 和 Operators

管道（Pipe）和操作符（Operators）技术是以函数式编程为基础的，用于实现前文所期望的信号源和转换管道相对于数据消费者进行"黑盒化封装"的工作，它与第 7 章所讲的在函数式编程中利用 combine 函数来组合纯函数是一样的。我们可以调用"可观测对象"的 pipe 方法来添加一系列定制的处理逻辑，这里的数据处理逻辑并不仅仅是数据结构的编辑，也可以是状态记录或副作用管理。无论数据的结构如何，从"可观测对象"的角度来看，它都是时域中的一个点，operators 方法更需要关注"可观测对象"的动态规律，例如采样、节流、去抖、解包、缓存等，使得最终的数据消费者能够以需要的方式获得需要的数据，我们可以借助 Lodash.js 的函数式编程扩展库来完成数据结构的加工，使用 Rxjs 提供的操作符来完成对"流"的加工。通过 pipe 方法处理后所得到的仍然是一个 Observable 对象，我们可以像链式调用一样来使用它达到不同的目的。在传统的编程中通常是消费者拿到原始数据后自行加工，而在 Rxjs 中这个任务由生产者承担了，那么负责组织业务流程的数据消费代码自然会变得相对简洁清晰。"流"代表的是一种与时间无关的静态规律，它的变化所影响的并不是某个特定时间点的状态，对于初学者而言学习成本更高，可能需要很长时间才能够理解。Rxjs 提供了数量庞大的操作符，可以通过官方文档了解。

（4）Combine

合并技术可用于解决交付数据依赖于多个信息流的场景。在 Rxjs 中，合并技术可以将多个可观测对象合并为一个，并为之添加转换函数，由于数据具有不可变性，可观测对象在被合并后会生成新的可观测对象，它们之间的信息传递是单向的，这就意味着对于数据消费者而言，尽管合并前后的 Observable 之间有依赖关系，但仍可以将其视作两个不同的可观测对象，它们都可以拥有自己的独立消费者。信息流的合并可不是一件容易的事情，例如在一个飞机大战的网页游戏中，你可能希望无论是鼠标点击，还是在键盘上按下空格键，都能够触发战机发射子弹，子弹的发射频率最高为 2 发 / 秒，虽然这时子弹的触发信号来自不同的信息流，但其意义是等价的，所以只需要将它们进行线性合并即可。只要有信号产生，无论其上游是哪个数据源，都让其触发一个新的信号，并在合并后的可观测对象上添加 throttleTime(500) 操作符来进行信号节流，那么最终订阅这个可观测对象信息的数据消费者就能够获取到预期的子弹发射信息；再比如，在对一个表格进行多条件过滤时，每一个单独的过滤条件发生变化时都会触发数据的重新过滤，但重新过滤的实现依赖于所有过滤条件的状态值，在这种场景下，使用 combineLatest 将总列表数据源和多个筛选条件对应的可观测对象合并在一起就更合适了，每一个可观测对象发生变化时，合并后的流都会触发响应信号，同时会获取到每一个上游可观测对象的最新值，这样就保证了表格过滤时总能拿到所有需要的过滤参数状态，且它们总是最新值。Rxjs 提供了丰富的流合并操作符来处理各种场景，甚至是可观测对象发出多个可观测对象信号这种复杂的场景也能够轻松应对，就像使用 Lodash 加工原始数据一样。

前面介绍的术语并没有覆盖 Rxjs 的所有核心概念，但对于初学者来说理解这些术语就已经足够上手 Rxjs 的开发了。

8.3.2　Rxjs 应用实例

本节通过一个 ToDoList 的简单示例来学习 Rxjs 的基本用法，当然在现代前端开发中可能只需要将正确的数据提供给开发框架就可以了，不需要像下面的示例那样去手动操作 DOM 对象来修改页面。为了避免因环境搭建带来的困扰，我们直接在浏览器环境中引入 V6.6.3 版本的 UMD 包。示例页面的结构非常简单，它包含一个输入框，一个"添加"按钮和一个待办事项列表的外层容器元素，每当有新的待办事项生成时就插入新的 DOM 元素到列表中，页面结构如下：

```
<div>
    <input id="user-input" type="text" />
    <a id="btn-add" class="btn">Add</a>
</div>
<ul id="list" class="list"></ul>
```

1. 基本用法

首先实现一个简单的测试功能，在用户输入完内容并敲击回车键后，将输入的内容打印在控制台上，并清空输入框，示例代码如下：

```
const { filter, tap, map } = rxjs.operators;

const $input = document.querySelector("#user-input");
const $btn = document.querySelector("#btn-add");
const $list = document.querySelector("#list");

// 键盘keydown事件流
const input$ = rxjs.fromEvent($input, "keydown").pipe(
        filter((r) => r.keyCode === 13), //过滤回车键
        map(()=>$input),                 //映射
        tap((input) => {                 //副作用管理
            console.log('the item you input:', input.value);
            input.value = '';
        })
    );
const app$ = input$;
app$.subscribe();
```

这段代码并不算长，下面就来逐行进行解释。首先 Rxjs 使用的全局命名为 rxjs，操作符收集在全局命名空间下的 operators 属性上，示例中通过解构赋值的方式取得了 filter、 tap 和 map 这三个操作符，filter 和 map 操作符与数组方法类似，分别用于数据过滤和映射，tap 操作符则用于在变形管道中嵌入一段带有副作用的代码（如果你对 React Hooks 有所了解，则可以将 tap 操作符类比于 useEffect），然后将数据透传给下个环节，tap 操作符并不会改变原始数据，操作符在编辑数据后返回的仍然是可观测对象。

在响应式编程的命名约定中，通常会使用 $ 结尾的标识符来表示一个可观测对象，可使用 rxjs.fromEvent 方法将输入框元素的 input 事件包装为一个流，还可以使用 rxjs.from 将 promise 实例转换为流，或者使用 rxjs.Observable.create 方法定制一个流。每个流对象都可以使用 pipe 方法将一系列运算符串联起来得到一个函数管道。当事件发生时，产生的数据就会流过这个函数管道。前文的示例代码使用 filter 操作符从输入事件中过滤出回车键，map 操作符则会将一个输入回车键的事件数据转换（映射）为输入框的 DOM 元素，因为后续的操作符需要使用它，而在 tap 操作中执行了带有副作用的操作，即在控制台打印信息并清空输入框内容。与 map 操作符不同的是，即便在 tap 操作符传入的函数中提供了返回值，它也不会被传递给下一个环节。可观测对象默认是"懒执行"的，也就是说它只有在拥有超过一个的订阅者时才会开始执行，所以只有当最终调用可观测对象的 subscribe 方法订阅这个流信息时它才会开始工作。打开网页并在输入框中输入一些信息，敲击回车键后就能够在控制台看到相应的输出信息。

2. 流的合并

接下来增加一些难度，输入框右侧的 Add 按钮可以响应点击事件，点击按钮后需要执行的逻辑和按下回车键时触发的逻辑是一样的。事件发生时，输入框里的内容需要添加为待办事项，按照相同的思路，按钮的点击事件也需要封装为一个可观测对象，它与按下回车键的数据流是等价的，所以对添加待办事项的逻辑而言，并不需要对它们进行区分。因此我们可以使用 merge 运算符将两个流发射的数据合并起来形成新的流，后续的数据消费环节只需要订阅这个新的合流就可以了。通常我们会使用大理石图（Marble Chart）来辅助分析流的特征，因为它能够清晰地展示数据在各个流中是如何转换的，如图 8-6 所示。

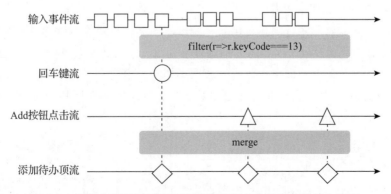

图 8-6　使用大理石图展示回车键和按钮点击触发新的待办事项

示例代码如下：

```
//....
//回车键数据流
const inputEnter$ = rxjs.fromEvent($input, "keydown")
                    .pipe(
                        filter(r => r.keyCode === 13)
                    );
//鼠标点击按钮数据流
const click$ = rxjs.fromEvent($btn, "click");

//新增待办项数据流
const addtodo$ = merge(inputEnter$, click$) //流合并
                .pipe(
                    map(() => $input.value), //映射
                    filter((r) => r !== ""), //过滤空值
                    map(addItem), //映射为待添加DOM元素
                    tap((li) => { //副作用管理——添加ToDO项
                        const $ul = document.querySelector(".list");
                        $ul.appendChild(li);
                        $input.value = '';
                    })
                );

const app$ = addtodo$;

app$.subscribe();
```

addItem 函数中会生成一个新的 li 元素来表示生成的待办事项，生成的过程对于网页而言并没有副作用，而将新生成的 li 元素插入 ul 节点是一个可被感知的带有副作用的操作，所以需要使用 tap 操作符来处理。

3. 动态标签的事件绑定

在这个练习中，我们需要让新生成的待办事项在点击时能够转换到完成状态，如果添加的列表项数量非常庞大，就会面临创建多个事件监听器的性能开销，这种场景下常用的技巧就是使用"事件代理"。"事件代理"是指利用事件冒泡传播的特性，只在父级元素上添加一个事件监听函数，之后，其后代元素触发的同名事件就会因为事件冒泡机制而被这个父元素上的监听器接收到（当然前提是没有手动阻止事件冒泡），这使得开发者可以在动态插入子级元素时不必再添加事件监听器，也不用担心遗忘移除后代元素，此外，由于只使用了一个监听函数，因此其性能相对也更好。有了前面介绍的 DOM 相关操作经验，这里的代码并不难写，示例如下：

```
//...其他代码
const clickList$ = rxjs.fromEvent($list, 'click')
                    .pipe(
                        map(e => e.target),
                        tap(ele => {
```

```
                    if (ele.tagName.toLowerCase() === 'a') {
                        ele.innerHTML = "DONE",
                        ele.parentNode.classList.add('todo-item--done');
                    }
                })
            );
```

　　这里是直接将列表容器元素 $list 的点击事件生成为可观测对象，列表中每个待办项右侧都有一个 <a> 标签实现的"完成"按钮，代理的事件监听器可以通过 event.target 获取发出这个事件的对象，当点击事件发生在 <a> 标签上时，将对应的标签文字改为"DONE"，并在待办事项的 DOM 元素上添加相应的样式就可以了。

　　如果在这种场景下直接为每个新生成的 <a> 标签添加点击事件的监听器，那么用流式编程要怎么实现呢？在这里，建议先复习一下前面介绍的"addtodo$"这个流的实现，管道最后的 tap 操作符将新生成的元素插入 DOM 树中，由于 tap 操作符不会改变数据，所以继续添加其他操作符时，获取到的仍然是新生成的 li 元素，我们可以在"addtodo$"的基础上继续进行后续操作。这里同样使用 fromEvent 将原生事件包装为可观测对象：

```
addtodo$.pipe(
    map(li=>{
        return rxjs.fromEvent(li, 'click');
    }),
    //这个tap操作符只对event感兴趣，但得到的却是一个可观测对象
    tap($=>{
        $.subscribe(event=>{
            console.log(event);
        })
    }),
)
```

　　这时就出现了新的问题，每个数据点都被映射成了一个可观测对象，后续操作符拿到它时就需要先订阅才能在回调函数中取得点击事件流中的数据，但这样做仍然很难将真正需要的数据传递给下一个操作符。这里可以使用 flatMap 操作符将嵌套的可观测对象"拆包"，就像使用 flat 方法拍平嵌套数组一样，这样内部的可观测对象就会展开，后续的环节就可以直接获取需要的数据。我们期望将数据编辑的环节尽可能向生产侧靠拢，而不是让数据消费者拿到一个值后再自己去做二次加工。示例代码如下：

```
//addtodo$流的实现见前文
 const clickItem$ = addtodo$.pipe(
        flatMap((li) => {
            return rxjs.fromEvent(li, "click").pipe(
                filter((e) => e.target.tagName.toLowerCase() === "a"),
                tap((el) => (el.target.innerHTML = "DONE")),
                mapTo(li)
            );
        }),
        tap((li) => {
```

```
                    li.classList.add("todo-item--done");
            })
        )
```

4. 异步通信

下面在前面示例的基础上加上异步请求的环节，在按下回车键或是点击 Add 按钮后，先将输入框中的信息发送到服务端，等到服务端处理完并返回信息后，再将待办事项添加到列表中。网络请求通常会返回一个 promise 实例，rxjs 提供的 from 方法可以将它转换为可观测对象（旧的版本中使用的方法名为 fromPromise），这样就可以继续使用"流式编程"来处理它了。如果直接使用 map 方法发送网络请求，就会再次出现前文提到的那种从数据映射为可观测对象的情形，但 flatMap 操作符并不适合在这样的场景中展开数据。假设现在网速不好，我们点击回车键后服务端并没有返回数据，于是又多按了两次回车，如果在 pipe 管路中直接使用 map，则最终会得到 3 个可观测对象，如果使用 flatMap，则会得到解包后的 3 个响应数据，造成的结果就是待办列表中添加了 3 个同样的事项，这并不是我们所期望的。对于这种情况需要使用一个新的操作符 switchMap，它也可以用来展开可观测对象，但它只会保留一个最新的内部可观测对象（比如本例中网络请求的 promise 实例被包裹后得到的可观测对象），并且会将之前的可观测对象替换掉，在这个唯一的内部可观测对象返回结果后，就将这个结果直接传递到外部可观测对象的流管道中。示例代码如下：

```
const addtodo$ = merge(inputEnter$, click$).pipe(
    map(() => $input.value),                     //映射为目标值
    filter((r) => r !== ""),                     //过滤
    log('before debounce'),                      //自定义操作符，后面中有详细解释
    debounceTime(500),                           //去抖
    log('before request'),
    switchMap((r) => from(http.post(r))),        //switchMap只使用最新的那个流中产生的数据
    map((r) => {
        console.log('收到服务端响应:',r);
        return r.val;
    }),
    map(addItem),                                //映射
    tap((li) => {                                //副作用管理
        const $ul = document.querySelector(".list");
        $ul.appendChild(li);
        $input.value = "";
    })
```

假设连续三次点击后第一次请求的响应才返回，那么 switchMap 操作符将不会产生信号，因为第一次请求对应的可观测对象已经作废了，只有最后一次请求的信号返回时，switchMap 才会流出数据，假设服务端可以在一次请求后发送多个响应，那么最后一个网络请求收到的数据都会流入下一个操作符，而前两个请求收到的信号则不会被发送。当然，为了让客户端和服务端的数据保持一致，服务端也需要进行一定的去重处理，毕竟服务端确实收到了 3 次请求。上面的示例中还用到了 debounceTime 操作符，它的作用就是实现我

们在性能优化时常用的函数去抖功能，并且可以通过延迟执行和取消旧任务的机制减少真正发送给服务端的请求。

5. 自定义操作符

最后我们来看看自定义操作符，当你还不熟悉 Rxjs 的时候，想要将原本面向过程的逻辑改造成基于流的形式并不容易，这时你有可能会采用使用自定义的操作符封装一些操作的方式。假设现在需要为前文的输入框添加一个联想功能，每当输入字符时它都会将当前的字符发送给后台来进行模糊查询，该如何实现？这是一道很经典的面试题，你需要使用"函数去抖"（也就是使用 debounce 函数）功能来防止输入过快造成的频繁查询，但如果只有去抖的话，用户体验还是不够好，比如一个单词输入到第 4 个字母时就已经可以用它来联想期望的信息了，但由于"去抖"机制的存在，连续输入的时候请求并不会发出，模糊查询的请求可能直到第 10 个字母输入完以后才发出，所以在保持"去抖"机制的前提下，你可能还想加入类似"节流"的效果，即如果连续 x 毫秒内没有发送过请求，那么下一次输入信息后立刻发送查询请求，以便在连续输入的过程中可以更快地得到联想的结果；另一方面，服务端的响应时间会受到模糊查询耗时和网络条件的影响，如果前一次发送的请求返回的时间更慢，就会导致输入框的内容和展示的联想查询结果不匹配，比如，在输入框中输入 apple 这个单词，在输入到 ap 时可能已经发送了一个查询请求，输入完 apple 后又发送了一个查询请求，但 apple 的查询结果先返回了，紧接着又被后返回的 ap 的查询结果覆盖掉了，而我们更期望在新的请求发出后，前一次请求能够取消或者作废，这时只需要使用 switchMap 操作符就可以实现；这个话题是可以继续深入的，比如缓存或者联想信息过多时虚拟列表的使用等，本节中不再展开讨论。

尽管 Rxjs 提供了与 throttle、debounce 相关的操作符，但是想用它们组合出自己需要的"带有节流效果的去抖函数"并不容易，这时就可以通过自定义操作符来实现。下面我们以一个简单的 log 操作符来演示自定义操作符的写法，然后你可以尝试自己来实现前文中的去抖函数。log 操作符在控制台打印自定义消息，可以帮助我们调试较长的函数管道：

```
const log = key => source => {
    return Observable.create((observer) => {
        var subscription = source.subscribe(
            (value) => {
                try {
                    console.log('【Log】${key}:${value}')
                    observer.next(value);
                } catch (err) {
                    observer.error(err);
                }
            },
            (err) => observer.error(err),
            () => observer.complete()
        );
        return subscription;
```

```
  });
};
```

从上面的函数可以看出，操作符第一次执行时会接收一些定制参数，然后返回一个新的函数，这个新函数在管道中执行时会接收到上一个环节发送的数据，并通过一个自定义的可观测对象来向下一个环节发送数据。当然，想要了解操作符的工作原理，还需要研究pipe 函数，感兴趣的读者可以继续深入。

8.3.3 新版 "老人与海"

从前有一位老人，他住在大海边，靠捕鱼为生。海水流过他的房屋前分成了很多支流，这些支流各有特点，有的每天从早到晚都有鱼在游动，有的每隔一段时间才会有鱼游过，而且鱼的种类各不相同。

有一天，一位很喜欢吃鱼的美食家来到海边找老人，因为他非常喜欢的某种鱼是从其中一个支流里捕捞到的，他希望直接向老人订购这种鱼，如果捕捞到了就请老人托人捎给他，他会全部买下，如果没有捕捞到也请通知他，美食家会为他的辛劳付费，如果支流因为某些原因不再出现这种鱼了，也请老人告知自己。老人答应了，从此美食家经常会收到老人的鱼，偶尔也有 "未能捕捞到" 的消息，但对他来说，能拿到新鲜的食材就已经很满足了。

随着时间的推移，美食家不想如此频繁地吃这一种鱼了，于是他打电话给老人，希望老人邮寄鱼的时间距离上一次至少要超过 3 天，并且只要 3kg 以上的鱼。那么如果没有其他人需要这种鱼的话，老人只要捕获到鱼并发给美食家后，就要再过 3 天才会再次去捕捞，而且如果捕捞到的是 3kg 以下的小鱼，就需要直接放了或者自己留着，但事实上向老人直接订购这种鱼的人非常多，他们都有自己要求的收货频率和规格，所以他依旧需要持续地捕捞这种鱼。但对于美食家来说，他并不需要关注这些细节，他只需要告诉老人自己需要以怎样的频率得到哪种规格的鱼就可以了。

后来有一天，美食家发现一家餐厅，这家餐厅做出的鱼料理比自己做的还要好吃，但是鱼的个头比较小，细问之下才知道原来这家餐厅的鱼也是从老人那里订的。于是美食家再次打电话给老人并说明了情况，由于餐厅本来就和老人有业务往来，所以就将美食家的私人定制和餐厅的订单合并到一起，费用统一由餐厅结算，美食家只需要在消费时一次性支付自己的费用就可以了。然后他又和餐厅达成协议，只要有自己订购的鱼送到，就请餐厅打电话给他，他就会预约时间过来消费，如果餐厅因为某些原因无法制作料理或是以后不再做这种料理了，也希望能被告知。

这样，老人只负责捕鱼并把特定种类的鱼提供给特定的订购者就可以了，他可以同时与多个订购者签订单；而餐厅既可以从老人这里订购生鲜食材，也可以从其他供应商那里订购蔬菜水果等食材，并为拥有不同口味偏好的顾客制作料理；美食家作为消费者，只需要决定自己想吃什么就可以了。

故事的第一部分到此就结束了，你是否意识到它就是 Rxjs 的原型呢？大海的支流就是可观测对象，老人的角色就像多个 observer，餐厅的角色就像是 operator，而美食家就是最终消费者 subscriber。不管你在学习 Rxjs 的过程中遇到了什么样难以理解的抽象概念，都可以尝试继续编写和完善这个"老人与海"的故事，你会体会到"具象化"的技巧在理解抽象事物时提供的巨大帮助，这个方法在笔者日常理解抽象逻辑时效果奇佳。当然，想要熟练地驾驭 Rxjs，还需要仔细阅读官方文档所提供的那些运算符的说明。

8.4　以自己喜欢的方式去编程

"响应式编程"有自己的适用场景，它更适合用在状态变动频繁、交互逻辑复杂或是对反馈实时性有明确要求的场景中，例如表单填写或动画的场景，只要建立起联动关系，变化就会自动传播开来；而对于上述特性并不显著的场景，强行使用"响应式编程"反而会将简单的问题复杂化。

笔者见过有的团队声称自己使用 Angular 技术栈进行开发，但在代码中使用 Rxjs 的方式与使用 Promise 并没有什么差别；笔者也见过有的团队因为 Rxjs 学习门槛较高，所以暂时只把它作为技术交流的话题，而在代码中使用一个自己开发的不到 30 行代码的发布订阅器，配上 Lodash.js 的函数式编程模块，照样也能在项目里愉快地实践着"响应式编程"。技术从来都不是指引用了哪个高大上的库，而是指如何凭借对原理和思想的理解写出更优雅且更适合项目的代码。最后需要明确的是，Rxjs 并不等同于"响应式编程"，它只是"函数式编程"和"响应编程式"相结合的一种实现，如果喜欢，就请熟练掌握它，如果不喜欢，就请换种方式实现它，适合自己团队的技术，才是最好的。

不可变数据的制造艺术：
Immer.js 和 Immutable.js

第 7 章在介绍函数式编程的时候已经介绍过"纯函数"和"不可变数据"的概念，我们虽然已经见过很多开箱即用的纯函数工具库，但是还没有详细讨论过获得不可变数据的方法。为了保证性能，JavaScript 在大多数原生函数的实现上采用了"浅克隆"的策略，这使得不够了解它的开发者在编程时常出现误伤的情况，即修改了变量 B 的某个属性后，变量 A 的属性也会自动跟着发生变化，而后者的变化通常不是开发者主观期望的。在复杂系统或是多人协作开发的项目中，共享数据的易变性很容易引发难以调试的问题。

"不可变数据"是指一旦生成就不能再修改的数据，这类数据的修改操作会返回一个新的数据，而原来的数据结构保存的内容不会发生变化。比如，JavaScript 中的原生字符串就是不可变的，我们可以按索引去获取某个指定字符，却无法通过赋值语句改变它。又比如，对象类型是一种引用类型，一旦我们修改了其中的某个属性，指向这个引用的所有标识符都会受到影响，如果某种方法可以让引用类型的数据也能以"不可变数据"的方式工作，我们就能放心地享受函数式编程带来的确定性，并且消除对于"期望之外的变化"的担忧，这样也可以避免团队中的成员因为担心数据被意外修改而通过"深克隆"的方式来进行备份，而这极有可能导致不必要的性能开销。

本章将从 JavaScript 中的原生克隆方法开始，首先介绍数据复制中的种种问题和相关知识，然后讲解 Immer.js 如何通过元编程来修改引用类型的原生行为以获得不可变数据，最后介绍大名鼎鼎的 Immutable.js，学习它如何通过将原生引用类型包装为新的数据结构来获得不可变数据。我们常说"程序 = 数据结构 + 算法"，Immer.js 的实现思路就是修改对象读写语句的原生执行方法，而 Immutable.js 则选择了更改原生的散列数据结构，殊途同归，值得细细品味。

9.1　克隆

本节将介绍在 JavaScript 语言中如何安全地实现数据克隆，这也是面试中的高频考点。

9.1.1　浅克隆

克隆是 JavaScript 中最常见的获得不可变数据的方法，然而它并不是简单地"把数据全部复制一份"即可。常见的数组克隆方法包括 Array.prototype.slice()、Array.prototype.concat()，以及 ES6 中加入的扩展运算符，常见的对象克隆方法是 Object.assign()，它们全都遵循"浅克隆"的策略。这种策略在复制过程中不会对数据结构进行递归操作，它会为原始类型的值生成新的数据备份，而引用类型的值只会生成一个新的引用，并指向内存中的同一个地址。开发者通过新数据访问到引用类型并进行操作后，源数据中同一个引用的值也会受到影响。下面就通过一段简单的示例代码了解数据对应的内存信息：

```
custom_origin_array = [1,2,{name:3}];
custom_shallowcopy_concat = custom_origin_array.concat();
custom_spread = [...custom_origin_array];
```

利用 Chrome 浏览器的开发者工具（DevTools），在 Memory 面板获取堆内存的快照，在 Window 对象的属性中找到上面的数据（浏览器环境中，自由变量都会被收集挂载为 Window 对象的属性，这样做是为了方便寻找，开发中可不要这样做），如图 9-1 所示。

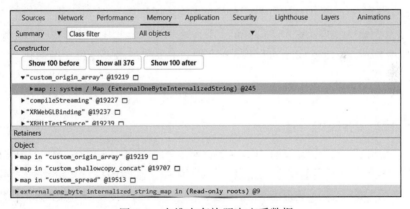

图 9-1　在堆内存快照中查看数据

我们找到代码中定义的变量后，就可以看到几个自定义的变量名实际上都引用了同一个底层对象，也就是说克隆操作对引用类型的数据仅生成了一个新的引用，对象的方法也是同样的道理。

9.1.2　深克隆

当"浅克隆"无法满足需求时，我们就需要使用一些能够生成完全独立的新数据的"深克隆"策略，很明显，相较于"浅克隆"，"深克隆"方式占用的空间更大、性能更差，因为它不得不递归遍历引用类型的数据。而当数据结构中出现循环引用，或者属性之间相互引用时，简单地针对数据类型进行判断可能无法得到正确的"深克隆"结果。一个稳健的"深克隆"方法是非常复杂的，还好我们有很多可以直接借用的函数，例如，Lodash.js 中的 _.cloneDeep( ) 方法就可以直接完成深克隆的工作；但从另一方面来看，"深克隆"是一种预防手段，如果深克隆得到的数据仅有很小的一部分在未来会发生变化，那么为此而额外付出时间和空间成本就会显得非常不划算，许多非专业前端开发者都喜欢用这种方式来保证自己的增量代码不会影响程序的原有功能。在使用"深克隆"策略前，建议仔细评估是否真的有必要这样做。常见的深克隆方法如下。

❑ 诸如 Lodash.js 之类的第三方工具库提供的深克隆方法。
❑ JSON.String + JSON.parse。这组方法可以将对象转换为字符串，再由字符串生成新对象，在这个过程中无论是原始数据类型还是引用数据类型都会生成新的克隆，但它通常只被用作业务逻辑数据，因为在转换过程中只会复制对象的值，而无法对函数或特殊类型进行复制，例如，当你试图复制一个 Date 类型的值时，最终复制的是时间字符串，属性值为函数或者属性值的原型链上的函数都不会被复制。
❑ 结构化克隆算法。结构化克隆算法是由 HTML5 规范定义的用于复制复杂的 Java-Script 对象的算法。相较于 JSON API，结构化克隆算法支持的类型更多，但它不支持 Error 和 Function 对象的复制，详细的类型支持情况可参考 MDN 中给出的类型支持列表⊖。"结构化克隆"是一种内部使用的算法，常通过多线程 Worker API 或消息管道 MessageChannel API 的 postMessage 方法来调用，消息接收方（worker 线程的监听器或 MessageChannel 的另一个端口）收到的就是经过"结构化克隆"算法处理的数据。

9.2　元编程与 Immer.js

Immer.js 是由状态管理框架 MobX 的作者研发的，他希望用简洁的语法来获得不可变数据。它的基本思想是为当前状态 currentState 生成一个临时的代理变量 draftState（draft 在英语中是"草稿"的意思），将状态转移函数中的变化都应用在这个临时变量上，当所有的变化都完成后，Immer 会基于它生成新的状态 nextState 并将其返回，这样开发者既可以通过与原生操作一样的方式来编辑源数据，也能使各个状态保持相对独立。Immer.js 最初是一个自动柯里化且只支持同步计算的工具，经过不断地迭代进化，现在它也能提供对异步的支持，以及更细粒度的生命周期划分。

本节将介绍如何利用元编程来修改编程语言的原生表现，以及 Immer.js 利用代理模式来得到不可变数据的基本原理。

⊖　https://developer.mozilla.org/zh-CN/docs/Web/Guide/API/DOM/The_structured_clone_algorithm。

9.2.1　元编程

 拓展知识 "百度百科"中对于元编程的定义如下：

元编程（Metaprogramming）是指某类计算机程序的编写，这类计算机程序编写或操纵其他程序（或自身）作为它们的数据，或者在运行时完成部分本应该在编译时完成的工作。与手工编写全部代码相比，元编程在很多情况下工作效率更高。编写元程序的语言称为元语言，被操作的语言称为目标语言，如果一门语言也可以作为自己的元语言，那么这种能力称为反射，它支持在程序运行时检查和修改对象的行为。

　　尽管 JavaScript 编程要求尽量不要使用 eval 和 Function，但它们都可以将字符串转换为可执行的 JavaScript 代码，这是典型的元编程能力。另外，使用属性描述对象修改对象上属性的读写表现也是元编程层面的工作。从 ECMAScript 2015 开始，JavaScript 引入了 Proxy 和 Reflect 对象及一些其他具有元编程特点的新特性，开发者可以通过它们拦截原生操作，并为语言的原生表现添加自定义行为（例如属性查找、赋值、枚举或函数调用等），从而修改目标对象在原生操作上的表现，实现 JavaScript 语言的元编程。

　　上述机制就是经典设计模式中的"代理模式"，它是指为某个对象提供一个代理对象，使得操作本身并不会被直接作用于目标对象，而是委托给代理来执行，代理在客户端和目标对象之间起到中介作用，它的价值就在于可以拦截或是修改一些特定的操作。应用层级的代理需要改变代码的编写方式，例如在开发中，我们常利用闭包的特性把数据封装在函数作用域中，这样就只能通过对外暴露的方法来对其进行读写，这本身就是代理模式的一种应用，因为对象的读写本是通过查找和赋值语句来完成的，而如果使用元编程级别的代理，则可以直接针对取属性操作或是赋值语句进行拦截。

　　在 ES6 出现以前，开发者可以通过 Object.defineProperty（target, prop, descriptor）语句在目标对象上添加一个属性，其中的 descriptor 用于描述这个属性的特点，包括它的初始值、是否可写入、是否可被枚举等，除此之外，还可以为这个属性的读写设置代理方法，当执行到针对目标属性的读写语句时，就会运行对应的代理方法。ES6 新加入的 Proxy 可以实现更全面的代理，以控制目标对象更多的原生表现，比如，对于 push、pop 等数组方法（也被称为"变异方法"，这类操作会改变原数组）造成的引用类型值的改变，Object.defineProperty() 方法中的 set 代理是无法监测到的，而 Proxy 则可以做到，同时对于 get 和 set 操作，Proxy 可以直接代理整个对象，而不需要再遍历对象属性来逐个添加 get 和 set 方法。Vue 框架的响应式特性就是基于元编程的代理模式来实现的，Vue 2.X 和 3.0 版本分别使用 defineProperty 与 Proxy 特性来拦截数据模型的读写，感兴趣的读者可以自行学习。Proxy 对象通常会与 Reflect 对象配合使用，如果你对它们的基本特性还不清楚，建议参考阮一峰老师的开源电子书《ECMAScript 6 入门》○进行学习。需要注意的是，原生 Proxy 对象提供的是"浅代理"，无法直接响应深层次引用类型的属性修改。

_____

　○　http://es6.ruanyifeng.com/#docs/proxy。

9.2.2 Immer.js 的核心原理

1. 方案推演

Immer.js 的核心 API 非常简洁，produce 函数接收一个初始状态和一个状态转移函数，并返回新的状态对象，相当于将初始值和要做的更改委托给 produce 函数来执行，如果你了解过 redux 的相关知识就会发现，它其实就是一种 reducer 的实现方式：

```
const next = produce(base, draft => {
    draft.id = 2;
    draft.name = 'Tony Stark';
    draft.partner.name = 'Scott Lang';
});
```

面对这样一个 API，应该如何利用代理来实现 produce 函数，使得原始状态对象 base 和新状态对象 next 之间相互隔离呢？对于读操作来说，程序并不需要对二者进行区分，只有在进行写操作时才需要隔离，如果不使用"深克隆"策略，就需要在写操作执行之前对属性访问路径上涉及的对象进行必要的克隆操作。为了能够拦截到对 base 对象进行的读写操作，首先需要为它设置一个代理对象，这样当它的属性被访问时，我们就可以执行一些自定义的动作来避免 base 对象受到污染。produce 函数需要执行的基本逻辑可以用下面的伪代码来表示：

```
function produce(base, recipe){
    // 1.为base状态设置代理以便拦截读写操作
    const rootProxy = createProxy(base);
    // 2.将代理对象传入状态转移函数，程序对其进行读写操作时就会触发第1步中的自定义函数
    recipe(rootProxy);
    // 3.分析draft得到新状态并将其返回
    return buildNextState(rootProxy);
}
```

下面就来逐步分析 produce 函数中需要实现的逻辑。当示例代码执行到 draft.id = 2 的赋值语句时（这里的 draft 就是传入的实际参数 rootProxy），代理对象 rootProxy 上自定义的 set 方法就会被调用，那么在写操作中应该做些什么来避免其对 base 对象的影响呢？既然不允许使用"深克隆"，那我们就只能使用"浅克隆"来复制所访问的对象了，这样对新对象的属性进行修改就不会影响到原来的值。但如果再次修改同一个对象上的其他属性，就又会生成新的"浅克隆"对象，这就会导致前一个修改结果会被覆盖掉。例如，当示例代码执行到为 draft.name 赋值时，如果不做任何缓存和检查，就会再次对 draft 进行浅克隆，这样一来对 id 和 name 两个属性的修改就会作用在两个通过不同的"浅克隆"得到的对象上。为了防止这种情况出现，在同一个状态转移函数中，每个对象只需要保留一个"浅克隆"就可以了（如图 9-2 所示），当然还需要使用一些方法将它们对应起来。

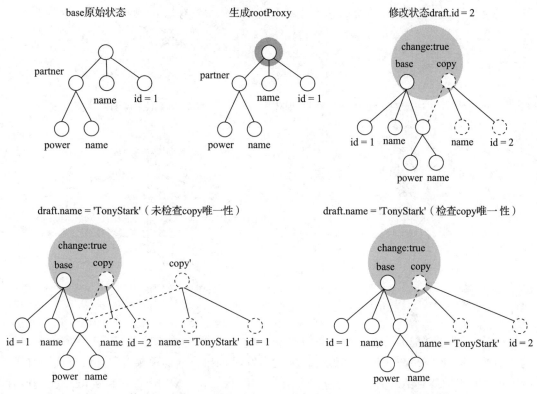

图 9-2　修改 id 和 name 属性时为 base 对象生成唯一的"浅克隆"对象

当代码执行到为 draft.partner.name 赋值这一步时，又会产生新的问题。首先 JavaScript 提供的原生代理机制是一种"浅代理"机制，draft 可用于拦截对 base 对象进行的操作（因为 draft 在运行时会被赋值为 rootProxy，rootProxy 可用于代理对 base 对象的访问），但无法直接拦截对 draft.partner 对象更深层次的读取操作，所以当状态转移函数对 draft.partner.name 进行赋值操作时，会按照原生语法进行访问，该行为与直接对 base.partner.name 赋值是等价的，这样会造成对 base 对象的污染。为了劫持深层次的属性访问，在访问引用类型的值时需要为其创建代理对象，并将代理返回给调用者。在前文的示例中，访问 draft 代理对象上的 partner 属性时可以劫持到相应的 get 操作，此时我们已经可以知道它指向的是一个引用类型的值，从而可以在自定义的 get 方法中为它生成一个代理对象并将其返回，这样一来，当程序继续读取深层次的 name 属性时，就相当于在 draft.partner 的代理对象上访问 name 属性，赋值时也才有机会执行自定义的 set 方法，从而完成对 draft.partner 的"浅克隆"（如图 9-3 所示）。这种按需逐级设置代理的方式可以在访问所有属性时触发自定义代理方法。当然，为了避免同一个对象生成多个代理，代码层面同样需要对生成的代理对象进行缓存和关联。

在现有的实现中，在执行写操作之前对深层次的属性进行"浅克隆"处理可以避免对原状态的污染，由于修改过程中所有的寻址操作都是从 rootProxy 开始的，因此使用 buildNextState 方法构造 next 状态对象时也需要从 rootProxy 开始遍历，这时你会发现它并不一定能够访问到克隆出的对象，假设在状态转移函数中只有如下所示的这样一个修改：

```
const next = produce(base, draft => {
    draft.partner.name = 'Scott Lang';
});
```

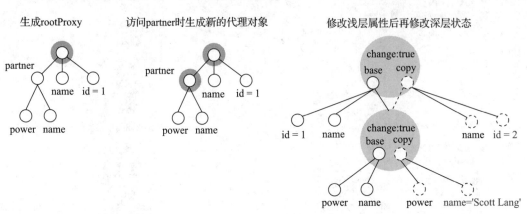

图 9-3   为深层次对象生成代理和"浅克隆"对象

在对深层次的 name 属性进行修改时，draft.partner 对象会被"克隆"，但是在返回值构造阶段访问 rootProxy 来遍历属性时，你就会发现 base 指向的顶层对象并没有被修改过，所以在构建返回值时结果仍然会定位到 base 指向的对象上，事实上，在判断 partner 属性时才会使用"浅克隆"得到的对象。由于顶层指向的是同一个对象，因此这个修改操作会造成 base 状态被污染（如图 9-4 所示）。

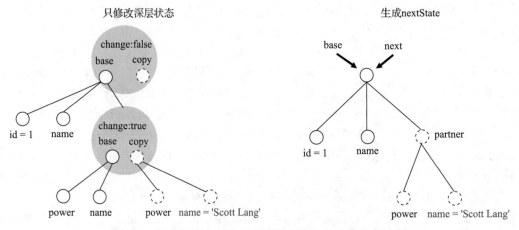

图 9-4   只为深层次对象生成"浅克隆"会造成状态污染

所以当写操作发生时，我们需要对访问路径上所有的父级对象进行至少一次"浅克隆"操作，直至操作到顶层的对象上，这个过程其实相当于对属性访问链路进行了"局部深克隆"操作。从直观认知上来讲，只要有任何写操作修改了某个状态，那么顶层的对象是一定要被"克隆"的，否则我们在构建新状态时就会无法获取到与旧状态隔离的访问起点。

基于上面的思考，我们大致可以设计出一个基于"代理 + 递归浅克隆"的方式来实现"按需克隆"的方案。从代码的实现上来看，作为代理的对象至少需要包含以下几个关键属性。

❑ base 属性：用于指向原节点。get 操作发生时，如果当前节点未被修改，则需要重定向到原对象上取值。

❑ change 属性：用于标记当前节点是否被修改。set 操作发生时，访问链路上的对象全部需要标记为 change，以便在需要时访问到"浅克隆"对象。

❑ copy 属性：用于指向当前节点"浅克隆"得到的新对象。get 操作发生时，如果当前节点或其子节点被修改过，则需要重定向到克隆对象上取值。

❑ parent 属性：用于标记当前代理的父级代理。set 操作发生时，可以通过递归访问父级代理的方式来确保访问链路上的对象都进行了"浅克隆"和 change 标记。

❑ proxies 属性：用于存放所有子集对象的代理。每个对象可能都会有多个属性指向引用类型的值，每个引用类型只需要生成一个代理。

基于上文的内容，读者可以先尝试实现这样一个库，下面再来看看 Immer.js 源码中相关的核心逻辑。

2. 核心源码

撰写本稿时，Immer.js 已经发布至 7.0 以上的版本，整个代码已经使用 TypeScript 进行了重构，为了方便大家理解核心逻辑，下面以官方代码仓库中的早期版本（v1.0.1[一]）为例来讲解核心逻辑的实现方式，src/immer.js 入口文件的逻辑代码如下（已省略部分错误提示代码）：

```
export default function produce(baseState, producer) {
    // 柯里化调用
    if (arguments.length === 1) {
        const producer = baseState;
        return function() {
            const args = arguments
            return produce(args[0], draft => {
                args[0] = draft;
                producer.apply(draft, args);
            })
        }
    }

    return getUseProxies()
        ? produceProxy(baseState, producer)
        : produceEs5(baseState, producer)
}
```

Immer.js 的核心逻辑非常简洁，它实现了一个根据传入的实参数量进行自动柯里化的

○　https://github.com/immerjs/immer/tree/v1.0.1。

机制，并且它可以在最后根据当前环境是否支持 ES6 的 Proxy 原生对象来决定代理的实现方法。下面就以基于 Proxy 的版本（也就是 produceProxy 函数）为例来进行讲解，相关源码保存在 src/proxy.js 文件中，辅助方法保存在 src/common.js 文件中。produceProxy 的相关代码如下：

```
export function produceProxy(baseState, producer) {
    const previousProxies = proxies
    proxies = []
    try {
        // 为根对象创建代理对象
        const rootClone = createProxy(undefined, baseState)
        // 执行函数得到新的状态
        verifyReturnValue(producer.call(rootClone, rootClone))
        // 执行后置处理工作
        const res = finalize(rootClone)
        // 清理释放所有的Proxy代理
        each(proxies, (_, p) => p.revoke())
        return res
    } finally {
        proxies = previousProxies
    }
}
```

从上面的实现代码可以看到，除了一些辅助的代码之外，核心逻辑的部分与我们之前构思时所编写的伪代码几乎是一致的，源码中的方法最终会遍历生成的 Proxy 代理实例，并调用实例的 revoke 方法，该实例方法是使用 Proxy.revocable 方法创建代理时生成的，它执行时会释放对应的 Proxy 实例。immer.js 官方博客中的一张图（如图 9-5 所示）或许能让你更好地理解代理节点的访问逻辑。

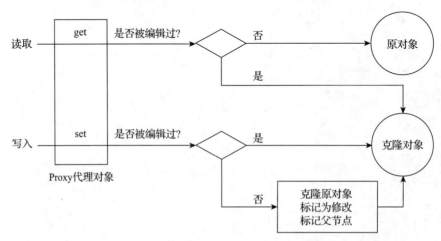

图 9-5　Immer.js 中代理节点的访问逻辑图

下面就来重点学习核心逻辑的实现，首先是为原状态对象 base 创建代理的 createProxy

方法，代码如下：

```
// 为对象或数组创建不同的代理
function createProxy(parentState, base) {
    const state = createState(parentState, base)
    const proxy = Array.isArray(base)
        ? Proxy.revocable([state], arrayTraps)
        : Proxy.revocable(state, objectTraps)
    proxies.push(proxy)
    return proxy.proxy
}
```

在创建代理的过程中，先为 base 对象生成了一个状态记录 state 实例，然后以 state 实例为基础来构建代理对象，这个状态记录正如前文所设计的一样，它需要能够访问原始对象、克隆对象、子级的所有代理对象、父级代理，以及是否被编辑等信息，以便在每次代理到 get/set 操作时完成相应的工作，其原因在前文已分析过，如果直接在 base 对象的基础上建立代理，则很容易因为一些功能性的编程需求导致 base 受到污染。状态记录生成后，接下来分别为对象和数组这两种引用类型生成相应的代理对象。由于闭包机制的存在，方法执行完之后，状态记录 state 会继续存在于内存中，Proxy.revocable 的用法前文也已经介绍过，代理生成后会将其推入外部的 proxies 记录中，以便在任务结束后统一进行释放。接下来是代理对象的 get 方法逻辑，源代码如下：

```
function get(state, prop) {
    if (prop === PROXY_STATE) return state
    if (state.modified) {
        const value = state.copy[prop]
        if (value === state.base[prop] && isProxyable(value))
            return (state.copy[prop] = createProxy(state, value))
        return value
    } else {
        if (has(state.proxies, prop)) return state.proxies[prop]
        const value = state.base[prop]
        if (!isProxy(value) && isProxyable(value))
            return (state.proxies[prop] = createProxy(state, value))
        return value
    }
}
```

访问根节点和所有值为引用类型的节点时将会触发对应节点代理对象的 get 方法。在 get 方法的实现逻辑中，如果访问的属性是通过特殊字符来访问对应节点的状态记录的，那么外部调用者就可以知道当前节点的状态。如果状态记录标记节点已经被修改过，就需要通过当前节点的克隆对象来访问指定的 prop 属性，如果它的值是一个非 Proxy 实例的引用类型，则需要为它创建代理对象并将其返回；如果它已经是 Proxy 实例，则说明该节点并不是第一次被访问，此时直接返回唯一的代理对象即可。如果访问的节点没有被修改过，就需要通过原对象来访问指定的 prop 属性，此时同样也需要检查是否需要为 prop 指向的对象生成唯一的代理。get 方法中完成的就是访问时逐级生成代理的逻辑。接下来介绍代理对象 set 方法的逻辑，代码如下：

```
function set(state, prop, value) {
    if (!state.modified) {
        if (
            (prop in state.base && is(state.base[prop], value)) ||
            (has(state.proxies, prop) && state.proxies[prop] === value)
        )
            return true
        markChanged(state)
    }
    state.copy[prop] = value
    return true
}
function markChanged(state) {
    if (!state.modified) {
        state.modified = true
        state.copy = shallowCopy(state.base)
        Object.assign(state.copy, state.proxies)
        if (state.parent) markChanged(state.parent)
    }
}
```

set 操作的逻辑相对来说比较简单，如果当前节点没有被修改过，就递归执行 markChanged 函数，使整个访问链路上的节点都生成浅克隆对象，并且确保每个节点状态记录中的 modified 属性都被修改为 true，然后再在当前节点的浅克隆对象上完成赋值写操作，这就是开发者津津乐道的 Immer.js 的"写时复制"（copy-on-write）机制。

最终的 finalize 方法用于构建新状态 next，它仍然是一个递归处理过程，感兴趣的读者可以自行阅读相关源码，本节就不再展开讲解了。强烈建议大家深入学习 Immer.js 的源码，它的代码实现简洁且优雅，无论是文件和代码组织方式，还是其中对 JavaScript 语言原生 API 的使用、树结构的遍历、递归算法的使用、功能完成后对生成对象的主动释放等，都是非常值得初级开发者学习并掌握的。

9.3　Immutable.js 与共享结构

了解完精简的 Immer.js，再来看看大名鼎鼎的 Immutable.js 是如何获得不可变数据的。基于 Object.assign() 的"浅克隆"虽然只是复制第一层属性，但是当属性的数量非常多时，哪怕复制的只是引用，空间和时间的消耗也是非常明显的。比如，baseState 对象中有 10 000 个属性，状态转移函数只修改了其中 5 个属性的值，但最终实现状态隔离的 nextState 仍然需要将其他的 9995 个属性都复制一份，很显然这会造成极大的浪费，因为从信息量的角度来看，未被修改的 9995 个属性完全是等价且可共享的。Immutable.js 的基本原理就是将 JavaScript 的原生数据类型放入新的数据结构中，从而实现基于共享结构的持久化数据。

9.3.1　Immutable.js 简介

当我们使用 JavaScript 原生类型时，常会用 Lodash.js 进行数据处理。Immutable.js 除了提供新的数据类型之外，同时还会提供专用的数据处理方法，方法的命名和使用方式均与 Lodash 保持一致，几乎不用学习就可以直接上手。Immutable 实现了许多新的数据结构，最常见的是用于处理数组的 List 类型和用于处理对象的 Map 类型，它们都可以通过构造函数直接创建：

```
//构造List
let list = Immutable.List([1,2]);
//构造Map
let map = Immutable.Map({foo:'foo',bar:'bar'});
```

由于 JavaScript 中的数组并不是数据结构理论中的数组，真实的底层数组只能存放一种类型的数据，这样在存取时就可以通过索引和类型所占字节的数量计算出地址的偏移量，从而实现数据的随机访问和修改操作，JavaScript 中的 Array 是以数字为键的散列结构，本质上是 Object 类型，所以 Immutable.js 为 List 和 Map 这两种类型提供了很多同名的 API，用于实现基本的增删改查操作，示例代码如下：

```
//1.1 查询List或Map中索引为i的值
ImmutableData.get(i);
//1.2 查询List或Map中嵌套索引为i,j的值
ImmutableData.getIn([i,j]);

//2.1 修改List或Map中索引为i的值
ImmutableList.set(i,value);
//2.2 修改List或Map中索引为i,j的值
ImmutableList.setIn([i,j],value);

//3.1 删除List或Map中索引为i的值
ImmutableList.delete(i);
//3.2 删除List或Map中索引为i,j的值
ImmutableList.deleteIn(i,j);
```

只需要将原生数据类型包装为 Immutable 提供的数据结构，并使用专门的方法对数据进行变换操作，就可以保持数据的不可变性，也可以在需要的时候将其转换为原生的 JavaScript 数据。Immutable.js 提供的 API 基本上都保持了高度的语义化，只需要浏览官方文档就可以上手使用。

9.3.2　Immutable.js 的核心原理

本节从基本数据结构的角度聊聊 Immutable.js 构建"不可变数据"的原理。Immutable.js 使用的存储结构称为 Vector Trie 树，通常翻译为"前缀树"或"字典树"，在这种数据结构中，所有的数据都保存在树的叶子节点上，使用 Trie 树结构作为每个数据节点的索引，每次索引的检索都是从根节点开始的，然后依次经过多个中间节点到达叶子节点并获得数据。

本节将以最基本的数据结构知识作为切入点，从一种新的角度来理解这种存储结构。

1. 数组

前文已经讲过，在底层的数据结构中，数组是连续的存储空间，且只能存放固定类型的数据，而在 JavaScript 中，同一个数组中可以同时存放多种不同类型的数据，所以它对应的底层数据结构一定不是单纯的数组。如果你了解过一些 C/C++ 的知识，就会知道指针类型占据的空间大小是固定的，不同类型的指针只是表明从它所指向的内存地址开始，后续若干连续存储空间里的数据应该如何读取和解释，所以可以简单地推测 JavaScript 中的数组实际上是一个可以容纳指针的数组（指针占用的空间大小是固定的），每一个索引里存放的只是指针，真实的数据存放在指针所指向的地址中，也就是说它只是一个"地址登记表"。

2. 散列

下面再来看看 JavaScript 中的对象类型，数据都是以"键 - 值对"的形式存在的，但"键"并不一定是数字，它要如何存储呢？这种每条数据都以"键 - 值对"的形式存在的结构称为"散列"，通常也称为哈希结构。"键"所包含的信息可以看作一个密码，对密码进行解密后可以得到一个数字，如果将这个数字当作指针数组的索引，那么就会与 JavaScript 中的数组类型一样。沿着这个索引值，在相应的位置找到地址信息，最终在这个地址中找到与"键"对应的"值"。整个过程其实就像在玩一个解谜游戏，将"键"解密为"索引值"的函数就是"哈希函数"。比如，假设我们想要存储如下所示的这个"键 - 值对"：

```
{
    a:1,
    b:2,
    cc:3
}
```

哈希函数会直接使用 ASCII 码相加的形式来实现，代码如下：

```
function decodeHash(key){
    let result = 0;
    for(let i = 0; i < key.length; i++){
        result += key.codePointAt(i);
    }
    return result;
}
```

于是，a、b、cc 这三个键分别被转换成了 97、98、198 这三个数值，如果使用长度为 200 的指针数组来记录散列信息，那么在索引为 97、98 和 198 的这三个位置上就可以找到对应的位置信息，进而找到对应的值。增加和删除元素时，散列并不会像数组那样需要调整其他元素的位置，而进行随机访问时，它又可以像数组一样通过索引来快速定位信息，其时间复杂度为常数级，可见，它是一种效率较高的数据结构。

上面示例中的散列存在着明显的缺点，即它的空间利用率非常低，为了存储 3 个索引值申请了一段长度为 200 的内存，而其中大部分空间都没有得到有效使用。通常的处理方法是在哈希函数的结尾处对原计算结果进行取模操作，将得到的结果转化为 0～length 之间的数值。例如在上面的哈希函数结尾处对 10 求模，那么原本的 97、98、198 就变成了 7、8、8，这样索引信息就可以存放在长度为 10 的数组中了。但新的问题又产生了，就是后两个索引的求模结果是一样的，这种情形通常称为"哈希碰撞"。无论你如何选择哈希函数，都不可能完全避免"哈希碰撞"，常见的解决方案有"开放寻址法""链表法"或"二次哈希法"等，限于篇幅，本章不再对此展开讨论，你只需要明白，散列实现的关键就是选择哈希函数，它不仅需要考虑存储空间的大小（空间越大碰撞概率越小）和指针数组被占用索引的分布特征（分布越均匀碰撞概率越小），还需要考虑算法自身的运算效率和产生碰撞的概率，除此之外还需要设计哈希碰撞发生时的处理方法。

Immutable.js 源码中使用的字符串哈希函数是来自 JVM 的哈希算法，对于字符串 s，计算方法（其中 n 为字符串的长度）如下：

$$hashed = s[0] \times 31^{n-1} + s[1] \times 31^{n-2} + \cdots + s[n-1]$$

3. Vector Trie

如果散列数据中的"键"在解密后得到的不是一个索引数字，而是一组索引坐标，那么我们存放数据的位置就变成了一个虚拟的多维空间，这组坐标值就是数据在多维空间中的坐标值，这就好像是使用 $[x, y, z]$ 三个坐标值在空间坐标系中寻找一个点一样。在数据结构中，Vector Trie 树可用于表示这种结构。例如，一个键在解密后得到 [10,15,20] 的位置信息，那么就需要从根节点开始，在第一层数组中找到索引为 10 的位置，它里面存放的是另一个数组的首地址（也就是 Vector Trie 下一层记录的数组），在第二层的数组中找到索引为 15 的位置，发现其中存放的还是一个数组首地址，接着定位到第三层的数组，找到索引为 20 的位置，此时终于找到了与该键对应的值，也就是说，每层消耗一个位置坐标直到找到与键对应的数据为止。不难看出在 Vector Trie 中，只有底层的叶子节点才用来存放值，非叶子节点中存放的则是寻址的坐标信息。

Vector Trie 的结构优势非常明显，可以节约索引数，压缩存储空间。假设现在有一个三层的 Vector Trie 结构，每层的值都可以取 0～19 中的数字，理论上该结构就可以用来存储 8000（即 20 × 20 × 20）个指针信息。假设现在要存储一条"键值对"信息，这个键的哈希计算结果为 7800，如果使用一维数组来实现散列，那么在初始化时就需要申请一个长度为 8000 的空间，如果在三层的 Vector Trie 结构中，将 7800 转换为二十进制就变成了"ja0"，也就是十进制的 [19, 10, 0]，记录这条索引只需要生成 3 个长度为 20 的数组就可以了，数组 1 中索引为 19 的位置存放着数组 2 的首地址，数组 2 中索引为 10 的位置存放着数组 3 的首地址，数组 3 中索引为 0 的位置存放着数据真实的存放地址，而其他的地址则完全可以等到要用的时候再动态申请。

希望读者在上面的"解谜寻宝游戏"里玩得开心，无论是使用向量坐标这种数学方式还是"Trie"这种平面图方式来表达，Vector Trie 的本质就是一个多维的存储空间，尽管随机访问数据要比原本的散列结构花费更长的时间（要多寻址几次），但其可以显著减少内存消耗，属于一种用时间换空间的方案。

Immutable.js 会将哈希函数的计算结果转换为二进制形式并补齐 25 位，每 5 位作为一个分区，对应一个坐标。不难得出，每个分区中坐标值的范围为 00000～11111，也就是 0～31 这 32 个整数，一共 5 个坐标，这种结构通常称为 5 层 32 路 Vector Trie。你可以认为 Immutable.js 构造了一个虚拟的 5 维空间来存放数据，数据的键通过破解一系列解密函数得到值在 5 维空间的存储坐标。当然，Immutable 不会为所有的数据生成完整的 Vector Trie 结构，它会根据存储节点的数量自动选择适合的数据结构。

4. HAMT

HAMT，全称为 Hash Array Mapped Trie，是一种用来对 Vector Trie 结构进行宽度压缩的技术。在前文的示例中，[19, 10, 0] 这个位置坐标在第一层长度为 20 的数组中只使用了索引为 19 的那个位置，其余空间都是闲置的，数组的实际空间使用率非常低。当 Vector Trie 中各层的数组越来越多时，这样的空间浪费将是非常大的，因此我们需要采用一种更具"启发式"的算法，即先默认申请尽可能少的内存空间，然后在数组需要时自动扩容，闲置空间较大时自动释放，从而提高空间的利用率。

HAMT 的空间压缩逻辑具体如下，比如在一个长度为 20 的数组中，使用了索引为 4、7、10 的三个位置来存放数据，我们就将这三个数据依次放在一个新的长度为 3 的数组中，然后用另外一个关键信息来标记原数组的长度以及它们在原数组中的索引，这个关键信息就是 Bitmap 信息。Bitmap 也称位图模式或掩码模式，是使用二进制位来存储信息的一种可视化记录方法。对于一个长度为 20 的空数组，可以使用二进制 0000 0000 0000 0000 0000 来表示（共 20 位），若索引 4、7、10 的位置被占用，则需要将 Bitmap 对应位置上的标记改为 1，其二进制表示也就变成了 0000 0000 0100 1001 0000，转换为十进制就是 1168，相比于使用长度为 20 的数组的存储方案，现在只需要记录整数 1168 和一个存放着原 4、7、10 位置数据的新数组，就可以包含同样的信息量。当需要还原出信息时，再将 1168 转化为二进制序列即可，比如想要查询长度为 20 的数组中原索引为 6 的空间是否已被使用，具体做法是先在 Bitmap 中找到该位置（此处涉及一些二进制操作的知识，检查索引为 i 的位置信息时，需要将二进制序列右移 i 位），再与 1 进行"与"操作，具体如下：

```
//查询原数组中索引为6的位置
    bitmap = 1168;          // 0000 0000 0100 1001 0000
    temp = bitmap >> 6;     // 右移6位得到0000 0000 0000 0001 0010
    result = temp & 1;      // 相当于与0000 0000 0000 0000 0001进行"&"运算获取最低位
    console.log(result);    // 0
```

这里的结果为 0，表示 6 的位置没有被使用，同理查询索引为 7 的位置，如果得到的结果为 1，那么就可以知道这个位置是有数据的，但只知道有数据是不够的，还需要将压缩前数组中索引为 7 的位置中的数据找出来，由于压缩后数组没有空位，所以只需要在 Bitmap 中统计当前标志位右侧为 1 的数量就可以获得对应的索引。例如，在 Bitmap 中，压缩前数组中索引为 7 的位置的右侧只有索引 4 对应的位置有一个 1，那么它在压缩后的数组中对应的索引为 1，同理可以知道压缩前的索引 4 对应于压缩后的索引 0，压缩前的索引 10 对应于压缩后的新索引 2，这样就从压缩的结构中还原出了原有信息。统计二进制序列中 1 的个数的算法称为 popcount 算法，在相关技术博客中可以找到它的很多实现方法，限于篇幅本章中不再赘述。

9.3.3　Immutable.js 中的读写操作

在"持久化数据结构"中进行 set 操作时，会在修改的节点处生成新的克隆节点，接着会寻找其父节点，直到找到根节点为止，在上溯过程中会复制其经过路径上的所有节点，最终得到一个新的根节点，新旧根节点只有在 set 操作影响的路径上存在差异，其他节点都是共享的。在 5 层 32 路的 Vector Trie 结构中，复制受影响关键路径最多需要操作 160（即 32×5）个节点，这是一个常数级的操作，也就使得 Immutable.js 在数据量较大的场景中优势更明显。

Immutable.js 对原生对象进行包装时，只会依据第一层中键的数量来选择对应的数据结构，当键的数量较少时直接使用数组存放即可，否则就会生成 Vector Trie 树结构或 HAMT 压缩树结构，但无论键的存储方式如何，也不管值是原始类型还是引用类型，原生对象中每一个"键值对"都是以 [key, value] 的形式存储的。因此，传入构造函数的原生数据结构都会被转化为"键值对"存放在数据结构的最底层，然后才在它的上层建立 Vector Trie 来寻址并动态维护"持久化数据结构"。

下面以一个简化的示例来看看 3 层 3 路的 Vector Trie 在进行节点更新时的表现。假设哈希函数会将单个英文字符转化为它在字母表中的序号（这样 26 个英文字母在不考虑碰撞的情况下恰好可以放入 3 层 3 路的 Vector Trie 中）。将原生对象转换成 Map 结构的代码如下：

```
{
    a:1,
    b:'Tony',
    n:'Bob',
    z:{
        c:{
            d:2
        }
    }
}
```

原生对象存入 3 层 3 路的 Vector Trie 后的结构示意图如图 9-6 所示。

1. set 操作

set 是一种浅操作，可用于修改原生结构第一层的属性对应的值（或者说 Vector Trie 的叶节点上直接能够找到的键 – 值对），下面就来试着将示例中的"b:Tony"修改为"b:Steve"，并观察 Vector Trie 的变化，如图 9-7 所示。

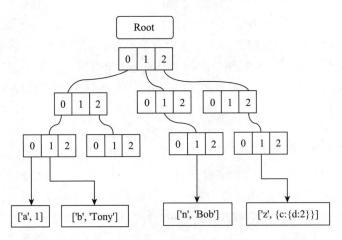

图 9-6   示例数据存入 3 层 3 路的 Vector Trie 后的结构

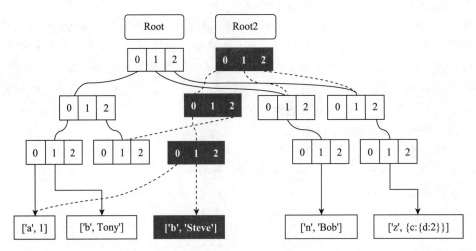

图 9-7   在 3 层 3 路的 Vector Trie 上进行 set 操作

首先将键 b 转换为二进制数值，可以得到 001，沿着 Vector Trie 找到第三层的叶节点并复制这个数组，接着让索引为 1 的位置指向新的数据 ['b', 'Steve']，再向上找到第二层对应的数组并复制它，让索引为 0 的位置指向第三层新克隆出来的数组，继续向上找到第一层对应的数组并复制它，然后让索引为 0 的位置指向第二层新克隆出来的数组，最后将第一层新克隆的数组赋值给 Root2，这样就完成了一次 set 操作。Root 和 Root2 这两个标识符所指向的数据结构中，只有键 b 对应的值是不同的，其他几个键 – 值对都因为 Vector Trie 对指针树的维护而实现了数据共享。

现在再来回想一下本节开头时提及的场景，当在拥有 10 000 个属性的 baseState 上修改 5 个属性的值时，Vector Trie 能够轻松地在两个状态之间共享其余 9995 个属性。

2. setIn 操作

setIn 是一种深赋值操作，Immutable.js 会根据提供的路径查找目标键，并进行值的更新操作，从上面的示例中可以看到，Immutable.js 在 Map 结构的实现上只针对第一层键进行了处理，而属性 z 对应的引用类型的值并没有做任何特殊处理。尽管 setIn 操作可以安全地操作深层嵌套的数据并继续生成不可变数据，但深层嵌套的对象处理与普通对象的处理是一样的，当某个属性值被修改时，Immutable.js 会在递归函数返回的过程中逐层克隆该层的其他属性，这就相当于进行了深克隆操作，所以它的效率提升并不明显。

下面就来做一个小小的测试，对拥有 100 000 个属性的扁平对象（属性几乎都平铺在第一层）进行浅克隆，然后修改其中一个属性值，并记录耗时，将其作为参考基线，接着构造两个用于测试的对象，并记录生成 map 结构的耗时，以及进行 set 和 setIn 操作的耗时，测试代码如下：

```
map = {
    //....100000个属性
}

map2 = {
    id:'nest',
    num:100,
    nestprop:{
        //....100000个属性
    }
}
```

测试结果如表 9-1 所示（可使用本书示例代码仓库中的 nest_perf_compare.html 自行测试）。

表 9-1　不同数据结构更新操作的性能测试结果

更新操作	平均耗时（ms）	更新操作	平均耗时（ms）
属性克隆	55	嵌套对象构造	4.5
扁平对象构造	120	嵌套对象 setIn 更新	50
扁平对象 set 更新	0.2		

扁平结构和嵌套结构中都有对象，但构造 map 结构时耗时却完全不同，扁平结构的对象构造 map 需要的时间更长，但生成后 set 操作的效率提升非常明显，而嵌套结构的表现几乎与原生的属性克隆是一样的。因此，想要更好地发挥 Immutable.js 的作用，就需要开发者有针对性地使用它，例如在上述示例中，完全可以将 nestprop 属性上的嵌套对象转换为 map 结构，至于第一层，保持原生对象就可以了。

9.4　小结

不可变数据在游戏开发、并发编程和函数式编程中的意义通常要更明显一些，它们让状态跟踪变得更加容易，但同时给开发者带来的心智负担也不容忽视。为了维持不可变数据，开发者需要写更多的代码（例如在 React 技术栈中使用 Redux 来进行状态管理），但它的收益也非常可观，你不必再担心多人协作开发时数据被意外篡改。如果没有 Lodash.js，你需要掌握 ES5 的语言特性、递归算法和代理模式的基本知识才能够完成深克隆；如果没有 Immer.js，你需要掌握 ES6 中 Proxy 和 Reflect 的新特性才能够获得不可变数据；如果没有 Immutable.js，你需要有扎实的数据结构基础知识和算法知识才有可能设计出想要的结构。你也许无法设计出完整的第三方工具库，但基础知识却可以帮助你攻克项目中的难题。我们需要学习应用层的编程技术，但也必须意识到不是所有的问题都可以依赖应用层技术和开发经验来解决，当面对一个找不到通用解决方案的难题时，考验的永远都是开发者的基本功和解决问题的能力。

Day.js：算个日期能有多难

2020 年 9 月，著名的日期处理库 moment.js 官宣停止维护，并推荐开发者在新项目中选择 Day.js 或 date-fns 以及浏览器原生支持的对象来处理与日期和时间相关的需求。moment.js 问世至今（截至 2021 年）已经有 9 年的时间，在上一代的前端开发生态中广泛应用于前端程序，如今它的周下载量也仍在千万级别，因此它在维护策略上选择了优先保证稳定性，而不是引入更多的新特性。当一些开发者批评 moment 是"可变对象"，或者它的体积太大很难利用现代化构建工具进行优化时，官方只是在文档中提供了相关指南和示例代码，并没有粗暴地进行"断崖式"的升级，甚至直接建议开发者在新的项目中使用其他库，这种做法对使用者而言是非常负责和贴心的了。随着相关标准的完善和前端开发体系的升级，当体积更小且更适应现代前端开发的日期工具库变得成熟和流行后，moment.js 也像完成了自己的使命一般选择退出历史舞台，正如官方公告里所写的那样"它并没有死，但确实已经写完了"。

你可能会觉得难以理解，不过是一个用来计算日期的工具库，真的需要维护这么长时间吗？前端开发者和 Date 对象打交道最多的场景可能就是将时间戳转换为指定格式的字符串，这样的功能如果用原生 JavaScript 函数实现可能只需要几十行，那么日期工具库到底能帮助开发者解决哪些常见问题呢？本章就以 day.js 为例来一探究竟。

10.1　日期和时间

本节我们来学习关于日期和时间的一些基本知识。

1. 关于时间的那些事儿

JavaScript 中用于处理时间的 Date 对象非常奇怪，如果你查看它的原型链，就会发现上面挂载了非常多的方法，但在平时的开发中能够用到的似乎却很少，无论选择以什么方式来处理时间和日期，我们都需要先了解一些相关的概念。

（1）格林威治时间（GMT）

格林威治时间，全称为 Greenwich Mean Time，1884 年在华盛顿召开的国际经度会议决定以经过格林威治的经线为本初子午线，也就是计算时间和地理经度的起点位置，这里的时间就称为格林威治时间，不过由于地球自转和公转的特点造成了一些固有的不精确性，格林威治时间已经不再作为标准时间使用了，在平时的开发中一般将它与 UTC 时间等同对待。

（2）国际协调时间（UTC）

国际协调时间，全称为 Coordinated Universal Time，由高精度计时的原子钟提供参考，作为世界标准时间使用，对于开发者而言，程序中所获得的当地时间，理论上都需要以 UTC 时间作为基准再加上所在时区的偏移量来确定，但在实际执行中，大多都是以国家首都所在时区的偏移量来进行计算的。

（3）Unix 时间戳（Unix Epoch）

Unix 时间戳是指从 1970 年 1 月 1 日开始至今所经过的秒数，这里的 1970 年 1 月 1 日是指 UTC 时间午夜 0 点，按照标准时间规范（ISO8601 规范）来书写就是 1970-01-01T00:00:00Z，T 是日期和时间的分隔符，Z 表示 UTC 标准时间，程序中更多时候都是直接使用整形数值来表示。JavaScript 中的 Date 对象也是基于时间戳工作的，但其提供的 getTime 方法返回的是毫秒数。不同地区的时间在同一时刻所对应的时间戳都是一样的，用户能够直观感知的时间则是通过时间戳按时区转换后得到的。

（4）时区（Time Zone）

一个以整形数字记录的时间戳可以转换为一个具体的日期和时间，但对于地球上的不同区域而言，同一个时刻有的地方是白天，有的地方却是黑夜，为了让不同区域的人对时间保持尽可能相似的感知，于是将地球按照经度划分为了 24 个区域，相邻区域的时差为 1 小时，但一些国家会横跨多个时区，为了方便起见，最终使用的方案是以国家首都所在时区的时间作为全国统一时间，也称为本地时间。这样一来，无论你在哪个国家的什么地方，太阳升起的时间几乎都是早晨 5~7 点，这种表述或许不够严谨，但相信你能明白笔者想要表达的意思是，时区的机制带给人们对时间感知的一致性。例如，我们最熟悉的北京时间，就是东八区的时间，用标准时间表示法换算就需要在 UTC 时间的基础上加上偏移量，东八区的时间比 UTC 时间早 8 个小时，若 UTC 时间的下午三点整表示为 15:00:00Z，那么同一时刻的北京时间就需要增加 8 个小时，也就是晚上 11 点整，可以表示为 23:00:00+08:00。

2. 奇怪的 Date 对象

在 JavaScript 语言中，Date 对象常用来处理与日期和时间相关的问题，所提供的方法默认是针对本地时间的，也就是运行程序的计算机所在时区的时间，如果需要转换为 UTC 时间，则可以使用命名中包含 UTC 关键词的方法。从 MDN⊖的相关资料中可以看到，Date

---

⊖ https://developer.mozilla.org/zh-CN/docs/Web/JavaScript/Reference/Global_Objects/Date。

类的构造方法可以接受多种不同类型的构造参数，并且提供了看起来很丰富的 API，但它们的使用体验却非常糟糕，有的不够实用，有的又极易造成误用。Date 对象支持的构造方法包括如下几种：

```
//接受多种类型日期字符串作为参数
new Date(dateString);

//接收日期时间分量的数值作为参数
new Date(year, monthIndex [, day [, hours [, minutes [, seconds [, milliseconds]]]]]);

//接受以毫秒为单位的时间戳数值作为参数
new Date(value);

//无参数
new Date();
```

首先，Date 支持使用日期字符串来作为实例化的参数，但公开的资料几乎都会建议你不要这样做。例如，在实例化时传入“09-08-2020”这个字符串，当然不会报错，但你可能并不知道最终得到的实例所对应的时间到底是 2020 年 9 月 8 日还是 2020 年 8 月 9 日，毕竟它们都是合法日期。这就要求使用者必须要使用通用的标准格式来避免字符串本身的二义性，例如前文中提及的 ISO8601 标准中要求的标准日期时间格式 “YYYY-MM-DDTHH:mm:ss.sssZ”，然而问题并没有就此解决。

我们来做一个小实验，假设你正在国内使用电脑（使用的是北京所在的东八区时间），可以打开 Chrome 浏览器并在控制台输入 new Date（‘2020-09-25’）得到第一个日期对象，然后在控制台工具的“More Tools”中打开“Sensors”栏，将“Location”设置为“San Francisco”（将地点模拟为旧金山，使用西七区的时间），在控制台再次输入 new Date（‘2020-09-25’）后可以得到第二个日期对象，从控制台的信息（如图 10-1 所示）中我们可以看到它们是不同的。

图 10-1　利用 Chrome 浏览器地点模拟功能进行日期对比

前一个日期对象对应的时间是 2020 年 9 月 25 日上午 8 点，后一个日期对象对应的时间是 2020 年 9 月 24 日下午 5 点，这是因为使用字符串来实例化时间时，如果没有指定时间，构造函数就会默认使用 UTC 格式的 0 点整去填充，所以当 UTC 时间为 2020 年 9 月 25 日 0 点整时，东八区的时间就是 2020 年 9 月 25 日上午 8 点，西七区的时间就是 2020 年 9 月 24 日下午 17 点，如果使用 getTime 方法分别获得这两个日期对象对应的时间戳，就会发现它们之间正好相差 15 小时。这样的事实意味着开发者如果使用字符串来创建日期，则极有可能会出现不报错但是不符合预期的结果，而这样的 "错误" 定位起来更加困难。

其次，Date 对象还可以使用分离参数的形式来创建，它相对来说更可靠一些，但是使用起来很麻烦，你需要在实例化时传入日期和时间的每个分量来得到一个本地时间，当想要得到 UTC 时间时就可以显式地调用 Date.UTC() 这个静态方法来包裹实例化的参数。这种实例化方式存在一个问题，就是当开发者传入表示月份的数字或者使用实例的 getMonth 方法来获取月份时，1 月到 12 月会被映射为数字 0 到 11，但日期数值的下标却是从 1 开始的。

第三种方式就是使用时间戳数字作为参数来得到日期对象实例，这可能是大多数开发者所熟悉的方法，毕竟非国际化的业务通常不必考虑时区的影响，为了让前端能够在不同的场景中更方便地转换时间的显示格式，后端通常会以时间戳数值的形式下发日期时间信息。另外，时间戳更便于计算两个日期之间的差值，但后端下发的时间戳通常是标准的 Unix 时间戳（也就是以秒为单位的时间戳格式），而 Date 对象使用的是毫秒。

最后一种方式是实例化时不传入任何参数，此时得到的就是当前时刻的本地时间。虽然 Date 对象提供了很多功能，但实际上当开发者凭直觉去使用时却很容易出错。除了日期的读写方法之外，Date 对象在原型链上还提供了一系列用于日期格式化显示的方法，下面仍以本地时间 2020 年 9 月 25 日上午 8 点整为例，来看看不同格式化方法的输出结果（如图 10-2 所示）。

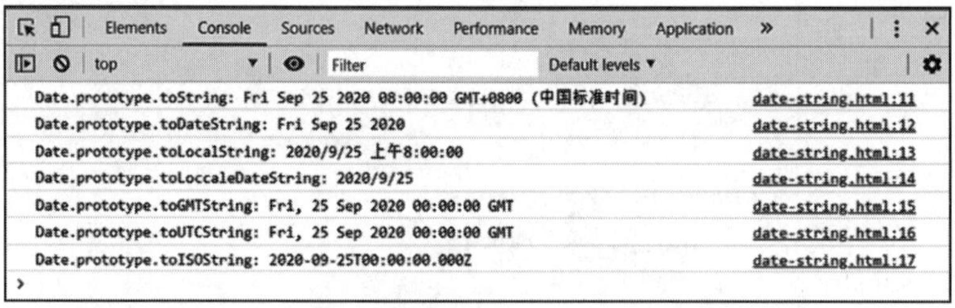

图 10-2 Date 对象提供的日期格式化方法一览

看出什么共同点了吗？没错，对于国内的开发者而言，格式化的结果基本全都没法直接使用，这就使得开发者不得不使用 Date 对象的一系列 get 方法将日期对象里的数值分量提取出来，然后手动完成显示格式的转换，或者直接基于时间戳进行一些时间差的计算。笔者相信，即使社区里没有提供日期和时间处理的解决方案，你的团队也一定会自行封装一套通用的工具方法。而现在我们可以直接使用 Day.js 来解决这些烦人的细节问题了。

10.2　使用 Day.js

Day.js [一]是一个同时支持浏览器环境和 Node.js 环境的日期时间处理库，它和 moment.js 保持了一致的 API，不同的是，Day.js 采用了"不可变对象"的形式来处理日期和时间，并且只保存了核心能力，而将一部分功能降级为插件的形式供开发者选择，这使得它在不引入跨语言扩展包的情况下，总体积大小只有 2KB，可以说是非常轻量级的了。所谓"不可变对象"，是指调用 API 后返回的对象总是全新的，不会影响其他对象，也就是遵循着之前学习过的"Immutable Data"的理念，当开发者基于 A 对象通过运算得到 B 对象后，A 对象仍然保持着原来的数值，业界认为这样的模式更有利于调试和状态追踪，但这个特性在 moment.js 中并没有得到支持。Day.js 在实现上并没有修改 Date 的原型对象，而是在其基础上添加了一层包装，这样开发者只需要关注 Day.js 实例就可以了。

开发中对于日期和时间处理的需求主要包括实例化（解析）、绝对日期定位、格式化显示等，下面就来看看针对这些需求，Day.js 提供了哪些扩展能力。

1. 实例化（解析）

解析是指将日期字符串转换为 Day.js 实例的过程，只有这样才能够使用 Day.js 提供的方法。还记得前文中 2020 年 9 月 8 日和 2020 年 8 月 9 日的示例场景吗？Day.js 可以通过"日期字符串 + 格式字符串"的方式来消除这种不确定性，示例代码如下：

```
const dayjs = require('dayjs');
let customParseFormat = require('dayjs/plugin/customParseFormat');
dayjs.extend(customParseFormat);

let day1 = dayjs("09-08-2020", "MM-DD-YYYY");
let day2 = dayjs('09-08-2020', "DD-MM-YYYY");
```

根据控制台打印的结果可以看到，实例化时的第二个参数已经描述了第一个日期字符串的含义，示例中的两个实例最终会对应不同的日期，当然也可以直接使用时间戳来进行实例化。

2. 绝对日期定位

绝对日期定位是指以一个已知日期为参考来计算另一个日期的场景，Day.js 提供的方法包括 add（增加）、substract（减少）、startOf（定位到开始时间）和 endOf（定位到结束时间）等，通过链式调用将这些操作组合在一起，既可以快速定位到期望的时刻，也能将大量基于时间戳的数值计算细节隐藏起来。最常见的例子就是在使用日期范围选择器时，我们常常会希望将选定的范围扩展为起始日期的 0 点到结束日期的 23:59:59，这时利用 Day.js 的扩展功能就非常容易做到。下面再来举个更复杂的例子，假设当前时间是 2020 年 9 月底，你希望在下个季度开始后的第二周星期一早晨 10 点安排一个会议（进入下个季度后第一个完整

　　㊀　官方主页：https://day.js.org。

的星期为第一周），并且还要能看到当前时间距离该时间点还有多久，要如何实现这样一个功能呢？使用时间戳来计算显然非常烦琐，而使用 Day.js 就可以非常轻松地做到，示例代码如下：

```
const dayjs = require('dayjs');
const quarterOfYear = require('dayjs/plugin/quarterOfYear');
const relativeTime = require('dayjs/plugin/relativeTime');
require('dayjs/locale/zh-cn');

dayjs.locale('zh-cn') ;             //使用中国本地化语言
dayjs.extend(relativeTime);         //为Day.js引入用于相对时间计算的扩展插件
dayjs.extend(quarterOfYear);        //为Day.js引入用于季度计算的扩展插件

let day = dayjs()
.endOf('quarter')
.startOf('week')
.add(2,'week')
.add(1,'day')
.add(10,'hours');

let duration = day.fromNow();

console.log(day, duration);
```

从控制台打印的结果可以看到，时间被定位到了 2020 年 10 月 13 日早晨 10 点，且 duration（距离时间）显示为 “16 天内”，链式调用的代码清楚地展示了定位该时间节点的过程，这对于调试来说是非常友好的。从示例中我们也可以看到，特定的计算功能需要以插件的形式引入，核心库里只保留了基础功能。

3. 格式化显示

几乎所有的日期时间处理类库都会提供格式化的功能，实现的方式通常是提供一个 format 方法，该方法接受一个表示期望输出格式的字符串，函数在执行时会根据映射表替换掉其中的特定字母组合，也可以通过插件来添加更多的定制格式。

4. 其他功能及扩展

除了上述使用频率较高的功能之外，Day.js 还提供了用于对不同日期进行模糊比较和精确比较的方法，以及针对不同语言提供的国际化支持，这些都已经从核心代码中剥离了出来，需要通过引入插件的方式进行扩展。当已有的功能无法满足你的需求时，可以通过自定义插件来实现它，而不是把数据加工的代码直接写进上层的主逻辑代码中，插件机制对应的原理也非常简单，就是通过在核心类的原型对象上添加新的方法来实现更多功能。

Day.js 的使用方式并不复杂，毕竟日期和时间的计算并不需要太多代码层面的设计，底层更多的是琐碎的数学计算过程，笔者相信，如果时间充足，大多数开发者都能自行写出一个功能正确的日期时间类库，遗憾的是你我可能都很难有这样的时间。如果你更喜欢

Lodash 那种按需加载的模式或者函数式的编程风格，也可以尝试使用 date-fns[⊖]库，笔者甚至认为它更加灵活易用，希望你不要因为全英文的官方文档而错过它。

10.3　国际化应用开发中的时间处理

假设你正在进行支持双十一购物节的软件开发，希望美国的用户也能参加国内双十一购物节的"0 点抢购"活动，从时区上看，中国使用的北京时间是东八区时间，而美国使用的则是西五区时间，这就意味着中国的时间比美国早了 13 个小时，所以国内 11 月 11 日的零点，对应的美国时间是 11 月 10 日的上午 11 点，你该如何处理订单时间的存储和展示呢？

可能有读者会想到使用时间戳或是完整的 UTC 时间字符串来记录时间，因为如果直接存储用户本地时间的字符串，那么最终展示结果时，国内的用户可能就会看到一位美国用户在 2018-11-10 11:00:02 下单且成功参与抢购活动，而自己则是在 2018-11-11 00:00:05 点下单却错过了前 N 位下单用户的"超级折扣"，这样的展示方式很容易使用户感到迷惑。不过，UTC 时间字符串虽然能够准确地表示时刻，但是会对用户造成额外的认知负担，用户可能会直接忽略后面的时区信息而认为系统出了错，这就好像我们在看到一个不认识的汉字时会本能地忽略它的偏旁一样，在面向普通用户的产品中，我们更希望产品的理解成本能够尽量降低。

所以相对理想的处理方案是，用时间戳来保存事情发生的时刻，然后在显示时根据用户设备所在的地区转换为当地时间。在前文描述的场景中，美国用户看到这两个订单（即美国用户购买和国内用户购买产生的两个订单）的生成时间都在 11 月 10 日 11 点左右，而国内用户看到的同样两个订单的生成时间都在 11 月 11 日 0 点左右，事实上两者对应着同样的时间基准，而程序里这种时间上的对齐也不会给用户造成困扰，因为系统里显示的时间和用户在现实中看到的当地时间是一致的。对开发者而言，业务逻辑需要准确性；但对用户而言，符合思维惯性可能更加重要。

时间戳和 UTC 时间所表达的信息本质上是等价的，所以时区转换的工作在前端或是服务端完成都是可以的。另外，需要注意的是，服务端使用的第三方库或是数据库也可能带有默认的时区处理配置，你需要按照自己团队的实际情况来进行处理，相关内容本书就不再展开讲解了。

⊖　https://date-fns.org/。

图形学篇

<section>Chapter 11</section> 第 11 章

所见即所得的流程图：
jsplumb.js 和 viz.js

图所包含的信息量往往比文字多，但形式却更为简单。大名鼎鼎的 Visio 是 Microsoft Office 软件系列中负责绘制流程图和示意图的软件，可用于协助团队成员之间对复杂信息、系统和流程进行可视化处理和分析，帮助使用者做出更好的业务决策。只需要将对应的形状拖放到绘图区并增加连线和文字等，就可以轻松、快速地完成相关领域的流程图制作。

如果流程图中的图块可以像 HTML 页面中的元素一样响应用户的交互动作，那么它的想象空间将会变得非常大，我们既可以利用 JSON 格式存储的数据在任何一个网页上重建流程图，也可以为它添加一些更具表现力的动画，例如，"手风琴"效果可以将不重要的内容折叠起来，在需要时点击折叠处即可再显示出来；还可以用一些从后台实时获取的信息去刷新其中的内容，甚至将流程图数据化，并通过算法从中提取出诸如最短路径或是否包含"环"或"岛"等特征的信息，从而完成一些校验工作或是驱动自动化的流程。

本章将分析一些基本的绘制流程图的技术方案，并从中学习如何利用 jsplumb.js 在网页中绘制流程图，最后介绍一下图布局引擎 viz.js 的相关知识。

11.1　方案构思

本节中，我们来看看构建一个能够在浏览器环境中绘制流程图的引擎需要面对哪些问题。

1. 图形的表达方式

当没有现成的第三方库可以使用时，如何在网页中实现流程图的绘制呢？首先，节点是比较容易实现的，只需要设置一个绘图区域，并将其定位样式设置为"position:relative"

内部的元素就可以利用绝对定位的 div 元素来实现。CSS 伪元素可以让节点轮廓呈现出圆形、矩形、菱形等一些常见的流程图基本形状,接下来需要重点处理的就是连线的绘制。对于连线这种具有图形性质的元素,并不适合用普通的 DOM 节点进行模拟,HTML 标准专门为图形元素提供了两种不同的实现方案: <canvas> 标签实现的位图和 <svg> 标签实现的矢量图(svg 格式的文件也可以通过 <img> 等其他标签引入)。

(1)位图

位图图像(也称为点阵图像或栅格图像)是由着色的像素点组成的。像素点通过不同的排列和颜色构成图样,当你在画图板中将位图不断放大时,就会看到整个图像是由像马赛克一样的无数个小方块构成的。位图可以表现丰富的色彩变化,产生逼真的效果,但保存时需要真实地记录每个像素的位置和颜色值,占用的空间相对较大。位图缩放时会造成像素点增加或减少,无论是新增的像素点还是缩小后剩余的像素点,都需要通过一定的算法来填充或修复颜色信息,所以颜色变化较大的图像在缩放时或多或少都会出现失真问题。在 HTML 页面中可以使用 <canvas> 元素开辟一块位图绘图区域(通常称为画布),并调用 <canvas> 的二维绘图上下文在画布上绘制位图,无论将画布绘制成什么样子,对于 HTML 来说都只有一个 <canvas> 标签,所以 <canvas> 只能作为一个整体来响应用户的交互动作,粒度更细的交互响应实现起来复杂度会非常高。

(2)矢量图

矢量图是指使用直线和曲线来描述图形,这些图形的元素是由一些点和线构成的,它们都可以通过数学公式计算来获得,矢量图存储的是线条和图块信息,所以它的图形文件与分辨率和图像大小并没有关系。矢量图无论是放大、缩小还是旋转都不会失真,这使得它非常适合应用于图元绘制和三维建模中,不过它也有不足之处,即难以表现色彩层次丰富的图像效果。SVG 是矢量图的一种,全称为 Scalable Vector Graphics,即可缩放矢量图,其使用的是一种开放标准的矢量图形语言,可帮助开发者直接用代码来描绘图像,而且只需要改变部分代码就可以使图像具备独立的交互功能,并且可以随时插入 HTML 中,且可通过浏览器来查看。<svg> 只是图形的顶层标签,SVG 有自己的一套用于描绘图形的标签,例如下面的代码就可以绘制出一个红色的圆形:

```
<svg width="300" height="180">
    <circle id="c1" cx="30" cy="50" r="25" fill="red">
</svg>
```

另外,可能有读者已经注意到作为 HTML 标签,SVG 是具有 id 属性的,这就意味着我们可以在 JavaScript 脚本中通过" document.getElementById('c1')"来获取这个 DOM 元素,并为其添加独立的事件监听程序。

了解了位图和矢量图的区别之后,再在两者之间做出选择就容易多了。如果我们只需要绘制流程图并最终导出静态图片,那么基于 <canvas> 和 <div> 标签来实现或许更容易;如果想要在网站内部实现一个简易版本的拓扑图绘制功能,必然要响应非常多细粒度的交互事件，这就意味着基于 SVG 的技术方案会更容易实现，当然在具体的实现方案上完全可以将它们结合起来使用，以便在适当的场景下发挥其各自的优势。

2. 连线的细节

流程图的连线在实现上还需要兼顾一些细节。如果绘制过流程图就很容易理解，图块之间的连线通常具有指向性，而绘图时需要在起始图块的轮廓上选择一个点，通常是某个顶点（或某个边的中点），然后指向终止图块的顶点（或某个边的中点）。大多数情况下，使用者不需要手动绘制连线的路径，它会随着图块之间的相对位置和连线两个端点的位置自动调整（如图 11-1 所示）。

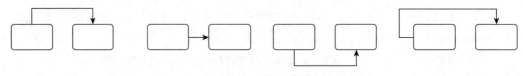

图 11-1　图块之间不同的连线方式示例图

这意味着我们需要在脚本中进行计算和分析，使得自动生成的连线路径既不能穿过图块，又要能在画面上合理分布。当连线数量较多时，指向同一个图块的连线如果只有"上下左右"四个点可选，则很容易出现多条连线在接近终点处重叠的现象，所以如果要支持更复杂的场景，连线的起止点就应该能够设定在图块的更多位置上。利用前端开发中"数据驱动"的主流思想，我们就能设计出一个极简的流程图绘制库，其核心元素具体如下。

❑ 图块数组：至少需要包含图块的形状、位置、文字内容和可作为连线起止点的点集信息。

❑ 连线数组：至少需要包含连线连接的图块信息、起止点所在的端点位置信息。

❑ 默认的配置信息：包括所有元素的样式及其他在全局范围内生效的配置信息。

❑ 扩展功能：包括事件机制、整图缩放、应用框架插件集成和更细粒度的定制功能等。

11.2 节将讲解 jsplumb.js 库，你会发现有了主动思考的铺垫，再来理解它会变得非常容易。

11.2　开始使用 jsplumb.js

本节就来学习如何使用 jsplumb.js 实现拓扑图编辑类的功能。

1. 版本说明

jsplumb.js 的官方网站⊖提供了大量的展示范例（demo），可以很直观地查看它们是否能够满足自己所面对的开发场景。jsplumb.js 分为 Community（社区版）和 Toolkit（正式版）两个不同的版本，社区版是一个免费的开源项目，源代码托管在 GitHub 平台上，它只包含了核心绘图 API、拖放和事件功能，也就是与 UI 相关的功能，如果你所在的团队具备一定

⊖　jsplumb.js 官方网站的地址为：https://jsplumbtoolkit.com。

的二次开发能力，则完全可以在此基础上定制自己的绘图工具箱。正式版是一个"开箱即用"的工具集，同时也是一个收费的商用版本，它在社区版的基础上主要增加了布局调整、SPA 框架集成、数据绑定和缩放等一些常用的功能，这些能力与核心绘图功能基本上都是解耦的，如果你的项目周期非常有限，或者团队二次开发能力不足，就可以考虑购买正式版以获得更好的支持。

正式版的开发文档可以直接在 jsplumb.js 官网上找到，社区版的开发文档需要在 GitHub 仓库的 Wiki 里查看，它们都是英文版的，其中包含了从核心概念到使用示例等非常详细的说明，是学习 jsplumb.js 最重要的资料。

拓展知识　许多社区版的使用者可能会困扰于找不到 jsplumb.js 的 API 文档，其实它就放在官方代码仓库中，只是需要一些小小的加工，具体步骤如下。先从官方代码仓库（https://github.com/jsplumb/jsplumb）中将主（master）分支的工程拉取到本地，接着使用"npm install yuidocjs -g"或"yarn global add yuidocjs"命令全局安装文档工具 YUIdoc（当然，前提是你的电脑上已经安装了 Node.js）。安装完成后，进入刚才下载的工程目录的 /doc/api 文件夹中，里面有很多只包含注释语句的 *.js 文件。打开终端，输入"yuidoc ."（yuidoc 后面是 1 个空格 1 个点号），YUIdoc 就会在当前目录中新建一个 out 文件夹，并将 *.js 文件全部输出为本地静态网站，完成后访问 out 目录中的 index.html 就可以在本地查看 API 文档了。图 11-2 所示的就是 YUIdoc 默认生成的离线文档。

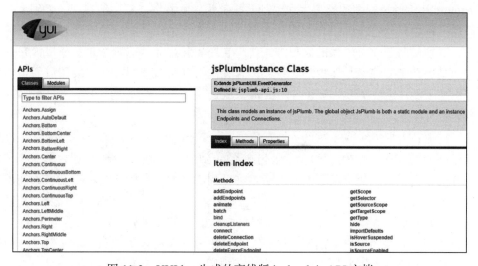

图 11-2　YUIdoc 生成的离线版 jsplumb.js API 文档

2. 核心概念

在 11.1 节的头脑风暴中，我们已经考虑了想要实现一个流程图绘制库的基本需求，实际上，jsplumb.js 已经将它们全都提炼为抽象概念并加以实现了，学习并掌握 jsplumb.js 中的核心概念会让我们在阅读 API 文档时游刃有余。jsplumb.js 中的核心概念及说明具体如下。

❑ Element（图块）：每个图块称为一个 Element，它直接使用 HTML 标签的 id 属性作为图块的唯一标识，无论使用的是 <div> 标签还是较为复杂的 SVG 图形，都是有效的。

❑ Anchor（锚点）：指一个以图块范围为参考范围的坐标点，被声明为锚点的点可以关联端点（Endpoint），它相当于 11.1 节草案中提及的图块轮廓线条上那些可以被线连接的坐标点的集合。可以通过设定参数让 jsplumb.js 自动生成，但并不会将它绘制出来，常见的静态锚点（Static Anchors）可以通过传入 "Top" "Bottom" 等表示方位的词汇来声明锚点的位置。它也支持坐标点集或是直接将图块边界上的所有点都标记为锚点，当然那也意味着更多的性能消耗。

❑ Endpoint（端点）：可以看作是一个连接器，它在视觉上是可见的，也可以定制外形和样式，可以附着在那些已经被声明为锚点的位置上，同时又可以被连线的端点附着。可以用手机充电线、转换插头和插座孔之间的关系来形象地理解 "连线" "端点" 和 "锚点" 这几个概念。

❑ Connector（连线）：指流程图中连接图块的线，jsplumb.js 提供了贝赛尔曲线、直线、折线等多种连线风格，并支持参数驱动的样式定制。

❑ Overlay（覆盖样式）：是连线的装饰层，用于设定连线上的标注文字及终点的形态，等等。

jsplumb.js 绘制流程图的整个生命周期几乎都是伴随着上述概念的建立、管理、更新和销毁而展开的，只是它提供的方法非常底层，开发者直接使用时通常需要自主管理各个抽象实体，这种偏向于面向过程的编程方式使得它使用起来显得非常烦琐，所以为它封装一个数据驱动的状态管理库并在内部实现绘图过程的自动化就显得尤为必要了。如果不知道具体应该怎么做，建议学习一下著名的图表库 Echarts.js 生成图表的过程，然后依照同样的模式封装就可以了。

为了避免各个抽象实体在网页上相互覆盖，jsplumb.js 通过在默认的类（class）中设置不同的 z-index 值来将各种类别的元素聚集在不同的层中，当然，也可以通过覆盖指定类的样式来修改它们，在默认情况下，开发者最终看到的平面图实际上是在不同层叠加出来的效果图（如图 11-3 所示）。

需要注意的是，这些核心概念的实体都是 HTML 标签，也就是说可以通过 CSS 为它们添加丰富的视觉效果甚至过场动画，记住，永远不要限制自己的想象力。了解了上面的核心概念之后，你将会发现网络上那些原本晦涩难懂的基础教程都变得非常容易理解了，接下来要做的就是自行实践了。

如果 jsplumb.js 让你觉得难以上手，也可以选用 AntV-X6 图编辑引擎，全中文的文档和对现代化前端框架的支持极大地降低了学习难度。AntV 是蚂蚁金服全新一代数据可视化解决方案，致力于提供一套简单方便、专业可靠的数据可视化最佳实践，简洁一致的设计风格、丰富的开发生态和多场景"开箱即用"工具包使它赢得了众多开发者的喜爱。

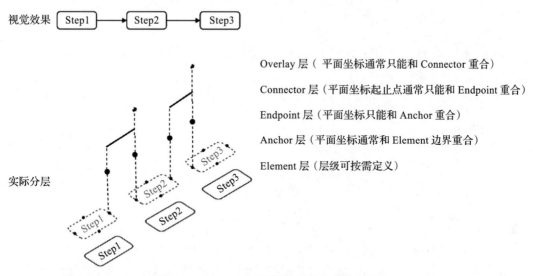

图 11-3　jsplumb.js 绘制结果的分层效果图

11.3　图布局引擎 viz.js

图的布局是指图中元素（主要是指节点和连线）的排布方式，自动化布局算法相对来说比较复杂，其中涉及很多数据结构和图论的知识，常见的流程图、树形图和力导向图等都有多种不同的算法，但是请不要担心，业界有非常多开箱即用的工具可供我们选择。前面已经提到过，jsplumb.js 的社区版是不包含自动化布局特性的，所以开发者通常会引入 dagre[⊖]（稳定的有向图布局工具）或功能更丰富的 viz.js[⊜]（著名的自动化布局工具 graphviz[⊜]的 JavaScript 封装，以下直接称 viz.js），来实现流程图的自动化布局。下面将以 viz.js 为例来讲解工具的使用方法，对底层算法感兴趣的读者可以自行深入研究。

graphviz 通常使用专门的脚本语言 DOT 来描述图的特性，并且可以通过参数设置来为图增加多样化的细节定制，其基本语法如下：

❑ 使用 graph 关键字声明无向图。
❑ 使用 digraph 关键字声明有向图。
❑ 使用 "->" 表示有向连线。

⊖　https://github.com/dagrejs/dagre。
⊜　https://github.com/mdaines/viz.js。
⊜　http://www.graphviz.org。

❑ 使用"--"表示无向连线。

❑ 使用 node[attr1=value1,attr2=value2] 为节点增加属性（受支持的属性请查看官方文档的说明）。

❑ 使用"#"添加注释语句。

更多特性请查看 graphviz 的官方文档。

图 11-4 所示的是一副手绘的未进行对齐的流程图。

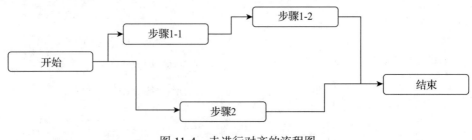

图 11-4　未进行对齐的流程图

首先，将图 11-4 所示的流程图转换为使用 DOT 语言描述的代码，如下：

```
digraph {
    s[shape=box,label="开始"];
    a1[shape=box,label="步骤1-1"];
    a2[shape=box,label="步骤1-2"];
    b[shape=box,label="步骤2"];
    e[shape=box,label="结束"];
    s->a1->a2->e;
    s->b->e;
    rankdir="LR";#设置布局方向为从左到右
    splines="ortho";#设置连线类型为正交折线
}
```

最后，使用 viz.js 工具提供的 API 在节点（node）环境中进行转换，并以 SVG 格式输出，就可以看到如图 11-5 所示的自动化布局结果。当然，也可以通过添加参数对图的样式进行更多定制。

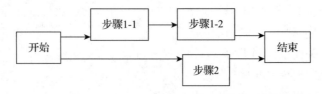

图 11-5　使用 viz.js 实现自动化布局后的流程图

如果只希望通过布局引擎获得位置信息，则可以将输出格式设置为 JSON，然后手动进行分析提取，本节的展示范例可以在代码仓库中获取。

11.4　所见即所得

如果只关注流程图的绘制，或许任何一个成熟的本地流程图绘制软件都会比 Web 环境下的自研工具速度更快且更容易使用，那为什么还要耗费精力把它移植到 Web 环境中呢？因为方便，相比于大型软件"先下载后使用"的模式，网页版的工具显然更容易触达用户，如果你平时关注技术社区的发展，就不难发现"工具 Web 化"的推进已成为一种明显的趋势。在软件工程化和自动化高速发展的时代，流程图所承载的任务已经不仅是描述宏观过程的静态蓝图，还包含了整个执行过程和信息反馈的控制中心。编排好的流程图可以被转换为包含点、线和关联信息的基本数据，程序可以以此为据分析出每个步骤的执行顺序和串/并行关系，在执行到某个具体的步骤时，只需要利用它的关联信息带参启动某个自动化脚本，或者向某个远程机器发送指定请求，就可以让流程图中描述的步骤真正运行起来，而过程中的启动/停止、构建步骤编排、过程的监控告警和结果的记录分析等，都可以在 Web 环境中实现，也就是真正的"所见即所得"。

软件的持续集成系统（CI）就是一个非常典型的流程化系统，常见的企业级持续服务通常是基于开源软件 Jenkins 来搭建的，尽管它提供了上千个免费插件用于支持自动化构建和服务部署，有实力的企业还是会根据自己的需求和业务实践定制多样化的私有插件来满足不同的场景需求。Jenkins 从 2.X 版本开始提供流水线（pipeline）机制，它是一个运行于 Jenkins 上的工作流框架，可以将原本独立运行于单个或多个节点的任务连接起来，实现复杂流程的编排和可视化作业。当开发者的代码被提交到仓库的特定分支时，或者是在代码仓库进行了指定操作后，代码仓库就可以通过钩子（hooks）机制向 Jenkins 发送通知，Jenkins 在收到消息后会根据配置文件开始自动化执行代码获取、编程规范检查、单元测试、代码混缩、集成测试、打包、归档、发布等一系列操作，为保证效率，它们通常是由负责持续构建的服务器集群集中完成的，并以此来实现持续的敏捷交付。

如同我们使用 DOT 语言来描述图一样，流水线通过特有的 Groovy DSL（Domain Specific Language，领域特定语言）语法来描述构建流程，声明构建阶段（Stage）、执行节点（Node）和构建步骤（Step）等信息，编写在 Jenkinsfile 中的流水线指令最终会被 Jenkins 作为运行计划逐个执行。本章不会展开来讲解 Jenkins 的相关用法，但相信读者很容易联想到，Web 环境中的流程图绘制可以实现对构建步骤的可视化编排及关键参数收集（例如，触发该流水线执行的分支名、步骤执行时所需要的参数，或者是构建结果需要发送到的邮件地址，等等），所有环节中需要用户来进行配置的工作都可以在同一个平台上完成。在用户完成自定义构建流程的绘制后，就可以将相关数据以 JSON 格式发送到服务端，服务端通过对图进行分析来获得节点和路径的关系数据，并将其转换为类 DOT 语言的描述，再将它和节点的关联参数结合在一起，通过模板引擎就可以生成真实的流水线执行脚本。本质上这就是一个从图（Graph）到流水线脚本的转换过程，让开发者可以用"搭积木"的方式将系统支持的构建步骤自由地按需组合在一起，而不需要承受额外的学习负担。在流程图中的步骤或节点信息被修改并保存后，系统就会将其转换为新的流水线脚本，这样就完成了一个基本的构建流水线的可视化编排引擎，流程图中包含的信息将直接影响真实的构建步骤，从而做到"所见即所得"。

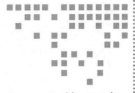

easel.js：一个标签一个世界

<canvas> 是 HTML5 支持的画板标签，同时也是支撑前端图形学领域的重要技术之一，它可以使用脚本来绘制图形。<canvas> 标签支持不同的绘图环境，其提供的二维绘图上下文（也称作 Canvas API）常用于游戏开发、数据可视化、增强现实、图片编辑、视频处理（如弹幕）等开发场景，其三维绘图上下文（也称作 WebGL API）实现了 WebGL 标准，常用于实现 3D 建模、计算机仿真和虚拟现实技术等。尽管在现代的大多数项目中需要编写原生 Canvas 代码的机会并不多，但是了解其底层运作原理可以让我们更安心地使用已封装好的技术，在面对工具和框架覆盖不到的某些特殊需求时能够自行编写补丁解决问题。

本章将整体介绍二维绘图上下文 Canvas API 的基本知识，以及如何使用 easel.js 实现 JavaScript 风格的 Canvas 语法，最后以 easel.js 为例来讲解封装一个工具库的基本思路。

12.1　能玩一生的标签 <canvas>

本节来了解一下原生 Canvas 编程的基本知识。

12.1.1　基本语法介绍

笔者一直非常推崇用类比的方法来理解陌生的知识，读者可以将 Canvas 想像成一个真实的画布，而绘图上下文就是其提供的专用画笔，这种类比方法能让我们在学习过程中更容易地理解并记住一些抽象特性。Canvas API 大致包含以下几个类别（下面将使用 context 实例来描述绘图上下文）。

1. 样式设定

context 实例只拥有一个全局状态集（因为它只有一个专用画笔），其中包含了许多样式记录，包括颜色、线型、字体、阴影、图形填充，等等。Canvas 的绘图模式与现实生活中的作画模式是一样的，首先需要选好笔的样式和大小，然后调出需要的颜色，接下来才是进行点、线、面的绘制，画笔或配色的更换，只会影响将要画的图案，而不会影响到已画完的部分。

2. 图形绘制

context 实例只为矩形提供了原生的绘制方法，包括绘制实心矩形的 fillRect 方法，绘制空心矩形的 strokeRect 方法和清空指定矩形区域的 clearRect 方法，其他图形则需要通过路径来进行绘制。路径是由不同颜色和宽度的线段或曲线连接形成的，常用线型包括直线、弧线、贝赛尔曲线等，相当于勾勒图形的轮廓，如果希望为图块上色，那么路径必须是闭合的（也就是起止点重合）。路径的绘制过程本身并不会在画布上留下痕迹，只有在绘制结束后调用 stroke 方法来显示轮廓，或者调用 fill 方法来填充所绘制的封闭路径区域时，才会在 Canvas 上进行渲染。在支持 Path2D API 的环境中，我们还可以利用它来存储路径实例以达到简化代码和提高性能的目的。

3. 坐标系转换（画布变形）

Canvas 默认的坐标系处于绘图区域的左上角，x 轴正方向水平向右，y 轴正方向竖直向下，坐标系的转换可以结合 CSS 3D 进行对比理解。在转换坐标系之前，通常需要调用 context.save 方法来保存当前的绘图状态，这样在经过一些特殊的绘制过程后，我们能更容易地将坐标系恢复到初始状态。坐标系的转换包括 translate（平移）、rotate（旋转）和 scale（缩放），它们可以使用统一的 transform 方法以向量的形式来实现，因为这些变换的本质都只是使用不同的坐标转换公式而已。

在转换坐标系的过程中，需要注意的是，变形方法的使用次序会影响坐标系最终的转换结果，下面就来举例说明。例如，完成将 100×60 的画布的原点移动到中心和旋转 30° 这两个操作时，顺序不同最终结果也不相同（如图 12-1 所示）。

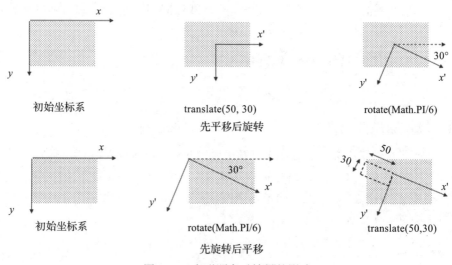

图 12-1　变形顺序对结果的影响

不难看出，先旋转后平移的操作顺序并没能将原点移动到画布中心。在实际开发中，当我们绘图的模型使用的是平面直角坐标系时，常使用先平移后旋转的变形顺序，在使用极坐标进行描述时常使用后一种变形顺序。大多数情况下，绘制完指定的图块后通常需要调用 context.restore 方法将坐标系重置为变形之前的状态，这样不仅可以使后续的变换操作更容易计算，而且可以避免变换过程中因参数的四舍五入而造成的误差积累。

4. 像素操作

除了可视化的图形 API 之外，Canvas 还提供了数据操作的 API，使得开发者可以通过 ImageData 对象操作 Canvas 绘图区域的像素数据。ImageData 对象中存储着 Canvas 真实的像素数据，其中包含了 width、height 和 data 这三个常用属性，data 是一个 Uint8Clamped Array 类型的定型数组，包含着代表 RGBA 颜色的整形数据，范围在 0～255 之间，Uint8ClampedpedArray 会在元素值小于 0 或大于 255 时将其分别替换为 0 或 255。每个像素用 4 个值（按照红、绿、蓝和透明的顺序）来表示，data 是一个一维数组，存储像素点的顺序是从左到右，从上到下，由此可推断出它所包含的总数据量为：

$$数组长度＝Canvas 高度 × Canvas 宽度 × 4$$

那么，Canvas 中第 i 行、第 j 列的那个像素点对应的 RGBA 这 4 个通道的颜色值分别为：

$$imageData.data[(i-1) × imageData.width + (j-1) × 4-1+1/2/3/4]$$

可以通过调用 context.getImageData 方法获取到一个指定的 Canvas 像素数据，接着只需要依据算法对各个点的颜色值进行加工，就可以实现诸如灰度、反相、模糊等各种各样的滤镜效果，最终通过 context.putImageData 方法将 ImageData 对象渲染到指定的 Canvas 上。

除此之外，还可以通过 context.drawImage 方法将图片或 <video> 标签加载的视频源渲染到画布上，像素级操作极大地扩展了 Canvas 的使用场景和想象空间。

拓展知识　学习完 Canvas 的基本知识后，可以跟随笔者技术博客[⊖]中的《带着 Canvas 去流浪》系列博文，进行一系列 Canvas 原生 API 的开发练习。

12.1.2　动画模式

学习完 Canvas 的基本特性之后，几乎只需要管理好画面上各个元素的层次（以防出现覆盖遮挡），就可以绘制出期望的静态图形。除此之外，Canvas 还可以用来实现动画，它的基本原理与电影放映的原理类似，Canvas 可以通过不断地重绘画布来实现动画效果，如果你使用用过 flash 来制作动画，就很容易理解 Canvas 动画的工作过程，Canvas 可以实现弹幕、实时通信、网页游戏等许多有趣的实用功能。

Canvas 制作动画的技术称为"逐帧动画"，是通过在每个关键帧重绘画布来实现的，关键帧通常使用 requestAnimationFrame 定时器来实现，它能够根据显示设备的刷新频率来确定关键帧,例如,显示器每秒只刷新 60 次,如果脚本中以 80 次 /s 的频率重绘 Canvas,那么其中的一些结果必将无法得到有效展示,当 GPU(Graphic Process Unit)读取需要展示在显示器上的关键帧数据时,它们可能已经被更新为下一个状态。requestAnimationFrame 定时器可以使动画元素的数据刷新频率与 GPU 的显示刷新频率保持一致,从而避免性能上的浪费。

在 Canvas 动画技术中,绘制在画布上的元素称为"精灵",精灵是一个抽象类,每个精灵对象都需要实现 update 和 paint 这两个方法,并拥有一些记录自身绘图相关参数的属性。update 方法用于更新精灵的状态,例如要制作一个移动的物体,就需要在 update 方法中修改用于定位的属性(例如,x 轴或 y 轴的坐标)。在一些更复杂的场景中,通常还需要记录精灵的受力、运动甚至生命周期等参数,以便进行物理仿真操作;paint 方法用于描述如何在画布上绘制精灵对象,也许是通过 Canvas API 绘制图形,也许是绘制某个指定的图片素材等。在动画的每个关键帧中,只需要按照画面的层次来逐个调用精灵的 update 和 paint 方法即可,通用的 Canvas 动画范式如下:

```
stage = [];
stage.push(new Background());
stage.push(new Sprite1());
stage.push(new Sprite2());
//...
function step(){
    //background实例也是一个精灵,它可以实现类似清屏的效果
    stage.forEach(sprite=>{
        sprite.update();
        sprite.paint();
    });
    requestAnimationFrame(step);
}
```

这样,每个关键帧只会对精灵对象进行一次状态更新,并且它可以配合显示器的刷新操作将结果展现在屏幕上。不断地递归调用 step 方法,Canvas 画布也将不断进行重绘,动画也就实现了。

12.2 用 easel.js 操作 Canvas

Canvas 提供了强大的图形图像操作功能,但原生的 Canvas API 带有明显的面向过程编程的特点,无论是图元管理还是代码维护都比较烦琐,easel.js 提供了丰富的语义化的 API 和交互解决方案,能够优雅地实现对象分层管理、事件机制、链式调用等功能,其作为游戏开发整体解决方案 CreateJS 的组成部分,所有的 API 都挂载在 createjs 命名空间下。下面就来详细介绍 easel.js 的核心概念。

(1)容器 Stage/Container

Container 是用来实现对象管理的可嵌套列表,可以将调用 addChild 方法加入同一个

Container 实例的对象看作是一组对象来进行整体操作，Stage 是根级的 Container，所有需要绘制的对象都需要加入 stage 实例中，几乎所有与 CG（Computer Graphics）相关的领域都会使用这一概念。Container 是可以嵌套的，相当于是实现了将图元进行分组管理的功能。例如，你希望在画布上绘制地面、草坪、树木和一个骑单车的人，为了最终渲染在画布上，你需要将它们都加入 stage 这个根级容器中，但为了方便管理，你可以先获取 envContainer 和 roleContainer 这两个容器实例，并把地面、草坪、树木放入前一组，把人物或者其他变化频繁的图元放入后一组，再将两个容器实例加入 stage 中，这样的特性使其在管理多图元、调整绘图顺序和使用相对坐标时更容易处理。图元加入 stage 后，并不会出现在画布上，只有调用 stage.update() 方法时它们才会被绘制。当配合定时器 Ticker 一起使用时，stage.update() 将被反复调用，这样就实现了动画效果。

（2）图形 Shape/Bitmap

stage 中除了可以加入子级的 Container 之外，还可以放入图元实例，DisplayObject 类的所有派生类都可以作为图元的构造函数，最常用的包括 Shape（Graphics）、Bitmap、Text、Sprite 等。Shape（在 easel.js 中，Shape 与 Graphics 在使用时可以不做详细区分）是使用原生 CanvasAPI 绘制的图元实例，Graphics 类封装了 Canvas 最常见的绘图特性并对其进行了扩展，为图形绘制增加了圆角矩形、圆、椭圆、星形等常见图形的绘制方法，聚合了 fill 和 stroke 样式设定的方法，并将原生的线条绘制函数也封装在了这个类中，提高了易用性。Bitmap 通常是指外源的图元，例如加载的图片、视频或来自另一个 Canvas 的图像，可通过 setBounds() 方法设定实例的绘制区域。调用 Shape 和 Bitmap 的 draw() 方法时就会在画布上进行绘制，draw() 方法通常并不需要显式调用，而是通过调用 stage.update() 方法来触发。或许有读者已经意识到了，图形像的 draw() 方法实际上就是 12.1.2 节提到的动画精灵类的抽象方法 paint()。至于 Text 和 Sprite，这里先不详细介绍。

例如，在坐标为（50，50）的地方绘制一个边长为 50 且圆角半径为 4 的红色空心矩形，以矩形左上角为定位参考点，使用原生方法绘制时只能手动描绘路径（本例中采用顺时针方向绘制路径），实现代码如下：

```
//假设已经取得绘图上下文context
const sideL = 50 - 2 * 4;
const R = 4;
context.strokeStyle = 'red';
context.beginPath();
context.moveTo(50+R, 50);
context.lineTo(50+R+sideL, 50);
context.arcTo(50+2*R+sideL, 50, 50+2*R+sideL, 50 + R, R);
context.lineTo(50+2*R + sideL, 50+R+sideL);
context.arcTo(50+2*R+sideL, 50+2*R+sideL, 50+R+sideL, 50+2*R+sideL, R);
context.lineTo(50+R,50+2*R+sideL);
context.arcTo(50, 50+2*R+sideL, 50, 50+R+sideL, R);
context.lineTo(50, 50+R);
context.arcTo(50, 50, 50+R, 50, R);
```

```
context.closePath();
context.stroke();
```

而使用 easel.js 很容易做到：

```
let shape = new createjs.Shape();
shape.graphics.beginStroke('red').drawRoundRect(50,50,20,20,4);
```

（3）定时器 Ticker

Ticker 可用于将定时功能与画板的绘制逻辑解耦，开发中只需要监听定时器的 tick 事件，即可在回调中添加对应的逻辑，其中通常会包含 stage.update() 方法。开发者可以通过配置 timingMode 属性来切换定时器底层使用的 API（setTimeout、requestAnimationFrame 或其他）。

（4）交互模型 EventDispatcher

Canvas 中原生的交互行为只支持画布层面的事件交互，而 EventDispatcher 则可以在图元层面提供事件监听和事件分发的能力。easel.js 中各个图元类已经默认继承了 Event-Dispatcher 类的事件分发能力，我们既可以直接为其添加监听事件，也可以将事件监听能力混入指定类的原型链中，使得任何自定义类都可以获得基于事件的交互能力：

```
EventDispatcher.initialize(myClass.prototype);
```

例如，如果我们要为前面绘制的红色矩形增加一个点击事件，使它被点击时改变运动方向，那么在 Ticker 的回调函数中只需要以 shape.__custom__.dir 作为步进量即可：

```
shape.on('click',function(){
    shape.__custom__.dir = - shape.__custom__.dir;
});
```

上面介绍的特性只是 easel.js 工具库的核心特性，但已经足够展现它为 Canvas 添加的面向对象编程的能力，更多实用特性请参考 easel.js 的官方文档进行学习。

12.3　工具库的封装技巧

前文已经介绍了原生 Canvas API 是如何实现相对底层的面向过程的图形绘制的，也介绍了如何使用 easel.js 实现的面向对象编程风格的 API，尽管使用工具能够提高工作的效率，但很难让你与其他开发者拉开差距，因为 API 的学习成本很低，它很难成为你的"职场护城河"，只有掌握其中的原理和技巧，并将其加入自己的技能树中，你才能够更快得进步。下面就来分析 easel.js 在实现对 Canvas API 的封装时有哪些值得关注和学习的优秀实践。

（1）模块化分组

Canvas 的原生绘图 API 都挂载在绘图上下文对象中，其代码看起来虽然很整齐，齐刷刷几十行的"context.xxxx"，但是一旦发生需求变更，这样缺乏明确表义的代码维护起来就成了开发者的噩梦，他们通常需要完整地阅读大段的代码才能够弄清楚它到底做了什么，很多初学者在进行业务逻辑开发时也经常会将大段的细节填充在应用层的逻辑主线中，这样的做法会极大地加重维护负担。而 easel.js 则按照特性对原有的 API 进行了分组，将其聚合在不同的命名空间下，并为其提供一些实用的读写方法，这样使用和维护起来都更为容易。这一点与大多数开发者使用 Lodash.js 去替代各种各样的循环和条件判断语句是一样的，表义清晰的 API 可以降低协作和变更的成本，使其他开发者更容易理解代码的编写思路，而不是通过阅读底层实现去猜测开发者的意图。

（2）面向对象的分层设计

面向对象编程的优势在于梳理实体关系，通过封装和继承等模式的实践在不同的类之间建立层次或是关联关系，不仅可以在编程时借助 IDE 工具来避免类型错误，有效地实现代码的复用，还可以利用 JavaScript 引擎对"内部类"的算法进行优化，从而达到提升性能的目的。例如在 easel.js 中，所有图元类都是 DisplayObject 的派生类，DisplayObject 父类上存放着每个图元类与视觉效果相关的通用属性（例如，是否显示，与其他图元重叠时如何合并图形及透明度等）和通用方法（复制图元、属性的读写方法等），再根据绘图特性的区别衍生出不同的派生类。使用实例来管理数量较多的实体对象，通常会比使用字面量解析出对象的效率更高；有些概念在设计上也会使用更多的继承层级，例如，DisplayObject 派生 Container，再由 Container 派生 Stage，在不同的层级上实现不同抽象层次的属性和方法，使得不同的抽象实体可以只关注自己领域内的信息，这是非常值得学习的建模实践。

（3）通用特性的集成和扩展

在封装时引入一些实用的底层特性可以极大地提高库的易用性，对于"链式调用""生命周期钩子""事件交互模型""中间件机制"等，我们既可以自己手动实现，也可以通过集成一些开源社区贡献的模块来达到目的。例如，模仿 JQuery 的代码框架来实现"链式调用"，引入并继承"EventEmitter"模块来添加事件交互机制，或者像 webpack 一样引入 Tapable 来实现插件平台的能力等。深钻技术细节是非常重要的，但这并不表示你需要靠自己手动实现所有的需求。easel.js 不仅在自定义的类中实现了事件机制，而且提供了扩展方法，如下：

```
EventDispatcher.initialize(myClass.prototype);
```

将 EventDispatcher 类的公共属性和方法合并到自定义类的原型链中，就可以使自定义类具备"事件机制"的特性，而原型链的编辑正是 JavaScript 中实现继承的方式。希望读者能够掌握这种工程实践的技巧，让自己的开发变得更加高效。

（4）文档自动化

许多开发者初次看到 easel.js 的文档时都会有眼前一亮的感觉，它不仅配色优雅，而且看上去非常规范，它是利用文档工具 YUIdoc 自动生成的（源代码仓库的 build 目录中有相关的说明），或许你还有印象，jsplumb.js 也是使用这个工具来生成官方文档的。YUIdoc 非常容易上手，开发者只需要按照 jsdoc 风格的语法编写注释，YUIdoc 就可以将其提取为文档，而视觉方面的优化只需要通过调整页面模板的布局和样式就可以了，YUIdoc 最终会以静态 HTML 的形式输出整个文档，这样就既可以直接在本地查看，也可以直接放在 Web 服务器上使用。可以将声明型的注释全部编写在独立的文件中，这样不仅能很好地利用 IDE 工具的提示功能，让注释真正发挥它应有的作用，还能在阅读源码尽量减少干扰。

第 13 章　*Chapter 13*

Echarts.js: 看见

提到数据可视化技术，Echarts.js 无疑是国内开发生态的先行者，2018 年 3 月它以全票通过的成绩入驻 Apache 孵化器，成为百度第一个进入国际顶级社区的项目。另一个知名的可视化工具库是 D3.js[⊖]（Data-Driven-Diagram），作为数据可视化领域的元老级开源项目，其在 GitHub 上以 96000 个 star 和 23000 个 fork 的成绩常年稳居榜首，而 Echarts.js[⊜]以 45000 个 star 和 17000 个 fork 的成绩紧随其后，其他像是 AntV 或 React-Vis 等也都是非常优秀的可视化工具库，它们都可以很好地应对前端领域常见的图表类开发任务。

D3.js 和 Echarts.js 很像原生 JavaScript 和现代 SPA 开发框架的关系。D3.js 的 API 相对偏底层，这意味着它拥有更好的性能、定制自由度和可扩展性，但使用起来也更为烦琐复杂，开发者不得不手动实现所有的细节，单是 GitHub 仓库里那如英文字典一般的 API 文档就足以令大部分开发者望而却步，这样的特性使它更适合用于定制度较高的专业可视化领域，例如拓扑图的编排等（当然，现在也可以选择 jsplumb.js 或 AntV-X6 图形库来实现拓扑图的绘制）。相比之下，Echarts.js 的易用性要高出好几个数量级，仅是官方首页绚丽的剪辑特效就足够吸引眼球了，它不仅可以跨平台支持近 30 种常见的图表，而且可以通过引用扩展包实现基于地图或 WebGL 的图表制作，其数据驱动的模式也更符合现代开发者的思维习惯，内置的动画和丰富的配色方案让开发者可以专注于数据的展示效果设计而不必受困于技术实现的难度，从而提高开发效率。

好的可视化作品既离不开艺术设计，也离不开技术的支撑。本章就基于数据可视化来学习 Echarts.js 的知识。

⊖　https://github.com/d3/d3。

⊜　https://github.com/apache/incubator-echarts。

13.1　数据可视化生态

数据可视化并不是一个专属于程序开发领域的概念，有数据的地方，就会有数据可视化的需求，它的目的是准确且直观地展示数据背后的信息，这些信息既可能是对数据本身相对关系的解读，也可能是对背后深层次信息的挖掘，用一种文艺的说法就是，它赋予了数据讲故事的能力。典型的应用领域具体如下。

（1）数据大屏及交互式图表

这是数据可视化技术在前端领域的主要应用场景之一，基于 Web 技术制作的图表不仅支持交互而且易于传播，相关的工具生态也较为完善，通常只需要准备好展示用的数据，就可以借助各类框架快速制作出图表作品。但想要真正地制作出准确、清晰且优雅的图表，并不是一件容易的事情，许多初级开发者都很容易因过分追求酷炫的效果而忽略图表本身的准确性和渲染性能，从而掩盖了数据可视化的价值。

（2）基于 Python 的数据可视化

Python 真的很流行，如果你尝试用它来做一些与数据相关的工作就会发现，它与前端开发工具库并非是媒体鼓吹的竞争关系，更多的是一种协作关系，在前端可视化的制作过程中，我们需要使用干净的数据来驱动图表的绘制，但是可能需要针对海量的夹杂着非常多噪点的原始数据进行一定的筛选加工之后才能获得这样的数据，这个过程同样需要可视化技术的支持。Python 的优势在于数据处理，对于常见的统计分析、机器学习或其他人工智能相关算法，只需要学习其背后的理论和适用场景，然后引用对应的模块包，就可以很方便地使用它来处理自己的数据集，而不必再花时间将算法背后的数学公式手动翻译成编程语言再实现一遍。Python 在进行数据可视化开发时通常会使用 matplotlib 模块，它提供的绘图 API 相对来说更偏向底层，需要开发者手动构建一张图表中的各个部分，在开发效率上很难与数据驱动的前端框架相比，但灵活度和可定制性相对都更好，如果你希望专门从事数据可视化或相关领域的工作，也可以学习专业的 R 语言及相关工具。

（3）商业智能等其他领域

以 Tableau 和 PowerBI 为代表的商业智能（Business Intelligence）软件，是可视化技术又一个重要的应用领域。当然，对于国内的使用者而言，Excel 或是百度出品的在线工具"百度图说"就足够应对一些常见的场景了。这类软件通常用于信息图制作、报表制作、数据分析及辅助商务决策，提供包括数据持久化存储、海量数据处理、数据清洗、数据分析及数据可视化的全周期工具链，用户几乎不需要有专门的编程能力，只需要渐进式地熟悉软件的使用方法，就可以从数据中快速地挖掘出自己感兴趣的信息。

13.2　开始使用 Echarts.js

本节将介绍如何使用 Echarts.js 实现前端常见的图表类需求。

13.2.1　Echarts 的正确打开方式

Echarts 官方文档已经很清楚地展示了它的基本使用方法。首先，准备一个 DOM 容器：

```
<body>
    <!-- 为 Echarts 准备一个包含具体尺寸的 DOM容器 -->
    <div id="main" style="width: 600px;height:400px;"></div>
</body>
```

接着，通过 echarts.init 方法初始化一个 echarts 实例，最后通过 setOption 方法传入数据，Echarts 就会在容器中自动绘制对应的图形，基本代码如下（示例代码引用自 Echarts 官方网站）：

```
// 基于准备好的dom，初始化echarts实例
var myChart = echarts.init(document.getElementById('main'));

// 指定图表的配置项和数据
var option = {
    title: {
        text: 'ECharts 入门示例'
    },
    tooltip: {},
    legend: {
        data:['销量']
    },
    xAxis: {
        data: ["衬衫", "羊毛衫", "雪纺衫", "裤子", "高跟鞋", "袜子"]
    },
    yAxis: {},
    series: [{
        name: '销量',
        type: 'bar',
        data: [5, 20, 36, 10, 10, 20]
    }]
};

// 使用刚指定的配置项和数据显示图表
myChart.setOption(option);
```

尽管示例代码看起来非常简洁，但想要快速上手使用还是要有一定的实践经验的。

首先，Echarts 所使用的 DOM 容器尺寸参数是支持百分比单位的，这就意味着可以用它来实现响应式的图表绘制，当容器尺寸发生变化时，只需要重新调用 echarts 实例的 resize 方法，就可以按照新的容器尺寸对图表进行重绘。如今前端应用大多采用 SPA 应用的模型进行开发，首页上最初通常只包含一个空的 <div> 标签作为应用容器，页面上的内容都是后续通过脚本添加上去的，Echarts 绘图时所依据的容器尺寸是在调用 init 方法进行初始化时就已经确定好了的，它并不会实时获取容器的当前尺寸，如果过早地调用 Echarts 的初始化方法（比如，在组件的 mounted 生命周期钩子触发之前），那么最终得到的图形尺寸就有可能会

与期望的不相符。延迟实例化的时机或者调用实例的 resize 方法都可以解决这个问题，我们需要确认的是，在指定绘图容器的 DOM 元素时，它已经被创建并且具有确定的尺寸。

其次，Echarts 的配置项涉及图表中各个模块的数据、样式和交互细节，数量众多且嵌套层级不一，许多开发者在刚开始使用时只是单纯地仿照官方示例进行开发，但随着数据量的增加和业务定制需求的逐步增多，代码很快就会变得难以维护。想要保持代码的清晰度，我们需要尽可能抽象出统一的带有生命周期性质的编程范式，例如，在"请求数据"阶段完成从后台读取数据的工作，在"数据拼装"阶段将后台返回的原始数据加工成 options 中绘图所需的数据，"配置合并"阶段需要将整理好的数据与基础配置进行合并，可以将所有需要覆盖的配置项值和赋值路径以"键 - 值对"的形式进行存储（例如 [[1, 3, 5, 7, 9], ' xAxis.data '] 这样的形式），并编写相应的工具方法来自动完成所有配置项的赋值。这样，无论后续过程中的需求如何变化，都只用在图表的配置数组中添加更多的配置项和赋值路径，而不必在一个巨大的 options 字面量中翻来覆去地寻找。在最终的"图表绘制"阶段，只需要传入配置对象并调用实例的绘图方法 setOption 就可以完成图形的绘制（ setOption 堪称"万金油"方法）。在开启动画功能时，Echats 会自动对比新旧配置项的差异并用适当的动画去完成转换，而且它可以被多次调用，就好像在 SPA 框架中调用 setData 或 setState 来修改组件状态一样。例如在一个数据量较大的图表中，可以将数据逐个或分批加入 series 的配置项中，以实现绘制过程的动画，它比默认的动画更富有表现力。当然这里只是提供一种实现思路，读者完全可以按照自己习惯的方式来设计库的使用方式。

Echarts 官方提供了大量的自定义构建工具，如图 13-1 所示。

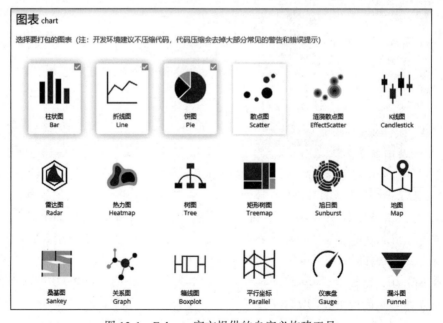

图 13-1　Echarts 官方提供的自定义构建工具

最后，善用 Echarts 官方网站提供的各种工具和资源，它们可以帮助我们更好地完成工作任务。所有的官方示例都支持在线编辑，如果你无法理解开发文档中对于某个配置项的描述，那就直接将它填写在对应图表类型的某个官方示例中，重新点击"运行"即可很直观地查看运行效果；官方 Gallary 中收集了许多开发者提交的优秀作品，你可以从中找到很多优秀的视觉设计和配色方案；同时官方网站还提供了易用的按需构建功能，只要勾选所需要的模块就可以导出一个定制的 Echarts 图表子集；而主题构建工具可以用来挑选或生成不同风格的配色方案。看到这样完善又精致的工具集（如图 13-2 所示），你就会明白 Echarts 为什么能够拥有如今的人气和地位。

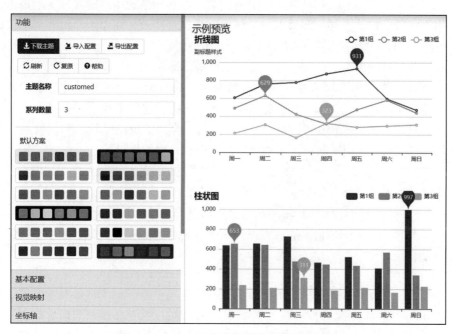

图 13-2　Echarts 官方提供的主题构建工具

Echarts 的文档分为教程、API、配置项和 GL 四个部分，GL 通常在涉及三维图表或 GIS 开发时才会用到，本章将重点介绍 API 和配置项的部分。

13.2.2　重点 API

Echarts 的 API 包括静态方法、实例方法、行为和事件这几个主要部分，具体说明如下。

❑ 静态方法：包括图表的初始化、销毁、主题设定、联动关系设定等与绘图无关的通用功能性方法。

❑ 实例方法：包括图表实例的关联、重绘、行为或事件的派发和监听、加载动画的控制，以及与实例生命周期相关的方法。

❑ 行为（Action）：如果你使用过 Redux 或 Vuex 之类的组件状态管理库，应该不会对 Action 这个概念感到陌生，在 Flux 单向数据流架构中，Action 通常是状态变更的第一步，代表了某个预设的会对组件状态产生影响的行为，它带有唯一的标识属性和对应状态新值的相关数据，一般由用户的交互行为触发。Action 由分发模块（Dispatcher）进行调度分发，通过单向数据流最终影响存储模块（Store）中的状态并触发视图（View）的更新，对此还不太熟悉的读者可以阅读阮一峰老师的博文《Flux 架构入门教程》[○]。Echarts 中的 Action 与 Flux 中的 Action 几乎扮演着同样的角色，预设的 Action 可以涵盖许多用户典型的交互行为，例如某个模块上的鼠标悬浮或点击等。许多初学者会对 Action 和 Event（事件）的概念感到迷惑，实际上从发生的时间上很容易区分二者的概念，Action 是对用户交互行为的模拟，比如用户将鼠标移动到某个图块上时会触发一个交互特效，即使用户没有移动鼠标，也依然可以通过调用实例的 dispatchAction 方法分发一个指定的 Action 来模拟用户的行为，这时 Echarts 实例就会认为用户将鼠标移动到了图块上。而 Event 实际上是 Action 的结果，用于通知其他监听器产生相应的随动效果或进行后续处理。将 dispatchAction 和 jQuery 中触发事件的 trigger 方法进行类比，对你理解这里的概念会有很大帮助。Echarts 预设的 Action 涵盖了典型的数据模块、图例模块、提示模块、视图缩放、范围映射及一些特定类型图表典型的交互行为。

❑ 事件（Event）：指交互行为发生时由实例触发的特定事件，通常由用户的交互行为直接触发或使用 dispatchAction 进行模拟，官方文档中清晰地标记了 Echarts 中预设的 Event 所对应的 Action，它的用法与普通的事件监听一致，只需要使用实例的 on 和 off 方法来为对应的事件添加监听器，并在回调函数中编写自己期望的逻辑就可以了。

13.2.3　配置项

配置项是指 setOption 方法接收的配置参数对象选项（option），它是一个巨大的配置声明对象，如同 webpack 配置文件一般。尽管 Echarts 中的配置项已经按照概念的名称进行了类别划分，但配置项的数量还是有很多，这使得初级开发者实现一个看似简单的定制效果都得花费大量的时间查阅和尝试，事实上这或许只需要修改一个配置参数就完成，这样的开发体验的确缺少了一些成就感，但却是一个不可避免的熟能生巧的过程。

笔者原本希望在本节介绍图表中各个模块与抽象概念的对应关系，讲解诸如图例、标注、提示、视觉映射等模块的具体含义，方便初学者在配置项手册中更快地找到对应的章节，然而 Echarts 官网已于 2019 年 8 月在文档页面上线了一个"术语速查手册"的功能[○]，开发者只需要将鼠标放在图表的元素上，右侧就会出现对应模块的概念介绍和对应章节的快速链接，除此之外还提供了一个类型简图矩阵，它相当于是一个可视化的目录，开发者只需要点击相应图表类型的图标，就可以跳转至配置项手册的对应章节，这样贴心的做法让人不得不赞叹 Echarts 团队在用户体验和生态建设方面所付出的努力。

○ http://www.ruanyifeng.com/blog/2016/01/flux.html。

○ https://echarts.apache.org/zh/cheat-sheet.html。

13.3　数据可视化三步曲

虽然工具可以提高整体开发效率，但这并不意味着可以跳过对图表的构思和设计，可视化作品的实现通常会经过如下三个基本步骤。

1）数据准备：选择要传达的数据信息。

2）图表选型：挑选或设计可视化方法。

3）细节打磨：确定实现方法并完善图表细节。

13.3.1　数据准备

如果没有数据，自然就谈不上数据可视化。数据的原始采集通常都不是以可视化为目的而进行的，采集的数据可能会因为兼顾许多不同业务的需求而包含了非常多的字段，也可能会因为采集过程的扰动而混入异常数据，如果不对这些数据进行预处理而直接绘制，则很可能会直接影响绘制性能或是最终的展示效果，进而影响分析效果和决策效能。

数据准备通常是逆向完成的，也就是说开发者需要先对作品的展示场景有一个基本的认知，根据展示空间的大小甚至软件所在服务器的性能来预判合理的数据量，原始数据量较大时可能还需要进行特征量提取以实现数据量的"降维"。下面以最基本的直方图为例来说明，横坐标数据点过多时，尽管可以缩小矩形宽度，但 x 轴上的图例标识文字是不可能无限缩小的，若矩形图宽度过小，它们就会重叠在一起，虽然 Echarts 中提供的配置参数可以将标签旋转一定的角度，但倾斜的文字总是会让看图的人觉得不够美观。再比如，某些工程设备采集的数据非常庞大，如果直接绘制可能就会因为许多数据点所占用的像素重叠而导致性能浪费，如果手动降低采样率对数据量进行缩减，又会损失一些精度，这时就需要开发者根据实际需求来进行取舍和平衡了。

所以，在这个阶段首先要做的是根据需求梳理图表展示需要用到哪些数据，从而确定静态展示时可以容纳的合理数据量的范围，最后再带有目的性地去准备展示用的数据，当然，最终需要的数据还是要结合图表选型才能确定。Echarts 的高效性必然会导致可定制性受到一定的限制，许多可能的问题并不是要等到你在看到结果时才能发现，很多时候，只需要对界限和场景进行一些预判即可发现问题。

13.3.2　图表选型

图表选型和数据的准备并不是完全孤立的步骤，数据可视化领域的很多开发者最初只会接触到直方图、折线图或是饼图等非常基本的开发需求，这些往往是由需求方直接指定的，所以他们有可能没有机会尝试也不了解其他图表的类型。基本图形的表现力是非常有限的，一个合格的可视化开发者至少需要具备根据实际场景从常用图表类型中选出恰当类型的能力。

如果不知道如何为数据选择相对恰当的可视化方案，可以根据开发目的参考下面这张广为流传的基本选型图（见图 13-3）来梳理思路，它包含了一些最常见图表的用途说明。

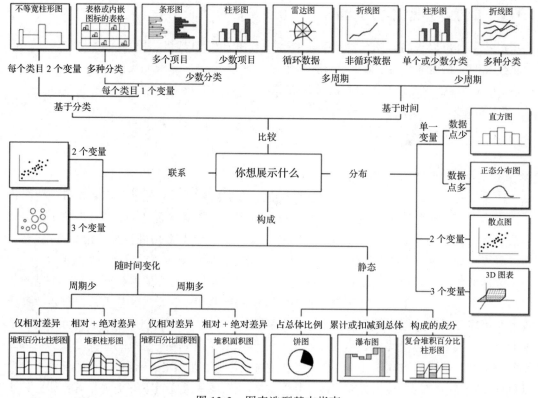

图 13-3　图表选型基本指南

　　本章的代码仓库中还提供了英国《金融时报》出版的更加详细的可视化选型指南（包含 9 个大类近 50 种图表选型的基本建议），想要深入学习的读者可以自行研究，AntV[⊖]的官方主页上也提供了一个图表快速选型指南。当然，对于经验尚浅的前端开发者而言，可以先找到任意一个数据可视化框架的网站，通过官方示例来浏览其支持的图表类型，你会发现它的丰富度远比我们自己以为的多。

　　图表选型的方案通常都不是唯一的，随着需求和数据的变化，原本的方案也可能会面临升级的需求。例如，当原本的饼图因为数据类目的增多而出现问题时，可以尝试对数据进行分类，然后使用旭日图来展示；当柱状图因数据量较多而出现坐标轴文字重叠的问题时，可以尝试使用极坐标柱状图来进行绘制，从而将文字展示在一个更大半径的外圆上来避免重叠，但同时也需要接受环形布局会弱化差异对比的事实。我们既可以用包含 30 个矩形的直方图来展示一个月的数据，也可以使用像 GitHub 的代码提交记录一样的日历列表配合热力图的方式来展示；既可以用散点图来展示词频统计的结果，也可以用更具表现力的文字云；当折叠起来的树图不够直观时，径向树图、矩形树图、力导向图都可以用来将

　　⊖　https://antv.vision。

折叠的内容展开。相关的实践不胜枚举，开发者需要结合需求目的和可用数据来做出选择，并在实践的过程中保持开放的心态，多从好的作品中进行学习和积累。

13.3.3　细节打磨

细节打磨并不是为了刻意制造差异而进行的工作，而是基于设计、交互和心理学的综合知识对作品进行的优化。本章就来介绍几个基本的概念及原则，感兴趣的读者可以自行查阅设计心理学相关的资料进行学习。

1. 视觉编码

如果将人类的大脑看作是一个信息解码系统，那么数据可视化就可以看作是对信息的一种编码过程，信息通过视觉编码后，将包含的内容通过眼睛传递至大脑，大脑再通过解码获取相关知识。当通过图形的某一属性来承载数据信息时，这个属性就称为"视觉通道"，例如图形的尺寸、位置、色调、饱和度、方向、纹理，等等。在可视化实践中，我们通常会使用定性的描述来展示序列和类别信息（术语称为维度数据），这时位置和色调通常都具有更好的表现力；而在展示数值型的数据（术语称为度量数据）时，坐标轴位置、长度、角度、面积等的表现力往往更好。

不同的视觉通道对人类的感知影响是不同的，例如，一些专业的设计师反对使用饼图，或者在用于分析的商业统计图中使用 3D 效果，而更倾向于使用简单的柱形图，因为面积、体积和角度的变化与人类的感知联系并不是线性相关的，它们会影响感知的精确性，以至于对决策方向产生误导，而长度（直方图矩形的高低即长度通道）与人类感知的变化是线性相关的，它能使看图的人对信息的定量感知更加准确。例如在图 13-4 所示的示例中，同一份源数据，如果用直方图来展示，则更容易观察数值的相对大小和绝对大小，而在饼图中利用颜色通道则可以更好地区分类别，但传达的量化信息就会相对减弱，这样的差异使得基于直方图估计出来的数值相对关系通常要比饼图更准确。

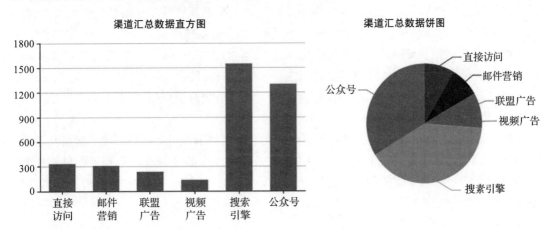

图 13-4　不同视觉编码的表达效果差异

2. 认知负荷与短时记忆

业界通常也会使用"数据墨水比"来描述衡量负荷，它是著名的世界级视觉设计大师爱德华·塔夫特在其经典的著作 *The Visual Display of Quantitative Information* 中提出的概念，指图表中用于展示数据的必要墨水量和总墨水量的比值。设计行业有句流传很广的名言"大神总是思考如何留白，而菜鸟总是希望塞满整个空间"也是同样的道理，不合理的设计通常会在图表中填充多维度的冗余信息或者滥用视觉通道，使读图者很难快速捕捉到图表中的关键信息。例如，图 13-5 所示的示例中，饼图中维度信息过多时，标签信息的展示就会变得非常紧凑，读图人想要找到自己感兴趣的数据会比较困难，因为必须先过滤掉过多的干扰信息。

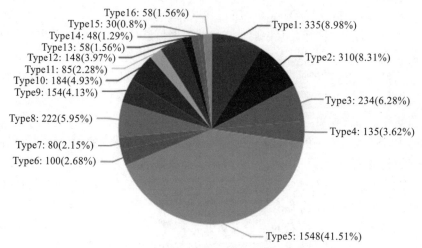

图 13-5　使用饼图来展示多个类目时的效果

关于认知负荷，也许在系统设计或程序开发中你常听到的概念叫作"熵增"，它所描述的系统的混乱性增加了，无论是设计师还是开发者，都需要尽可能地限制这种增长。读图人对于可视化作品所传递的信息并不是一次性获取的，它依赖于人类大脑的记忆机制[⊖]。

例如，大多数人都无法一次性记住一个 13 位的手机号码，但将其拆分成 3-4-4 的模式后，就很容易在听过一两次后复述出来。了解这样的机制可以帮助我们更好地设计可视化方案，例如，当一个饼图中的类目过多时，可以增加分类层级并用旭日图来表示（如图 13-6 所示）。

旭日图中的层级关系不仅使得叶节点上的文字可以展示在更广的空间中从而避免重叠，也使得我们可以在逐级寻找的过程中关注更少的维度，作品的清晰度得到了明显地提升，其背后的原理与我们平时使用的"思维导图"是一样的。请记住，真正的大师不会以增加系统的混乱性为代价来凸显个人的知识或能力。

⊖　https://baike.baidu.com/item/ 短时记忆。

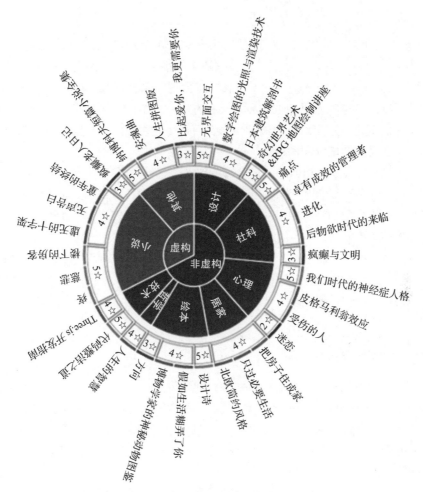

图 13-6 将维度过多的饼图转换为旭日图

3. 设计原则

基本的设计原则可以为作品的细节优化提供理论依据，例如"格式塔原理"，它的相关理论源于格式塔心理学（也称为完形心理学，属于西方现代心理学），"格式塔"一词为德文音译，是形状、形式的意思。

格式塔原理的相关理论认为，人们在观看事物时，眼睛和大脑并不会从最开始就区分一个形象的各个组成部分，而是将其视为一个便于理解的统一体。在单一的视场中，眼睛只能接受少数几个不相关的整体单元，这种能力的强弱取决于这些整体单元的差异和关联程度，如果一个"格式塔"中包含太多互不相关的单元，大脑就会试图将其简化，将各个单元加以组合，使之成为直觉上更容易处理的整体，否则，整体形象在观察者看来就会呈现出无序或混乱的状态，从而导致认知的偏差。下面举个例子来说明，图 13-7 画的

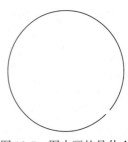

图 13-7 图中画的是什么

是什么？

被问到的人通常会先回答"一个圆形"，接着过几秒后或者在被追问"是一个完整的圆吗？"时，他们会再次观察并补充说"但是它缺了一小段"，也就是说人的大脑会下意识地向着"完形"的方向来对事物进行认知，"格式塔原理"包含以下一些基本的原则。

- ❏ 临近原则：指空间上更相近的元素会被看作一个整体。例如字间距较小行间距较大时，人们就会下意识地横向阅读信息；而当字间距较大，行间距较小且对齐时，人们就更容易先尝试纵向阅读。

- ❏ 相似原则：指视觉上相似的元素会被看作一个整体。事实上前文描述的"视觉通道"就是一个很好的示例。例如在散点图中，颜色或形状一致的点很自然地就会被认为是对同一类别的描述。

- ❏ 闭合原则：指物理上被包围在一起的元素通常会被认为是一个群体。闭合原则通常用在标注注释上，它能以更少量的"水墨"将目标区域中最需要关注的信息凸显出来。

完整的"格式塔原理"还包含很多内容，限于篇幅本章就不再展开讲述，感兴趣的读者可以自行阅读相关书籍进行学习。

13.4　下一步的选择

本章并没有过多讲述可视化编程的细节，在了解了 Canvas 和 SVG 这类原生技术的特点之后，使用一个封装好的工具库对前端开发者而言并不会太难，即便是 D3 这类文档非常庞大的库，稍有经验的前端开发者也会明白，阻碍他使用 D3 进行开发的，只是对 API 和相关生态的熟悉程度，并不是库本身的复杂度，解决这个问题最大的挑战不过是时间和英语阅读水平等问题罢了。

对于前端开发者而言，知道自己选择的工具能做什么很重要，但知道它不能做什么更重要，工具能够提升开发效率，但它不可能一劳永逸地解决所有的问题。利用 Echarts.js 工具来实现前端可视化的绘制仅仅是入门的第一步，或许你会开始希望研究设计领域的知识，以便在小型团队中更好地承担起设计任务；或许你会开始研究 Echarts 的渲染引擎，以便在它无法胜任的特殊场景中对其加以改进；或许你会开始深入了解业务相关的知识，以便理解读图人真正在乎的信息是什么；又或者想要了解如何更加高效地完成数据的采集、分析、存储甚至是全链路的架构设计……无论如何，当你真正想要变得更好时，总是能够做点什么的，不是吗？

第 14 章 *Chapter 14*

SVG 变形记

许多初级前端工程师对 SVG 矢量图的认知，仅限于其放大或缩小后清晰度不变。在常规的开发中，开发者用 <img> 标签将设计师提供的相应素材引入网页中并添加一些样式基本上就可以了，即使是在 SVG 技术应用最广的"数据可视化"领域，开发者几乎也不需要去接触原生的 SVG 技术，而更多地是通过第三方库以对象的形式来管理图形。事实上，SVG 的功能远不止于此，它的动画和强大的交互特性往往会为作品带来别样的生命力。本章就来介绍 SVG 技术以及它的实用工具库 Snap.svg。

14.1 矢量图的世界

本节我们来了解关于矢量图的基本知识。

14.1.1 SVG 图形

SVG（Scalable Vector Graphics，可伸缩矢量图形）是使用 XML 格式定义的图形。Canvas 的编程体验更像是 JavaScript 中的 DOM 对象操作，其通过脚本语言来实现图形的绘制，而 SVG 的编程体验则如同编写 HTML 标签，其通过标签名和属性来描述图形的特征，两者所包含的用于描述图形特征的信息量是等价的，所以绘图工具库通常都能支持绘图引擎的切换，而且无论是使用 SVG 还是 Canvas 进行渲染，最终的页面视觉效果都可以还原设计稿，抛开交互粒度大小的区别，完全可以将 SVG 看作是用标签语言格式来编写的 Canvas 元素。

SVG 中支持的预定义图形比 Canvas 更丰富一些，需要通过标签语言来使用，包括矩形 <rect>（SVG 中的矩形是支持圆角属性的）、圆形 <circle>、椭圆 <ellipse>、线段 <line>、

折线 \<polyline>、多边形 \<polygon> 等，其他更复杂的图形可以通过路径 \<path> 来实现，SVG 中的路径 \<path> 与 Canvas 中的用法类似，都是通过大写字母来表示的，例如 M 表示 moveto、L 表示 lineto 等，复杂的路径通常会借助于第三方设计软件来绘制。图形的关键参数和绘图样式通常是以标签属性的形式呈现的，样式也可以使用 CSS 进行设定。图形绘制语句如下：

```
<rect x="10" y="10" width="20" height="20" stroke="blue" fill="purple" />
```

SVG 矢量图与其他格式的图片一样可以作为静态资源来使用，它通过 \<img>、\<iframe> 或 \<embed> 等标签进行资源引入，在使用图标或简易插画的场景中，它比其他格式的体积更小且更容易实现尺寸微调；此外，SVG 技术也支持在网页中直接以标签语言的形式描述图形，以实现绘图特性以及进行更多的细节控制，不过此时需要将 SVG 元素包裹在 \<svg> 标签内用以声明标签的命名空间，否则图形标签是无法被正常渲染的，在这种使用场景中，只需要将 \<svg> 看作是与 \<canvas> 类似的绘图容器就可以了。完整的 SVG 标签和属性语法可以查阅 MDN 开发者文档进行了解⊖。

14.1.2　SVG 的高级功能

除了基本的静态绘图特性之外，SVG 技术还有许多高级的实用特性，下列特性在本章的展示范例中均提供了示例代码，在本书的代码仓库中可以找到它们。

1. 事件交互

在 HTML 内容中使用 SVG 技术进行绘图时，所使用的标签会生成对应的 DOM 对象，在 JavaScript 脚本中可以为其添加事件监听的回调函数。它的使用方式与一般的 DOM 对象并没有什么差别，这也是 SVG 技术能够支持细粒度交互特性的原因。例如，下面的代码就为 SVG 图形元素添加了事件监听函数：

```
<body>
    <svg id="s1" width="200" height="150" style="border:1px solid #DA5961;">
        <rect id="r1" x="10" y="10" width="100" height="50" fill="#DA5961" />
        <circle id="c1" cx="150" cy="35" r="20" fill="#3498DB">
    </svg>
    <script>
        //1.SVG特性1 事件监听
        const r1 = document.getElementById('r1');
        const c1 = document.getElementById('c1');
        console.log('rect标签的DOM对象是:',r1);
        console.log('circle标签的DOM对象是:',c1);

        //添加交互事件
        r1.addEventListener('click',function (event) {
            console.log('点击了rect标签');
```

⊖　https://developer.mozilla.org/zh-CN/docs/Web/SVG。

```
        })
        c1.addEventListener('click',function (event) {
            console.log('点击了circle标签');
        })
    </script>
</body>
```

上面的示例代码为矩形和圆形添加了点击事件，当用户点击图形时，控制台会打印出提示信息。

2. viewBox 视口聚焦

视口聚焦技术可以只显示 SVG 源码中所包含的部分图形，如果将 SVG 的原始大小看作是显示器屏幕大小，那么 viewBox 就像是截屏工具选中的方框一样，最终显示的效果是将截屏区域重新拉伸至全屏大小进行展示，而 SVG 最主要的特点就是支持缩放且不会损失图像质量，不难想象，当 viewBox 的尺寸超出 SVG 的原始绘图尺寸时，就会呈现出缩小的效果。viewBox 属性所接收的 4 个参数，依次代表视口的左上角坐标及视口区域的宽和高，例如：

```
<!--视口尺寸较小时，图形会被放大展示-->
<svg width="200" height="150" viewBox="0,0,100,75">
    <rect id="r1" x="0" y="0" width="100" height="50" fill="#DA5961" />
</svg>
```

图 14-1 所示的示例中，矩形的绘图尺寸都是一样的，但若通过设置 viewBox 来改变视口的大小，就可以呈现出将原图放大一倍或缩小至一半尺寸的显示效果。

原始尺寸：　　　　　视口聚焦–放大：　　　　　视口聚焦–缩小：

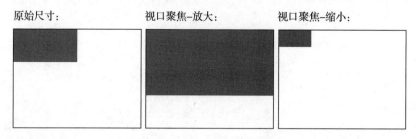

图 14-1　viewBox 效果图示

3. 蒙版 / 剪裁路径

蒙版（mask）和剪裁路径（clip-path）都是为图形的可显示部分添加额外限制的覆盖层技术，相当于一般网页开发中的 modal 层（弹出层），区别在于蒙版可以实现半透明的效果，而剪裁路径只能实现完全遮罩（如图 14-2 所示），剪裁路径可以看作是蒙版遮罩的特殊情况。两者的使用方式类似，都是先在 <defs> 标签中定义遮罩层，然后再使用指定属性和语法将其关联至目标元素。

原始图像： 添加剪裁路径： 添加蒙版：

图 14-2　裁剪路径和蒙版效果图

图 14-2 所示的示例中，若图片的剪裁路径属性 clip-path 关联了 id 为 clipPath1 的元素（图中的圆形区域），那么只有在剪裁范围内的部分才会被展示出来；若图片的遮罩属性 mask 关联了 id 为 mask1 的自定义渐变色遮罩，那么会呈现半透明渐变的效果。在定义 mask 元素时，白色代表"opacity:1"，黑色代表"opacity:0"，同时需要注意的是，SVG 语法采用的是各个元素独立定义，然后通过 url(#id) 实现关联的模式，示例代码如下：

```html
<!--剪裁路径示例-->
<svg id="s1" width="200" height="150" style="border:1px solid #DA5961;">
        <defs>
            <clipPath id="clipPath1">
                <circle cx="100" cy="60" r="50" />
            </clipPath>
        </defs>
    <image xlink:href="./js.jpg" width="200" clip-path="url(#clipPath1)"></image>
    </svg>

<!--蒙版示例-->
    <svg id="s2" width="200" height="150" style="border:1px solid #DA5961;">
        <defs>
            <lineargradient id="gradient1">
                <stop offset="0" style="stop-color:#000000" />
                <stop offset="1" style="stop-color:#ffffff" />
            </lineargradient>
            <mask id="mask1">
                <rect x="0" y="0" width="200" height="150" fill="url(#gradient1)"></rect>
            </mask>
        </defs>
            <image xlink:href="./js.jpg" width="200" mask="url(#mask1)"></image>
</svg>
```

当剪裁路径中存在路径交点时，其可视区的渲染也遵循"非零缠绕原则"（Canvas 中对路径进行 fill 操作时也遵循此原则），即对于路径中指定范围区域内的某一点，从该点画一条线段，使其另一端落于范围之外，每当有路径与该线段相交时，如果是顺时针方向则加 1，否则为减 1，也可以直观地理解为从线段的一侧穿入时加 1，反向穿过时减 1，最终结果如果为 0，那么渲染时该点就不必着色，否则就为其着色。比如将剪裁路径定义为下面的形式：

```
<clipPath id="clipPath2">
    <path d="M0 0 L200 100 L200 0 L0 100 L0 0 Z" />
</clipPath>
```

路径的走向已在图 14-3 中标记出来了，绘制区域依据"非零缠绕原则"的计算值也在图中进行了标记，最终的渲染结果见图 14-3 的右侧。

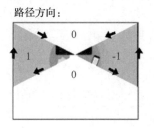 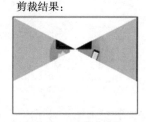

图 14-3　有路径交点的剪裁路径效果图

4. 模板及复用

模板也称为 SVG 结构元素，通常包含 <symbol>、<g> 和 <use> 这三个标签的使用，<symbol> 和 <g> 标签都可用于对图元进行分组管理，其标签上的绘图属性会作为内部元素的默认值，常在多元素进行整体变形时使用。两者的区别在于 <symbol> 相当于将 <g> 分组写在了 <defs> 元素内，也就是默认不进行渲染。<use> 标签用于模板复用，它是一种深备份机制，只需要将它的"xlink:href"属性设定为关联的元素"#+元素 id"即可实现复用。<use> 标签支持对 x 和 y 属性进行坐标偏移，示例代码如下：

```
<div class="partial">
    <p>g标签定义组:</p>
    <svg width="200" height="150" style="border:1px solid #DA5961;">
        <g id="g1" fill="#1abc9c">
            <rect id="r1" x="10" y="10" width="100" height="50" fill="#DA5961"/>
            <circle id="c1" cx="150" cy="35" r="20">
        </g>
    </svg>
</div>
<div class="partial">
    <p>symbol标签定义组(不渲染):</p>
    <svg width="200" height="150" style="border:1px solid #DA5961;">
        <symbol id="symbol1" fill="#1abc9c">
            <rect id="r1" x="10" y="10" width="100" height="50" fill="#DA5961" />
            <circle id="c1" cx="150" cy="35" r="20" fill="#3498DB">
        </symbol>
    </svg>
</div>
<br>
<div class="partial">
    <p>引用g实现复用:</p>
```

```
        <svg width="200" height="150" style="border:1px solid #DA5961;">
            <use xlink:href="#g1"></use>
        </svg>
    </div>
    <div class="partial">
        <p>引用symbol复用(带偏移):</p>
        <svg width="200" height="150" style="border:1px solid #DA5961;">
            <use x="20" y="20" xlink:href="#symbol1"></use>
        </svg>
    </div>
```

上述代码的运行结果如图 14-4 所示。

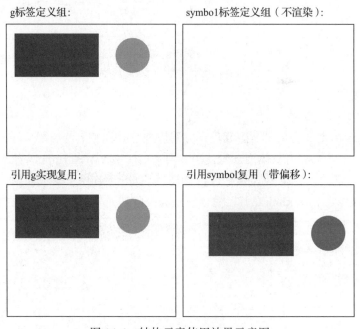

图 14-4　结构元素使用效果示意图

5. 滤镜

在支持 CSS3 的浏览器环境中，可以直接使用 CSS 的 filter 属性来实现一些常见的滤镜效果，而在不支持这一属性的环境中，通常会使用 Canvas 的像素操作特性来配合实现滤镜算法，或者直接使用 SVG 提供的原生滤镜，它的支持范围更广一些，IE10 以下的版本或许还需要用到 IE 特有的滤镜，本章中暂且忽略。滤镜可以用来给图形或文本添加特殊的效果，在 SVG 中定义的滤镜不仅可以通过 filter 属性作用于 SVG 中的图形，也可以通过 CSS3 的 filter 属性应用于其他 DOM 元素上。需要注意的是，SVG 滤镜可以通过叠加实现多层次的复合效果，图 14-5 的示例中分别使用 CSS3 的 filter 属性提供的一些默认函数、SVG 自定义滤镜、SVG 自定义复合滤镜以及使用 CSS3 的 filter 属性关联 SVG 滤镜等方式来展示 SVG 滤镜的基本用法，这些都可以实现目标效果（如图 14-5 所示）。

CSS3-filter 实现模糊 + 阴影：

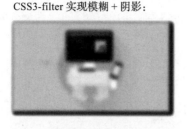

SVG 滤镜实现模糊：

SVG 叠加滤镜实现模糊 + 阴影：

filter 属性关联 SVG 滤镜：

图 14-5　SVG 滤镜的不同使用方式效果示意图

关于 SVG 的基本特性就先讲到这里了，本节所有的示例代码均可在本书的代码仓库中获取。

14.2　SVG 变形

了解完 SVG 技术的基本特性后，本节就来学习如何使用 SVG 实现动画。

14.2.1　SVG 动画与 CSS3 动画

SVG 和 CSS3 动画（Animation）都是基于"补间动画"来实现的，有过 Flash 或其他视频处理工具使用经验的读者对此应该不会陌生。顾名思义，"补间动画"就是只需要在时间轴的不同点上设定两个状态（也称为关键帧），那么这两个状态之间随着时间的推进而发生的变形过程就会被自动计算并补充在关键帧之间的那些空白帧上，当然非关键帧的填充并不一定要按照线性变化的方式来进行。或许有读者已经联想到了，"补间动画"的计算过程实际上就相当于 Canvas 技术在实现逐帧动画时所编写的那些计算公式，即精灵的 update() 方法。

SVG 原生支持的动画技术称为 SMIL（Synchronized Multimedia Integration Language，同步多媒体集成语言），它使用标签语言来描述动画，但后来由于 CSS 动画和 Web Animation API 的兴起而逐渐被替代。CSS 动画可以直接在样式中进行关键帧的声明，而 Web Animation API 暴露的接口则可以让开发者在脚本中编写更复杂且可控的动画。如果想要更多地了解 SMIL 的用法，那么可以参考一篇来自 CSS-Tricks 的教程⊖，它对 SVG 原生动画的标签

⊖　https://css-tricks.com/guide-svg-animations-smil/。

和属性都进行了非常详细的介绍。

SVG 元素可以使用 CSS 来设定样式，常见的属性变化或色彩渐变都可以通过 CSS 动画直接完成，但是 CSS 动画更适合将元素视为一个整体时所进行的属性变化动画，对于那些图形形状的动画场景来说却是很难实现的。例如，SVG 路径动画（使用 <path> 标签的 d 属性实现）就只能使用 SMIL 技术来实现，SVG 作为标签语言，所有的特性都会使用标签来声明，但并不是所有的属性都支持使用 CSS 样式来编辑，这时你可能就需要通过一些 JavaScript 实现的垫片库来辅助实现类似的效果。另一方面，当 SVG 被嵌入 <img> 标签或被 background-image 属性引入时，CSS 或 JavaScript 动画都将无法正常工作，但 SMIL 动画却可以，了解了这些特性之后，就可以在真正需要的时候使用它了。

14.2.2 经典 SVG 动画

本节就来学习几个关于 SVG 的经典案例。

1. 路径变形动画

前文已经提到过，<path> 标签的 d 属性（define 的缩写，表示定义）可用于记录图形的轮廓路径，它包含了一系列简化标记的绘图指令及坐标信息，用于告诉绘图引擎如何绘制图形，但它不支持使用 CSS 来设定动画，此时就需要使用 SMIL 技术来实现图形的变形动画，为了能够实现补间动画的自动计算，路径在关键帧上必须保持相同的顶点数或点数，以便在动画过程中计算插值，当顶点丢失或无法匹配时，路径就会无法实现变形动画。

SVG 路径动画的实现，需要将 attributeName 属性设置为 d，然后用 from 和 to 属性设置关键帧的静态图形，也可以使用 values 和 keyTimes 属性来添加更多的关键帧。下面的示例演示了路径变形动画的基本实现方法，将矩形变换为三角形的代码如下：

```
<svg viewbox="0 0 100 100">
    <path fill="#1EB287">
        <animate
            attributeName="d"
            dur="3000ms"
            repeatCount="indefinite"
            values="M 0,0
                    C 50,0 50,0 100,0
                    100,50 100,50 100,100
                    50,100 50,100 0,100
                    0,50 0,50 0,0
                    Z;
                    M 25,50
                    C 37.5,25 37.5,25 50,0
                    75,50 75,50 100,100
                    50,100 50,100 0,100
                    12.5,75 12.5,75 25,50
                    Z;"/>
```

```
    </path>
</svg>
```

"An Intro to SVG Animation with SMIL"一文⊖中提供的示例可以帮助读者更形象地观察实现一个复杂的变形动画的全过程，它的逐帧形态如图 14-6 所示。

图 14-6 路径变形动画逐帧形态示意图

2. 轨迹动画

<animateMotion> 标签可以使一个元素沿着指定轨迹移动，我们可以通过设定 <animate-Motion> 标签的 path 属性来指定运动轨迹，它与 <path> 标签的 d 属性描述路径的方式是一样的，其本质都是根据运动轨迹来为运动物体附加额外的变形矩阵，使其位置或自旋发生改变，然后使用 xlink:href 来指定运动元素的 id 以实现轨迹动画；也可以先在 <defs> 标签中定义一段路径，然后在 <animateMotion> 标签内部使用 <mpath> 来关联它（本书在展示范例中使用的是第一种方式）：

```
<animateMotion xlink:href="#circle" dur="1s" begin="click" fill="freeze">
    <mpath xlink:href="#motionPath" />
</animateMotion>
```

在支持 CSS3 动画的环境中，轨迹动画也可以直接使用 CSS 的 offset-path 和 offset-distance 来实现，offset-path 用于指定物体的运动轨迹，而 offset-distance 则用于指定物体沿轨迹移动的长度，通常使用百分比来表示。

3. 线条动画

线条动画是指线条逐渐展现直至最终呈现出完整图形的效果，看起来像是对绘图过程的复现，而不是渲染完成后一瞬间将最终效果呈现在屏幕上。线条动画的实现依赖于 stroke-dasharray 和 stroke-dashoffset 两个属性，stroke-dasharray 属性用于定制 <path> 路径

⊖ https://codepen.io/noahblon/post/an-intro-to-svg-animation-with-smil。

描边时使用的点划线形状细节，它可以接收若干个数值来定制描边线段中实线和空白的长度，stroke-dashoffset 属性则用于设定线条相对于起始点的偏移量。线条动画的原理实际上就是将 stroke-dasharray 的值从空白部分长度超过整个路径长度渐变为实线部分长度超过整个路径长度的过程。了解了基本原理之后，就可以用它来实现丰富的线条动画了（如图 14-7 所示）。

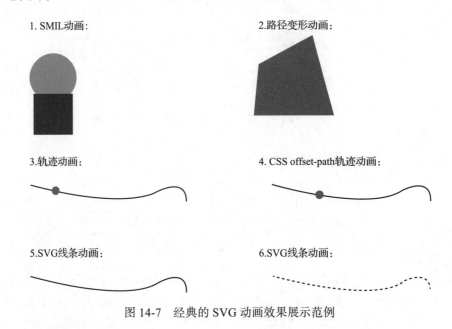

图 14-7　经典的 SVG 动画效果展示范例

本节中所有的动画均提供了示例源代码，在本书的代码仓库中可以找到它们。

14.3　Snap.svg 快速入门

前面介绍了 SVG 技术在图形处理方面的强大功能，但其标签语言编写和维护的难度也是显而易见的，本章介绍的开源工具库 Snap.svg 可以帮助开发者更轻松地使用 SVG，就如同使用 JQuery 操作 DOM 一样。

14.3.1　Snap 方法集

几乎每位开发者都可以凭借 JQuery 的使用经验而快速上手使用 Snap。使用 Snap 的工具集，需要先得到一个 Snap 实例，它的构造函数可以接收元素的尺寸数据生成一个空白的 SVG，也可以传入单个或一组现有的 SVG 元素的 ID，甚至支持直接传入 CSS query selector（查询选择器），当然，最终它们都会返回 Snap 实例，这样就可以使用 Snap 丰富的原型方法了。

Snap 构建的概念及方法集大致包含如下内容。

❑ Snap 类用于聚合其他各个子类别的方法和属性。

❑ Element 类是在 Snap 中操作的基本单元，它将普通的 SVG 元素包装为 element 实例，其原型方法包括属性设置、动画设置、变形、交互事件绑定、DOM 元素选择器及一些工具函数等。

❑ Paper 类聚合了实现 SVG 原生特性的方法，包括基本形状及自定义路径的绘制、蒙版及滤镜、文字绘制及图形分组管理等。

❑ Set 类聚合了元素分组管理的方法。

❑ Matrix 类聚合了构建变形矩阵的方法。

❑ mina 聚合了动画的缓动函数设定方法。

Snap 的 API 调用方式可能会让初学者感到混乱，它并没有按照官方文档中的抽象概念对模块进行划分，而是将各个模块的方法聚合到 Snap 命名空间下且以实例方法的语法风格来调用，这使得开发者不得不从 Snap 的官方代码仓库中获取源代码，然后反推出它的使用方法，这里推荐直接阅读张鑫旭老师的《Snap.svg 中文文档》，其中添加了很多基本用法示例，在了解 SVG 原生语法的前提下，基本上通读一遍就可以快速上手开发。

14.3.2　Snap.svg 实战

本节通过为一个静态的 SVG 素材添加动画和基本特效，来演示 Snap.svg 的使用方法。

美工通常会使用 Adobe Illustrator 等设计软件来绘制矢量图并导出静态的 SVG 素材，图形编辑器中使用的 id 都可以在输出 SVG 时保留下来，这样在开发时就更容易筛选到局部图形来添加动画或进行其他处理。

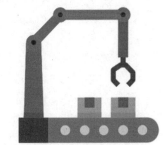

本例中使用的静态素材是一个传送机（如图 14-8 所示），我们的目标是添加一些简单的动画，让货物从右向左不断传送，且机械臂的最后一节可以随着鼠标的移动进行旋转。

图 14-8　示例中使用的静态 SVG 素材

如果读者的素材是由美工提供的，可以要求他们将需要添加动画的元素放在独立的图层中并加上分组名称，方便我们对多个独立元素进行批处理，本例的图形并不复杂，在浏览器中打开该素材，通过本地调试工具就可以实时观察素材中各部分对应的标签，然后在 SVG 源文件中手动添加 "cargo" "arm" "joint" 等关键类的标记，也可以用类（class）来划分组别，一个图元可以同时拥有多个类名以表示它属于不同的组，使用 Snap 提供的 select 或 selectAll 方法就可以快速选中目标图形组并进行后续操作。

首先，使用 Snap 的资源加载方法 Snap.load 将素材文件从服务端加载至本地，回调函数中得到的数据是包装后的对象，直接将它加入 Snap 实例就可以显示在页面上：

---

 https://www.zhangxinxu.com/GitHub/demo-Snap.svg/demo/basic/Element.insertAfter.php。

```
snap.load('./machine.svg',function(data){
    svg = new Snap(300,300);
    svg.append(data);
})
```

获得图像之后，接下来处理最后一节机械臂随鼠标位置移动而转动的动画。机械臂转动时需要指定一个固定点，很明显这个固定点就是连接关节的中心，预处理操作已经将它的 id 设置为 joint3（从左到右依次编号），可旋转的部分包括一节手臂和末端的机械手，它们并不是由一条路径绘制而成的，需要使用类选择器将它们选出，Snap 自带的 selectAll 选择器会将返回的结果集直接包装为 Set 类的实例，以便直接对图形组进行操作。接着全局监听鼠标移动事件，在回调函数中计算机械手臂在理论上的旋转角度，然后直接为可旋转图形组整体添加旋转变形即可，由于可旋转部分最初的位置对应的角度并不为 0°，因此在计算时需要进行一定的角偏移，参考代码如下：

```
//获取悬臂一端的固定关节并计算旋转时的固定点坐标
let joint = svg.select('#joint3');
let {cx,cy} = joint.getBBox();                          //获取指定元素包围盒的相关位置和尺寸

//可旋转的图元
let turning = svg.selectAll('.active');

//全局监听鼠标移动事件
document.addEventListener('mousemove',function (event) {
    //计算旋转角
    let angle = Snap.angle(event.clientX, event.clientY, cx, cy) - 90;

    //旋转手臂末端
    turning.attr({
        transform:Snap.matrix().rotate(angle, cx, cy)   //旋转矩阵需要设置静止点
    });
});
```

旋转部分完成后，接下来开始制作货物移动的部分，先为 SVG 容器绑定点击事件，在回调函数中开启动画，如果希望动画能够循环执行，那么只需要递归调用动画函数即可。动画的设定可以按照逐帧动画的原理来进行，它的 API 形式为 "Snap.animate(start, end, setter, duration, easing, callback)"，形参的意义是将 start 和 end 这两个数值依据缓动函数 easing（Snap.svg 可直接使用 mina 命名空间中的缓动函数）和动画持续时间 duration 进行插值计算，然后将插值结果逐帧传入 setter 函数进行图形的帧样式设定，动画结束后调用 callback 函数。货物的基本动画是向左平移，当左侧货物左移超过一定的坐标时，就需要将其设定到右侧货物的右侧，以此来模拟新的货物。当右侧货物超出设定的左边界时，反向进行同样的操作。动画结束时，左右货物都刚好回到原来的位置。为了让动画循环执行，直接将动画函数作为回调传入即可，参考代码如下：

```
//动画函数
```

```
function startAnimate() {
    let cargo1 = svg.selectAll('.cargo1');
    let cargo2 = svg.selectAll('.cargo2');

    //货物组平移
    Snap.animate(0,120,function(val){
        let cargo1x = val < 50 ? -2*val : 240 - 2*val;
        let cargo2x = val < 100 ? -2*val : 240 - 2*val;

        //货物1变化
        cargo1.attr({
            transform:Snap.matrix().translate(cargo1x,0)
        });

        //货物2变化
        cargo2.attr({
            transform:Snap.matrix().translate(cargo2x,0)
        });
    },
    5000,
    mina.linear,
    startAnimate)
}
```

至此我们就完成了一个小动画的制作，在官方代码仓库中可以看到动态的展示效果。

14.4　取舍

　　Snap.svg 虽然易用，但它的源代码大小超过 200KB，即使压缩后也有 81KB，这样说你或许没有什么感觉，当你知道了完整的 Vue2.0 框架压缩后也不过才 90KB 后就能明白笔者想要表达的重点了，技术的选型一定是由需求场景决定的。如果仅仅是为了实现一些酷炫的特效，善用 CSS 和原生 SVG 也许就能应付大多数需求。例如，苹果电脑中文件夹最大化 /最小化时经典的"潘多拉魔盒"动画，其实就是一个典型的路径动画。它并不难模拟，但若为了实现一个小效果而大动干戈地引入一个巨型工具包则是不明智的做法，有的开发者甚至仅仅因为某个 UI 框架里没有自己需要的组件而在工程中同时引入 2～3 个 UI 框架，如果没有 tree-shaking 的处理，项目的体积和代码的可维护性很容易成为令人头疼的问题。但是如果你开发的是一个交互特性丰富的数据可视化项目，或者是加载速度要求并不严苛的中台项目，那么借助 Snap.svg 来减轻开发负担是不错的方案，在管理好图元的同时更加方便地实现了 SVG 的丰富特性，并提高了开发效率和代码的可维护性。可见，每个工具都有它适用的场景，Snap.svg 也不例外。

　　最后希望读者明白，无论一个工具有多好用，都请保留一份摆脱对它依赖的能力。

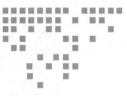

Three.js：构建立体的用户界面

非科班出身的前端开发人员大多会对"图形学"的概念感到陌生。与现代前端应用开发的技术体系相比,"图形学"几乎等同于一门独立的学科,而事实上在大学的课程设置里也的确如此。"软件工程"是一个独立的专业,主要研究如何用工程化的方法进行软件维护和开发;而"图形学"则是计算机专业的细分方向,主要使用数学方法将二维图形或三维模型转化为计算机显示器栅格形式。顾名思义,"前端 3D 图形学"就是在浏览器环境中构建和展示三维模型的技术,目前主要基于 WebGL 技术实现,既可以利用浏览器环境的天然特性实现交互,也便于传播和展示。与几乎每半年就要来一波"破坏式更新"的前端应用框架相比,"图形学"所依赖的技术栈要稳定得多,相关标准和技术的迭代周期都很长,但其学习难度也相对更高,要有"线性代数"的基础知识和跨语言的混合编程体验,使得很多前端开发者对这个领域敬而远之。

Three.js⊖是用于实现前端图形学开发的工具库,开发者不需要有 WebGL 原生编程或者矩阵计算的知识,就可以在浏览器环境中直接开始构建三维模型或者实现一些动画和仿真操作。我们可以在官方网站看到许多令人惊艳的渲染特效作品。更难得的是,Three.js 不仅为开发者提供了详细的开发文档,还编写了数量极其庞大的展示范例(Demo)和辅助工具库,几乎覆盖了自己的所有特性及 API,我们既可以在官方网站上直接搜索查看某个指定特性的具体效果,也可以从官方仓库中拿到对应示例的源码,这对任何一个初学者而言都是极好的入门资料。尽管想要成为真正意义上的前端图形学工程师,相关的理论知识是必备的基础,但这并不代表你从一开始就得陷入枯燥的底层学习中,就好像你不会通过学习框架源码和原理来了解如何使用它一样。

⊖　https://threejs.org/。

本章就来学习如何使用 Three.js（API 版本为 r108，版本升级可能会造成部分 API 出现变化）在浏览器中构建三维模型。

15.1　三维世界的脚手架 Three.js

下面先通过图 15-1 所示的流程图了解一下 Three.js 中各个概念之间的关系及其渲染步骤，尽管其中的细节会有一些小的变化（例如在 R60 版本就已经不再使用 Face4 构造器来构建面，取而代之的是 2 个 Face3 构造器），但这并不妨碍我们了解 Three.js 的整体工作流。也可以通过下方的链接直接访问该流程图所在的网站：http://ushiroad.com/3j1。笔者在此添加了一些额外的交互响应，以便能够高亮标记出右侧渲染步骤中使用到的术语，同时每个渲染步骤前面的三角形也会直接链接到源码中的有关片段上。

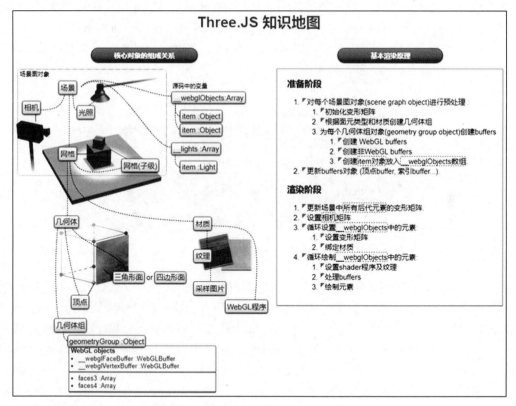

图 15-1　Three.js 的基本原理及工作流程

15.1.1　核心概念

三维建模的过程很像现场导演一场舞台剧，我们需要协调好舞台、演员、布景、灯光、摄影等各个环节，现场和电视机前的观众才能够观看到完整的场景画面。图 15-1 左上角的虚线框中所展示的就是 Three.js 中的核心概念，包括场景（Scene）、相机（Camera）、光照（Light）、物体网格（Mesh）和材质（Material）等。场景就像舞台一样，它并不对应于任何具体的可展示物体，可以将它看作一个容器对象，能够对渲染结果产生影响的所有实例对象（包括相机、光照和物体网格等）都必须先添加进场景中才能够发挥作用。而渲染本身是由渲染器 Three.WebGLRenderer 实例来控制和协调的，它的职责就好比是舞台的执行导演。

三维空间中的物体网格就好比是舞台中的角色和布景，只是并不需要真的构建出三维实体模型，我们只需要构造一个封闭的表面就可以了，因为作为展示终端的显示器屏幕上最终出现的是三维物体的投影结果，而实体的内部细节通常不会对投影造成影响。之所以使用 Mesh（网格）的概念来描述，是因为物体表面的构建依赖于多个三角形图元构成的网格（如图 15-2 所示），使用的图元数量越多，物体表面细节的特征表现就越丰富，同时计算和渲染的压力也越大。在 CAD 建模或有限元分析中，也有类似的网格划分方法（有时也会使用四边形网格）。在用于展示的场景中，通常会在建模后进行减面重构计算以提升渲染绘制的性能，而在用于计算分析的场景中，则会保留相对较多的网格图元以方便工程计算。从前面图 15-1 所示的概念图中我们可以看到，被添加进场景的物体对象通常会以扁平数组的形式存放在场景实例的内部属性中进行管理。

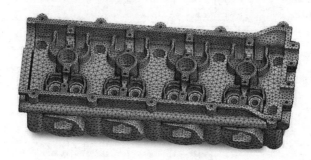

图 15-2　利用三角形图元构建复杂表面的示例

有了物体后，还需要在场景中添加灯光，否则舞台上漆黑一片什么也看不到。Three.js 中提供了环境光、点光源、平行光源等诸多能够模拟真实场景光照条件的对象。物体表面选择不同的材质时，光照会产生不同的明暗反应（例如常见的漫反射和环境光反射），我们需要在实例化时对光源加以定制，并将其添加进场景对象中。场景中的光源数量并没有被限定，完全可以根据场景需要添加不同的光照条件以便模拟出更加逼真的效果。

有了舞台、角色、布景和灯光后，舞台上的元素就可以正常展示了，但坐在现场不同位置的观众看到的画面实际上并不相同，每个观众只能从自己座位所在的位置来观察三维世界的一个投影平面，而电视机前的观众所看到的画面，也是由分布在现场不同位置的摄像机从特定的角度拍摄得到的。为了使三维世界的物体在渲染时展现出确定的二维画面，需要通过相机（Camera）对象来进行确定，它声明了观察者在哪里看，向哪里看，视野有多宽，能够看多远等基本属性。相机对象相当于观察者的眼睛或摄像机的镜头，它决定了三维空间中"可视空间"的范围。

　　常用的相机包括"透视相机"和"正交相机"，它们的区别如图 15-3 所示。直观地说，像《守望先锋》这类第一人称视角游戏中的观察效果，就是通过"透视相机"实现的。"透视相机"的可视范围是一个锥形空间，在投影时会按照近大远小的透视规则来呈现物体和场景，所以立体感和真实感较强。而像《梦幻西游》或者经典的《红色警戒 2》等这类被游戏称为"上帝视角"的 2.5D 游戏中的观察效果，则是通过"正交相机"实现的（《魔兽争霸》或者《英雄联盟》的画面带有小幅度的透视效果，更像是通过透视相机跟拍来实现的）。"正交相机"的可视空间范围是一个"立方体盒"，它会直接以物体尺寸作为依据进行投影，所以"正交相机"中没有深度的概念。在常见的建模软件中，两种相机模式通常可以自由切换。

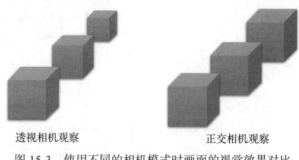

透视相机观察　　　　　　　　　正交相机观察

图 15-3　使用不同的相机模式时画面的视觉效果对比

　　图 15-4 所示的示例直观地表现了透视相机和正交相机观察效果的差异。三个同样大小的球体（分别使用红、黄、绿三种颜色进行区分）放置于三维空间中，绿色的球体由于离开了可视区域，无法被观察到，因此不需要渲染。用透视相机来观察时，模型遵循近大远小的规则，这是符合人们一般认知的，所以常被用于第一人称视角游戏的开发场景中（如图 15-4a 所示）。而通过正交相机来观察时，球体模型都保持了原本的大小（远近的不同只会影响物体之间的遮挡关系），这样更容易感知模型的相对大小，所以通常被用于工程建模软件中（如图 15-4b 所示）。Three.js 中还提供了一些适用于特定场景的组合相机，例如 CubeCamera（立方相机）由 6 个 PerspectiveCamera（透视相机）构成，它可以轻松地实现逼真的反光效果。你可以在使用中慢慢熟悉其他类型相机的使用场景。

15.1.2　分解网格模型

　　相较于其他核心概念，网格模型的构成更复杂，不仅需要构建几何体的点线模型，还需要为其指定表面材质来定义其对于光照的反射特性，以及关联贴图素材，以便使其呈现出现实世界的仿真效果。Three.js 的底层通常使用 WebGL 进行绘制，所以其构建模型必然会受到 WebGL 绘图特性的限制。WebGL 规范中仅支持 7 种图元[⊖]的绘制，按照类别可将其

　　　　⊖　https://developer.mozilla.org/en-US/docs/Web/API/WebGL_API/Constants#Standard_WebGL_1_constants。

简单划分为点、线和三角形，其他更为复杂的图形都是由这几种图元组合而成的。不难想象，这样的原生特性的易用性是很差的，仅仅是构建一个最简单的立方体，它的 6 个面至少需要管理 12 个三角形相关的数据（每一面的四边形均可以划分成至少 2 个三角形）。

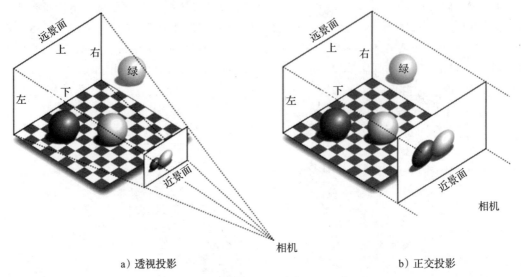

a）透视投影　　　　　　　　　　　　　b）正交投影

图 15-4　透视相机和正交相机的效果对比

注：图片来源于 https://www.script-tutorials.com/webgl-with-three-js-lesson-9/。

Three.js 提供了一种更友好的建模方式——Geometry（几何体）模型，Geometry 实例上通常存储着顶点位置、面、颜色等绘图信息。为了方便使用，Three.js 通过 Geometry 类派生了诸如立方体、球体、圆柱体、拉伸体、回转体、正八面体、自定义管道、立体文字等常见的规则几何体模型。将顶点和三角形网格的生成细节封装起来，开发者只需要在实例化时传入定制参数，绘制这些规则几何体所需的点和面的信息就可以被自动计算出来，相较于手动管理海量的 WebGL 图元，这种方式显然更加易用。对于非规则几何体模型，也可以通过手动实例化的方式向其中添加点和面的信息，从而获得自定义模型，示例代码如下：

```
var geometry = new THREE.Geometry();

geometry.vertices.push(
    new THREE.Vector3( -10,  10, 0 ),
    new THREE.Vector3( -10, -10, 0 ),
    new THREE.Vector3(  10, -10, 0 )
)

geometry.faces.push( new THREE.Face3( 0, 1, 2 ) );
geometry.computeBoundingSphere();
```

点的坐标是 THREE.Vector3 类的实例，表示每个点都是一个三维向量，每个面都是 THREE.Face3 类的一个实例。它的构造参数是 geometry.vertices 中点信息的索引，表示构建该三角面所使用的 3 个顶点在 geometry.vertices 数组中的位置（注意，顶点索引的传入次序会影响平面法向量的方向）。为了在复杂的模型中提高处理效率，开发者也可以使用 BufferGeometry 类来构建几何体模型，该类使用定型数组记录顶点或颜色等关键数据，从而在传递和处理数据时减少性能损失。除了常见的规则的几何体模型之外，Three.js 中还提供了用于快速构建点云、骨骼动画、三维线段、精灵动画等特定模型的类。

得到了几何体线框模型之后，下一步就需要为模型的表面定制参数了，首先需要做的就是为表面设定材质（Material）参数。WebGL 中并没有原生的"材质"概念，其本质是模型表面颜色受到光照影响后的处理算法，一些材质不会受光照的影响（例如 MeshBasicMaterial 材质），而能够对光照产生反射效果的材质也会因底层算法的不同而产生不同的视觉效果。如果你熟悉 GLSL ES 着色器语言，则还可以通过自定义着色器来调整片元受到光照时的反射算法。一般场景中使用 Three.js 提供的近 10 种典型的材质就已经足够了。几何体表面最终呈现的颜色，是环境光、灯光和片元颜色叠加而成的效果。

为了实现更真实的建模效果，还可以在为几何体模型设定材料时关联表面纹理（Texture）。例如一个立方体模型，在没有表面纹理的情况下，观察者只能看到它的几何特征，并不知道它代表着什么。如果你在它的表面贴上砖头纹理，它就成了一块砖头；如果贴上木质纹理，它就成了一块案板；如果贴上包含窗户和阳台的图案，它就成了一栋大楼……纹理素材（有时也称为"贴图素材"）通常是满足一定尺寸要求的图片资源，WebGL 引擎会将纹理图片上的像素信息按照一定的映射规则在几何体表面上进行渲染。对于规则表面，Three.js 可以自动计算纹理的映射规则；而对于非规则表面，则需要开发者手动实现纹理映射的算法，后文的示例中还会对此做进一步的说明。

完成了上述关键属性的设定之后，我们就能够得到一个比较完整的模型了。当场景中的模型比较多时，也可以通过分组来实现对它们的分类管理，从而在后续更方便地设定统一的样式或进行整体操作。至此，使用 Three.js 进行三维建模的基本知识就可以告一段落了。

15.1.3　Three.js 的基本使用方法

本节通过 Three.js 官方提供的入门示例来演示如何使用相关的 API 进行建模，其中的典型步骤都是基于前文介绍的建模步骤实现的，示例代码如下：

```html
<html>
    <head>
        <title>My first three.js app</title>
            <style>
                body { margin: 0; }
                canvas { width: 100%; height: 100% }
            </style>
    </head>
    <body>
        <script src="js/three.js"></script>
        <script>
```

```
                    //只有实例化舞台后，舞台中添加的所有元素才能被渲染
                    var scene = new THREE.Scene();

                    /**
                     *实例化相机，示例中选用了透视相机，并设置了它的视场角、长宽比、近景面距离和远景面距离。
                     *将其放置在空间坐标系(0,0,5)处，相机镜头默认对准（0,0,0）的位置
                     */
                    var camera = new THREE.PerspectiveCamera( 75, window.innerWidth/
                        window.innerHeight, 0.1, 1000 );
                    camera.position.z = 5;

                    //实例化渲染器并设置参数
                    var renderer = new THREE.WebGLRenderer();
                    renderer.setSize( window.innerWidth, window.innerHeight );
                    document.body.appendChild( renderer.domElement );

                    //实例化尺寸为1×1×1的立方几何体
                    var geometry = new THREE.BoxGeometry( 1, 1, 1 );
                    //实例化纯绿色的基本网格材质
                    var material = new THREE.MeshBasicMaterial( { color: 0x00ff00 } );
                    //传入几何体和材质实例，生成实体实例
                    var cube = new THREE.Mesh( geometry, material );
                    //将实例添加到场景对象中
                    scene.add( cube );

                    //定义动画函数，使得立方体沿x轴和y轴方向不断旋转，并不断重绘
                    var animate = function () {
                                  requestAnimationFrame( animate );

                                  cube.rotation.x += 0.01;
                                  cube.rotation.y += 0.01;

                                  renderer.render( scene, camera );
                                };
                    //开始执行动画
                    animate();
                    </script>
            </body>
</html>
```

3D 空间的坐标系与 2D 画布不同，2D 画布的默认原点在左上角，水平向右为 x 轴正方向，竖直向下为 y 轴正方向，而 3D 空间坐标系的原点在画布中心点处，水平向右为 x 轴正方向，竖直向上为 y 轴正方向，垂直显示器指向用户的方向为 z 轴正方向。另外，相机实例也会默认对准坐标原点（0,0,0）。Three.js 的初始化过程隐藏在渲染器 WebGLRenderer 实例化的过程中，事实上浏览器中的 3D 空间也是在 <canvas> 标签中实现的，只不过开发者需要传入不同的参数来获取 3D 绘图的上下文[⊖]：

⊖ https://developer.mozilla.org/zh-CN/docs/Web/API/HTMLCanvasElement/getContext。

```
var canvas = document.getElementById('canvas1');
var gl = canvas.getContext('webgl'); //参数也可能为'experimental-webgl'
```

在 2D 图形学中，获取到 Canvas 2D 绘图上下文后就可以开始进行绘制了，但进行 3D 绘图则不然。三维模型的绘制需要通过 WebGL 系统和 GPU 的硬件渲染功能来完成，因为 GPU 中拥有比 CPU 更多的 ALU（Arithmetic Logic Unit，算术逻辑单元）。ALU 是并行运行的，这使得它更适合于 3D 绘制过程中大量的顶点数据处理及矩阵计算任务，所以你会发现游戏发烧友格外关注显卡的各项参数和指标，因为它会直接影响 3D 画面的渲染性能和质量，从而影响游戏的体验。WebGL 系统有自己固定的运作机制，JavaScript 并不能完全控制它的绘制过程，只能利用 WebGL 暴露给 JavaScript 层的特定入口传入绘制所需的信息（信息通常包括顶点数据、顶点着色器程序和片元着色器程序），最后调用特定的方法来启动后续步骤。渲染流水线中接下来的工作是由 WebGL 系统接管的，它会按照固定的方式去处理和使用开发者传入的数据，并最终在绘图区绘制出三维效果的画面。在前面的示例代码中，Three.js 构建一个立方体模型只需要编写 1 行代码，如果使用 WebGL 原生方法来绘制一个同样的立方体，大约需要编写 150 行代码。

除此之外，细心的读者可能已经发现了，3D 空间中动画的实现思路与 2D 图形学是一致的，既然在动画方法中对模型属性或者相机属性进行修改可以改变下一帧的渲染结果，那么不难猜测，animate 函数中运行的 renderer.render() 方法在底层也经历了 clear（清空绘制空间）、update（更新模型参数）和 paint（渲染模型）等与 2D 动画绘制相似的步骤，底层使用的都是 WebGL 上下文的方法。

15.2　实战：用 Three.js 制作漫威电影片头动画

本节就来探究如何使用 Three.js 制作简化版的漫威 10 周年的电影片头动画，以此来了解 Three.js 在实战中的更多使用技巧，从而帮助读者快速掌握在 Web 环境中进行三维建模的方法。需要说明的是，为了简化制作过程，本节会省略一些细节特征。Three.js 并不是制作动画的最优选择，毕竟开发者和设计者通常是不同的角色，设计人员有可能会使用专业的软件来制作模型，并为开发者提供特定格式的文件甚至是视频素材。本例只是为了让开发者更好地理解 3D 建模的开发流程和相关方法，因此这里不去深究技术方案的实用性。

片头动画大致可以分为 3 段：首先是漫画页和英雄人物剪影的快速闪过和渐离的效果；接着当美国队长的剪影出现时，画面会切换到一个明显带有透视效果的观察角度，就好像是观看者处在立方体模型群中观看漫威电影的不同画面一样，当镜头后退并开始向上拉时，类似于立足于一个点，在一个平放的凹浮雕纹路中向斜上方观察所看到的效果；最后，观察的角度逐渐变为自顶向下（假设字体模型最初是平放在三维空间内的），模型内壁上的影片画面逐渐消失，暗红色的背景上展示出"MARVEL STUDIOS"这几个带有金属质感的字母。相信每个漫威迷都不会对这段片头动画感到陌生。

15.2.1 特效一：平面渐离

平面渐离属于最基本的 3D 变换效果，由于它并不需要对模型本身进行修改，所以即使只使用 CSS3 的 transform 和 animate 属性同样可以完成类似的效果。在 3D 空间中，平面渐离特效的实现方式并不是唯一的，比如一个缩小的动画，既可以通过缩放模型的来实现，也可以通过让物体远离透视相机的方式来实现。首先，使用若干个平面几何体作为图片的绘制表面，直接使用 Three 提供的类很容易做到：

```
var planeGeometry = new THREE.PlaneGeometry(width, height, wSeg, hSeg);
```

平面几何体的构造器接收的 4 个参数分别代表平面的宽（width）、高（height）以及在宽高方向分别需要拆分为多少个图元（wSeg 和 hSeg），一个矩形平面是由 2 个三角形图元组成的，所以最终构建的平面会被分割为 wSeg×hSeg 个更小的矩形，最终也就需要 wSeg×hSeg×2 个三角形面。由于在示例中需要用到多个平面，因此可以将每个平面的关键数据集中起来管理，然后调用数组的 map 方法将其映射为多个平面示例。图片是作为纹理素材绘制在平面几何体上的，因此需要使用纹理加载工具先将图片资源加载进来，然后再进行处理：

```
var texture = new THREE.TextureLoader().load( './assets/img.jpg' );
var material = new THREE.MeshBasicMaterial( { map: texture } );
var plane = new THREE.Mesh(planeGeometry, material);
var scene.add(plane);
```

如图 15-5 所示，假定平面的法向量都指向 z 轴的正方向，如果使用透视相机来观察模型，那么只需要将各个平面沿 z 轴前后错开即可，然后使透视相机向 z 轴正方向逐渐后退移动，或者将所有平面作为模型组整体向 z 轴负方向移动，就可以实现平面的渐离；如果使用正交相机来观察模型，那么无论平面和相机沿 z 轴如何移动，最终呈现出的画面在大小上都不会发生变化，这是由正交相机的特点决定的，所以为了模拟出渐离的效果，就需要对平面几何体添加缩放的渐变动画，从而模拟相机和模型组相对远离造成的视觉变化。

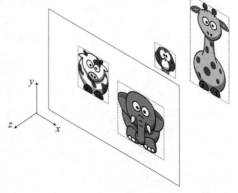

图 15-5 三维空间中的平面几何模型示意图

为了更好地表现平面远离的效果，还可以在场景中添加 Three.Fog 类的实例来开启雾化的效果，这时需要设定它的颜色、近距离和远距离等属性。当物体与相机的距离大于雾化近距离时，开始对其进行雾化处理；物体和相机的距离越接近远距离，则雾化效果越明显，也就是能见度越来越低；当距离超过远距离时，则认为相机无法再看到物体，也就不再在画面中渲染了。雾化效果本质上是一个函数，用于将物体与相机之间的距离映射成变化的透明度，当使用正交相机时，由于深度参数的缺失，开发者需要手动修改透明度的变化来模拟雾化的效果。不难想象，在这样的制作需求下，透视相机显然是更易用的选择。本节为上述两种动画的实现均提供了示例代码，在仓库中可以找到它们。

15.2.2　特效二：字体浮雕模型

本节以"MARVEL"这几个字母为例来介绍字体模型的制作。如果读者接触过三维建模的相关知识就会知道，字体模型实质上就是一个拉伸体，在常见的工业三维建模软件（例如 UG、SolidWorks 或者 ProE）中，通常会先指定绘图平面，然后在平面上绘制横截面的形状，最后通过指定拉伸的深度来生成拉伸体。

Three.js 中使用字体模型类 THREE.TextGeometry 来生成字体模型，它只是一个语法糖，实质上是通过 THREE.Shape 类来生成平面图形，然后使用 THREE.ExtrudeGeometry 类来生成拉伸体，这与常见的三维建模软件构建拉伸体模型是一致的。文字模型同样也是由三角面构成的，由图 15-6 可以看到，曲面的部分需要使用大量的三角面才能复现字体模型的特征。不难想象，如果没有了底层自动建模算法和工具的帮助，手动管理这些点面的信息几乎是不可能完成的任务。

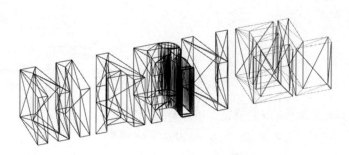

图 15-6　三维空间中的平面几何模型示意图

我们需要实现的模型是一个凹浮雕模型，也就是说需要先为字体模型构建一个立方体包围盒，然后将字体模型的部分从包围盒中去掉，剩余的部分才是我们想要的内容，你可以将它看作立方体和字体模型求差集的布尔操作。然而 Three.js 中并没有直接提供针对网格模型的布尔操作方法，许多技术博客中提及的诸如 ThreeBSP.js 或者 ThreeCSG.js 之类的扩展库，连最基本的立方体打孔都无法正常计算，且在 GitHub 中托管的代码也早已停止维护，所以不建议使用。这里需要实现的效果并不复杂，我们可以换一种实现思路，先在平面矩形区域上构建带有镂空文字的形状，然后再对该平面进行拉伸，进而生成网格模型。

这里需要先借助 THREE.FontLoader 类的实例将外部的字体文件加载到字体模型中，然后调用字体对象的 generateShapes(text, size) 方法为指定的文本生成指定大小的图形，生成的文字图形本质上是 THREE.Shape 类的实例，相当于多个线条组合在一起来表示二维图形。所有的 shape 实例都拥有 holes 属性，它的值是一个数组。顾名思义，它的作用就是为封闭的二维图形打孔，这里只需要生成一个尺寸稍大于文字图形包围盒的矩形，然后将文字图形实例添加到矩形实例的 holes 属性中，就可以得到平面的镂空字体模型。最后将该实例作为参数传入拉伸体 THREE.ExtrudeGeometry 的构造方法中，就可以生成凹浮雕模型。注意，当 generateShapes 方法的第一个参数接收的字符串是多个字符时，最终得到的 fontShape 就是一个数组，其中每个字符对应于一个独立的 shape 实例，关键代码如下：

```
/*在平面矩形上生成镂空字体*/
function calcShape(font) {
    //生成平面字体形状
    fontShape = font.generateShapes('MIN',10);

    //生成平面矩形形状
    boxShape = new THREE.Shape();
    boxShape.moveTo(-10,-10);
    boxShape.lineTo(55,-10);
    boxShape.lineTo(55,40);
    boxShape.lineTo(-10,40);
    boxShape.lineTo(-10,-10);

    //指定字体形状为矩形的孔
    boxShape.holes = fontShape;
    return boxShape;
}

//以平面形状为依据生成拉伸体
textGeometry = new THREE.ExtrudeGeometry(calcShape(font), {
                    depth:10,
                    bevelEnabled: false,
                    curveSegments: 4
                });
```

代码生成的模型如图 15-7 所示。

图 15-7　由带孔平面图形拉伸得到三维拉伸体

当然，如果希望字体模型的孔不要穿透包围盒，则还需要增加一个立方体，将其与拉伸体放在一起才能从视觉上达到期望的效果。Three.js 这种基于编程方式的建模过程并不直观，因为数值型的参数通常并不能直接转换为视觉感受，尤其是当开发者希望连续改变某个数值属性来调整其范围时（如光照位置和光照强度对表面的影响），效率就会变得非常低，即使是 dat.gui.js 这类调参辅助工具也只适用于参数数量较少的场景。面对复杂的建模需求时，更合理的方法是使用建模软件来构建模型，并导出三维模型数据供 Three.js 使用，15.4

节将介绍相关的知识。

15.2.3　特效三：视频纹理贴图

得到了需要的几何模型之后就可以开始进行纹理贴图操作了，本例中使用视频素材作为纹理，实际上可以将视频素材看作连续改变的图片素材。先在脚本中监听 <video> 标签的 timeupdate 事件，然后在监听器回调函数中调用 Canvas 绘图上下文的 drawImage 方法将视频中当前帧的画面绘制在 Canvas 画布上，最终的结果就是 <video> 标签上的视频画面和 <canvas> 标签上的画面几乎是同步播放的。Three.js 中提供了 THREE.VideoTexture 类来生成视频纹理，只需要将 <video> 标签的 DOM 元素传进构造函数就可以得到相应的纹理实例 videoTexture，然后就可以使用它生成对应的表面材质了：

```
material = new THREE.MeshBasicMaterial({ map: videoTexture});
```

videoTexture 视频纹理实际上是一种语法糖，它仍然是利用 Canvas 来获取视频中每一帧的像素数据的，使用 CanvasTexture 类型的纹理同样可以实现需要的效果。

将得到的材质用于一般规则模型时，Three.js 会自动计算出合理的贴图方式，但是如果将它应用于字体模型这种带有自定义性质的模型，通常就会无法正确完成自动贴图了。有趣的是，如果使用 THREE.BoxGeometry 类生成一个立方体模型，关联视频纹理时 Three.js 又可以自动计算出画面的贴图方式，并将视频纹理绘制在立方体的 6 个表面上。但如果先绘制一个矩形，然后将其拉伸为立方体模型，Three.js 就会无法完成自动计算。尽管它们的模型看起来是一样的，但是立方体整个表面的材质都会呈现黑色的未着色状态。如果你将立方体放大并仔细观察就会发现，视频画面被渲染在了表面很小的一块区域上，且图像最边缘的一列像素多次重复一直延伸到另一侧边界。

这个问题引申出了贴图计算中的另一个关键概念——UV 展开坐标（也称为"纹理贴图坐标"），其主要用于声明构成模型表面的每个三角形应该使用图片素材的哪个区域，并指明从素材上截取的三角形区域应用于贴图区三角面时的顶点对应次序。当目标贴图区域的尺寸和纹理素材的真实尺寸不一致时，还需要设定相应的边界处理策略，这一点与我们平时设置桌面背景图片类似，可以选择的方式有拉伸、平铺或者保持原尺寸等，本例中使用的是默认的拉伸处理策略。

纹理素材通常使用长、宽像素数都为 2^n 的正方形图片，具体使用流程为：首先将素材的 x 轴和 y 轴的长度都用 0～1 来表示，(0, 0) 表示素材的最左下角，(1, 1) 表示素材的最右上角，注意这里的 (1, 1) 实际上相当于 (100%, 100%)，它并不意味着使用的素材图片一定要是正方形的，假设现在目标贴图表面是由 6 个三角形组成的矩形区域，那么一种可行的画面截取策略就会如图 15-8 所示。

三角面在素材图片上的截取方式并不是唯一的，甚至有部分重叠也没有关系，只需要保证截取三角形的顶点都落在纹理素材内就可以了。在图 15-8 所示的示意图中，我们得到了 6 个三角形区域，使用时通常会将这些关键点的坐标信息存入数组中，这里暂时以索引来替代点信息，每个位置实际上对应于一个二维坐标，此时各三角形就分别变成了 [0, 6, 7]、[0, 1, 6]、[1, 5, 6]、[1, 2, 5]、[2, 4, 5]、[2, 3, 4]。以三角形 [1, 5, 6] 为例，也许有读者会认为它的贴图方式是显而易见的，因为这个三角形区域有一些明显的特征，它有直角且两条直角边的长度不一致，但程序本身并不具备自动推理这些信息的能力，因此必须显式地指定贴图时的顶点顺序。前文曾提到过顶点的索引顺序会影响表面的法向量，对此通常的约定是顶点需要保持为逆时针次序。假定目标贴图区域的三个顶点依次为 [A, B, C]，我们使用另一个数组来存储使用的纹理素材的三角面顶点时，无论传入的是 [1, 5, 6]、[5, 6, 1] 还是 [6, 1, 5]，纹理素材的法向方向都是正确的（因为这三个序列中的顶点都是按逆时针的次序排布的），但每个顶点都会与跟自己下标相同的点对应起来。换句话说就是，当你指定纹理素材的顶点为 [1, 5, 6] 时，实际上就默认了将纹理素材关键点数组中索引为 1 的点信息应用于 A 顶点，索引为 5 的点信息应用于 B 顶点，索引为 6 的点信息应用于 C 顶点，这样贴图的方式就变成唯一的了。如果指定错了顺序，那么纹理素材则会被拉伸或压缩为奇怪的形状，然后再绘制在指定区域（像素会经过插值计算处理），如图 15-9 所示。

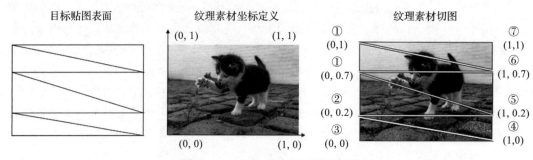

图 15-8　UV 纹理贴图过程示意图

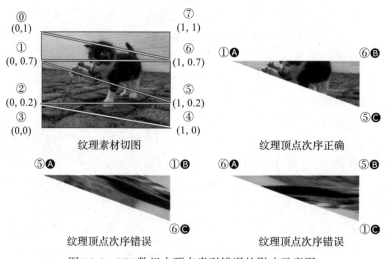

图 15-9　UV 数组中顶点索引错误的影响示意图

复杂的模型可能拥有成百上千个面，开发者不可能手动为每个面处理纹理顶点贴图对应的关系，这时就需要利用特征属性筛选出一些面以便进行批量处理。在 Three.js 中，构成几何体 geometry 实例的面都是 THREE.Face3 的实例，每个几何体模型的顶点信息均存放在 geometry.vertices 数组中，面信息则被存放在 geometry.faces 数组中，它的常用属性（非全部属性）具体如下。

- ❏ face.a：构成面的第一个顶点在 geometry.vertices 中的索引。
- ❏ face.b：构成面的第二个顶点在 geometry.vertices 中的索引。
- ❏ face.c：构成面的第三个顶点在 geometry.vertices 中的索引。
- ❏ face.normal：面的法向量（也就是垂直于表面的方向向量）。
- ❏ face.materialIndex：面的材质在材质集合中的索引（实例化 geometry 时可传入 material 数组）。

当我们只希望对一部分面进行纹理贴图时，就可以利用法向量或者顶点坐标来选中模型中的一部分表面。例如在一个立方体模型中，如果 face.normal.z > 0 就表示这个面的法向量在垂直于屏幕方向上的分量是指向屏幕外部的（即指向用户的方向），如果 face.normal.y > 0 就表示这个面的法向量在竖直方向上的分量是向上的。再比如在字体模型中，多个字符之间通常是空间分离的，我们可以手动构建一个能够包含某个字符的虚拟包围盒，然后通过检测每个面的 a、b、c 三个顶点的位置来判断它是否参与了目标字符的构成。完成了筛选后，就可以更有针对性地将纹理素材绘制在指定的面上，相关的博文及示例代码可以在笔者的 Three.js 系列博文[一]中找到，本节中将不再赘述。

15.2.4　特效四：镜头转换

视频可以在凹浮雕模型的内表面播放后，要实现的特效就剩下最后一部分镜头转换了，从视觉效果里不难看出这里使用的是透视相机，转换方式包含两段路径，第一段是相机沿直线后退，第二段是沿弧形轨迹旋转直到画面呈现俯视图的效果。如果使用移动相机来实现这个效果，则需要规划好三维空间的变换路径，并通过 camera.lookAt(x, y, z) 方法来调整相机镜头的方向。然而想要在三维空间中得到一段弧线轨迹的确切公式用于帧动画却并不是一件容易的事情。此处我们可以参考极坐标的定位方式来实现镜头转换的效果，即将相机绕着模型公转转换为模型绕着自身包围盒中心坐标的反方向自转，而相机只需要调整空间位置来改变模型之间的相对距离以控制模型的投影大小就可以了。上述两种方式在镜头中呈现的画面是一致的，但后者的实现难度明显降低了。

至此，整个需求中的难点就已经分析完毕，笔者为上文提及的技术难点提供了示例代码，有需要的读者可以自行去下载，强烈建议先自行实现这段模型动画，实战任务会让你对于 Three.js 的理解和熟练度都提升到一个新的层次。如果觉得这个任务仍然有难度，也可以先参考笔者在技术博客中提供的使用 Three.js 在凸浮雕字体模型上实现这段动画的示例代码，然后再尝试自行实现，这个示例虽没有涉及动画与交互的部分，但也非常有趣。

　　⊖　https://www.cnblogs.com/dashnowords/p/11216540.html。

15.3 Three.js 如何参与渲染

讲解完 Three.js 的实战技巧后，我们继续深入探究其原理，来看看 Three.js 是如何借助 WebGL 将三维模型一步步转换为二维显示设备上的像素阵列的。WebGL 与 Three.js 的编程体验完全不同，它需要开发者具备线性代数和图形学计算理论知识。本节的内容可作为扩展阅读材料，它可以帮助大家更好地理解 Three.js 的基本原理和底层所发生的事情，其中提及的一些术语可能与严谨的理论定义存在一些细微的差别，想要系统地学习相关理论，可以阅读《WebGL 编程指南》一书。

15.3.1 相机模式和降维打击

如果你阅读过科幻巨著《三体》，一定不会对"降维打击"这个词感到陌生。在《三体 3：死神永生》中，歌者文明的清理者用一块小小的二向箔，让整个太阳系从三维空间跌落至二维平面，尽管毁灭太阳系的"二向箔"是否真的是清理者甩过去的那一个还存在争议，但整个太阳系被降维时壮丽恢宏的画面和人类面对宇宙战争时的渺小与绝望都会让读者的心情久久难以平复。在图形学的世界里，只需要使用矩阵就可以完成对三维空间模型的"变形打击"和"降维打击"——将立体模型变形后展示在二维的屏幕上，这种将矩阵作用于三维模型顶点的模式，就构成了图形学底层的通用计算方法。

由于屏幕显示的分辨率类型多不胜数，在屏幕中创建的 Canvas 画布尺寸也不尽相同，且大多数图形学开发者在开发时并不知道自己构建的模型最终会被展示在怎样的显示终端上，因此，为了更方便地适配不同的尺寸场景，在顶点被渲染到屏幕上之前，会将其变换到标准设备坐标空间中。标准设备坐标空间通常采用一种无量纲的单位坐标来代替设备坐标，其 x、y、z 三个坐标轴的范围均被定义在 [−1, 1] 之间，这样就可以将应用程序与具体的显示设备解耦，直到最终需要输出到屏幕时才会根据分辨率和绘图区大小信息进行真实的坐标尺寸转换，这对于提高程序的跨设备移植性显然是非常有利的。

若将所有构建在三维空间中并且需要展示的模型视作一个整体，那么总能为它生成一个各个边都平行于坐标轴的立方体包围盒，它由上（$y = t$）、下（$y = b$）、左（$x = l$）、右（$x = r$）、远（$z = f$）、近（$z = n$）6 个平面围成，最终展现在屏幕上的所有点都在这个包围盒的内部空间中。如果按照前文将应用程序与设备尺寸解耦的思路，就需要对三维空间中的点进行标准化映射，使其各个坐标范围对应到 [−1, 1] 之间，如图 15-10 所示。

为了将可视区域内的指定点转换为标准设备空间中的点，需要进行一些基本的数学推导（下面的推导以 x 轴为例），具体如下：

$$1 \leqslant x \leqslant r$$

$$0 \leqslant x - l \leqslant r - l$$

$$0 \leqslant \frac{x - l}{r - l} \leqslant 1$$

$$0 \leqslant 2\frac{x-l}{r-l} \leqslant 2$$

$$-1 \leqslant 2\frac{x-l}{r-l}-1 \leqslant 1$$

$$-1 \leqslant \frac{2}{r-l}x-\frac{r+l}{r-l} \leqslant 1$$

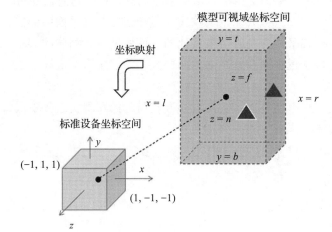 

图 15-10　三维空间到标准设备坐标空间的映射

同理，y 和 z 坐标的值也可以映射到 [−1, 1] 这个范围内：

$$-1 \leqslant \frac{2}{t-b}y-\frac{t+b}{t-b} \leqslant 1$$

$$-1 \leqslant \frac{2}{n-f}z-\frac{f+n}{n-f} \leqslant 1$$

这样在可视立方体内的任何一个点 $[x, y, z]$ 就都可以通过上面的公式找到位于标准设备坐标空间中对应的点 $[a, b, c]$ 了，将所有的变形系数全部提取出来之后，就可以得到如下的矩阵转换方程：

$$\begin{bmatrix} a \\ b \\ c \\ w \end{bmatrix} = \begin{bmatrix} 2/(r-1) & 0 & 0 & -(r+1)/(r-1) \\ 0 & 2/(t-b) & 0 & -(t+b)/(t-b) \\ 0 & 0 & 2/(n-f) & -(f+n)/(n-f) \\ 0 & 0 & 0 & w \end{bmatrix} \begin{bmatrix} x \\ y \\ z \\ w \end{bmatrix}$$

在上面的变换方程中，坐标的信息变成了 4 个分量，这种形式称为齐次坐标，它与三维坐标中的点 $[a/w, b/w, c/w]$ 相对应，在计算过程中 w 的值通常被设置为 1，既然如此，那为什么不直接使用三维矩阵呢？下面就来看看三维的转换矩阵：

$$\begin{bmatrix} a \\ b \\ c \end{bmatrix} = \begin{bmatrix} C_{11} & C_{12} & C_{13} \\ C_{21} & C_{22} & C_{23} \\ C_{31} & C_{32} & C_{33} \end{bmatrix} \begin{bmatrix} x \\ y \\ z \end{bmatrix}$$

转换后的 a 坐标等于 $C_{11}x + C_{12}y + C_{13}z$，而前文中的 x 坐标转换后的形式为 $Ax + B$，由于常量项 B 的存在，前一个表达式无法直接转换为后一个表达式，而使用齐次坐标来表示很容易得到一组对应的系数，它是一种方便数学计算的处理技巧。当然，将"数据"和"变换"分离也符合程序设计的思维方式，所以该思想广泛应用于三维空间的计算中。通过这样一个齐次矩阵，就可以完成对于三维坐标点的"降维打击"，使它"跌落"至二维平面中。

立方体可视域映射实际上就是 Three.js 中正交相机投影的基本原理，通过这种观察方式最终可以得到位于标准设备空间中的点 $[a, b, c]$，a 和 b 决定了这个点在二维平面中的位置，而 c 只决定了相关点面在投影到二维平面时是否会被其他的点面所覆盖，物体的大小并不会受到 c 值的影响，所以示例中位于近平面和远平面的同样大小的三角形，最终在二维平面中展示时也会呈现出相同的大小。

若使用透视相机进行观察，则情况会有所不同，它的观察方式与人们在现实世界中观察的方式是一致的。Three.js 中透视相机的构造函数具体如下：

```
PerspectiveCamera( fov : Number, aspect : Number, near : Number, far : Number )
```

- ❑ fov：相机锥形可视域的垂直视场角。
- ❑ aspect：剪裁面有效区的纵横比。
- ❑ near：视点与近剪裁面的距离。
- ❑ far：视点与远剪裁面的距离。

要想搞清楚这几个参数是如何确定一个锥形的可视空间的，还需要具备一点空间想象力才行。图 15-11 所示的是从侧面观察透视相机可视空间的示意图，不难看出，通过 θ 角的正切值和近裁切面的距离 near 就可以求出近裁切面垂直方向上的一半高度（相当于求出了近裁切面的高度），由于 aspect 参数固定了剪裁面的长宽比，所以近景面的宽度也可以计算出来，它的空间位置和尺寸都是确定的，同理可知远裁切面也是确定的，所以透视相机的锥形可视域就能确定下来了。

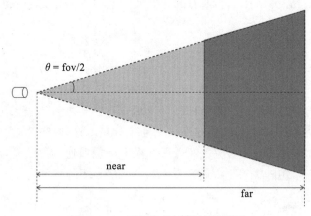

图 15-11　透视相机可视域侧视图

与正交相机一样，透视相机可视域中的模型依旧要被映射到标准设备坐标空间中，以便进行后续的计算，那么透视相机的映射过程与正交相机有什么不同呢？可以将锥形空间想象为多个与剪裁面平行的平面叠加（就像堆叠在一起的纸张一样），这时近剪裁面最终会被映射到标准设备坐标空间中 $z = 1$ 的平面上，而远剪裁面会被映射到 $z = -1$ 的平面上。坐标映射的过程可以形象地理解为每一个截面上的图形按一定比例缩放的过程。如图 15-12 所示，假设近裁切面和远裁切面上有两个同样大小的三角形，如果近裁切面和远裁切面在标准设备坐标系中最终被映射为相同大小的有界平面，那么远裁切面上三角形的缩放比例显然更小（更接近于 0），最终展现在二维画面上时，远裁切面上的三角形看起来就会比近裁切面上的小，尽管它们在三维空间中是一样大的，这就是透视相机能够渲染出"近大远小"效果的原因。透视相机对于可视域中点的作用依然是可将其转换为齐次矩阵的形式，它的理论推导过程相对于正交投影而言更为复杂。

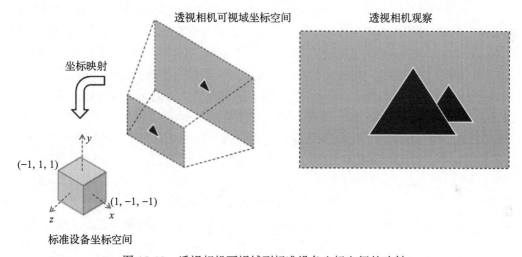

图 15-12　透视相机可视域到标准设备坐标空间的映射

在 CSS 3D 的使用中，开发者可以分别使用 translate、rotate 和 scale 属性来定义元素在二维平面的位移、旋转和缩放，也可以通过直接设定等价的三维齐次矩阵 matrix 属性来达到同样的效果；还可以使用 translate3d、rotate3d 和 scale3d 属性或者四维齐次矩阵 matrix3d 属性（三维空间的变换需要 16 个参数，所以它是一个 4×4 的齐次矩阵）在三维空间中对元素进行变形渲染，也就是通常所说的硬件加速渲染。即使你对此还不熟悉也没有关系，第 16 章在介绍 Web 环境中的幻灯片制作工具库 impress.js 时还会详细讲解，这里只需要了解 4×4 的齐次矩阵可以对三维模型施加位移、旋转和缩放等典型变换操作就可以了。或许有读者还记得在前文介绍坐标映射的过程中，同样得到了一个 4×4 的齐次转换矩阵，将它与 CSS 3D 的三维变形特性联合起来，就可以得到下面的基本转换公式 [Coord 即 Coordinate（坐标）的缩写，M 即 Matrix（矩阵）的缩写]：

$$\text{Coord}_{\text{标准设备坐标}} = M_{\text{相机映射矩阵}} \times M_{\text{3D 变形矩阵}} \times \text{Coord}_{\text{三维空间坐标}}$$

Three.js 为了更灵活地实现对模型观察角度的定义，又对相机映射矩阵做了进一步的拆分，对此本节不再继续展开讨论。由于通过 WebGL 传入的每个顶点数据都要经过上述变形矩阵的加工，因此复杂模型对应的计算量也就可想而知，而且迄今为止还没有涉及关于颜色和光照的计算，这样的工作量如果单纯地交给 CPU 来完成，死机之类的问题也就不足为奇了。至于为什么使用左乘，就需要读者具备一些线性代数的基础知识了，它已经超出了本节的覆盖范围。至此，我们完成了一个三维模型到二维平面的几何关系映射。

15.3.2 着色器

着色器也称为 Shader，是 WebGL 中最重要的概念，它分为负责顶点几何关系运算的顶点着色器（Vertex Shader）和负责像素颜色计算的片元着色器（Fragment Shader）。着色器的本质是使用着色器语言编写的代码片段。WebGL 可用于将 JavaScript 与着色器语言 OpenGL ES2.0（GLSL ES2.0）结合在一起为 HTML 提供 3D 渲染能力，它是通过混合编程的方式来实现的。JavaScript 负责生成数据，无论是顶点的坐标还是计算中需要用到的矩阵等，都是在 JavaScript 脚本中生成的，然后通过 WebGL 提供的 API 传给底层。着色器程序 Shader 则负责定义底层 OpenGL 在固定的环节所需要进行的运算，通常在 JavaScript 脚本中以普通字符串的形式生成，只不过它是 GLSL ES2.0 语言编写的程序段，它也需要通过 WebGL 提供的 API 传给底层。最终，数据和代码片段会参与到 OpenGL 的渲染流程中，并在绘图区渲染出对应的图形，这种渲染模式也称为可编程渲染管线。在现代前端开发中，我们只需要编写组件来承载功能，而不需要关注框架是如何调度和使用组件的。

原生 WebGL API 的调用步骤非常烦琐，但它并不复杂，我们只需要按照固定的步骤去调用相关的 API 就可以了，通过 MDN 的对应章节⊖可以学习其完整的使用方式。为了让大家对着色器的使用方式有一个整体的认知，下面先来谈谈着色器程序使用中最关键的问题——数据传递。

1. GLSL 修饰符与内置变量

在 GLSL 语言中声明变量时，需要使用"变量修饰符 + 类型 + 变量名"的形式。GLSL 中的变量描述符包括 attribute、uniform 和 varying，它们对变量的使用方式进行了一定的限制。当变量被声明为 attribute 类型时，表示它从外部接收顶点的相关数据，例如顶点坐标、法线向量或顶点颜色等，这些数据只会用于计算顶点而不会传递到片元着色器上。attribute 修饰符只能在顶点着色器中使用。uniform 修饰符在两种着色器程序中都可以使用，它表示从外部接收的数据可以被顶点着色器和片元着色器共享，但不能被修改，它通常用于接收全局生效的只读信息，例如变换矩阵或光照参数等。当使用 varying 修饰符声明时，对应的变量无法从外部进行赋值，因此其通常用于顶点着色器和片元着色器之间的颜色数据传递，使用时只需要在不同的着色器中定义 varying 类型的同名变量即可。varying 类型的变量会经

⊖ https://developer.mozilla.org/zh-CN/docs/Web/API/WebGL_API。

由另一个 attribute 类型的变量从外部接收数据，attribute 类型的变量可以被赋值给 varying 类型的变量，赋值的过程中会自动进行插值计算，以便根据顶点的颜色来计算顶点之间其他像素的颜色（例如绘制不同颜色顶点之间的连线时用到的渐变色的数值），这样片元着色器在接收到数值后就可以直接开始进行渲染了。

此外，GLSL 中还保留了一部分内置变量，声明的自定义变量完成计算后只有赋值给内置变量才能够实现对应的渲染效果，赋值过程中有可能还会进行一些内置的运算。顶点着色器中常用的内置变量包括 gl_Position 和 gl_PointSize。gl_Position 用于接收所有的顶点坐标数据，赋值时会将顶点从原始的三维坐标系自动转换到 WebGL 使用的剪裁空间坐标系（其中每个轴的坐标范围都是 −1.0～1.0），相当于前文中所讲的模型向标准设备坐标空间映射的过程。gl_PointSize 接收一个浮点值，它会影响顶点的绘制尺寸。片元着色器中常用的内置变量为 gl_FragColor，为它赋予不同的值时会得到不同的点和面的绘制颜色。更多的内置变量请参考 GLSL 的内置变量表了解。了解了修饰符和内置变量的知识后，我们再来看看 WebGL 工作流中数据传递的相关知识。

2. 从 JavaScript 到顶点着色器

从 JavaScript 程序向顶点着色器传递数据是通过同名变量来实现的，顶点着色器程序中的变量可以使用 attribute、uniform 或 varying 中的任何一种进行描述。下面来看一段顶点着色器的程序：

```
var vertexShaderSource = `
    attribute vec4 a_position;    //顶点坐标数据
    attribute vec4 a_color;       //顶点颜色数据
    uniform mat4 u_projMatrix;    //投影矩阵
    varying vec4 v_color          //可传递给片元着色器的顶点颜色数据
    void main(){
        gl_Position = u_projectionMatrix * a_position;
        v_color = a_color;        //顶点颜色插值计算
    }
`;
```

不难发现，当应用层使用的框架以固定的模式向 WebGL 传递数据时，着色器的代码几乎是固定不变的。当上面的代码段经过诸如编译和连接等环节后，会在 JavaScript 脚本中生成一个着色器程序对象，接下来就可以在 JavaScript 中获取到顶点着色器中声明变量的引用了：

```
//获取着色器中声明变量的引用
var gl = canvasDOM.getContext('webgl');
var aPosition = gl.getAttribLocation(shaderProgram, 'a_position');
var uProjMatrix = gl.getUniformLocation(shaderProgram, 'u_projMatrix');
```

最后，使用 WebGL 提供的 API 将 JavaScript 中的数据（通常为定型数组）与对应变量的引用关联在一起。顶点着色器程序在运行时会使用到这些数据：

```
gl.vertexAttrib4fv(aPosition,new Float32Array([1.0,2.0,5.0,1.0]));
gl.uniformMatrix4fv(uProjMatrix, false, new Float32Array([/*......*/]));
```

WebGL 中的赋值 API 以方法组的形式进行定义，它们遵循同样的命名规则，顶点着色器中变量的类型、使用的修饰符和 JavaScript 中关联数据的类型等都会影响使用的方法名。通过上述步骤，我们完成了从 JavaScript 向顶点着色器的数据传递。

3. 从顶点着色器到片元着色器

片元着色器只能定义 uniform 和 varying 类型的变量。uniform 类型的变量用于接收从 JavaScript 脚本中传递过来的影响片元着色计算的常量，它常会用来传入一些辅助参数，例如时间戳、绘图区尺寸或者雾参数等；varying 类型的变量用于接收顶点着色器中同名变量的值经过插值计算后得到的结果。片元着色器的示例代码如下：

```
var fragmentShaderSource = `
    precision mediump float;      //限定精度为中级（精度声明不可省略）
    varying vec4 v_color          //插值后的顶点颜色数据
    void main(){
        gl_FragColor = v_color;
    }
`;
```

在片元着色器中对内置变量 gl_FragColor 进行赋值，即可将数据应用于每个像素。顶点着色器在每个顶点处运行，而片元着色器会在每个像素处运行，画面中像素点的数量通常会远多于顶点的数量，所以在片元着色器中编写的计算逻辑通常可以更逼真地表现出不同的光照对画面的影响，但同时也有更大的性能开销，开发人员需要根据实际的应用场景做出权衡。

15.3.3 WebGL 的渲染流程

最后，我们来学习 WebGL 的工作流程，它可以帮助我们将前文中零碎的知识点都串联在一起。WebGL 技术中的渲染工作流主要是由 OpenGL ES2.0 完成的，大部分相关资料中都会展示如图 15-13 所示的这张基本原理图。

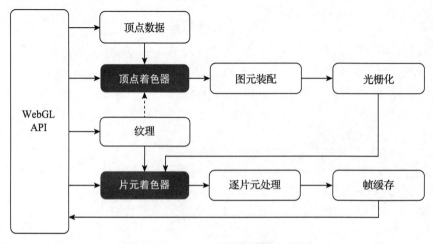

图 15-13　OpenGL 渲染管线流程图

图 15-13 中的部分概念前文已经介绍过，下面就来介绍未讲解的术语。

（1）图元装配（Primitive Assembly）

通过 WebGL 传递的几何信息只有顶点的坐标，开发者需要指定顶点之间的连接方式，图元装配模块会依据 WebGL 能够识别的 7 种基本图元（它们对应的参数都以常量的形式存储在 WebGL 绘图上下文对象中）来连接这些顶点，并得到包含点、线段和三角形的线框模型。

（2）光栅化（Rasterization）

光栅化是指将顶点转换为片元的过程，片元中的每个元素对应于帧缓冲区中的每一个像素。显示设备是由像素点阵组成的，其不可能完全复现连续的模拟量，因此只能采取近似模拟的方式，而光栅化模块就是负责完成这部分计算工作的。由于原始数据只能为顶点指定颜色，所以在面和线的光栅化过程中，模块会根据顶点的颜色值通过插值计算自动获得相关区域的颜色值。

（3）纹理映射（Texture）

在模型表面使用纹理时，需要让顶点着色器和片元着色器配合工作：在顶点着色器运行时，为每个顶点指定相应的纹理坐标 [素材图左下角对应坐标（0，0），右上角对应坐标（1，1）]，然后在片元着色器中根据每个片元的纹理坐标从纹理图像中提取纹理像素的颜色。

下面用一个简单的示例来复现整个加工过程，如图 15-14 所示。

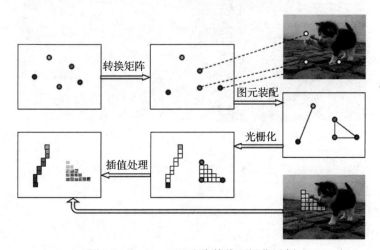

图 15-14　OpenGL 渲染管线可视化示例

至此，Three.js 和 WebGL 相关的基本渲染原理已分析完毕，前端图形学的入门课就告一段落了，你没看错，这的确只是入门知识而已。

15.4　用 Cinema4D 玩转跨界

经历了烧脑的"底层原理分析"环节，本章的最后一节就来介绍一些轻松有趣的内容。

尽管 Three.js 的封装已经大幅提升了 WebGL 的易用性，但面对一些非规则模型的建模需求时，这种编程方式仍然会显得力不从心。为了解决这个问题，Three.js 提供了丰富的外部模型文件加载方法，它可以识别数十种不同扩展名的三维模型文件，这些指定格式的文件中保存着模型重建所需的数据，有的格式还会完整地保存诸如材质、纹理和光照的数据，这样开发者就可以利用强大的三维建模软件来完成复杂模型的制作了，最终还可以将其导出为指定扩展名的文件供 Three.js 加载。本节就以建模软件 Cinema4D 为例来制作凹浮雕模型文字模型，在慕课网⊖上可以找到很多关于该软件的基础实战教程。

Cinema4D 的主界面如图 15-15 所示。界面最中间即为三维空间，用户构建的模型都会在这里展示；左侧是模型点线面的选择工具，通常用于微调模型；下方是动画、材质和纹理的相关功能；右下方为模型属性编辑区；右上方是模型对象管理区。常用的建模工具已经在图中用方框标记出来了，你可以在后期的使用中慢慢熟悉它们的相关功能。

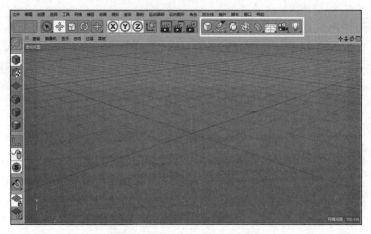

图 15-15　Cinema4D 主界面

在建模工具图标上长按鼠标左键，就会显示出对应类别的建模功能组，制作字体凹浮雕模型涉及的功能已在图 15-16 中用方框标记出来了。

下面就来制作 15.2 节中的凹浮雕字体模型，如图 15-17 所示。首先在三维空间中生成一个立方体，在画面中通过鼠标拖动可以直接改变其尺寸或在空间中的位置。接着使用文本工具生成一个文本对象，在图 15-17 右下方的属性编辑区中将文本内容改为单词"MARVEL"并调整其大小或字体等基本属性。接着再生成一个挤压对象，生成后界面上的模型并不会有什么变化，在右上角的模型管理区将生成的文本对象拖放至挤压对象上后，文本对象就会成为挤压体的子对象，对应的建模效果就是以文字图形为截面来生成挤压体（也就是拉伸体）。这种模式就好像函数式编程一样，先指定操作，再为其指定相关的数据。为了方便后续的布尔运算，还需要调整拉伸体的空间位置，使它与立方体产生部分重合。最后生成一

⊖　http://www.imooc.com。

个"布尔对象"，它与"挤压"一样，初始状态并不会对其他模型造成影响，为了生成凹浮雕模型，需要将立方体对象和挤压对象按先后顺序拖进"布尔对象"中，使它们成为"布尔对象"的操作对象。布尔对象可以方便地实现三维模型的布尔运算，选中"布尔对象"后就可以在右下角编辑相关属性了。如果选择布尔类型为"A 加 B"，就会对两个操作对象求并集，本例中则是生成凸浮雕模型；如果选择布尔类型为"A 减 B"，则会对两个操作对象求差集，本例中则是从立方体模型中去除文字模型的部分，从而生成凹浮雕模型。如果你感兴趣，还可以尝试在当前的模型中添加光照及材质特性等效果。

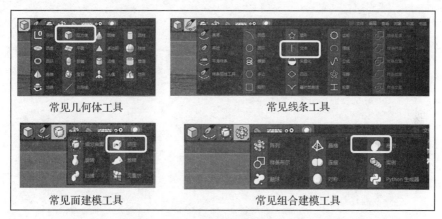

图 15-16　Cinema4D 建模工具组简介

图 15-17　使用 Cinema4D 建立凹浮雕文字模型

建模完成后，就可以使用导出功能将场景中的模型数据导出为指定扩展名的文件了。Three.js 官方推荐使用 gltf 格式导出模型数据，在 Cinema4D 中若要直接导出这种格式则还需要安装相应的插件⊖，npm 中也有许多三维格式的转换工具可以使用。例如，将上文的模型导出为 obj 格式后，使用命令行工具 obj2gltf 就可以将 obj 格式的文件修改为 gltf 格式的模型文件。在 Three.js 中载入 gltf 格式外部模型文件的示例代码如下：

```
// 实例化加载器
    var loader = new THREE.GLTFLoader();
// 加载资源
    loader.load(
        // 资源地址
        'assets/marvel.gltf',
        // 资源加载成功后的回调函数
        function (event) {
            event.scene.scale.set(0.2,0.2,0.2);
            scene.add(event.scene);
            render();
        },
        // 加载进度发生变化时的回调函数
        function (xhr) {
            console.log((xhr.loaded / xhr.total * 100) + '% loaded');
        }
    );
```

最终，在 Cinema4D 中建立的模型就会被重新渲染在 Web 环境中，如图 15-18 所示。

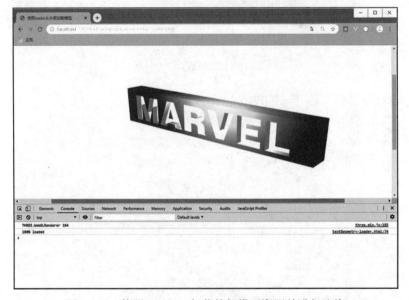

图 15-18　使用 Three.js 加载外部模型资源并进行渲染

⊖　插件可以在 gltf 格式的官方仓库中下载，地址为 https://github.com/KhronosGroup/glTF。

也许有读者会问："建模和绘制 CG 不应该是美工的工作吗，我一个程序员为什么要了解这些？"作为一个有追求的前端工程师，你一定要明白，凡是团队里需要做但其他人又做不了的事情，都是你的事，你是前端工程师，同时也是问题的解决者，即便你不可能精通所有方向，也需要知道自己的盟友需要具备什么样的能力。

前端图形学是前端领域非常重要且具有挑战性的技术，机器学习、增强现实、虚拟现实等热门技术在前端的落地都离不开图形学的支撑，希望本章能够帮助大家掌握相关知识。

多媒体篇

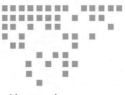

Chapter 16 第 16 章

Impress.js：网页里的 PPT

Impress.js[一]是利用 JavaScript 来实现幻灯片制作的工具库（当然，它并不是唯一的，Reveal.js[二]也是非常优秀的工具库，只是它们的侧重点有所不同），如果你尝试过使用 Prezi 来制作幻灯片，就会发现它们的风格非常相似。传统的 PPT 制作会更倾向于表现每张幻灯片内的平面设计和动效，而 Prezi 则弱化了页面的概念，转而使用聚焦视口和 3D 转场动画来提升表现力，你可以在 Impress.js 官方网站的演示页面上体验它的效果。

无论是否真的有必要利用这些技术在 Web 环境中制作一个可以直接在线浏览的 PPT 作品，作为一个前端工程师，都有必要了解框架背后的实现思路和基本原理。

16.1 Impress.js 的应用及原理

本节来看看如何使用 Impress.js 在浏览器中制作幻灯片。

16.1.1 快速上手 Impress.js

Impress.js 的上手难度非常低，每张幻灯片称为一个 step，也就是演示过程中的一个步骤，它是 PPT 切换的基本单元，通过在标签类名中添加"step"来进行标记，多张幻灯片就对应了多个并列的标签，就像 <ul> 和 <li> 元素之间那样：

```
<div>
    <div class="step" id="step1"><!-- 第一页幻灯片的内容--></div>
    <div class="step" id="step2"><!-- 第二页幻灯片的内容--></div>
```

— https://github.com/impress/impress.js。
二 https://github.com/hakimel/reveal.js/。

```
        <!-- 更多幻灯片页面-->
    </div>
```

　　整个 Impress.js 就像一个大型的状态机一样，每个 step 对应于动画中的一个关键帧，我们需要为它们设定独立的变形参数，包括在空间的位移、旋转及缩放等操作。当 Impress.js 播放幻灯片时，会将定义的 step 以主视图的视角逐个切换到屏幕上，当然切换的过程是包含补间动画的，这样就完成了幻灯片的展示。step 容器变形参数的定义是声明式的，例如当你希望第二张幻灯片的入场方式是从右侧移入时，就需要将它定位在第一个 step 容器的右侧，示例代码如下：

```
<div>
    <div class="step" id="step1">
        <!-- 第一页幻灯片的内容-->
    </div>
    <div class="step" id="step2" data-x="1000">
        <!-- 第二页幻灯片的内容-->
    </div>
</div>
```

　　"data-*" 是 HTML 中自定义属性的语法，在 JavaScript 脚本中可以通过下面的方式获取的值，Impress.js 已经帮我们处理好了相关的状态计算任务：

```
document.getElementById('step2').dataset.x // 1000
```

　　<step> 标签上支持的自定义属性值及相关说明具体如下。
- ❑ data-x,data-y,data-z：定义 <step> 标签在 2D 或 3D 空间的位置。
- ❑ data-rotate-x,data-rotate-y,data-rotate-z：定义 <step> 标签在 2D 或 3D 空间的旋转。
- ❑ data-rotate-order：定义旋转变换的次序，默认值为 xyz。
- ❑ data-scale：定义缩放比例。

　　不同的自定义属性会产生不同的转场效果，例如某张即将入场的幻灯片 data-x 的值为 200，如果当前幻灯片 data-x 的值是 100，那么视口需要向右移动才能聚焦到下一张幻灯片，也就是说在转场动画中，下一张幻灯片会从视口右侧出现在画面中。同理可知，如果当前幻灯片的 data-x 的值为 300（或其他大于 200 的值），那么转场动画中的下一张幻灯片就会从视口左侧出现在画面中。完成了上述参数的设定之后，还需要在页面上引入 impress.js 并进行初始化，然后幻灯片才能生效，命令如下：

```
<script src="impress.js"></script>
<script>
    impress().init();
</script>
```

　　这样幻灯片就能在页面上播放了，默认的支持方式是通过鼠标左键点击和使用键盘方向键进行控制。如果希望自定义幻灯片的播放顺序，也可以使用 Impress API 在脚本中对其进行控制，相关的用法非常简单，这里不再赘述。

16.1.2 Impress.js 的实现原理

尽管在开始播放 Impress.js 的演示文稿之前，视口中只能看到第一张幻灯片，但其他幻灯片对应的 <DOM> 标签其实已经存在于页面上了。播放转场动画时我们经常能够看到其他幻灯片滑过视口，每张幻灯片都已经通过 16.1.1 节中介绍的"data-*"的自定义属性语法添加了初始变形（如图 16-1 中 step1 展示的形态）效果。为了避免正常文档流对布局的影响，所有的 <step> 元素都将采用绝对定位的形式来实现，如果每张幻灯片都不设置变形参数，它们就会重叠在一起显示在屏幕中央。这就意味着对于任意一张幻灯片而言，只需要将它的初始变形参数全部设置为 0 就可以让其处于"激活"状态。但这并不是完整的解决方案，因为每张幻灯片在经历回归初始状态的转场动画时，其他幻灯片都会与它保持相对的位移、旋转和缩放关系，这就意味着所有的幻灯片需要作为一个整体来添加变形和动画。理清了基本思路之后，我们就来实现一份简易的演示文稿，并尝试通过原生 CSS 和 JavaScript 语法来复现 Impress.js 的转场效果。

图 16-1　示例演示文稿视口及所有页面元素示意图

图 16-1 中包含了三张幻灯片，我们将所有幻灯片当作一个整体来看待，每次只将整体的一部分对准视口以便它可以被展示出来。由于 step2 的画面在 step1 的右侧，所以第一次转场时需要将三张图片作为一个整体进行左移，相当于视口向右移动，然后停在了 step2 中"牛"的画面上。step2 到 step3 的变换过程稍显复杂，为了将"鹿"的画面展现在视口中，需要对所有幻灯片施加旋转、平移及缩放等组合变形。此时的视口聚焦在 step2 上，所以需要计算 step3 相对于 step2 的相对变形参数，将求得的相对变形参数逐项取逆（平移和旋转变换取负数，缩放变换取倒数），就得到了可以将 step3 显示到视口中心的"逆变形动画参数"（它可用于抵消 step3 当前的相对变形参数的效果）。最后给所有幻灯片添加"逆变形动画参数"，就实现了转场动画中整体变换的效果。代码实现中只需要关注关键帧的计算即可，补间动画交给 transition 属性来实现，这就是 Impress.js 实现转场动画的基本原理。

接下来对上面的猜想进行验证。假设三张幻灯片的初始宽和高都为 100px，初始状态的变形参数如下（step1 默认无变形）：

```
.step2{
    transform:translateX(120px);
```

```
    }
.step3{
    transform:translate(150px,-180px) rotateZ(-50deg) scale(1.6);
}
```

上面的初始变形参数可以使得 step1～step3 按照图 16-1 中第一幅图的布局来呈现。第一次转场的本质是抵消了 step2 的变形，相当于在所有幻灯片当前变形的基础上又添加了 translateX(-120px) 的变形。所以在 step2 关键帧上，三张幻灯片的变形参数就变成了如下形式：

```
.step1{
    transform:translateX(-120px);
}
.step2{
    transform:translateX(0px);
}
.step3{
    transform:translate(30px,-180px) rotateZ(-50deg) scale(1.6);
}
```

第二次转场时需要抵消 step3 的变形参数，相当于在所有幻灯片当前变形的基础上添加了相对变形"translate(-30px，180px) rotateZ(50deg) scale(0.625)"，因此在 step3 关键帧上，三张幻灯片的变形参数就变成了（注意，相对变形是在 step2 关键帧对应的变形上添加的）如下形式：

```
.step1{
    transform:translate(-150px, 180px) rotateZ(50deg) scale(0.625);
}
.step2{
    transform:translate(-30px, 180px) rotateZ(50deg) scale(0.625);
}
.step3{
    transform:translate(0,0) rotateZ(0) scale(1);
}
```

当你运行上述代码时就会发现，第二次转场时的动画并不会像我们期望的那样，每张幻灯片都是围绕着自己的默认变形中心（元素左上角）来旋转的。为了在逆向的旋转变换中保持幻灯片之间的相对距离，需要事先将所有幻灯片的变形中心都设定到"待激活"幻灯片的变形中心（当然为了计算方便，通常会将默认变形中心设定在元素自己的中心位置，也就是"transform-origin:center center;"）。这样一来所有幻灯片的旋转变换就不会影响它与"待激活"幻灯片之间的相对距离了，现在代码就可以按照期望的形态来展示转场动画了。

本书配套的代码仓库中提供了完整的示例代码，可以借助它来巩固本例中所涉及的知识。

16.2 详解 CSS 变形和动画

从 16.1 节列举的示例中可以看到，幻灯片转场动画实际上是通过改变元素的 CSS 属性来实现的,在开发中我们既可以使用 CSS 提供的帧动画属性,也可以在 JavaScript 脚本中手动控制整个动画的过程,本节将对此进行详细介绍。

16.2.1 帧和关键帧

在动画制作理论中,每一副静态画面称为一帧,快速连续地显示帧就可以形成运动的假象,电影是这样,网页中的画面也是这样,但这并不代表开发者需要手动绘制所有的帧。动画的制作通常是基于一个展开的时间轴来进行的,开发者需要指明运动的物体在一些关键时间点上的形态,例如,如果希望画面中的一个球体在第 1 秒时开始水平向右匀速移动,第 6 秒时停在水平坐标为 100 的位置,并不需要逐帧来操作球体。在已知起始点和终止点以及运动方式的情况下,球体在运动过程中任何一个时间点所在的位置通过简单的运动公式就可以计算出来。对于动画的制作而言,我们通常只需要在时间轴第 1 秒的位置上绘制一个球体,然后再在第 6 秒的位置将它向右移动到 100 的位置,最后在它们之间添加"自动补间动画"就可以了(如图 16-2 所示)。"补间动画"就是用来完成两个静态画面之间空白部分形态的操作,它的本质就是数量插值,几乎所有可以量化的参数都能够通过插值来实现自动补间,例如位置、尺寸、颜色等,本例中第 1 秒和第 6 秒的图像即为"关键帧"。

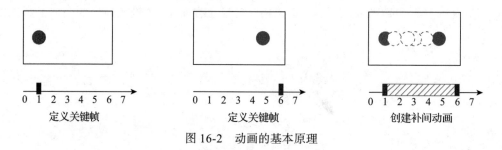

图 16-2 动画的基本原理

CSS 中可以通过 transform 属性来改变一个普通元素在关键帧中的形状,它并不会影响元素在文档流布局中的位置,只会改变最终的渲染效果。transform 属性的值需要使用变形函数来实现,常见的变形函数包括位移变形(translate)、旋转(rotate)、缩放(scale)、切变(skew)以及通用变形函数(matrix),前面几种特殊的变形函数都可以看作是通用变形函数 matrix 或 matrix3d 的语法糖,因为它们都可以转换成作用于指定顶点的变形矩阵。在介绍 Three.js 的章节中,我们已经介绍过顶点着色器的原理,这里用到的道理实际上是一样的,2D 通用变形函数的形式如下:

```
matrix(a,b,c,d,tx,ty);
```

图 16-3 展示了在平移和缩放的场景中使用 matrix 代替 translate 和 scale 函数的方法。如果你对矩阵的各种变换形式感兴趣,可以自行查阅 MDN 的变形函数专栏⊖以做进一步了解。

⊖ https://developer.mozilla.org/zh-CN/docs/Web/CSS/transform-function。

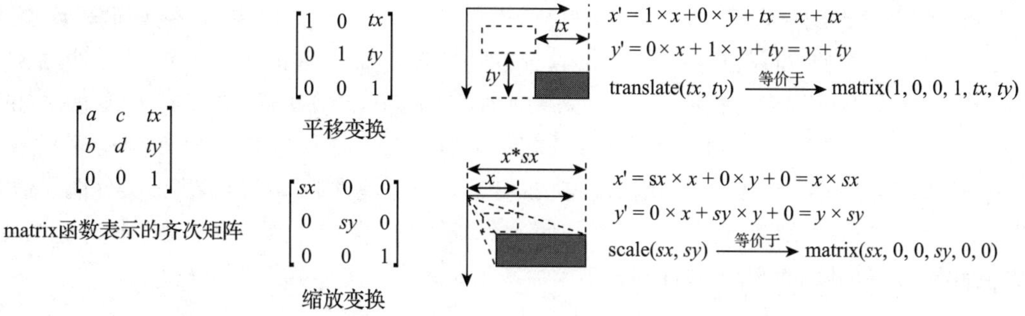

$$\begin{bmatrix} 1 & 0 & tx \\ 0 & 1 & ty \\ 0 & 0 & 1 \end{bmatrix}$$

$x' = 1 \times x + 0 \times y + tx = x + tx$

$y' = 0 \times x + 1 \times y + ty = y + ty$

translate(tx, ty) $\xrightarrow{\text{等价于}}$ matrix(1, 0, 0, 1, tx, ty)

平移变换

$$\begin{bmatrix} a & c & tx \\ b & d & ty \\ 0 & 0 & 1 \end{bmatrix}$$

matrix函数表示的齐次矩阵

$$\begin{bmatrix} sx & 0 & 0 \\ 0 & sy & 0 \\ 0 & 0 & 1 \end{bmatrix}$$

$x' = sx \times x + 0 \times y + 0 = x \times sx$

$y' = 0 \times x + sy \times y + 0 = y \times sy$

scale(sx, sy) $\xrightarrow{\text{等价于}}$ matrix(sx, 0, 0, sy, 0, 0)

缩放变换

图 16-3　2D 平移和缩放变形的矩阵形式

　　同阶矩阵可以通过矩阵左乘进行合并，当同一个元素包含多个不同类型的变形时，如果采用 matrix 函数来表示，就需要按照一定的计算顺序将各个 matrix 矩阵通过左乘合并为一个三阶矩阵，如果使用的是 translate、scale、rotate 或 skew，则需要注意它们书写时的先后顺序。

　　另一个对变形的视觉效果有显著影响的属性是 transform-origin，它可用于指定变形原点的位置，所谓变形原点是指不会因为变形而发生坐标改变的"静止点"，默认变形原点的坐标为 [0, 0]，也就是 <DOM> 元素自身矩形盒子的左上角。transform-origin 对于旋转变形的影响较大，如果将变形原点设置在元素自身的范围内，就可以得到元素绕指定点自转的效果；如果设置为另一个元素的中心或是自身范围以外的其他点，就可以得到元素绕另一个物体或绕指定点做公转运动的效果。回想一下 16.1 节示例中介绍的情形，transform-origin 默认为元素自身的左上角，所以在为它们添加旋转变化后，每个元素都将绕着自己的左上角进行旋转，只有将它们的变形原点设定为统一的值时才能够得到期望的效果。图 16-4 展示了变形原点在不同位置时对应的"逆时针旋转 30°"的操作。

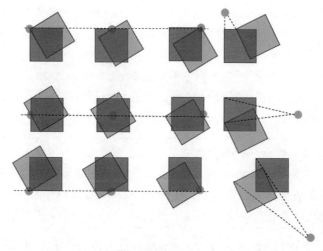

图 16-4　不同变形原点对于旋转变形的影响

最后需要注意的一点是，CSS 中的变形方法可以按照是否包含 z 轴的变换而分为 3D 变形和 2D 变形，例如 translate3d、rotateZ 这种方法名后缀为 "−3d" 或 "−Z" 的都是 3D 变形操作。3D 变形操作需要借助于 GPU 来完成变形的矩阵计算，而 2D 变形效果通过 CPU 即可完成计算。在第 15 章讲解 Three.js 的相关内容时已经介绍过 GPU 由于架构的原因非常适合进行并行计算，所以一般认为设定 3D 变形来启用硬件渲染可以提高渲染性能，但它只是一种性能提升的解决方案，并不是任何一个场景下都能成立的"万金油"技巧。至此，我们已经能够利用 transform 属性和变形函数来定制元素的关键帧了。

16.2.2 CSS 补间动画

CSS 中可以使用 transition 或 animation 属性来实现补间动画操作。transition 可以为指定属性设定自动补间动画的特性，因此也被称为过渡，它的语法格式如下：

```
transition: property duration timing-function delay;
```

property 既可以是具体的需要改变的属性（支持多个属性，但每个属性需要独立设定上面的 4 个参数值，多个属性之间用逗号进行分割），也可以直接将 property 设置为 "all" 来表示所有属性都应用这个补间动画规则。在上面的参数中，duration 代表了补间动画的持续时长，timing-function 称为时间函数或缓动函数。在后续的第 18 章介绍 tween.js 的相关内容时还会对此进行详细剖析，现在只需要了解缓动函数可以使补间动画以非匀速的方式进行就可以了。最后一个参数 delay 表示补间动画延迟多久再开始执行。transition 过渡只能播放一次且只有开始和结束两个关键帧，动画过程中的状态完全是通过自动计算来生成的。

transition 属性使用起来非常简洁，但这种简洁性也带来了一些细节定制问题。首先，transition 无法定制动画的具体过程，例如在网页上模拟太阳以弧形轨迹东升西落的动画时，使用 transition 就很难直观地进行编码，因为它只有开始和结束两个关键帧，通过 transition 计算出来的位置补间动画只能以直线轨迹进行平移。其次，使用 transition 会出现异常的另一个典型场景是当某个需要补间的属性值的开始关键帧和结束关键帧上的值一样时，比如模拟用户绕着操场跑步，如果将开始帧和结束帧都设定在起跑线上，那么使用 transition 属性就无法正确计算补间动画了，所以 transition 通常被用于一些简易的动画场景中，也就是开发者常说的"过渡动画"。

 拓展知识 使用 transition 属性来模拟弧形轨迹只是不直观，并非无法做到。相关的技巧前文中已有提及，只需要通过 transform-origin 属性将元素的变形中心设定在开始和结束两个关键帧位置的垂线上，然后通过为 rotate 旋转变形添加补间动画就可以了，这样操作后运动轨迹就是一段弧线。

当 transition 属性无法满足需求时，就需要使用细节控制度更高也更为复杂的 animation

属性了。animation 属性的使用分为两个步骤，首先通过 @keyframes 命令来定义一个动画过程，示例代码如下：

```
@keyframes CustomAnim{
    0%{ transform:translateX(0); }
    50%{ transform:translate(50px, -50px); }
    100%{ transform:translateX(100px); }
}
```

其中，0% 对应于起始关键帧，100% 对应于结束关键帧，使用 @keyframes 定义的动画可以在首尾之间添加多个关键帧以便对动画过程实现更精细的控制，再将定义好的动画添加给指定元素即可。这样的设定可以实现动画与元素的解耦，以便对动画过程本身进行复用。animation 属性的设定语法具体如下：

```
animation : name duration timing-function delay iteration-count
            direction fill-mode play-state;
```

语法中的 name 即为使用 @keyframes 定义的动画名（上例中的 CustomAnim）。duration、timing-function、delay 表示的意思和使用方法与 transition 中的相同，但 timing-function 还可以使用 steps 函数来实现一些仅需要在关键帧之间进行切换的无补间动画场景。steps 函数的语法具体如下：

```
animation-timing-function: steps(n, start|end);
```

它表示的意思是在指定动画的每两个关键帧之间，不再以连续变化的方式来生成补间动画，而是通过 n 个步骤跳跃式地从前一个关键帧切换到后一个关键帧。不难想象，当 n 的值较大时，离散动画就演变成了补间动画。参数 start 和 end 用于指出阶跃变化发生在每个间隔的起点还是终点。这里需要注意的是，step 函数与 @keyframes 中自定义的关键帧数量并没有关系，因为它是作用于两个关键帧之间的变换过程的。

iteration-count 参数用于设置动画需要重复播放多少次，当设置为"infinite"时动画就会无限循环播放，在一些可视化作品中看到的焦点水纹动画就是以无限循环的形式实现的。direction 是指动画是否应该轮流反向播放，默认状况是单向重复，它表示多次重复播放时动画效果是一致的。而设置为"alternate"时，奇数次动画和偶数次动画正好是相反的，例如一段从左向右移动的动画，在第二次重复时就会从右向左返回到起始位置。

fill-mode 参数用于设置在动画执行开始前和结束后应该如何使用关键帧中的样式，默认值为 none，它表示关键帧中的样式在动画以外的时间里不作用于元素，也就是说动画执行结束后元素就会自动恢复到动画执行之前的状态。如果希望元素保持动画结束时的形态，就需要将 fill-mode 参数值设置为 forwards，动画执行结束后会将最后一帧的状态添加在元素上，这样元素就不会在动画结束后复原了。将 fill-mode 参数值设置为 backwards 时，动画开始时会先应用第一帧，如果动画设置了 delay，那么在 delay（延迟）阶段，画面就会停留在动画的起始关键帧上（如果 fill-mode 参数值设置为 none，则会在 delay 结束时应用第一帧)。将 fill-mode 设置为 both 时,相当于同时设置了 forwards 和 backwards。使用时还有一点需要注意,animation 相当于一个复合样式的语法糖,所以 animation-fill-mode 属性单独声明时必须写在 animation 的后面,否则 animation 中的默认值就会覆盖它从而造成定义失效。

play-state 的值可以设置为 paused 或 running,该参数可用于让执行中的动画暂停。

理解了与动画相关的参数之后,就可以使用 CSS 来实现补间动画了。animation 动画的参数较多,如果使用起来有些费力,建议尝试通过手动的方式来实现经典的 CSS 动画——太阳、地球和月亮的公转。当你能够独立编写这个范例时,也就掌握了 CSS 动画的基本使用方法。

16.3　软技能:PPT 设计

你能够为即将面对的答辩或是工作汇报做出一份高质量的 PPT 吗?可能会有人认为 PPT 完全没有必要自己做,因为只要随便在网上搜一下就可以找到不计其数的模板。笔者本人也非常推崇这种“优先寻找可用资源”的思维方式,只是这种套模板的方式无法解决 PPT 设计中的所有问题。一份完整的 PPT 通常需要包括“内容设计”“平面设计”和“动效设计”等不同的环节,三者之间是会相互影响的,它们组合在一起才是一份完整的作品,而模板对“内容设计”的部分几乎是无能为力的。

16.3.1　内容为王

很多人觉得自己“不会做 PPT”是因为不熟悉软件的使用技巧,实际上是不知道在 PPT 里写什么,或者说不具备内容提炼和逻辑梳理的能力。制作一份 PPT 时,首先需要解决的问题并不是“找一个模板”,而是想清楚“我想要为谁呈现什么样的内容”,然后梳理内容的展现逻辑并从中提炼出关键点。很多人都拥有“把简单事情讲复杂”的能力,只有少数人才能够“把复杂事情讲简单”,而这就需要拥有人们常说的“结构化思维”了。

如果一位老师需要制作一份用于学生备考的知识串讲 PPT,即使上面的内容全都是从课本中摘抄下来的,即使整个 PPT 除了简陋的排版之外没有任何设计感也没有动画,使用 PPT 的学生们恐怕也不会介意,因为他们关心的只有内容,这才是最终影响他们考试成绩的关键所在。一份好的 PPT,是以使用者需要的方式呈现最重要的内容。

如果是要为自己的述职答辩制作一份 PPT,就需要明白评审组到底想听什么。可能有人会从项目的愿景和背景讲起,接着罗列项目中遇到的困难,使用了什么样的技术,或者自己的能力得到了哪些提升。虽然这样的内容的确可以让你洋洋洒洒地讲很长时间,但是评审组更在意的是结果,把项目的结果量化并展示出来,告诉评审组项目用户增长率是多少、开发的效率提升了多少、构建时间减小了多少、故障率降低了多少,为公司节约了多少成本或者创造了多少收益,这是能够让你区别于其他开发人员的述职方式。

如果是要为一场演讲准备 PPT，那么通常只需要呈现演讲内容的关键字，然后准备更多的图片或是视频素材即可，因为听众接受的信息主要来自于你在现场的讲述，观看图片和视频显然比阅读大段的文字要更有趣。如果你在为技术分享准备 PPT，则需要将内容制作得更加详细一些，因为技术分享的 PPT 通常会用于专题知识总结或是技术方案交流，它们被收藏和再次阅读的几率相比前一种情况要高得多。

在 PPT 的设计中，清晰的逻辑顺序和准确的内容编排永远是第一位的，内容的价值和受众的需求则是紧密相关的。如果考试前老师提供了一份设计感十足但只有极少量关键词的 PPT，或者不加提炼地把大段的文字直接搬进 PPT，相信大多数学生都不会觉得这是一份高质量的 PPT。如果内容没有安排好，即使配上最具设计感的模板，它也只能是一份"精美但失败的 PPT"。

16.3.2　设计入门课

完成了内容的提炼之后，就可以开始进行 PPT 的版面设计了。虽然我们不需要成为专业的设计师，但至少需要培养出从海量的模板中鉴别优劣的能力。本书并不是设计类的书籍，所以只在此推荐"四个一"的原则（一本书、一个教程、一个公众号、一个学习方法）给需要的读者。

一本书，是指设计大师 Robin Williams 的著作《写给大家看的设计书》，它通过简练有趣的描述让抽象的设计问题变得通俗易懂，并通过大量的实例对比展现了设计的原则和技巧，让非设计专业的读者也能够明白"美"的底层逻辑和判断标准。他在书中提炼的"CRAP"原则（Contrast——对比，Repeat——重复，Align——对齐，Proximity——靠近）经常出现在各类设计教程中。

一个教程，是指拥有"科技产品发布会 PPT 御用设计师"之称的阿文出品的系列教程《我懂个 P》，这是一套非常有意思的 PPT 入门教程，从基本原则应用到实战技巧分享应有尽有，干货十足，网易云课堂也上架了同名课程，有需要的读者可以自行选购。他能从众多从事 PPT 设计工作的人中脱颖而出是有一定原因的，只需要在新浪微博上关注他，微博就会自动将其他优秀的大 V 号推荐给你。

一个公众号，是指微信订阅号"秋叶 PPT"。"秋叶大叔"应该算是 PPT 圈的前辈了，因为出版了《跟秋叶一起学 ×××》系列办公软件教程而备受学员推崇。"秋叶 PPT"订阅号更新频率很高，通常会将一些实用的小技巧和新闻热点结合起来，非常适合碎片化学习。

一个学习方法，是指临摹优秀作品。临摹优秀的作品可能是新手成长的最快方式。这种方法可帮助我们了解流行的设计趋势，搞清楚设计师们常说的"扁平化风格""低面设计风格""全图型""手绘风格""中国风""高桥流"（如图 16-5 所示）等到底是指什么，以及每一种设计风格的主要视觉元素是什么，临摹的过程中要有意识地去关注高手的作品中是如何应用 CRAP 原则的。如果你认真地做了，那么成长的速度一定会超出自己的期望。

图 16-5　典型的 PPT 流行设计风格

　　作为程序员，不仅要在专业技能上精益求精，也要注意培养自己的综合能力。技术岗只不过是企业诸多岗位中的一种，我们依然逃不开那些通用的职场法则和技能栈。只要有心去学习，或许只需要花 1～2 个月的时间，我们就可以掌握这项让自己受益终身的技能。

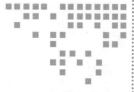

第 17 章　*Chapter 17*

Velocity.js 与高性能动画之谜

动效设计是提升应用交互体验的重要因素，它能够让应用变得更有表现力，并且能在首屏和 UI 变化时有效减少用户对于时间消耗的主观感受。想想我们玩过的手机游戏，几乎每款游戏在最初加载资源的时候，都会显示与主题相关的加载动画和一个完成百分比的加载进度条，只要进度条不断变化，用户的等待焦虑就会降低，并且更倾向于认为"应用很快就加载完成了"。相反如果初始画面没有任何提示或者只有加载动画一直在转圈，时间稍长用户就会开始怀疑"应用是不是卡死了"，从而尝试多次重新点击或是选择直接退出。但是编写动画本身也会造成额外的性能消耗，如果动画代码质量欠佳，还可能会影响主要业务内容的渲染。或许在 B 端系统重业务轻交互的现状下，你很难有足够的时间去研究和体会动画带来的乐趣，但动画和页面都是由底层的引擎负责渲染的，即使没有动画，了解性能相关的知识也能够帮助你在业务开发中更好地优化自己的应用。

在前端领域，几乎所有的动画库都声称自己是"高性能"的，那么究竟哪种实现动画的方式才算是"高性能"的呢？既然 CSS 和 JavaScript 都可以用来实现动画，那么开发者应该如何在两者之间做出选择呢？本章将通过介绍流行的 JavaScript 动效库 Velocity.js，逐步为你揭开"高性能动画"背后的秘密。

17.1　CSS 动画和 JavaScript 动画

在第 16 章中已经介绍过使用原生 CSS 属性实现动画的方式，其本质是一种声明式的关键帧动画，使用方便且书写简洁，只需要声明元素在关键帧上的样式即可，其余所有的计算都交由浏览器自动处理，但自动化程度高的技术方案不可避免地会带来细节控制能力不足的问题。为了在开发中尽可能多地利用 CSS 的特性，本节就从 CSS 动画的编写入手，以问题推演的方式来看看它所面临的限制，理解了这些限制，自然就会明白什么样的场景更适合使用 JavaScript 脚本来编写动画。

17.1.1　CSS 动画

CSS 动画通常是指 transition 属性实现的过渡动画以及使用 animation 属性实现的"关键帧动画"。

transition 动画也称为"过渡动画"或"简易补间动画"，它需要开发者提供起始和结束两个关键帧，这样浏览器才能够完成样式差异比对并计算出相应的过渡动画。从网页加载的流程来看，网页依赖的 CSS 代码会在页面渲染之前被使用，浏览器会将 CSS 代码构建为 CSSOM（CSS 对象模型），所以对于被渲染出来的元素而言，首屏渲染的结果可以看作是起始关键帧，那么结束关键帧又是从哪里来的呢？首先，通过 JavaScript 脚本来修改指定元素的样式或是类名，使其成为结束关键帧显然是可行的，另一种方式就是利用带有交互响应属性的 CSS 伪类选择器（例如":hover"或":focus"等），当对应的交互事件被触发时，新的样式会成为结束关键帧，这种特性也可以理解为 CSS 语法的事件监听机制。在创建了结束关键帧之后，浏览器就可以自动计算两者之间的差异并执行过渡动画了。所以 transition 动画的要点在于"构建出具有样式差异的两个关键帧"。

如果一个用 JavaScript 编写的脚本程序没有为任何交互事件注册监听函数，那么从某种程度上来讲，渲染出来的页面就只能用于单纯的信息展示而无法对后续的用户行为做出任何响应。transition 动画也是一样的，如果 CSS 代码中只包含了一般的静态选择器（指没有使用能够响应交互行为的伪类选择器），那么被渲染出的元素只有首屏渲染结果这一个关键帧，这样的场景会使得过渡动画无法被计算，因为元素在整个生命周期中都将只有一个关键帧，浏览器无法通过对比差异来获得补间动画的插值结果，所以首屏渲染时样式中声明的 transition 属性会失效也就不难理解了。

综上所述，transition 动画比较适合用于指定的元素在两个明确包含样式差异的状态之间过渡的场景，通常应用在鼠标的移入移出、元素的聚焦失焦等与用户交互动作密切相关的场景中，它可以使原本以突变方式进行的动画以更加柔缓的方式实现，从而达到改善用户体验的目的。

animation 动画需要先使用 @keyframes 关键词来声明动画的过程，然后将动画名关联给指定元素的 animation 属性，可以将其看作是 transition 过渡动画的加强版。使用 @keyframes 定义动画时，通常需要指定 from 和 to 两个状态（也可以使用 0% 和 100%），这就意味着一个正确定义的动画过程至少需要包含两个关键帧，所以即使没有 CSS 伪类或 JavaScript 脚本的帮助，它也依然可以独立实现动画。如果开发者没有声明 from 状态的样式，animation 动画也不会失效，它会默认以指定元素在动画开始时刻的样式作为起始关键帧样式，并结合动画定义中 to 状态的样式和关联元素的 animation 属性值来完成补间动画的计算，所以即使是像下面这样简陋的代码，在首屏渲染时也依然可以产生动画：

```
<style>
    .animate{
        height:100px;
        width:100px;
        animation:fadeIn 2s linear;
    }
    @keyframes fadeIn{
        to{ background-color:yellowgreen; }
    }
</style>
<body>
    <div class="animate"></div>
</body>
```

与 transition 过渡动画不同的是，即使关键帧之间不存在样式差异，animation 动画也依然可以被开发工具观察到，使用 Chrome 浏览器的开发者工具提供的 Animations 功能就可以捕捉到页面中所有动画的执行状况，本节随书示例代码中提供了各种状况的效果展示。不同场景中 transition 动画与 animation 动画的对比如图 17-1 所示。

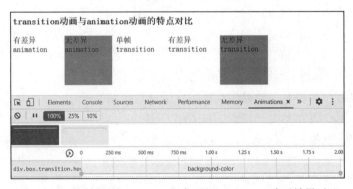

图 17-1　不同场景中 transition 动画和 animation 动画效果对比

animation 动画最显著的特点就是在起止状态之间允许定义多个中间帧，这样的设定可以极大地提高动画的细节定制能力，使得原本需要借助多个 transition 状态过渡才能实现的效果，现在只需要通过一个命名动画就可以实现了。在多关键帧动画中，开发者可以方便且直观地为不同的属性定制其各自的执行步骤，例如下面的示例就可以将并不同步的字体大小、元素位置和背景颜色这三个状态合并为一个命名动画：

```
@keyframes asyncAnimation{
    0%   { left:10px; background-color:white; font-size:18px; }
    50%  { left:60px; background-color:white; font-size:12px; }
    100% { left:110px; background-color:green; font-size:12px; }
}
```

所以，作为一种强制执行的动画，animation 既能对 transition 过渡动画失效的场景进行补充实现，同时又能增强动画细节的定制性（例如对象循环动画或往复动画等使用

animation 就非常容易做到），这些特性足以让其应对大多数单对象动画的场景。但是若要在同一个时间段内管理多个对象的动画，或者是实现具有一定时序的多个动画，那纯 CSS 实现的动画就显得力不从心了，因为很难将真实的交互动作映射为多个元素的伪类效果，也无法在 CSS 中获取关于动画执行进度的信息，它几乎是黑盒执行的，如果希望进一步增强动画的定制能力，就需要借助 JavaScript 动画了。

17.1.2　JavaScript 动画

在介绍 JavaScript 动画之前，我们先来看看 CSS 动画在面对联合动画和时序动画时存在的问题。联合动画是指交互事件被触发时，需要对其中一个或多个元素触发动画的场景。CSS 中的响应机制需要依靠伪类来实现，在下面的示例代码中，函数所实现的效果就是当鼠标悬浮于 a 类元素上时，在 a 类子级 DOM 节点中类名为 b 的元素就会被应用指定的样式：

```
.a:hover > .b{
    //...一些指定的样式
}
```

这种模式的确可以非常方便地实现一些诸如"如果满足条件 A，那么 B 的样式将设置为……"的条件动画，但其对于 DOM 结构有一定的要求，当条件 A 所指的元素与目标元素 B 在树结构中的相对距离较远时容易遇到较大的阻碍，因为这种模式的实现需要依靠级联选择器，而 CSS 并没有提供父级选择器或是先祖选择器。使用纯 CSS 来实现多对象动画时也会面临同样的结构限制，如果你在项目中尝试过定制 ElementUI 或是 Antd 的部分样式细节，就会知道它们并不总是"覆盖一下样式"那么简单。另外，在这种模式中，CSS 动画和页面结构是分离的，它们无法保持响应式的同步关系。一段正确的 CSS 动画代码很可能会因为页面样式结构的变化而失效，这又加重了代码维护的负担。所以这种模式只适合用于一些 DOM 结构几乎不用再改变的场景中（通常都是小型组件或页面元件的开发场景），许多带有一定动画或过渡效果组件的第三方样式库，都是使用伪元素和这种编码模式实现的。

时序动画是指多对象不同步执行的场景。以列表项的渲染动画为例，开发中通常使用的动效称为阶梯交错动画（或 stagger 动画），列表中每一行 \<tr\> 标签中的内容执行的动画实际上都是一样的，但是需要在前一个元素的动画过程执行到特定的时间点时下一个动画才会开始执行，后续的元素依此类推，这就需要为每一个动画执行项的 animation 属性设置以等差数列递增的 delay 值了。假设列表每页显示 50 条记录，我们总不至于手动定义 50 个类，或者编写 50 个带有":nth-child(n)"的选择器吧？这种需求通常需要借助于 CSS 预编译器来实现，但是如果允许使用 JavaScript 脚本来完成，相信大部分初级开发者都可以轻松实现这种动态效果，只是使用原生语法时可能会显得有些烦琐。

了解了 CSS 动画的限制后，下面正式为大家介绍基于 JavaScript 的动画模式，要说明的是，本章中所介绍的 JavaScript 动画并不是指 Web Animations API[⊖]，JavaScript 动画也

　　⊖　https://developer.mozilla.org/en-US/docs/Web/API/Web_Animations_API。

不仅仅是指用脚本来动态控制元素类名实现对 CSS 动画的调度，我们可以将整个动画的控制权交给 JavaScript 从而获得更加精细的控制能力。比如，我们在画布上实现动画时使用的"逐帧动画"，它不再像 CSS "关键帧动画"那样只定义关键帧画面，对于插值计算和动画过程管理，则全部委托给浏览器来执行，它会在 JavaScript 中实现动画的逻辑，每一帧的状态都由 JavaScript 来计算和管理，然后利用 requestAnimationFrame 方法不断修改动画元素的样式，从而实现动画效果。换言之，动画是由开发者自行生成和管理的，浏览器只需要负责页面的绘制就可以了。如果你了解过 React 的 Fiber 调度机制就会明白，当浏览器的原生能力用起来不那么顺手时，工程师们就会自行实现一套机制来获取实际的控制权。图 17-2 所示的是 CSS 动画与 JavaScript 动画的对比。

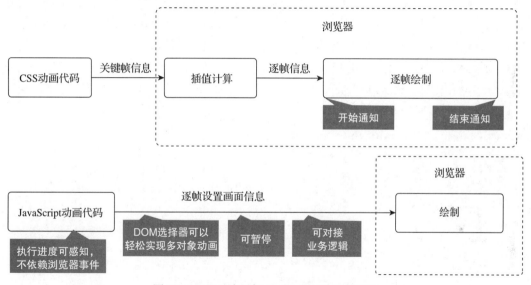

图 17-2　CSS 动画与 JavaScript 动画的对比

在逐帧动画的模式中，既可以使用任何自定义的时间函数来执行动画，也可以同时管理多个对象的动画过程，而且很方便。另外动画的进度也是全生命周期可感知的（CSS 动画只会触发 animationstart 和 animationend 等少数事件），我们可以自由地实现动画的暂停和恢复，又或者是在动画执行到某一特定时刻时关联其他的逻辑……很明显，逐帧动画需要开发者自行承担更多的工作，自然，它在细节控制、过程管理以及多对象管理上也会拥有更强的能力。不过，随之而来的复杂性和膨胀的代码量也是必要的代价。另外，使用 JavaScript 实现的动画更容易受到主线程实时环境的影响。

所以，CSS 动画与 JavaScript 动画之间的选择从来都不是非黑即白的，我们所要做的是在 CSS 的简洁性和 JavaScript 的动态控制能力之间找到平衡点。CSS 动画可以使用著名的 animate.css 预设动画库，其通过类名定义提供了很多"开箱即用"的动画效果。而 JavaScript 动画则可以借助于 Velocity.js 来实现，虽然 Velocity.js 官方声称它将 animate.css

库中的预设动画以 Velocity.ui.js 的形式进行了集成，但事实上它在兼容性方面做得并不好。下面就来学习 Velocity.js 的相关用法。

17.2　Velocity.js 入门指南

本节就来学习 Velocity.js 的使用方法（本节中的讲解均是针对 Velocity.js V2 版本进行的，下文统一简称为 Velocity），它将动画的实现封装在了软件内部，但提供给开发者的 API 仍然接收"关键帧"形式的参数。为了满足各种不同的编程习惯，Velocity 在内部做了大量的兼容处理，这使得它的调用方式、传参方式和参数单位等都可以非常灵活，为了简便起见，本文中只使用最常用的语法进行说明。Velocity 既支持全局函数调用，也支持将相关的函数以补丁的形式添加到 DOM 元素的原型链上，以便在 DOM 选择器返回的结果中直接以对象方法的形式实现动画。当多个 Velocity 方法以链式调用的方式编写时，定义的动画就会逐个执行。Velocity 的主要 API 只有一个，它会接收两个对象类型的参数，第一个参数 properties 用于描述对象下一个关键帧中的样式，第二个参数 options 用于描述动画执行的细节或在事件钩子中触发其他的动作，其基本的使用方式具体如下：

```
let element = document.querySelector('#div');

//以全局函数的形式调用
Velocity(element,{ width:75 });

//以对象方法的形式调用
element
.velocity({ width: 75 }).
.velocity({
    backgroundColor:'blue'
}, {
    ducation: 400,        //动画时长
    easing: "swing",      //缓动函数
    loop:false,           //循环次数
    delay:false,          //延迟时间
    begin:function(){
        //动画开始时触发事件钩子
    },
    progress:function(){
        //动画进度变化时触发事件钩子
    },
    complete:function(){
        //动画结束时触发事件钩子
    }
});
```

相比之下，链式调用的方式更符合大多数开发者的使用习惯，Velocity.js 会在运行时将方法集混合到不同的原型对象中，从而兼容不同的主框架（代码取自 Velocity.js 2.0.6 版本

的源代码）：

```
if (window) {
    var jQuery = window.jQuery,
        Zepto = window.Zepto;
    patch(window, true);
    patch(Element && Element.prototype);
    patch(NodeList && NodeList.prototype);
    patch(HTMLCollection && HTMLCollection.prototype);
    patch(jQuery, true);
    patch(jQuery && jQuery.fn);
    patch(Zepto, true);
    patch(Zepto && Zepto.fn);
}
```

从上面的代码片段我们很容易看出 Velocity 是如何兼容全局调用以及多种不同选择器返回的 DOM 对象集合的。Velocity 通过参数设定很容易实现 CSS 动画的基本功能，同时它还暴露了多个动画执行到不同阶段的事件钩子，以便开发者可以加入自定义的逻辑，关于这一点，熟悉组件开发的读者一定能够轻松理解。在动画控制方面，Velocity 通过在 API 中传入一个命令字符串来进行识别，例如 element.velocity('pause') 和 element.velocity('resume') 分别实现了让指定元素的动画暂停和继续播放的功能。更多的使用细节请参考官方代码仓库中的 wiki。

17.2.1　stagger 交错动画

下面就来使用 Velocity 实现一个阶梯交错动画（stagger 动画），它通常出现在列表项的渲染过程中，每一个列表项在执行动画时都需要在前一个动画开始的时间上加上一定的延迟，从而在整体上表现出一种逐渐加载的效果，以便获得更好的用户体验。下面的示例代码实现了一个开始时从左侧淡入，当列表整个加载完以后再从右侧淡出的动画：

```
const items = document.querySelectorAll('li');
const ul = document.querySelector('ul');

//fade-in-left函数
function fadeInLeft(ele) {
    return new Promise((resolve, reject) => {
        ele.velocity({
            opacity: [1, 0],
            transform: ['translateX(0)', 'translateX(-100px)']
        }, {
            stagger: 50,
            duration: 300,
            complete: function(){
                resolve();
            }
        });
    })
```

```
    }

    //fade-out-right函数
    function fadeOutRight(ele) {
        return new Promise((resolve, reject) => {
            items.velocity({
                opacity: [0, 1],
                transform: ['translateX(100px)', 'translateX(0)'],
            }, {
                stagger: 50,
                duration: 300,
                complete: function(){
                    resolve();
                }
            });
        })
    }

    //执行动画
    fadeInLeft(items).then(() => {
        setTimeout(() => {
            fadeOutRight(items).then(() => {
                ul.innerHTML = '';
            })
        }, 1000);
    })
```

为了更好地组织动画逻辑，示例代码中使用高阶函数将 Velocity 的 API 改造成了分步执行的形式。首先将动画细节封装在函数内部，并将其包装成一个接受单参数的函数，然后在传入 DOM 元素或元素集合时执行动画，接着返回一个 promise 实例添加后续的逻辑代码，promise 会在当前动画执行结束后触发 complete 事件钩子时触发状态变更。也可以利用函数式编程的思想自行编写一个动画定义器，从而将抽象的动画过程封装成命名的动画函数。Velocity 官方提供的 registerSequence 命

图 17-3　使用 Velocity.js 实现 stagger 阶梯动画

令就是用来实现这个功能的，但它实际使用起来需要解决很多问题，因此笔者并不推荐使用该命令。另一个需要注意的细节是，示例代码中为变更属性传入的是一个数组，数组中的两个值分别代表了动画结束时和动画开始时的值，也就是说可以直接手动指定 2 个关键帧，transform 属性的动画只能使用这种方式来进行触发。当上述代码运行时，就能看到列表元素交错出现然后逐个消失的动画，如图 17-3 所示。

完整的实现代码可以在本章的代码仓库中获得。

17.2.2　在 SPA 框架中编写动画

现代的前端应用大多是基于 SPA 框架开发的，如果现在让你在已经完成业务逻辑开发的程序中加入动画和动效，你是否会简单粗暴地直接将新代码一股脑塞进组件里呢？恐怕很多初级开发者都是这样做的。新人和高手写的代码从页面结果上来看通常并没有太大的差别，但是在模块划分和代码组织的意识上却大相径庭，新人很少会拆分自己的代码，通常是框架提供的约束限制到哪里，哪里最终就会堆满代码。从 MVC 框架中的 Controller，到新一代框架中使用的组件，新人总是能够轻易将它们写到成百上千行。

使用 SPA 框架开发应用时，开发者并不会直接参与 DOM 操作，我们也不希望因为实现动画而将大量的 DOM 操作代码混入主业务逻辑中，否则你的代码很快就会变得像是"刀耕火种"时代的产物一样难以维护。如果没有按照框架期望的方式去操作 DOM，则极有可能与框架本身对于 DOM 的处理发生冲突，从而出现一些意料之外的问题。无论该动画是通过 CSS 还是 JavaScript 的方式实现的，我们都更加倾向于将动画本身制作成一个抽象过程，然后在需要时将它绑定给具体的执行元素，以便实现代码的复用和解耦操作。这就好像是在 CSS 中实现动画时使用 @keyframes 来描述动画过程，然后在具体的选择器属性中再将它指定给对应的类一样，在 JavaScript 动画中利用高阶函数或是类似的思想也可以实现同样的效果。例如在 Vue2.x 中，框架同时支持 CSS 动画和 JavaScript 动画，开发者可以通过自定义的指令或是官方提供的 <transition> 和 <transition-group> 组件来实现动画过程的抽象，然后在模板中以声明式的语法来使用它，这样就不必担心因为编写复杂的动画而造成组件中逻辑代码大量增加了。Angular 技术栈中用于实现动画的 @angular/animations 库的风格与 Vue 指令接近，它可以减少模板中元素的嵌套层级，从而让代码变得更加简洁。React 开发者编写的组件本质上就是 JavaScript 函数，它利用高阶组件来封装与动画相关的逻辑，这与前文中使用高阶函数来处理 Velocity 动画的思路是一致的。三大框架及其生态是前端领域的热门话题，网上有大量相关的动画示例，下面就以 Vue2 中的动画实现为例进行演示，如果你还不熟悉它，官方文档中有非常详细的讲解可供参考。

前文在原生 JavaScript 中实现了 stagger 交错动画的渐入和渐出效果，但是在日常开发中，列表项发生较大范围的更新通常是发生在翻页时。从用户的角度来讲，其感兴趣的是下一页的新数据，stagger 渐出效果反而会影响用户的体验，因为它的确延长了用户的等待时间，所以在大多数列表的 stagger 动画都只实现了渐入的效果，这样在翻页时，即便上一页的列表项突然消失，下一页各个列表项的渐入动画也会立刻开始执行。下面就来尝试用几种不同的方式在 Vue2 中实现 stagger 动画的渐入效果。

第一种方式是通过自定义指令来实现的，指令有自己特有的生命周期钩子，框架在触发这些钩子函数时会将原始 DOM 元素传进来，这样我们就可以利用元素绑定到父节点时触发的 inserted 钩子实现渐入动画。指令只能访问到与绑定节点相关的信息，而在实现 stagger 动画时，需要根据每个元素在列表中的索引号来设置不同的延迟时间，所以需要在使用指令时将索引号传给指令，示例代码如下：

```
<div>
    <ul v-if="text==='Leave'">
        <li v-fade-in-out="index" v-for="(item, index) in lists">{{item}}</li>
    </ul>
</div>
<script>
//添加自定义指令
    Vue.directive('fadeInOut', {
        //元素插入父节点时
        inserted: function (el, binding) {
            el.style.opacity = 0;
            el.velocity({
                opacity: [1, 0],
                transform: ['translateY(0)', 'translateY(-20px)'],
            }, {
                duration: 400,
                delay: (+binding.value) * 100
            });
        },
        //指令与元素解绑时
        unbind: function (el, binding) {
            el.velocity({
                opacity: [0, 1],
                transform: ['translateY(20px)', 'translateY(0)'],
            }, {
                duration: 400,
                delay: (+binding.value) * 100
            });
        }
    });

    //实例化vue
    new Vue({
        el: '#app',
        data() {
            return {
                text: 'Enter',
                show: false,
                lists: [1, 2, 3, 4, 5, 6, 7, 8, 9]
            }
        }
    })
</script>
```

示例代码中，unbind 事件钩子中的动画并不会被触发（钩子函数本身会触发，但它是在指令和节点解绑后才触发的），而正确的动画开始时间应该是在解绑之前，使用指令实现动画的限制也在于此，它较难实现渐出动画的效果。

第二种方式是通过 <transition-group> 组件来实现的，它支持 CSS 和 JavaScript 这两种不同的动画模式，可用于实现列表动画。动画组件实现了自己的类名调度机制，我们只需要将关键帧的样式定义在表示动画执行阶段的特殊类名中，Vue2 在执行动画时就会自动调用或移除相应的类名，这种方式更加简洁，在实际开发中的应用也相对更多。本例中只简述 JavaScript 动画的实现，JavaScript 动画与 CSS 动画的选择并不是非此即彼的，框架会根据 <transition-group> 中 CSS 属性的值来决定是否在动画过程中进行 CSS 类名的调度。我们既可以只添加事件钩子来触发业务逻辑，而将动画的执行继续委托给类名调度系统，也可以禁用类名调度机制，将动画和相关的业务逻辑都使用 JavaScript 脚本来实现。下面的示例代码中演示的是后一种方式：

```
//模板部分
    <transition-group
        class="content"
        tag="ul"
        name="fade-list"
        :css="false"
        @before-enter="beforeEnter"
        @enter="enter">
        <li
            v-for="(item, index) in list"
            :key="item.code"
            v-if="showpage"
            :data-delay="index * 150">
            {{item.text}}
        </li>
    </transition-group>

//逻辑部分
    new Vue({
        el: "#app",
        data() {
            return {
                showpage: true,
                list: [
                    { code: 0, text: "第一个" },
                    { code: 1, text: "第二个" },
                    { code: 2, text: "第三个" },
                    { code: 3, text: "第四个" },
                    { code: 4, text: "第五个" },
                    { code: 5, text: "第六个" },
                ],
            };
        },
        mounted() {
            this.showpage1 = true;
        },
        methods: {
            beforeEnter(el) {
                el.style.opacity = 0;
            },
```

```
            enter(el, done) {
                let delay = el.dataset.delay;
                setTimeout(() => {
                    el.velocity(
                        {
                            opacity: 1,
                            transform: ["translateY(0)", "translateY(20px)"],
                        },
                        {
                            delay: delay,
                            duration: 400,
                            complete: done,
                        }
                    );
                });
            },
        },
    });
```

　　上面的代码的确可以实现动画，但是其中也存在着很多问题。首先，将与动画相关的代码直接和业务逻辑实现代码堆砌在同一个组件中会让人感到混乱。JavaScript 动画部分的代码应该属于 <transition-group> 组件的一部分，如果能将它们封装在一起，业务逻辑组件就会变得更加清爽。其次，当你想在另一个组件中使用同样的动画时，会发现似乎只能将同样的动画代码复制一遍，而不能像指令一样方便地实现复用。在 Vue2 中，我们可以通过定义函数组件来实现高阶组件的功能，它可将特定的动画封装起来，从而实现相关代码的复用：

```
// 模板部分
    <stagger-fade-in>
        <li
            v-for="(item, index) in list"
            :key="item.code"
            v-if="showpage"
            :data-delay="index * 150">
            {{item.text}}
        </li>
    </stagger-fade-in>

//逻辑部分
    Vue.component("stagger-fade-in", {
        functional: true,
        render: function (createElement, context) {
            var data = {
                props: {
                    name: "fade-list",
                    tag: "ul",
                    css: false,
                    class: "content",
```

```
                            },
            on: {
                beforeEnter: function (el) {
                    el.style.opacity = 0;
                },
                enter: function (el, done) {
                    let delay = el.dataset.delay;
                    setTimeout(() => {
                        el.velocity(
                            {
                                opacity: 1,
                                transform: ["translateY(0)", "translateY(20px)"],
                            },
                            {
                                delay: delay,
                                duration: 400,
                                complete: done,
                            }
                        );
                    });
                },
            },
        };
        return createElement("transition-group", data, context.children);
    }
});
```

　　所有的示例代码都可以在本章的代码仓库中获得，不要受限于特定的框架和实现形式，建议把更多的关注点集中在原理和实现思路上。了解完动画的实现后，下面就来学习有关动画性能的知识。

17.3　高性能动画的秘密

　　事实上，Velocity.js 或任何其他 JavaScript 动画库都只是让开发者更方便地编写动画和组织代码，它们本身并不能保证动画的高性能，当使用 CSS 来实现动画时，对性能影响最为显著的是元素的层次结构和动画中变化的 CSS 属性。不同的属性在变化时对应的性能开销也各不相同，浏览器底层在处理动画计算和绘制时所需要完成的处理工作也有很大的差别，而使用 JavaScript 来实现动画时，性能还会受到主线程阻塞情况的影响。这就使得看起来相似的动画过程以不同的方式实现时，有的会非常流畅，而有的就可能会出现卡顿、掉帧或阻塞等影响用户体验的现象。只有了解相关的原理才能明白一些最佳实践背后的真实原因，从而在开发中更加游刃有余，避开可能出现的性能陷阱。

　　想要评估动画的性能还需要了解一些量化指标，最常用的画面流畅度衡量指标就是页面的 FPS（Frames Per Second，也称为帧率），它反映了特定时刻的画面流畅度。计算机渲染画面与使用设备拍摄的画面并不相同，摄像机录制视频时的每一帧实际上是一段时间内的画面叠加生成的（比如摄影时常用的长曝光技巧）。如果被拍摄的是静物，则画面相对来说就会比较清晰；如果被拍摄的物体处于运动状态，那么当你尝试暂停在某一帧时画面通常就会比较模糊，这样的帧称为"模糊帧"。受双眼"视觉暂留"效果的影响，理论上影视拍摄作品只需要达到 24FPS 以上，我们所看到的画面就是相对流畅的。计算机渲染的画面每一帧都是由计算机计算出来的，精确且清晰，相邻的帧之间也不存在模糊过渡的问题，因此，需要达到 50～60FPS 时才能够呈现出比较流畅的画面。

17.3.1 像素渲染管线

目前大多数设备的屏幕刷新率都是 60 次 / 秒，为了使网页画面的渲染帧率尽可能接近这个值，浏览器在处理每一帧时计算和渲染所花费的时间都需要控制在 1000/60（约为 16.6）ms 以内，这样显示器才能将渲染完的像素数据及时地展示在屏幕上。那么在这 16.6ms 的时间里，浏览器需要处理哪些工作呢？具体可以看图 17-4，你可能已经在很多技术文章中见到过这张图，它来自 Google 开发者社区官方网站 Web Fundamentals 专栏⊖的 performance 章节。

 拓展知识 Web Fundamentals 专栏有大量关于浏览器原理和 Web 领域相关知识的文章，涵盖设计、交互、多媒体、性能、安全、基础知识等诸多大类，文章内容详实且权威性高，而且可以切换为简体中文版本。相较于一味追求热门框架，笔者认为这才是真正值得初级工程师反复研读的资料。

图 17-4　浏览器像素处理管道

图 17-4 所示的是"浏览器像素渲染管道"，也称为"关键渲染路径"（Critical Rendering Path），它展示了浏览器在渲染每一帧时从执行 JavaScript 代码到最终得到与画面相关的像素数据所经历的典型步骤，在网页的整个生命周期中，这个过程是不断重复发生的。渲染管道处理流程的第一步是检查是否有需要执行的 JavaScript 代码，这部分代码通常是异步触发的，例如注册事件监听器时传入的回调函数或是通过定时器反复触发的函数等。如果编写的代码存在问题，或者因为代码执行时间过长造成了阻塞，那么处理管线中的后续步骤就只能等待，因为主线程和 UI 线程是互斥的，每次只能激活一个，在 JavaScript 代码执行完之后，才会进入下一个阶段。Google 开发者文档中建议开发者将脚本在每一帧中执行任务的时间控制在 10ms 以内，以便将剩下的时间留给浏览器去处理其他任务，从而获得更加流畅的动画效果。毕竟利用渲染引擎分析和计算下一个画面中各个像素的颜色值也需要花费时间，如果解析脚本和准备下一帧数据耗费了过长时间，那么浏览器在单位时间内能够渲染的画面数就会减少，也就是实时帧率会下降，从而导致页面上的动画出现卡顿的问题。

⊖　https://developers.google.com/web/fundamentals/performance。

Style 阶段所执行的任务就是为元素计算有效样式从而得到"渲染树"。在这个过程中，浏览器需要遍历 DOM 树上的元素节点，并依据它的属性（例如元素名、类名或是其他特征等）找出匹配的 CSS 选择器，接着按照一定的优先级和权重规则对这些样式进行覆盖、合并操作，最终得到作用于某个元素的样式集。如果你在浏览器的开发者工具中查看指定元素的样式，就很容易观察到一个元素匹配到多个 CSS 选择器时，样式之间是如何发生覆盖的。首次进入 Style 阶段，工作量必然是巨大的，浏览器需要遍历整个 DOM 树来完成样式计算，但可以想象计算的结果必然会被缓存，这样浏览器在后续环节中每次执行到 Style 阶段，只需要增量处理受到影响的样式和元素就可以了。

进入 Layout 阶段后，浏览器的主要任务就是布局，所谓布局就是计算每个元素应该绘制在页面的什么地方。当 Style 阶段确定了每个元素生效的样式后，浏览器就可以根据这些属性来计算元素的盒模型尺寸，以及它在页面上的位置了。对于已经知道宽和高的矩形而言，只需要确定左上角的坐标位置就可以知道绘制它的方法。网页中绝大多数元素都是按照从上到下、从左到右的原则排布在正常文档流中的，这就意味着在计算布局时元素之间会互相影响。当某个元素的盒模型尺寸发生变化时，可能会导致多个元素的盒模型尺寸或绘制位置发生变化，比如拖动鼠标改变浏览器视口的宽度时，通常绝大多数元素都会受到影响，这时浏览器就需要重新进行布局计算了，不难想象，这是一个极容易引发"蝴蝶效应"的环节。布局的计算结果必然也会被浏览器缓存，当 Style 阶段修改的样式可能造成布局变化时，浏览器就会在更新渲染树节点时对其进行标记，假如某个元素被更新的属性只有背景颜色，那是不会影响到布局的，但如果是宽度或是外边距发生了变化，那么它的外形尺寸或绘制位置就会随之发生变化，也就必然要对相邻元素重新进行布局计算，从而产生连锁反应。所以 Layout 阶段的工作量实际上在 Style 阶段已经标记出来了，如果浏览器发现并不需要重新进行布局计算，就会快速跳过这个阶段，这才是影响动画性能最关键的因素。

经过了 Layout 布局阶段后，后续的 Paint 和 Composite 环节所需要的性能开销相对而言就比较低了，原图中已经将它们标记为绿色背景。Paint 阶段是生成像素数据的过程，也就是将元素的背景、前景、边框、阴影等全都转换为像素点的 RGB 值的过程，当然根据 CSS 堆叠上下文的特性可知，不同的元素可能会被绘制在不同的层上。执行渲染任务的可能是 CPU 也可能是 GPU，利用 GPU 来实现渲染任务通常会被称为"硬件加速渲染"。它可以将满足一定条件的元素提升至单独的绘图层上，然后利用 GPU 并行处理的特点来同时处理多个图层，从而更快地得到绘制结果。它的特点是计算速度更快但缓存区域更小，这就意味着我们不能毫无节制地滥用它。Composite 阶段的主要任务就是将绘制完的多个层按照一定的顺序合并成一张图，毕竟最终展示在显示器上的只有一张平面图。如果分布于不同层上的像素点发生重叠，那么层次较低的像素就会被丢弃掉。在得到尺寸大小和显示器分辨率一致的 RGB 数值集合后，就可以用它绘制出一帧画面了。

"像素渲染管线"所描述的处理流程并没有包含浏览器在进行首屏渲染之前对于代码所

做的解析以及构建过程，但这部分知识对于理解浏览器的工作流程来说非常重要。对此感兴趣的读者可以阅读《浏览器的工作原理：新式网络浏览器幕后揭秘》[⊖]这篇博文，它最早发布在 HTML5Rocks 网站上（即前文介绍过的 Google 开发者社区 Web Fundamental 板块的前身）。它是笔者阅读过的资料里对相关知识的描述最清楚的一篇文章。当然，也可以通过笔者技术博客中收录的曾经在 GDG Xi'an 2019 年开发者年会上分享的小清新 PPT《假如我是一个浏览器》来了解相关的基础知识。

17.3.2　回流、重绘与合成

了解了浏览器像素管线的机制后，我们再来谈谈与性能相关的两个术语——reflow（回流）和 repaint（重绘）。如果样式的变动造成了大量元素的重新计算和布局，Layout 阶段的工作量就会非常重，这种情况称为"回流"。如果样式变化没有影响布局，而只是需要对元素盒模型内部的局部像素值进行更新，浏览器就会快速跳过 Layout 阶段并进入 Paint 阶段，这种情况称为"重绘"。不难想象，"回流"是必然会引发"重绘"的。当你使用某些特定的样式时，浏览器也可以跳过 Paint 阶段直接进入 Composite 阶段，它的性能开销更小。所以如果想要实现高性能的动画，就需要对不同的 CSS 属性所对应的性能开销有个基本的认知，在实现动画时尽可能避开那些会导致"回流"的操作。容易触发回流的操作主要与盒模型尺寸及定位属性有关，同时还包括一些与节点内部文字结构相关的属性，原因已在前文中分析过。只会触发重绘的主要是一些与颜色相关的属性。除了改变 CSS 样式之外，在JavaScript 中调用一些与 DOM 操作相关的 API 时也可能会导致浏览器重新进行布局计算，从而触发回流的问题。例如读取元素的 offsetTop、offsetLeft 等需要即时计算的值，你没有看错，仅仅是读取这些值就会触发浏览器进行强制布局。所以当代码中使用到这些数值时，通常都会在 JavaScript 中对其进行缓存，从而避免反复读取触发布局计算。

在支持 CSS3 的现代浏览器中，我们有了更好的动画选择，那就是 opacity 和 transform属性。改变它们的值只会影响 Composite 阶段的工作量。很多文章声称对 opacity 和transform 属性执行动画时性能高是因为"硬件加速"的关系，其实除了硬件本身的原因之外，它们分层处理后再合成的数学计算方式也对性能的提升有很大的帮助。opacity 的字面意思为透明度，直观的视觉效果就是颜色变淡的程度，从数值运算的角度来看，它表示的是采用一般混合策略与其他颜色进行叠加时的比例，用公式表示就是：

$$显示颜色 = 合入颜色 \times opacity + 底色 \times (1 - opacity)$$

例如，在网页默认的白底色上有一个元素，白底色的 RGB 三个分量的值均为 255，当我们将包含透明度的红色值 RGBA（218, 89, 97, 0.8）设置给该元素时，利用上面的公式就可以算出显示色的三个分量为 RGB（225, 122, 128），用拾色工具采集指定区域的 RGB 颜色时，也会看到同样的结果。所以 opacity 这个属性所影响的只是不同图层在叠加过程中对

⊖　https://www.html5rocks.com/zh/tutorials/internals/howbrowserswork/。

颜色处理的系数，即便没有设置 opacity，不同的图层在合成时也需要对重叠区域进行混色计算。所以使用 opacity 属性实现动画时，浏览器既不需要重排，也不需要重绘，缓存的单个图层的 RGB 颜色值也不需要更新。如果没有先分层后合成的过程，那么浏览器每次都需要手动更新动画区域的 RGB 颜色值，相当于触发了重绘，而且由于相应区域的颜色持续发生变化，因此缓存也就失去了意义。

　　transform 动画的性能优势也是类似的原理，它的属性值包括位移函数 translate、缩放函数 scale、斜切函数 skew 和旋转函数 rotate，在开发中直接使用这些函数可以保持代码的语义性。但是从实现原理的角度来说，它们都可以看作是变形函数 matrix 的语法糖，matrix 函数接收 6 个参数（即下面公式中的 $a \sim f$）后得到一个变形矩阵，所有 transform 实现的效果都可以通过结合这个齐次矩阵将原坐标系中的点 (x, y) 进行计算来得到新的坐标：

$$\begin{bmatrix} x' \\ y' \\ 1 \end{bmatrix} = \begin{bmatrix} a & c & e \\ b & d & f \\ 0 & 0 & 1 \end{bmatrix} \begin{bmatrix} x \\ y \\ 1 \end{bmatrix}$$

　　齐次矩阵的系数是在编写代码时传入的，使用三维的齐次矩阵是因为二维的坐标点在进行平移变换时会产生常数项，而二维矩阵对应的求解公式中并没有常数项。所以当使用 transform 属性来实现变形动画时，参与合成的图层上的渲染结果都不需要改动，而只需要在合成图层的过程中加入矩阵计算即可。这样一来，原本需要进行重绘的场景（如页面滚动）在合成层的机制下只需要不断地改变合成过程的参数就可以实现了，这样可以有效地减少 CPU 重绘的工作量。

17.3.3　使用合成层获得高性能

　　要想在浏览器中利用硬件加速机制来提高性能，就需要告知浏览器将对应的元素绘制在独立的合成层中，这样才能在 Composite 阶段借助 GPU 并行计算的能力提高计算速度。这里的合成层不同于使用 z-index 或绝对定位划分出来的层级，尽管 CSS 层叠上下文也是一种分层机制，但它影响的是同一个合成层中多个元素的渲染顺序，最终的渲染结果只使用了一个分层，使用 Chrome 的开发者工具可以直观地看到网页中的合成层以及它生成的原因。合成层的生成需要一些特定的 CSS 属性来触发，例如 CSS 3D 变形属性（通常使用 translateZ(0) 来强制生成合成层）、opacity 或 transform（静态设置属性并不需要生成独立的层）、Clip（剪裁）和 Filter（滤镜）属性等。独立的合成层和硬件加速的机制结合在一起，才使得动画的性能得到了有效地提升。前文列举的合成层生成条件只是很小的一部分，更多的信息可以通过访问 chromium 的官方网站了解，其中有很多高质量的视频和 PPT 文档描述了渲染时浏览器底层所做的工作。笔者技术博客中的《高性能 Web 动画及渲染原理》专题也收录了个别重点 PPT 的学习笔记。

　　所以在动画的实现上，我们应尽量使用 opacity 的变化去替代原本可能触发重绘的颜色动画，使用 transform 去替代原本可能引发回流的位移和形变动画，从而实现更加流畅的动画效果。Chrome 开发者工具提供了非常多观察调试页面分层和动画性能的工具，若在 performance 页签中录制一段时间内浏览器所做的渲染工作，你会发现它用不同的颜色标记出了 Style、Layout、Paint 和 Composite 所占用的时间。Layers 页签可以用来检查合成层的使用情况，前文已经提及过 GPU 的缓存空间相对较小，如果强行将大量元素都改变为硬件加速渲染，那么整体的渲染性能反而可能会降低。开发中如果遇到动画性能相关的问题，通常需要通过 Layers 界面中的信息来检查是否由于意料之外的原因导致了合成层的过度使用。另外，我们还可以使用 FPS Meter 来查看页面的实时渲染帧率，先打开 Chrome 控制台，然后通过组合键 Ctrl+Shift+P 唤起命令面板，找到并开启对应的功能。

本章的代码仓库中提供了对同一段平移动画多种不同的实现方式，在 Chrome 浏览器中打开 FPS Meter 就可以看到动画发生时的实时帧率，对比后很容易看出那是通过修改 left 属性实现的位移动画，无论是使用 CSS、原生 JavaScript 还是 Velocity.js，页面的实时帧率几乎都是维持在 40FPS 上下。如果将 left 动画强制提升到合成层中，则画面的帧率反而会下降到 20FPS 的水平，而当使用 translate 属性实现同样的位移动画时，页面的帧率很快就稳定在 60FPS 左右。如果在 Performance 面板中分别录制动画过程，就可以看到浏览器底层所承载的工作量差异有多大，如图 17-5 所示。

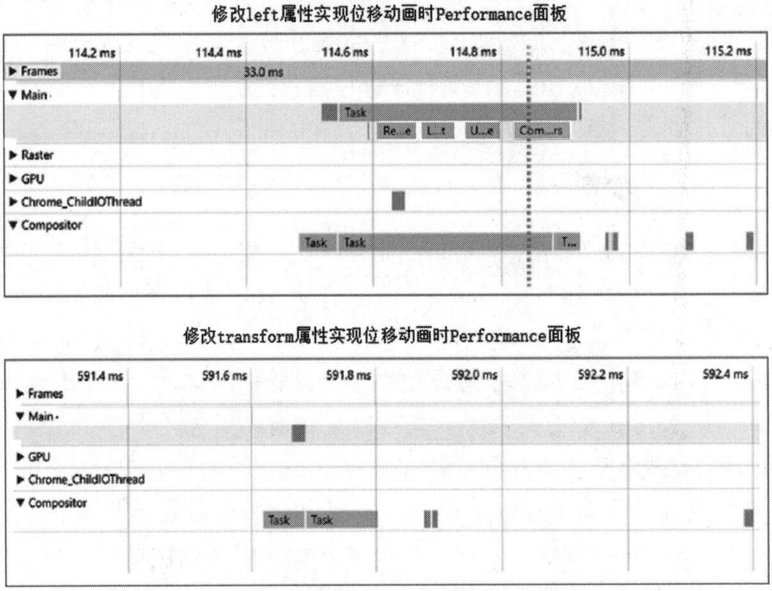

图 17-5　不同方式实现动画时性能开销的差异对比

在开发者工具中切换到 Layers 页签后，还可以看到每个合成层的生成原因，例如在前文的不同示例中就可以看到诸如 "Has an active accelerated transform animation or transition"（有活跃的硬件加速的 transform 或 transition 动画）或 "Has a 3d transform"（使用了 3d 变形属性）等的信息，这些信息为开发者检查自己的代码结构提供了依据。可见，所谓的高性能动画，实际上就是需要以"正确的姿势"来使用浏览器的新特性，从而得到更加流畅的画面。

17.3.4　隐式提升陷阱

最后，我们来了解关于合成层一个容易引发性能问题的特性——隐式提升。下面的示例代码中有 3 个绝对定位的 <div> 元素，为了方便观察，它们均使用绝对定位，且在宽度和高度方向均错开了一些距离（下面的代码省略了样式部分）：

```
<div id="box1"></div>
<div id="box2"></div>
<div id="box3"></div>
```

它们的 z-index 均取默认值，所以视觉上的效果是后面的元素覆盖了前面的元素。现在我们为 box1 增加 transform:translateZ(0) 属性而将它强制提升为合成层，接着打开浏览器调试工具的 Layers 页签，这时就会看到，后两个 <div> 被自动提升到了一个更高的合成层中，如图 17-6 所示。

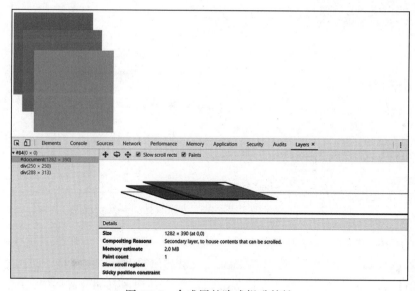

图 17-6　合成层的隐式提升特性

我们并没有给 box2 和 box3 添加任何会直接生成合成层的属性，但它们仍然被提升到了一个更高的合成层中，这是由合成层的生成与 CSS 层叠上下文的渲染规则导致的。在原来的绘制流程中，三个元素的渲染结果是在 Paint 阶段生成的，它们处于同一个层叠上下文中且 z-index 相同，所以会按照简单的从前到后的顺序来渲染，因此后渲染的元素就会覆盖先渲染的元素，就像是在 Canvas 画布上绘制的一样。而当 box1 被提升到合成层时，Paint 阶段就会将它和后两个元素渲染在不同的层上，然后在 Composite 阶段合成最终的结果，这就会导致原本按照层叠上下文规则应该被遮挡的 box1 元素反而挡住了后两个兄弟元素。为了修复这个渲染错误，浏览器只好将后两个 div 绘制到独立的合成层中，从而保证 Composite 阶段产生的结果与没有硬件加速时的结果一致。

点击 Layers 面板左侧的菜单栏，即可看到合成层生成的原因，box1 被提升的原因很明确，但 box2 和 box3 所在的合成层生成的原因只展示了 "Secondary layer, home for a group of squashable content"（附加层，用于承载一组经过"层压缩"处理后的内容）信息，该信息解释了把 box2 和 box3 绘制在同一个合成层上是为了进行层级压缩从而减少合成层数量，但并没有提示为什么这两个元素会被提升，所以这样的现象被称为"隐式提升"。如果我们修改 box3 元素的位置让它与其他 <div> 元素不再发生像素重叠，就可以看到它被留在了原来的层中，而与 box1 发生像素重叠的 box2 仍然会被提升到新的合成层，如图 17-7 所示。

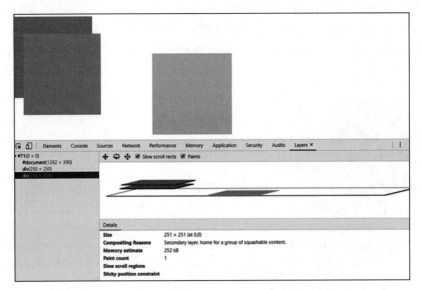

图 17-7　未发生像素重叠的元素没有被提升到合成层

最后使用 translateY 为 box2 增加一些 y 轴方向的平移动画，它仍然只与 box1 有重叠，但是当你在 Layers 中查看结果时，会发现 box3 被提升到了层级更高的合成层中，理由是它有可能会挡住其他合成层的元素，但是又无法压缩合并到现有的合成层中，所以只能单独生成新的层，如图 17-8 所示。

所以，视觉的结果并不能用来判断元素的分层情况，你可以继续在这个范例的基础上添加不同的 z-index 属性来观察它对于几个元素层级的影响，并尝试分析产生相关结果的原因。这个过程能够更好地帮助你理解 CSS 层叠上下文和合成层对于元素绘制层级的影响，大多数时候都是因为新的渲染结果与层叠上下文原则下的渲染结果产生了冲突，不得已才生成新的合成层。当元素的数量较多时，开发者无意中引发的大量隐式提升就有可能影响到渲染性能，为了避免出现类似的问题，我们通常会给执行动画的元素设置一个相对较大的 z-index，从而减少不必要的合成层，z-index 之间的比较是针对同级元素进行的，如果你对此还感到疑惑，那就需要先补一下基础知识了。

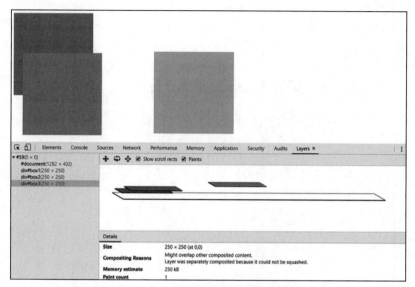

图 17-8　未发生像素重叠的元素被提升到独立合成层

17.4　小结

至此，关于 Velocity.js 和高性能动画的知识就介绍完毕了，本章从工具库一路介绍到底层原理，希望这些知识能够帮助读者写出性能更好的动画和应用。如果对浏览器的工作原理和 JavaScript 引擎感兴趣，可以继续深入学习相关知识，遗憾的是相关领域的中文资料大多比较零碎，喜欢读书的读者可以阅读朱永盛老师的《WebKit 技术内幕》一书，喜欢读博客而且英语水平还不错的读者可以直接在 Chromium 或 Webkit 的官方网站上找到优质的学习资源。

扭曲时间: tween.js 和 jQuery Easing Plugin

　　在动画的世界里，时间是可以被扭曲的，开发者完全可以按照自己的意愿通过代码来加快或是延缓时间，用来实现这个神奇功能的技术就是时间函数，有时也称为缓动函数。在 CSS 动画中，默认的时间函数是线性的，也就是动画的整个过程在时间线上是匀速发生的，动画元素从静止状态直接突变至匀速运动状态又再次突变回静止状态，从体验的角度来讲，这个小小的细节是不够自然的，它会让用户感觉到"动画看起来很突然"，因为现实世界中物体从静止变为匀速直线运动是有一个加速过程的。当你将时间函数修改为 ease、ease-in 或者 ease-out 等预设值时，动画在开始或结束（或者两者都有）阶段的运动就会表现出加速或减速状态，整体过程看起来就会更加平滑，也更加自然。

　　缓动函数的作用可不仅仅是用来增加动效的仿真程度的，它还可以通过改变动画的节奏来对用户的体验产生直接的影响。例如持续时间过长的缓入效果就很容易让用户觉得迟钝和反感，而在一些动画或游戏的场景中使用带有弹性效果的时间函数就能够有效地消除线性动画带来的枯燥感，带有回程效果的贝赛尔（Bezier）曲线则会让动画元素带有活泼的感觉，但如果多个元素都使用同样的动画，用户的新奇感立刻就会被拖沓感替代。类似的例子还有很多，你只能从实践中积累一些经验或者是向有经验的动效设计师请教，缓动函数的挑选是一件严谨的事情，不要仅仅因为好玩就在自己的项目中随意使用，不协调的动画节奏很可能会毁掉你在用户体验提升上所做的努力，请先认真了解你所接触的技术，然后再有选择地将它呈现给用户。

　　本章首先会讲解与缓动函数相关的数学知识，以及贝赛尔曲线的基本理论和典型特性，接着介绍 tween.js 和 jQuery Easing Plugin 这两个缓动函数实现库的使用方法，最后讨论挑选和定制缓动函数一般性的经验和原则。

18.1　缓动函数

　　尽管 CSS 动画中提供了生成三阶贝赛尔曲线作为缓动函数的方法，但缓动函数本身与贝赛尔曲线之间并没有直接联系，它是对于动画过程的一种抽象描述。在动画相关的章节中已经介绍过，Web 动画都是基于数值的变化生成的，如果以动画属性的数值和时间为维度构建一个二维坐标系，就可以得到动画进行到任意时刻的实时数值。例如一段持续时间为 2 秒的动画，需要将元素的宽度从 20px 增加到 80px，默认情况下这个过程就可以对应为图 18-1 所示的线段。

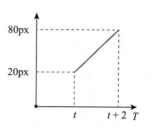

图 18-1　动画中宽度变化与时间的关系

　　Web 动画中就可以改变的量不仅仅是像素的坐标值，还包括颜色值。为了方便进行统一的分析，首先需要对动画过程做进一步的抽象，将动画属性的值和时间都改用 [0, 1] 之间的数值来表示。当动画时间总长为 2 秒时，横坐标的 0.5 就表示动画进行到 1 秒的时间点；当动画时间总长为 5 秒时，该坐标点（0.5）就表示动画进行到 2.5 秒的时间点。同理，所有的动画中变动属性的初值都视为 0，结束值都视为 1，例如在上面宽度变化的例子中，35px 就对应着纵坐标的 0.25：

$$\frac{35\text{px} - 20\text{px}}{80\text{px} - 20\text{px}} = 0.25$$

　　抽象后，图 18-1 就可以转换为图 18-2 所示的线性几何形态。

　　可能有读者已经发现了，这种抽象的表达方式在某种程度上可以表示所有的动画过程，而图 18-2 中的线条对应的代数方程，就称为缓动函数，它的本质是发生动画的数值进行去量纲处理以后与时间之间的对应关系，说得直白点就是一个入参为相对时间、返回值为数值变化进度的函数，CSS 动画中默认使用的线性缓动函数对应的图形就是从 [0, 0] 点到 [1, 1] 点的线段。当然在工程使用中，y 轴的值通常会直接标记为真实的数值，它们的意义是等价的。

　　下面再回到本章开头提及的"动画突变"的问题，如果在动画的开始和结束处加入缓动效果，那么动画的速度将经历由慢变快最终再变慢的过程，对于图形特征来说，这个过程就意味着斜率会先变大后变小，因此缓动函数就会变为图 18-3 所示的形状，这种几何形状不是直线的函数统称为非线性函数。

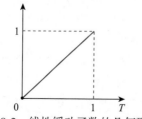

图 18-2　线性缓动函数的几何形态

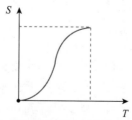

图 18-3　带有缓动效果的非线性缓动函数

但是仅知道它的基本形状是"S"形是远远不够的，为了在计算机中进行仿真模拟，还需要使用确切的代数方程来描述这条曲线。此时非线性缓动函数的数学意义就比较清晰了，它就是为一条经过 [0, 0] 和 [1, 1] 点的光滑曲线进行插值和拟合所得到的方程，这个代数方程是一段相似运动过程的代数形式，这样它就可以用于后续的计算分析了。

贝塞尔曲线的本质是一个三次多项式（18.2 节中还会讲到），而多项式插值仅仅是曲线插值方式中的一种，例如图 18-4 所示的代数方程都可以绘制出"S"形的曲线。

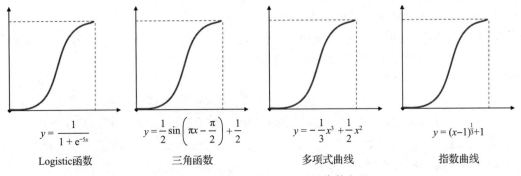

$$y = \frac{1}{1 + e^{-5x}}$$

Logistic函数

$$y = \frac{1}{2}\sin\left(\pi x - \frac{\pi}{2}\right) + \frac{1}{2}$$

三角函数

$$y = -\frac{1}{3}x^3 + \frac{1}{2}x^2$$

多项式曲线

$$y = (x-1)^{\frac{1}{3}} + 1$$

指数曲线

图 18-4　多个曲线形状为 S 形的代数方程

由图 18-4 可以看出，多项式插值的结果是比较容易计算的。如果将动画过程看作是基于经典力学的运动仿真，那么线性时间函数对应的就是匀速直线运动中的位移变化，它是牛顿第一定律描述的理想状态。经典力学中的运动是由力来驱动的（牛顿第二定律），为了得到一段平稳且连续的运动过程，就需要确保随时间的变化加速度、速度和位移都是连续的且不会发生"突变"。加速度在非零的情况下，最简单的方程就是满足 $a = kt + b$ 形式的线性方程（当 $k = 0$ 时，速度和位移的方程都会降阶），那么相应的速度函数就需要满足 $v = at^2 + bt + c$ 的形式，因为加速度是速度求导的结果。同理可知，位移的函数需要满足 $s = at^3 + bt^2 + ct + d$ 的形式，这就意味着一般需要是三次及以上的多项式方程才能够模拟出平滑的运动过程，CSS 动画中使用的三阶贝塞尔曲线就符合这样的特征。

18.2　贝赛尔曲线

本节中我们来学习关于贝塞尔曲线的知识。

18.2.1　绘制原理

贝塞尔曲线，是计算机图形学造型的基本工具，可用于参数化曲线或曲面的设计，由法国数学家贝塞尔在汽车工业设计中应用并推广而得名，随后在计算机矢量图形学中得到了广泛应用。许多技术博客中都可以找到动图形式的贝赛尔曲线，它们可以帮助我们更直观地了解曲线的绘制过程。

　　贝塞尔曲线的绘制依赖于开始点、结束点和若干个控制点，所以它代表了一类曲线，CSS 动画中使用的三阶贝塞尔曲线方法具有 2 个控制点，它的参数方程为：

$$B(t) = P_0 (1-t)^3 + 3P_1 t (1-t)^2 + 3P_2 t^2 (1-t) + P_3 t^3$$

　　在上面的公式中，P_0 代表起始点，P_3 代表结束点，P_1 和 P_2 是控制点，它们都是已知的，所以不难想象上面的方程右侧展开后的形式将会符合 18.1 节中提到的 $s = at^3 + bt^2 + ct + d$ 的多项式形式，其中，t 的取值范围是 [0, 1]，这就意味着它可以作为缓动函数。当 t 的值从 0 开始逐渐增加到 1 时，就代表了一段动画的执行过程，那么逐帧动画每次计算时只需要将当前 t 值代入上面的公式就可以得到绘制当前帧所需的"等价位移"。下面就来推导一下一阶和二阶的贝赛尔曲线参数方程，并提供三阶贝赛尔曲线方程推导的基本思想。

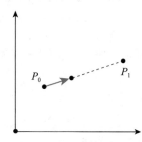

图 18-5　一阶贝塞尔曲线绘制原理图

　　一阶贝赛尔曲线实际上就是线性方程，它只有开始点 P_0 和结束点 P_1，曲线的轨迹就是这两点之间的连线，如图 18-5 所示。

　　那么，如何获得它的参数方程呢？假设有一个人从起始点开始沿线段向结束点走，那么他走过的距离和线段长度的比值 t 总会落在 [0, 1] 之间，这个变量就可以作为一阶贝塞尔曲线的参数，t 也可以看作是整个移动过程的进度。从图 18-5 中我们可以看出，行走轨迹中任意一点的坐标值就是 P_0 点坐标与图中灰色标记向量的和，所以按照定义很容易得出下面的等式：

$$B(t) = P_0 + t(P_1 - P_0) \xrightarrow{\text{等价形式}} B(t) = (1-t)P_0 + tP_1$$

　　经过整理后，右侧的公式就是一阶贝赛尔曲线的参数方程，给定了 P_0 和 P_1 点的坐标后，它就能够用来为 [0, 1] 范围内的 t 值生成一个对应的 y 坐标。

　　下面再来看看二阶贝赛尔曲线，它除了开始点 P_0 和结束点 P_2 外，还需要一个控制点 P_1（对于 n 阶贝塞尔曲线，通常用下标 0 来表示起始点，用下标 n 表示结束点，其他数值为控制点），最终生成的曲线会经过 P_0 和 P_2 点且曲线的弧顶朝向 P_1，但曲线并不经过控制点，它只是会对曲线的形状产生影响。二阶贝塞尔曲线的生成过程如下：点 M_1 从 P_0 向 P_1 移动，点 M_2 从 P_1 向 P_2 移动，点 X 从点 M_1 出发，始终朝向点 M_2 移动，三个点同时出发且同时到达各自的终点，要求 3 个点在过程中的任意时刻都满足走过的距离与当前时刻的起点和终点连线长度的比值为相等的值 t；对 M_1 和 M_2 来说，起点和终点的距离是固定的，但对于点 X 而言，起点和终点连线的距离是不断变化的，点 X 走过的真实轨迹，就是一条二阶贝赛尔曲线。二阶贝塞尔曲线绘制的基本过程如图 18-6 所示。

　　按照前文对运动过程的描述，三个移动点的坐标需要满足如下方程组：

$$X = M_1 + t(M_2 - M_1) = (1-t)M_1 + tM_2 \tag{18-1}$$

$$M_1 = P_0 + t(P_1 - P_0) = (1-t)P_0 + tP_1 \tag{18-2}$$

$$M_2 = P_1 + t(P_2 - P_1) = (1-t)P_1 + tP_2 \tag{18-3}$$

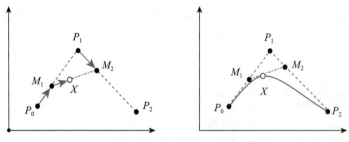

图 18-6　二阶贝塞尔曲线绘制原理图

将式（18-2）和（18-3）代入式（18-1）可得到 X 点的坐标满足：

$$X = (1-t)^2 P_0 + 2t(1-t)P_1 + t^2 P_2, t \in [0,1] \xrightarrow{\text{等价形式}} (P_2 - 2P_1 - P_0)t^2 - 2(P_1 + P_0)t + P_0^2$$

这就是二阶贝赛尔曲线的参数方程，从等价形式上可以看到它也符合多项式的形式，程序中使用的方式是一样的，给定 [0, 1] 区间的 t 值，用参数方程可以获得一个对应的 y 坐标。

或许有读者已经看出其中的规律了，三阶贝赛尔曲线需要两个控制点，假设有三个点同时按照前文描述的方式移动，它们在任意时刻都可以作为起始点、控制点和结束点来计算出一个点，这个点等价于二阶贝赛尔曲线上的点，大家可以自行尝试将它推导出来，如果想要进行更高的挑战，还可以尝试用归纳法推导出它的递推公式或是一般形式。

18.2.2　贝赛尔曲线的特性

贝塞尔曲线在计算机动画中一般是作为缓动函数来使用的，从前文可知它具有确切的参数方程，可以在每一帧中根据动画的进度比例计算出一个"抽象位移"，并以此作为动画图形绘制的依据。在 CAD（Computer Aided Design，指计算机辅助设计）领域，贝赛尔曲线也被用来生成曲线或曲面，例如设计工具中的钢笔，办公软件里的自定义曲线，以及像 Solidworks、UG 等工业设计软件中的曲面构造，等等。

贝赛尔曲线有一些非常明显的特性，抛开严谨的数学计算分析，首先贝赛尔曲线的参数方程是多项式形式的，计算起来比较容易。从前文"S"形曲线对应的几个参数方程的示例中就可以看到，它几乎是唯一通过手动计算就可以快速得到答案的方程。其次，从曲线的绘制过程可以看到，贝赛尔曲线在起点处的运动方向是从起始点指向第一个控制点的，而在结束点处的方向是从最后一个控制点指向结束点的，这两个方向就代表了贝赛尔曲线两个端点处的切线方向，这就使得多条贝赛尔曲线可以拼接在一起，并保证端点处的光滑连续。面对一些复杂的曲线时，我们可以用多段阶次较低的贝赛尔曲线拼接起来进行仿真。最后一个明显的特性就是贝赛尔曲线是矢量图，它可以任意缩放且不会失真。贝赛尔曲线的参数方程就像 JavaScript 里的高阶函数一样，接收各个关键点的坐标信息，然后返回一个新的函数，这个新函数就可以为 [0, 1] 的横坐标找到对应的 y 坐标值，所以贝塞尔曲线更像是记录了一种绘图方法而不是像位图那样只记录了像素点的绘制结果。例如在 100 × 100 的区域内生成一条贝赛尔曲线，绘制的过程需要将 [0, 1] 分成 100 份，当展示区域的大小变为

200×200 时，只需要将 $[0, 1]$ 分成 200 份，然后依据同一个公式来计算曲线上各个点的 y 坐标就可以了，最终的绘制结果就是贝赛尔曲线被按比例放大了。

18.3　使用 Tween.js 和 jQuery Easing Plugin

　　CSS 动画可以使用 cubic-bezier 函数生成三阶贝赛尔曲线来作为时间函数，但通常很难直接写出准确的控制点位置，这时既可以通过 https://cubic-bezier.com 网站以可视化的方式来调出满意的参数（如图 18-7 所示），也可以翻看一些流行动画库的源码，直接把它们使用的有类似效果的贝赛尔曲线参数复制过来。时间函数的难点并不在于参数方程的实现，而在于缓动的效果最终会给用户带来什么样的使用体验，知名的动画库通常会有交互设计师参与设计，显然比自己随意决定更有说服力。

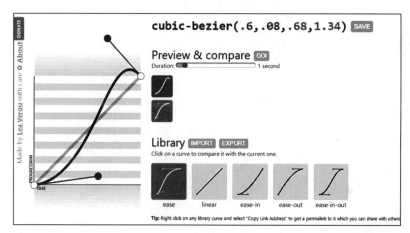

图 18-7　cubie-bezier.com 三阶贝塞尔曲线动态可视化生成网站截图

　　在 JavaScript 中，常用的缓动函数形式都已经被分类命名，实现封装的库大多会依据相同的命名原则来命名。微软的 .NET 开发文档中有专门的篇章⊖来介绍通用的命名原则和参数方程的细节，可以阅读进一步了解。在挑选缓动函数时，可以先从可视化网站中挑选出期望的预设缓动函数，然后直接在自己项目引用的库中使用相同或类似的缓动函数名，或者点击进入选定缓动函数的详情页面进行选择，笔者常用的缓动函数速查网站是 http://easings.net，页面截图如图 18-8 所示。

　　下面以 easeOutBounce 效果为例，介绍其在不同应用场景中的实现思路。

1. tween.js

　　tween.js 是前端动画解决方案 CreateJS 中的组成部分，需要配合之前介绍过的 Canvas 操作库 easel.js 使用，它操作的对象是 easel.js 定义的图形实例，tween.js 提供了完整的逐帧

　　⊖　https://docs.microsoft.com/zh-cn/dotnet/framework/wpf/graphics-multimedia/easing-functions。

动画、缓动函数以及事件通知机制。tween.js 中所有的缓动函数都定义在 Ease 类中⊖，它与 tween.js 的主体部分是解耦的，完全可以拿出来应用在其他动画库中，tween.js 的基本语法如下：

```
Tween.get(target)
.wait(500)
.to({y:200}, 1000, Ease.bounceOut)
.call(handleComplete);
```

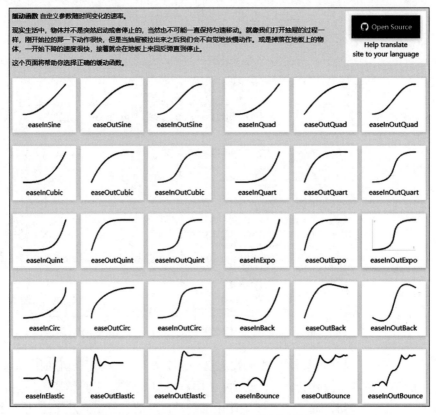

图 18-8　常见的缓动函数命名及可视化效果速查网站

上面的代码是将一个使用 easel.js 生成的图形对象延迟 500ms 后，在一秒内按照 bounceOut 缓动效果移动至 y 轴坐标为 200 的位置上，动画完成后执行 handleComplete 方法。

2. jQuery Easing Plugin

在常规的应用开发中，动画库更多地是使用 velocity.js，其官方文档示例中建议集成 jQuery Easing Plugin⊖缓动函数库，并在使用时直接传入名称关键词，参考代码如下：

　⊖　http://www.createjs.cc/tweenjs/docs/files/tweenjs_Ease.js.html。

　⊖　https://github.com/gdsmith/jquery.easing。

```
$element.velocity({ width: 50 }, "easeOutBounce");
```

如果翻看 jQuery Easing Plugin 源码中对于 easeOutBounce 缓动函数的实现，就会发现它与 tween.js 中实现 bounceOut 方法的算法是一样的。明白了缓动函数的基本原理后，再将它作为独立模块与其他动画库集成就很容易了，把 easel.js 中的缓动函数模块换成 jQuery Easing Plugin，或是将 tween.js 中的 Ease 类集成到 velocity.js 中来实现缓动效果，都是很容易实现的。

18.4　选择恰当的缓动函数

从代码编写层面来看，不同的参数方程可以编写出多种缓动函数，不同的缓动函数带给用户的感觉是不同的，所以我们在使用时要慎重考虑。在时间函数的选择上，线性时间函数僵直，通常应该尽量避免。缓入动画就像自由落体运动一样，一开始很慢，最后会快速地、重重地砸在不会反弹的泥地上并瞬间沉寂下来，从交互的角度来看，这种结尾方式很突兀，因为现实中常见的情况是减速停下或者反弹。同时，缓入的效果会让人感觉行动迟缓，体验感不太好，所以很多设计师都只在特定的场景下才会使用缓入动画。缓出动画一般比较适合用于大多数 UI 设计场景，开头处的快速度会让用户感到动画响应很迅速，而结尾处的减速又带来一些视觉上的缓冲，使得动画本身既不会枯燥，也不会太具有攻击性。缓入缓出的时间函数可以实现更生动的效果，它通常用于动画组中，因为缓入的启动方式是一柄双刃剑，它能让动画的各个阶段有更强烈的差异对比，但同时不合理的持续时长同样也会带来"反应慢"的体验。Google 开发者社区《Web 基础指南》[一]的用户体验设计章节给出的建议是，在 UI 元素的动画中使用 Quintic 缓出效果时，可以使用函数 cubic-bezier(0.86, 0, 0.07, 1) 来定义，在其他缓动函数的选择和实现中，缓入和缓出的效果建议为 200～500ms，弹跳缓动的效果建议为 800～1200ms。

一般性的经验和法则是：对于用户交互触发的 UI 动画，例如视图变换或显示元素的场景，建议采用快前奏和慢结尾的缓出动画来展示；而对于由代码触发的 UI 动画，例如错误或模态框，建议采用慢前奏和快结尾的缓入动画来展示。也就是说作为用户期望中的操作反馈时应当尽量满足"快速响应"的要求，而在用户预料之外的提示或是模态框等打断正常使用流程的动画，则应当尽量加入缓入效果来降低动画的"攻击性"。

缓动函数的选择属于用户体验设计需要关注的典型问题，"用户体验设计"也称为 UED（User Experience Design）或 UX。近年来也有人提出针对开发者工具的 DX（Develop Experience Design，开发体验设计）概念，它们的主导思想都是一致的，都是为了让用户在使用产品或服务时建立特定的主观心理感受，这些特定的感受正是设计者所期望的。通俗地说就是关注用户的行为习惯和心理感受，琢磨什么样的操作流程和呈现方式会让用户使

　　㊀　https://developers.google.cn/web/fundamentals/design-and-ux。

用起来觉得舒服甚至会为他们带来惊喜，其核心理念是在产品设计开发的各个阶段都尽量贯彻"以用户为中心"的思想，这不仅仅是对设计师的要求，也是对开发人员的要求。许多前端工程师对业务不熟悉，常常被嘲讽为"面向页面开发"；而后端工程师则往往认为代码的业务逻辑和数据模型都是由自己建立起来的，自己对业务的理解肯定不会差，别人用不好某项功能肯定是因为他自身的缘故，这使得程序员很难对用户体验的改进做出有价值的贡献。

笔者认为前端工程师所处的位置非常微妙，如果你认为最初的产品设计可以更好地提升用户体验，那就从产品设计和交互设计着手，学习相关的理论和方法并尝试在项目中做出改进。Google 开发者社区提供的《Web 开发指南》中的"设计及用户体验"章节可以帮助你很好地迈出第一步。如果你相信软件业务逻辑流程设计才是解决问题的根本，那么不妨尝试接触一下后端开发的工作，不必过于担心那些复杂的技术，没有人规定学习后端就必须以"架构师"作为最终的目标，你需要培养自己的业务意识，在梳理逻辑的基础上花些时间去思考业务本身，思考软件如何更好地辅助甚至推动业务的发展，并尝试对业务的发展给出自己的理解和看法。

一般来说，前一种选择能够让你在中小型团队或是自己的创业项目中施展拳脚，而后一种选择则更适合于希望在大型团队发展的开发者，无论做出怎样的选择，都请不要忘记你的软件是为谁开发的。

第 19 章 Chapter 19

用 Recorder.js 实现语音信号处理

在开始本章之前，先分享一个笔者身边的故事。有一天，我妈妈说想去西安世博园看看，但是不知道应该怎么走。我说："之前在你手机上安装了有百度地图的，查路线直接跟着导航走就可以了。"妈妈说她不知道世博园的具体地址，不知道应该在搜索栏里输入什么。我突然意识到，年轻一代生活中早就习以为常的技术对长辈而言可能完全是陌生的。于是我拿起她的手机开始现场教学，打开"百度地图 App"然后点击输入框右侧的小度图标，对着手机说"西安世博园"，接着不到 1 秒钟就听到手机里传出声音"最佳匹配结果：西安世博园，位于世博大道 1 号，去这里可以吗？"不用多讲，我妈当时惊奇疑惑的表情估计你在自己父母脸上也曾见到过。

随着人工智能技术的发展，人机交互的方式也在不断演进，从最初的鼠标键盘输入，到触摸屏和手势识别的出现，再到现在基于声音、图像、指纹甚至脑机接口等特征而出现的更加智能的交互方式，手机可以通过指纹或人脸进行解锁，地图软件可以从语音中明白你的导航需求，电商软件可以从拍摄的图片中找出类似的产品，科技在刷新用户习惯的道路上几乎从未停歇。JavaScript 也可以做到这些吗？答案是当然可以。语音识别的本质是信号处理，只要能够拿到音频信号的数据，就可以使用信号处理的知识对其进行分析和加工，当然这对于语音识别而言还只是前置工作，就好比为机器学习的算法做数据清洗一样。本章就以 Recorder.js 为例来讲解 Web 环境中音频采集和处理的方法、ES6 类型化数组以及基本的语音识别原理。

19.1 百度语音识别实战

笔者个人技术博客中阅读量最高的一篇文章是《【 Recorder.js+ 百度语音识别 】全栈

方案技术细节》[⊖]，大多数读者的留言都是在咨询有关音频信号处理的问题，本节就以对接"百度语音"的 REST 语音识别接口为例谈谈其实现思路。

19.1.1 工业系统测量的预备知识

在百度 AI 开放平台找到语音识别标准版的 REST API 文档[⊖]，可以看到它的使用方式是将一段时长不超过 60 秒的录音文件发送到对应接口，然后接口会实时返回语音识别的结果。百度语音开发文档中对于语音格式要求的描述具体如下：

可识别的语音格式包括 pcm、wav、arm 以及微信小程序使用的 m4a 格式，推荐采用采样率为 16 000Hz、位深为 16bit 的单声道 pcm 文件，百度服务端会将非 pcm 格式的文件转换为 pcm 格式，因此会有额外的转换耗时成本。

初级开发者想要理解这里突然涌现的诸多概念可能还需要一些预备知识作为基础，本文会用尽量通俗的语言来解释。如果你仍然觉得难以理解，可以先学习一下《工业系统测量》（工科背景的读者或许在本科阶段已经学习过这门课）的内容，这部分基础知识对于以后想要从事工业物联网相关领域的开发者而言也是有很大帮助的。

在工程领域中，客观世界的物理量一般被认为是连续变化的，例如温度、压力、电流、光照和声音等，其特征就是在任何时间点都有瞬态的信号与之对应，这类信号称为模拟信号（Analog Signal）。传感器可用于将自然界中的各种物理量转换为电信号，例如语音识别所针对的说话声，原本是声带的震动，经由麦克风的信号采集，声波信号就转换为了电信号，而两者保持了几乎一样的波形。与模拟信号对应的概念称为数字信号（Digital Signal），它是在模拟信号的基础上经过采样、保持、量化和编码后得到的散点数值。它的自变量因为采样间隔的关系成为离散量，因变量也需要对应到有限个数的坐标值中以方便存储，所以模拟信号到数字信号的转换过程是存在一定精度损失的。脉冲编码调制（Pulse Code Modulation，PCM），是模拟信号转换为数字信号的方式之一。主要的实现过程是对连续的模拟信号进行一定频率的抽样，从而得到离散的数据点，接着将抽样值取整量化，并用二进制编码来表示样本点的幅值，最终得到的结果就是一组二进制数值组成的序列，这就是 PCM 数据。由于没有经过任何压缩算法编码，因此 PCM 数据也称为"裸流数据"。

比如现在麦克风采集到了一段时长为 2 秒的音频模拟信号，它是连续的。我们有一个功能很弱的声卡，采集频率为 10Hz，也就是每秒采集 10 个数据点。那么经过采样后就得到了 20 个离散的数据点。声卡的测量范围通常是在 96dB 以下，因为人耳的无痛极限声压是 90dB。计算机中数据的存储本质上都是由 0 和 1 组成的，这就意味着它的精度总是有限的，反映在坐标系中的结果就是 y 轴上只能使用有限个坐标点来记录信号值。如果采用 6bit 来存储，那么就可以识别 64（即 2^6）个数值，将 0~96dB 的数值四舍五入后映射到 0~64

⊖ https://www.cnblogs.com/dashnowords/p/9557355.html。
⊖ https://ai.baidu.com/docs#/ASR-API/top。

的位置上,最小精度就为 1.5dB。如果用 8bit 来保存,那么可存储的不同数值的个数就为 256(即 2^8)个,同样,如果将 0~96dB 映射到这个范围上,那么最小精度就是 0.375dB。很明显,这样的处理方式无法完全还原模拟量,但从数值分析的角度来看还是可以接受的,使用的位数越多精度越高。编程语言中的数据类型最少需要使用 1 字节(8bit),所以需要使用 8 的整数倍的 bit 来量化离散后的存储。经过上述处理后数据就被转换成了一串由 0 和 1 组成的序列,这就是 PCM 原始数据。从上面的示例中很容易发现一些问题,用 10Hz 的采样率和 8bit 存储采样点数值时,记录 2 秒的数据一共需要 160(即 $2 \times 10 \times 8$)bit,而用 16bit 存储采样点数据时,记录 1 秒的数据也会产生 160(即 $1 \times 10 \times 16$)bit。如果没有任何附加的说明信息,就无法知道这段数据到底应该如何使用。所以使用 PCM 数据时,通常需要约定与采集相关的参数,以便可以在后续的分析步骤中准确地还原出声音信息,这也是 wav 格式可以直接在播放器中播放而 pcm 格式却不行的原因。wav 格式在 pcm 格式的数据前附加了 44 字节,并按照规范要求在指定位置上填充了与这段 PCM 数据相关的元信息。声道是用来模拟立体声效果的,多声道信息对于语音识别的工作而言反而可能会增加分析难度。图 19-1 所示的就是一段采样率为 10Hz,位深为 3bit 的 PCM 数据的产生过程,从中可以直观地看到每个步骤所做的工作。

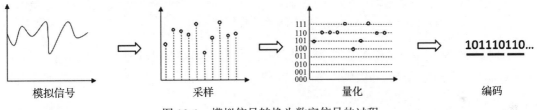

模拟信号　　　　　　采样　　　　　　量化　　　　　　编码

图 19-1　模拟信号转换为数字信号的过程

现在再回过头来看看百度语音 REST API 中的要求,采样率 16 000Hz、位深 16bit、单声道,这些要求所表达的意义就比较清晰了。至于前文没有提及的 arm 和 m4a 格式,它们都是压缩的音频格式,转换过程必然存在额外的时间消耗。虽然不同的压缩格式会造成不同程度的精度损失,但是整体的数据体积却可以极大地压缩,所以在使用后两种数据时必然会进行额外的编解码工作。由此不难看出,对于多种格式的支持其实就是在不同的网络状况下为使用者提供更多的时间和空间互换的选择空间。本章后续的示例均基于 pcm 格式进行说明。

19.1.2　改造 Recorder.js

笔者从第一次改造 recorder.js[⊖]实现需求到真正了解其底层 Web Audio API 的工作原理,用了近一年的时间,至今仍然清晰地记得当初开发时那种摸黑前进的感觉,在《钢铁侠》这部电影中,Tony 第一次穿上战甲时对人工智能管家 Jarvis 说的那句"Sometimes you got

---

　⊖　https://github.com/mattdiamond/Recorderjs

to run before you can walk"（有时候你不得不在学会走路之前，先尝试学会跑），对于前端开发者而言是最真实的写照，在实际项目开发中，不可能总是等到你预习并掌握了所有的基础知识之后再开始，很多时候我们都需要快速上手一项技术，然后在实战中不断学习。尽管 Recorder.js 提供的官方示例可以让我们播放自己的录音并拿到 wav 格式的输出文件，但无论是展示范例还是官方文档，都没有提及任何关于音频采集参数的说明，只有阅读源码才能够找到一些应对的策略，幸好它并不复杂。

首先，Recorder 构造方法并不是只有 source 参数，从源码中不难看出它还可以接受第二个参数 cfg：

```
...
function Recorder(source, cfg){
    ...
    this.config = {
        bufferLen: 4096,
        numChannels: 2,
        mimeType:'audio/wav'
    }
    ...
    Object.assign(this.config, cfg);      //合并配置参数
    this.context = source.context;        //获取音频源的上下文
    ...
}
```

源代码中提供了自定义配置功能，并将开发者传入的配置项和默认配置进行了合并，numChannels 很明显是指声道数量，那么只需要在传入参数时将其修改为 1 就能满足"单声道"这个条件了。继续浏览源码，很快会看到如下内容：

```
function init(config){
    sampleRate = config.sampleRate;
    numChannels = config.numChannels;
    initBuffers();
}
```

我们要找的关键词 sampleRate（采样率）出现了，看起来它似乎是 config 对象上的属性，但是前面的 config 对象并没有提供默认的 sampleRate 值，于是我们在源码中全局搜索 sampleRate 关键词，很快又可以找到如下内容：

```
this.worker.postMessage({
    command: 'init',
    config: {
        sampleRate: this.context.sampleRate,
        numChannels: this.config.numChannels
    }
});
```

原来这里的 config 对象是用 recorder 实例上的属性重组生成的，这个 sampleRate 是从构造函数接收的第一个参数 source 对象的 context 属性那里获取的。按图索骥，对比官方

代码仓库 example 目录中的示例代码，最后在 MDN 的开发者文档中找到了用于音频处理的 AudioContext 对象，它的构造函数可以接收一个配置项，开发者只需要在其中传入自定义的 sampleRate 值就可以修改原始采样率了，这样"采样率为 16 000Hz"的条件就能满足了。笔者当初在实现这个需求时并没有找到自定义 sampleRate 的方法，所以在本节开头提及的博文中还参考了源码中的 exportWAV 方法，以"间隔丢弃"的策略对单声道数据进行了重采样，以便将采样率的数据从 44 100Hz 手动转换成 16 000Hz，参考代码如下：

```javascript
function extractSingleChannel(input) {
    //计算重采样的间隔步长，context.sampleRate为44100Hz，customSampleRate为16000Hz
    var step = parseInt(context.sampleRate / customSampleRate, 10);
    var length = Math.ceil(input.length / step);
    //生成新的存储空间用于存储重采样数据
    var result = new Float32Array(length);
    var index = 0,inputIndex = 0;
    while (index < length) {
        //此处是关键，算法是原始输入数据点每隔step距离取一个点放入result中
        result[index++] = input[inputIndex];
        inputIndex += step;
    }
    return result;
}
```

继续向下看源码，很快又会看到一个 floatTo16BitPCM，函数名已经很清楚地描述了它的功能，这正是我们需要的位深为 16bit 的 PCM 数据，可以看到它是在输出 wav 格式的文件时调用的。wav 格式在 PCM 数据前附加了 44 字节，用于描述这段数据的基本信息。这里只需要仿照 encodeWAV 函数来编写一个仅对原始数据进行处理的方法就可以了：

```javascript
function encodePCM(samples){
    //位深为16bit，每个数据点占2字节
    var buffer = new ArrayBuffer(samples.length * 2);
    var view = new DataView(buffer);
    //下面函数的第二个参数在encodeWAV中是44，这里不需要设置44字节的偏移位置，所以直接置0
    floatTo16BitPCM(view,0,samples);
    return view;
}
```

至此，"单声道，位深 16bit，采样率 16 000Hz"这几个条件都满足了。接下来是软件层面的技术问题，这处理起来就比较容易了。二进制大对象的提交一般使用 blob（全称为 Binary Large Object）格式，它是 JavaScript 中专门用于保存二进制数据的类型，在处理多媒体信号或是文件上传等场景中经常会用到。Blob 对象使用表单方式提交，示例代码如下：

```javascript
var formData = new FormData();
    formData.set('recorder.wav', blob);
axios({
    url:'http://localhost:8927/transmit',
    method : 'POST',
```

```
    headers:{
        'Content-Type': 'multipart/form-data'//此处也可以赋值为false
    },
    data:formData
});
```

至此，通过对 Recorder.js 的定制改造，我们完成了百度语音识别接口要求的音频信号采集工作。

19.2　Web Audio API 的工作模式

本节来学习浏览器提供的音频 API 所具备的能力。

19.2.1　中间件式的音频处理图

Web 环境中音频和视频的采集是通过 WebRTC（Web Real-Time Communication，网页即时通信）技术实现的，该技术允许网络应用建立浏览器之间的点对点连接，实现视频流、音频流或数据的传输，当然也包括媒体流的采集。如果用户使用的浏览器版本支持 WebRTC，就可以使用 MediaDevices.getUserMedia 方法（旧的 API 也曾使用过 navigator.getUserMedia 方法，真实的开发中需要做一些兼容处理）来启用麦克风或是摄像头设备。由于这个步骤可能会涉及用户隐私，因此需要用户主动在网页弹出的请求中点击"确认"后启动，而且它只支持本地访问或是 HTTPs 连接。启动成功后，回调函数中就可以得到媒体流对象（MediaStream）了，后续的工作都是围绕这个对象展开的。

浏览器环境采用 Web Audio API⊖来实现丰富且强大的音频处理功能，其处理模式称为 Audio Graph（音频图谱），它被设计成了一种非常灵活的中间件模式，可通过音频节点的自由组合来完成各种自定义的处理任务。开发者需要创建 source 节点和 destination 节点，然后在它们之间添加许多其他不同类型的处理节点，可实现的功能包括增益、滤波、混响、声道合并及分离、音场分析、音频可视化等（不同类型的处理任务对应着不同的 Audio 节点类型）。多个节点之间使用 connect 方法连接在一起，它们就像 Rxjs 中为数据流构建的函数管道一样，新的信号被采集设备捕获后，这些节点就会被依次调用。Web Audio 的音频图谱结构如图 19-2 所示。

源节点是音频流输入的节点，它既可以来自于流媒体对象，也可以自定义生成空的音频缓冲区用于手动填充，前者可见于音频采集的场景，后者则常用于电子音乐的制作。音频图谱最终需要连接到一个没有输出数据的目标节点（Destination Node）上，音频上下文 AudioContext 实例的 destination 属性是一个与扬声器相连的默认目标节点，将它连接在音频图谱中后会将音频流直接播放出来。我们也可以借助于 MediaRecorder API 对媒体流进行

⊖　https://developer.mozilla.org/zh-CN/docs/Web/API/Web_Audio_API。

录制，得到指定 MIME 类型和比特率的、经过编码处理的数据，但遗憾的是它并不支持原始 PCM 数据的导出。本章的代码仓库中提供了使用这种模式获得一个可供下载的 webm 格式录音文件的示例代码。

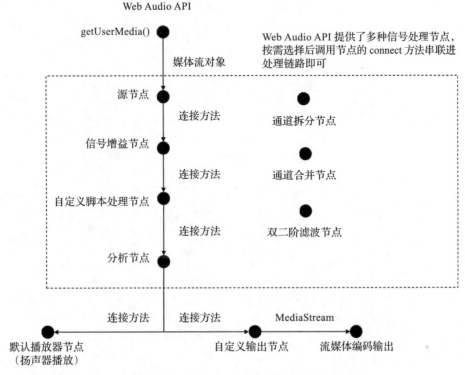

图 19-2　Web Audio 的音频图谱结构

19.2.2　Recorder.js 核心原理：ScriptProcessorNode

要想在 AudioGraph 的处理流程中获取 PCM 原始数据，就需要用到 ScriptProcessorNode，它允许开发者使用 JavaScript 对音频流的原始数据进行手动编辑。ScriptProcessorNode 使用了确定大小的缓冲区来处理音频流，其中一个缓冲区包含输入音频的数据，另一个包含处理后输出音频的数据。随着新数据不断填满输入缓冲区，节点会持续发出 AudioProcessingEvent 事件，在该事件的监听函数中就可以对原始数据进行手动处理。最后只需要在脚本中将处理后的数据保存在输出缓冲区，它就会被自动传输给音频处理图谱的下一个环节。ScriptProcessorNode 处理节点的基本原理如图 19-3 所示。

但是我们的目的并不是给数据添加某种自定义的效果，而是需要获取整个原始数据并将它发送给服务端进行语音识别，这时就需要将缓冲区收到的固定大小的数据片段先保存在外部，等到录音结束后再进行统一处理。如果只是将处理后的数据传输给下一个节

点，那么最终又会面临无法获取 PCM 数据的问题。下面的示例代码在音频图谱中加入了
ScriptProcessorNode，但只是简单地将输入缓冲区的数据传输给输出缓冲区，这里只是先熟
悉一下它的处理流程：

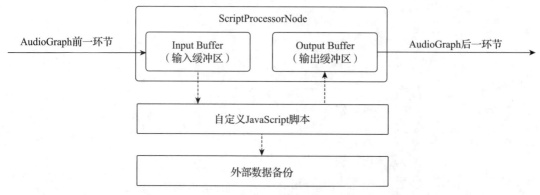

图 19-3　ScriptProcessorNode 处理节点的基本原理

```javascript
navigator.mediaDevices.getUserMedia({audio:true})
    .then((stream) => {
        ac = new AudioContext({
            sampleRate:16000
        });

        let source = ac.createMediaStreamSource(stream);
        //构造参数依次为缓冲区大小、输入通道数、输出通道数
        let scriptNode = ac.createScriptProcessor(4096, 1, 1);

        //串联连接
        source.connect(scriptNode);
        scriptNode.connect(ac.destination);

        //添加事件处理
        scriptNode.onaudioprocess = function (audioProcessingEvent) {
            //输入缓冲区的位置
            var inputBuffer = audioProcessingEvent.inputBuffer;
            //输出缓冲区的位置
            var outputBuffer = audioProcessingEvent.outputBuffer;
            //遍历通道处理数据,当前只有1个输入1个输出,ch为channel的缩写
            for (var ch = 0; ch < outputBuffer.numberOfChannels; ch++) {
                var inputData = inputBuffer.getChannelData(ch);
                var outputData = outputBuffer.getChannelData(ch);
                for (let i = 0; i < inputData.length; i = i + 1) {
                    //直接将输入的数据传输给输出通道
                    outputData[i] = inputData[i];
                }
            };
        }
    });
```

示例代码直接将输入的音频数据片段通过输出缓冲区透传给了默认的终止节点，实现的效果就是扬声器直接播放麦克风录制的声音。接下来开始着手处理原始数据，通过控制台你很容易看到 inputBuffer.getChannelData 方法取得的原始数据是保存在一个 Float32Array 类型的定型数组中的，这显然不符合 16bit 采样位深的要求。事实上，这里每个 32 位的采样帧数值，都是用 −1 到 1 之间的浮点数来表示 16bit 的可存储数值范围的，也就是有符号整形的 −32 768～32 767，一共 2^{16} 个不同的数值。利用这样的对应关系，我们可以将 Float32Array 中保存的采样帧数据转换为 Int16Array 类型的定型数组，从而满足 16bit 采样位深的需求。Recorder.js 中提供的 floatTo16BitPCM 函数就实现了这一转换逻辑，具体实现如下：

```
//转换后的16bit数据每个数据占2字节，所以使用视图写入数据时每个步骤要向后移2字节
for (let i = 0; i < input.length; i++, offset += 2) {
    //对采样帧的数值范围进行容错处理，使其保持在-1到1之间，因为有可能在多声道合并时超出范围
    let s = Math.max(-1, Math.min(1, input[i]));
    //将32位浮点数还原为16位整型表示的值
    output.setInt16(offset, s < 0 ? s * 0x8000 : s * 0x7FFF, true);
}
```

代码中的 s 是一个单独的数据点，当它的值大于 0 时，需要实现的逻辑就是将 0～1 的数值区间映射到 0～32 767，那么 32 767 写成二进制位的形式就是 0111 1111 1111 1111（首位为符号位），用十六进制表示就是 0x7FFF，直接将 s 和它相乘就可以完成正值的转换。当 s 为负数时，需要将 0～−1 的数值区间映射到 0～−32 768 上，这时就需要用到一些计算机编码的相关知识了。

拓展知识　计算机中有符号数共有三种表示方法——原码、反码和补码，它们都是针对有符号数的表示方法。符号位为 0 时表示正数，为 1 时表示负数，在计算机系统中，数值统一采用补码来存储。正整数的补码就是其二进制的表示，与原码相同；负整数的补码，需要将其原码除符号位以外的所有位取反再加 1。这样表示有什么意义呢？首先，按照补码的定义方法，绝对值相同的正数和负数进行相加的位运算时，一定会在最高位上产生一个进位溢出并被舍弃，而剩余的所有位都是 0，在有符号数表示法中它是唯一的 0 值，这样就可以和数学上的概念保持统一。另一个重要的意义是补码的表示方式可以让符号位也参与运算，使底层电路以相同的机制来处理减法和加法，从而简化底层逻辑运算的方式。它的基本原理称为"模运算"或"钟算"，简单地说就是通过数学上的求余数运算或者通过计算机进行逻辑处理时丢弃溢出位的方式来获得结果。比如，在一个使用 4 位有符号整数的系统中，它的有效数值范围是 −8～+7，如果想要计算 5−3 的结果，就可以将其转换为 5−3 = 5 + (−3) = 5 + (8−3) = 5 + 5 = $(12)_8$ ⊖。用 3bit 来表示 1 个数位时，相当于记录了一个八进制数的个位数，进

⊖　下标 8 表示八进制。

位因为溢出直接丢弃,八进制的 12 就变成了 2,最终结果和直接运算 5-3 的结果是一致的。这就好像钟表上指向 5 点的指针,既可以通过逆时针拨动 3 小时让它指向 2,也可以顺时针拨动 9 小时达到同样的目的,只不过它的计数体系是十二进制的。在补码的工作机制中,可以在运算产生进位后让符号位也作为数值直接参与计算,得到的数值仍然可以保证符号位有正确的意义,这样减法就转换成了加法运算。对计算机编码感兴趣的读者可以阅读机械工业出版社 2000 年出版的《编码的奥秘》一书,它是笔者非常喜欢的一本科普读物,书中采用大量生动的故事和插图,向读者展现了如何在物理层面通过电路和硬件来实现我们平时熟悉的二进制编码、数学运算和数据存储等。

结合上面的知识,下面就来对 –32 768 进行转换,它的原码是 1000 0000 0000 0000,除符号位以外取反得到 1111 1111 1111 1111,再加 1 后得到 1000 0000 0000 0000(溢出的位直接丢弃),用十六进制表示就是 0x8000,将 s 直接与它相乘就可以完成负值的转换。这样就将 –1~+1 之间的浮点数映射为 –32 768~+32 767 之间的整数了,也就成了符合接口要求的 PCM 原始数据了。

19.2.3 浅谈 ArrayBuffer

源码中出现的 Float32Array 和 DataView 对象称为“视图”,它建立在 ArrayBuffer 对象之上,让开发者可以用类似于数组操作的方法在 JavaScript 语言中编辑原始的二进制数据。ArrayBuffer 是一段连续的长度固定的字节序列,实例化时传入数值类型的长度就可以在内存中创建一段二进制存储空间,示例代码如下:

```javascript
// 创建一段字节长度为8的内存空间
var buffer = new ArrayBuffer(8);
// 查看空间大小
console.log(buffer.byteLength); // 8
// 查看第一个字节
console.log(buffer[0]); // undefined
```

JavaScript 中的对象和数组本质上都是哈希表,而 ArrayBuffer 使用的连续空间是真正意义上的数组,所以它的读写速度会比普通的 JavaScript 数组快很多。注意,使用索引去查看第一个字节时会得到 undefined,因为 buffer 实例并没有 0 这个属性。

ArrayBuffer 只是指向存储数据所在的区域,它并不支持读写操作,需要借助 TypedArray 或 DataView 来完成访问,一段 ArrayBuffer 上可以叠加多个类型化数组,就好像 JavaScript 中将一个对象赋值给其他多个对象一样。通过任意对象对原始数据进行写操作也会影响指向它的其他对象,示例代码如下:

```javascript
// 创建一段16字节的ArrayBuffer
var ab = new ArrayBuffer(16)
// 在ab上创建视图view1,视图中每个元素类型为Uint8(1字节),起于索引0,止于结尾
```

```
var view1 = new Uint8Array(ab);
// 在ab上创建视图view2，视图中每个元素类型为Uint32(4字节)，起于索引4，止于结尾
var view2 = new Uint32Array(ab,4);
// 在ab上创建视图view3，视图中每个元素类型为Uint16(2字节)，起于索引2，视图长度为4
var view3 = new Uint16Array(ab,2,4);

//为了方便观察，可以利用view1将每个字节均赋值为1
view1.fill(1);
```

　　笔者喜欢将这个特性想象为一群人拿着不同尺寸的放大镜观察同一段内存空间，图 19-4 更形象地展示了它们之间的关系。

变量																
view3				0		1		2		3						
view2					0				1				2			
view1	0	1	2	3	4	5	6	7	8	9	10	11	12	13	14	15
ab	0	1	2	3	4	5	6	7	8	9	10	11	12	13	14	15
变量	字节索引															

图 19-4　为同一个 ArrayBuffer 实例创建不同的视图

　　将上面的代码粘贴到浏览器控制台后，可以看到如图 19-5 所示的输出结果。

```
> view1
< ▶ Uint8Array(16) [1, 1, 1, 1, 1, 1, 1, 1, 1, 1, 1, 1, 1, 1, 1, 1]
> view2
< ▶ Uint32Array(3) [16843009, 16843009, 16843009]
> view3
< ▶ Uint16Array(4) [257, 257, 257, 257]
```

图 19-5　基于同一个 ArrayBuffer 的不同视图结果

　　从图 19-5 所示的结果中可以看到，不同的视图元素所占的字节长度不同，所以最终视图数组的长度也不相同，图 19-5 中的结果是用十进制形式表示的，更改为如下的二进制形式后就比较容易看明白了：

view 2[0] = 00000001　00000001　00000001　00000001 = $2^{24} + 2^{16} + 2^8 + 2^0$ = 16 843 009

view 3[0] = 00000001　00000001 = $2^8 + 2^0$ = 257

　　更多关于 ArrayBuffer 的基础知识可以阅读阮一峰老师的《ES6 入门教程》[⊖]，本章中不再赘述。与普通的文本格式相比，二进制数据的优势主要表现在数据处理和数据传输两个方面。

　　处理海量数据时通常需要通过"并行计算"来提高效率，常见的方式就是将较为耗时的任务进行分解，然后将其发送到若干个 Worker 线程中进行并行处理，最终再将结果聚合

⊖　https://es6.ruanyifeng.com/#docs/arraybuffer。

到主线程中，但是跨线程通信的 postMessage 方法底层使用了结构化克隆算法（相当于深备份），这样的通信效率显然是非常低的。在 ES2017 标准中引入的 SharedArrayBuffer 就是用来解决这个问题的，它可以开辟一块共享内存，主线程和 Worker 线程都可以对其进行读写，而在线程通信中只需要传递指针和其他事件信号即可，Worker 线程收到共享内存地址后只需要建立视图就可以对共享内存进行编辑了，这样就避免了跨线程通信时数据复制造成的性能消耗，同时也可以借助"并行计算"来提高处理效率。

　　另一种在 JavaScript 中支持的并行计算方案是基于 WebGL 借助 GPU 的能力来实现的。GPU 与 CPU 的结构不同，为了满足图像处理的需求，它拥有的算术逻辑单元（ALU）数量远多于 CPU，可以支持大数据量的并行计算。ArrayBuffer 最初也是为了解决 JavaScript 与显卡之间的大量、实时的数据通信问题而设计的，使用二进制的形式存储不仅体积更小，而且可以避免因为在不同的语言和系统中进行数据格式转换而造成的性能损耗。随着 HTML5 对浏览器多媒体处理能力的增强和扩展，ArrayBuffer 的使用场景也变得更加广泛，在多媒体、2D/3D 图形学以及端侧的机器学习等数据传输密度较大的场景中往往更具性能优势。

第 20 章   Chapter 20

jsmpeg.js 流媒体播放器

我们几乎每天都会在网站上浏览视频，但你知道浏览器里的视频是如何播放的吗？也许你会觉得这个问题太简单了，写个 <video> 标签，然后通过 src 指向视频资源的地址就可以了。很遗憾，事情并没有这么简单。尽管 HTML5 标准提供了 <video> 标签，但是它只能支持 webm、mp4、ogg 等少数格式的视频资源，而在实际应用场景中，资源格式可能是各种各样的。当你进入某个视频网站观看视频时，打开控制台的 network 页签，通常可以看到视频在播放时并不是直接加载其整个资源，而是会在播放的过程中持续向后台发送请求得到扩展名为 ts 的文件，用户最终看到的多媒体信息就是从这些 TS 文件中解析出来的。当然，这只是常见的多媒体解决方案之一，常用于视频点播或其他对延迟不敏感的场景。

如果你的目的仅仅是在浏览器环境中播放不同格式的视频，那么大多数时候直接使用 video.js[一] 和它的官方扩展插件就可以了，只需要在初始化播放器时传入一些定制参数。video.js 的使用方法非常简单，在本书的代码仓库中，笔者提供了使用 video.js 加载各种常见格式多媒体资源的示例，正文中就不再赘述了。本章所要介绍的主角 jsmpeg.js[二] 并不算是一种热门的工具库，但是它的源代码结构非常清晰，能够帮助初学者对流媒体播放技术建立宏观的认知。另外，它也可以用在一些有低延迟诉求的播放场景中。假如有一天你需要定制自己的多媒体播放器，那么 jsmpeg.js 也许会是一个非常不错的样板工程。本章的讲解会涉及大量辅助工具和第三方库的使用，但限于篇幅无法逐一细述，感兴趣的读者请自行研究。

㊀   https://videojs.com/。

㊁   https://jsmpeg.com/。

20.1 视频编解码技术入门

本节来学习关于多媒体编解码的一些基本概念。

20.1.1 基础知识

视频的本质是静态画面连续播放而形成的视觉效果，其中的静态画面称为"帧"，这一点与我们在动画相关章节（第 17 章）中所接触的知识类似。对于最终的渲染引擎而言，其所需要的就是视频画面区域的颜色数据，假设视频画面的原始尺寸是 800×600，每个像素点保存着 RGBA 这 4 个颜色分量，且浏览器已经支持 ES6 语法中的 ArrayBuffer 和定型数组，那么我们就可以像在 Canvas 中使用 ImageData 那样直接使用 Uint8ClampedArray 类型的数组来存储颜色值，这比直接使用 JavaScript 普通的数据类型更节省空间。如果每个像素点信息占据 4 字节的空间（存储 RGBA 这 4 个颜色分量），那么存储 1 帧的色彩数据所需要的空间大小就是：

$$800 \times 600 \times 4\,\text{B} = 1\,920\,000\,\text{B} = 1875\,\text{KB} \approx 1.8\,\text{MB}$$

假设视频的帧率为每秒 30 帧，那么存储一部时长为 90 分钟的视频需要的空间大小就是：

$$1.8\,\text{MB/帧} \times (30\,\text{帧/s}) \times (60\,\text{s/min}) \times 90\,\text{min} = 291\,600\,\text{MB} \approx 285\,\text{GB}$$

显然，我们不可能将这么大的数据直接进行存储和传播。查看视频下载网站就会发现，同样时长的高清电影资源通常只有 4~5 GB，普通清晰度的大约只需要 1~2 GB 的存储空间，这样巨大的体积差异就要归功于多媒体编解码算法（或压缩算法）了。视频编解码算法在处理原始数据流时，可能会舍弃一些细节信息，至于丢弃哪些数据信息主要取决于编解码器的选择和配置参数，丢弃的细节越多，压缩程度通常也就越高，解码后的视频画面失真就越严重，但更小的体积更有利于网络传输。

学习多媒体编解码技术需要先了解两个最基本的概念：容器（container）格式和编解码（coder-decoder，通常简写为 codec）格式。常见的前端多媒体技术中，除了 WebRTC 技术不使用多媒体容器之外（WebRTC 技术直接借助于 MediaStreamTrack 将编码后的音视频串流到另一个端点），其他技术在使用时都需要先将视频和音频分别编码并装载到容器中，然后才能进行传输。常见的 mp4、mkv、rmvb、flv、webm、ts 等扩展名都有对应的容器格式，其作用就是将多媒体资源的视频、音频、字幕、元信息等封装在一起；而视频编解码格式就是指压缩视频的具体算法。如果你觉得容器格式不容易理解，那么也可以尝试将常见的 ppt 或 pptx 文件的扩展名改为 zip，然后用压缩软件打开它，看看里面有什么。MDN 的资料⊖中列举了常见的视频编解码格式，如图 20-1 所示。

从图 20-1 中可以看到，不同的视频编解码格式只能使用指定格式的容器进行封装，一个扩展名为 mp4 的文件，其视频的编解码格式可能是 AV1、AVC、MPEG-2、VP9 等中的任意一种，音频信号也有一系列自己的编解码算法，封装后就可以得到电脑中常见的拥有

⊖ https://developer.mozilla.org/en-US/docs/Web/Media/Formats/Video_codecs。

各种扩展名的多媒体文件。现在再来看看在开发中指定多媒体文件的 MIME 类型时所使用的的标记，例如：

```
video/webm; codecs="vp8, vorbis"
```

Codec name (short)	Full codec name	Container support
AV1	AOMedia Video 1	MP4, WebM
AVC (H.264)	Advanced Video Coding	3GP, MP4, WebM
H.263	H.263 Video	3GP
HEVC (H.265)	High Efficiency Video Coding	MP4
MP4V-ES	MPEG-4 Video Elemental Stream	3GP, MP4
MPEG-1	MPEG-1 Part 2 Visual	MPEG, QuickTime
MPEG-2	MPEG-2 Part 2 Visual	MP4, MPEG, QuickTime
Theora	Theora	Ogg
VP8	Video Processor 8	3GP, Ogg, WebM
VP9	Video Processor 9	MP4, Ogg, WebM

图 20-1　常见的视频编解码格式及其支持的容器格式

它表示相应的多媒体资源使用 webm 容器格式封装，视频编解码采用 VP8 算法，音频编解码采用 vorbis 算法，MIME 类型中还可以包含编解码算法的定制参数等更多细节。

多媒体编解码是专业性非常强的技术，而且它对于性能的苛刻要求决定了其在浏览器环境中几乎只能依赖于相对底层的技术执行实际的编解码工作，比如浏览器原生支持的多媒体接口，或者是基于 WebGL 或 WebAssembly 技术的编解码模块。前端开发者通常并不需要参与到具体的编解码开发工作中，其更重要的是理解各种流媒体协议的适用场景和典型技术架构，以及如何利用相关工具来完成不同编码格式的转换，感兴趣的读者可以通过 MDN 提供的《Web 多媒体技术专题》⊖进行深入学习。

20.1.2　初识传输流

本章开头提及的 TS 文件是以 TS（传输流）作为容器格式的多媒体资源，它的全称是 MPEG2-TS（其中 TS 表示 Transport Stream），从名称上就可以看出它是用于流媒体传输的容器格式，最早应用于数字电视广播中。我们既可以通过原始信号的码流封装生成 TS 文件，也可以使用 ffmpeg⊖将其他格式的视频切分成多个扩展名为 ts 的片段。TS 文件支持的编解码格式非常广泛，例如在 HLS（HTTP Live Streaming，基于 HTTP 的自适应码率流媒体传输协议）中，我们会用 TS 容器格式来装载 H.264 编码的视频流和 ACC 编码的音频流，而在 jsmpeg.js 实现的视频解码方案中，TS 容器装载的就是 MPEG1 编码的视频流和 MP2 编码的音频流。一个 TS 文件可以看作是一段有明确结束点的 TS 信息。下面就通过一些基本概念来了解 TS 的相关知识。

⊖ https://developer.mozilla.org/en-US/docs/Web/Media。
⊖ http://ffmpeg.org，著名的视频编解码工具。

❑ 码流（Stream）：指带有信息的连续二进制串。

❑ ES（Elementary Stream，基本码流）：指视频、音频或其他信息的连续码流，比如热成像摄像机中传回的连续帧中各个像素点的温度信息。

❑ PES（Packetized Elementary Stream，封装 ES）：指把基本的 ES 分成段并添加相应的头字段后形成的新包组成的流。

❑ TS（Transport Stream，传输流）：指将一个或多个 PES 复合组成的单一数据流，也就是说 TS 中可能包含多个节目。

从原始数据到 TS 的基本处理流程如图 20-2 所示。

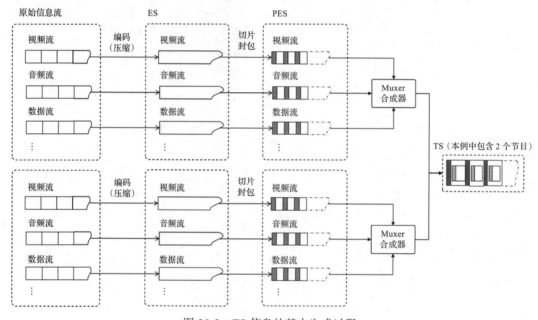

图 20-2　TS 信息的基本生成过程

首先，原始信息流根据自己特定的编解码算法进行压缩，得到编码后的二进制串后对其进行切分，并为切分后的片段增加时间戳等一些元信息，从而得到新的 PES 数据包，然后通过 Muxer 复合器将不同的 PES 合成到一起，其实复合器完成的并不是什么神秘的工作，因为此时无论一个 PES 包里装载的是什么信息，其外部结构都是符合 PES 包规范的，最终输出的 TS 里也包含了一个或多个不同的节目。TS 包结构的长度是固定的，这使得它具有较强的抵抗传输误码的能力，当因传输错误破坏了某一 TS 包的同步传输信息时，接收端可以在固定的位置检测它后面包中的同步信息，从而避免信息丢失。

TS 包的大小通常是 188 字节（或者 204 字节，在 188 字节后面追加了 16 字节的 CRC 校验数据，二者可以通过 TS 中若干个包头首字节中 0x47 的间距来区分，本文中以 188 字节为例），前 4 字节（共 32 位）为包头，其中记录着与包相关的元信息，是解析包数据的主要依据。包头中的 32 位并不是严格按照字节来分配的，在底层通信这种"寸土寸金"的场景中，字节已成为一种奢侈的数据结构，所以我们在解析时看到的十六进制字符有可能覆盖了好几个标记位，尽管这种二进制协议的可读性较差，但是非常节省传输空间，如图 20-3 所示（图 20-3 以本章代码仓库中的 flatUI_demo0.ts 文件为例，第一个 TS 包的头信息为十六进制 47 40 11 10）。

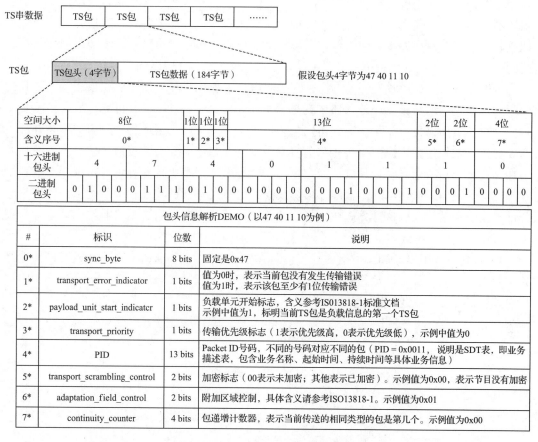

图 20-3　TS 包头字段解析示意图

头信息中最关键的就是 PID 号码，它决定了每个 TS 包的数据体中存放了哪种类型的数据。关于 TS 解析的基本知识，可以阅读《PSI/SI 教程》系列博文[注]进行学习。

下面列举一个更容易理解的例子，假如你手里现在有红豆、黄豆、绿豆三种豆子，你希望把它快递给自己的朋友，但是散放的豆子很难直接发送，于是你用一些小包装袋来装豆子，并在包装袋上贴上贴纸，标明这一袋豆子的重量和封装日期等基本信息。接着你把这些装有豆子的小包装袋交给快递员，为了方便打包，快递员随机把这些袋子装进纸盒子

⊖　https://onelib.biz/doc/stb。

里，并将你准备好的物资清单放在第一个快递盒中，最后在盒子外面贴上快递单，注明收货人的信息。在网络中发送 TS 数据包的过程也是类似的，不同的处理环节会按照通信协议的要求对数据进行分段，并为每一段添加专属的头信息，以便保证传输过程更加安全可靠。划分后的数据片段并不体现具体的信息，当所有拆分后的数据在接收端被重新拼装时，用户就可以得到真实的信息了。客户端建立连接并接收流媒体信息后的处理过程与生成 TS 的过程正好相反，即先根据传输包的头信息解析协议，再根据 PES 头信息拆分出码流，最后根据不同码流自己使用的编解码算法解析出播放多媒体最终需要的数据。这与例子中你的朋友收到包裹后需要先拆开快递包装，再拆里面更小的包装，最后根据小包装的信息把不同的豆子放进对应的收纳罐中的过程一致。

当然，就像生活中收发快递一样，网络通信也可能出现异常状况。如果朋友实际收到的货物与你提供的清单不相符，那么就需要调查到底发生了什么事，可能是你自己漏发了一些货物导致的，也可能是快递公司把包裹发丢了，或者因为某些特殊原因的影响有的快递要晚几天才能送到，但因为快递箱上有单号信息，箱子里面有物资清单信息，所以只需要在网上查询物流信息很容易确认问题出在哪个环节。即使出现意外情况，也要有追溯检查和纠错的能力，显然网络传输的通信协议同样也具备这样的功能。上面的示例也许不够严谨，但朋友第一次以这种方式向笔者描述流媒体的知识时，笔者觉得非常生动且容易理解，与网络传输的场景如出一辙。

TS 的制作是很复杂的，幸运的是我们可以使用 ffmpeg 等辅助工具来完成，将其他格式的静态资源或者采集设备的实时信号转换为扩展名为 ts 的片段后，ffmpeg 会自动为它们生成扩展名为 m3u8 的索引，参考命令如下：

```
ffmpeg -i 多媒体源地址 -hls_time 3 -hls_list_size 0 -f hls 输出地址\XX.m3u8
```

参数及其说明具体如下。

❏ -i：用于设定输入信息。

❏ -hls_time：用于设定每个 TS 切片的最大持续时长。

❏ -hls_list_size：用于设定索引文件中记录的 TS 文件列表的最大长度，0 表示不限制数量。

❏ -f：用于设定输出格式。

ffmpeg 是非常著名的多媒体处理模块，不仅可以转换容器格式，还可以通过添加参数的形式来改变流媒体的编解码方式，许多团队已经利用 WebAssembly 技术将 ffmpeg 运行在浏览器中，用于执行多媒体相关的计算程序，感兴趣的读者可以自行学习。在稍后的章节中还将学习如何解析 TS 数据。

20.2 现代浏览器中的播放技术

本节将讲解浏览器中用于支持多媒体播放的 API（应用程序接口）。

20.2.1　Media Source Extension

　　了解了与 TS 文件相关的基础知识后,下面就来看看浏览器是如何播放这种格式的资源的。如果将原生 <video> 标签的 src 属性直接指向 m3u8 的索引或是 TS 媒体文件,就会发现浏览器并不能直接识别它们,现代化的浏览器中使用的视频播放技术称为 Media Source Extensions(MSE,媒体源扩展),它是 W3C 为浏览器提供的多媒体能力扩展技术。在实际应用中,开发者使用的仍然是 <video> 标签,但其 src 属性并不会指向某个固定的静态资源,而是指向通过 JavaScript 创建的 MediaSource 对象包装成的虚拟 URL 地址。在 <video> 标签指向静态资源的方案中,我们只能通过监听典型的事件来进行一些被动响应,而在 MSE 的支持下,开发者可以使用各种方式在 JavaScript 脚本中与服务端建立连接,得到多媒体数据后手动将其加入多媒体“缓冲池”即可,这样的模式可以极大地提高了媒体播放的灵活性和可控程度。若网络条件发生变化,通过改变请求资源的地址将信号快速切换到低分辨率的视频源即可保证它的流畅性,但这样的技术方案使用起来比较复杂,MSE 相当于是在浏览器和服务端资源之间建立了一层代理,其基本工作原理如图 20-4 所示。

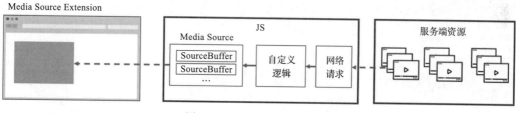

图 20-4　MSE 基本工作原理

示例代码如下:

```
const v = document.getElementById('myvideo');
const myMediaSource = new MediaSource();
const url = URL.createObjectURL(myMediaSource);
v.src = url;
```

　　实际上,从后台获取的多媒体数据并没有直接被 MediaSource 对象使用,其使用了 SourceBuffer 对象,每个 MediaSource 对象中可以包含一个或多个 SourceBuffer 实例,每个 SourceBuffer 都与一种内容类型相关。SourceBuffer 扮演的角色就是“资源缓冲区”,播放引擎从缓冲区中读取需要的数据,而脚本将新的数据不断推入缓冲区中,所以当你在服务端使用能够识别 ts 格式的播放器播放 TS 文件时，尽管可以连续播放，但每段资源之间通常会有明显的切换动作，而浏览器中因为有缓冲区的存在，所以播放 TS 文件时不会出现这种现象。

MSE 技术的 API 并不复杂，但是 SourceBuffer 需要承担多媒体解码的工作，它要求开发者在实例化 SourceBuffer 时传入完整的 MIME 类型描述信息，里面不仅要包括多媒体资源的容器格式，还需要提供多媒体编解码算法和配置参数，这对于初学者而言有一定的难度。下面的代码来自 MDN 中提供的 MediaSource 对象的使用指南⊖，从中可以看到，当开发者明确知道媒体资源的编解码信息时，使用 MSE 将会非常轻松：

```
var assetURL = 'frag_bunny.mp4';
var mimeCodec = 'video/mp4; codecs="avc1.42E01E, mp4a.40.2"';

if ('MediaSource' in window && MediaSource.isTypeSupported(mimeCodec)) {
    var mediaSource = new MediaSource;
    video.src = URL.createObjectURL(mediaSource);
    mediaSource.addEventListener('sourceopen', sourceOpen);
} else {
    console.error('Unsupported MIME type or codec: ', mimeCodec);
}

function sourceOpen (_) {
    //console.log(this.readyState); // open
    var mediaSource = this;
    var sourceBuffer = mediaSource.addSourceBuffer(mimeCodec);
    fetchAB(assetURL, function (buf) {
        sourceBuffer.addEventListener('updateend', function (_) {
            mediaSource.endOfStream();
            video.play();
            //console.log(mediaSource.readyState); // ended
            });
            sourceBuffer.appendBuffer(buf);
        });
    };
```

在实际开发中，我们可以使用 Bento4⊜提供的 mp4info 工具来获取 mp4 资源的详细编码信息。将对应操作系统的 Bento4 安装包下载并解压至本地后，再将 Bento4 目录中的 bin 目录添加至环境变量 Path 中，这样就可以在任意路径下使用 Bento4 的命令行工具了。接下来在媒体资源所在的文件夹内打开终端，输入以下命令就可以看到指定的 mp4 资源的详细信息了：

```
mp4info XXX.mp4
```

以代码仓库中提供的 normal_mp4_to_frag.mp4 为例，在终端打印出的参数信息中可

⊖ https://developer.mozilla.org/zh-CN/docs/Web/API/MediaSource/addSourceBuffer。
⊜ https://www.bento4.com/，针对标准 mp4 媒体格式的 C++ 工具库。

以找到视频码流的 Codecs String（编码信息字符串）为 avc1.42C01F，音频码流的 Codecs String 为 mp4a.40.2。至于编码算法配置参数所表达的具体意义，感兴趣的读者可以查阅 MDN 中相关的章节⊖自行学习。

20.2.2　其他格式的媒体资源

前文介绍了 MSE 的工作方式，它为在浏览器中播放多媒体资源提供了新的方式，在确定了资源的编解码方式和使用的容器后，就可以通过 MediaSource.isTypeSupported (MIMEtypeString) 这个静态方法来测试目标浏览器环境是否可以支持某种类型的资源了。在浏览器中使用 MSE 播放其他格式的资源时，通常需要遵循图 20-5 所示的基本步骤来进行。

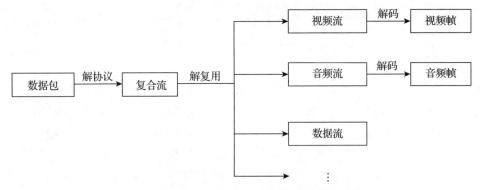

图 20-5　浏览器中手动处理多媒体资源的典型步骤

浏览器和服务端常用的通信方式大都是基于 HTTP 请求或 WebSocket 的，这就意味着"解协议"这一步并不需要开发者手动处理，"解协议"后得到的复合流数据就是一段内存中的二进制字符串；"解复用"是从复合流的二进制字符串中拆分出视频、音频、字幕、数据流等独立的信息流；"解码"是指依据各个信息流编码时所用的算法还原出数据流，解码后的资源体积较大，所以解码操作通常都是实时进行的。假设我们希望用 MSE 技术播放一个 flv 格式的资源，首先需要将该资源拉取到本地，在 JavaScript 中获取的二进制数据已经在底层完成了"解协议"的步骤，对用户而言就是可以在代码中获取到响应体的数据了，然后根据 flv 相关的规范"解复用"，从而提取出独立的视频和音频信息。如果视频和音频信息恰好与前文示例中的 mp4 一样使用了 avc1 和 mp4a 编码算法，那么接下来只需要在 MediaSource 实例中添加两段 SourceBuffer，然后分别将视频和音频添加到不同的 SourceBuffer 中播放就可以了。当然也可以再将视频和音频重新封装到 MSE 能够识别的容器格式中（例如 mux.js 就将它们重新封装在了 fragment mp4 容器中），这时就只需要使用一个 SourceBuffer 来播放了。

如果 MediaSource 不支持音频或视频的编解码算法又会怎么样呢？可以在服务端利用

⊖　https://developer.mozilla.org/en-US/docs/Web/Media/Formats/codecs_parameter。

ffmpeg 等工具将音频和视频的编解码格式转换为 MediaSource 能够支持的格式。另一种方式实现起来难度较大，该方式脱离了 MSE 技术，要根据现有编解码格式规范自己来编写解码程序，当然，也可以利用 Webassembly 复用 C 语言生态中某个编解码算法的解码器，并使用 Canvas 或 WebGL 纹理来实现自己的渲染器，最后通过 WebAudio 对象播放音频资源。整个过程需要对特定视频编解码算法有非常深入的了解，还需要手动处理"音画同步"等各种问题，实现难度非常高，jsmpeg.js 就是依据这样的思路实现的。总而言之，当资源无法直接被 MSE 播放时，既可以调整播放器，也可以调整资源格式，调整资源格式时，既可以在客户端进行也可以在服务端进行，至于具体方案的选择，就要根据实际场景和需求进行分析和评估了。

20.3 切片技术与 TS 文件解析

本节中我们来深入了解 TS 文件中包含的 ES 数据片段。

20.3.1 文件切片技术

无论使用哪种容器格式，大体积的多媒体资源使用起来都不够灵活，如果我们想要改变语言或者内容的清晰度，往往需要重新请求资源。如今的浏览器中使用的播放技术称为"切片"技术，它是指将视频和音频数据切分为多个"片段"，它们的大小并不相同，只需要保持在一定范围区间内即可（例如 2～10 秒），然后将视频和音频连起来从而得到完整视频的播放体验。这样的切片技术无疑提高了播放的灵活度，某种程度上它很像是应用程序开发中使用的"按需加载"技术。

假设服务端已经对媒体资源完成了切分，它们被放在 video 目录下，命名为 segmentX.mp4（其中的 X 是递增的整数编号），我们可以使用一个简单的 fetchNext 函数来按次序抓取资源：

```
function fetchNext(i){
    if(i >= total){
        return;
    }
    return fetch(`/video/segment${i}.mp4`)
    .then(resp=>resp.arrayBuffer())
    .then(data=>{
        handleData(data); //实现一些控制逻辑，然后将其加入SourceBuffer中
        return fetchNext(++i); //抓取下一段视频
    })
}
```

显然，我们可以在 fetchNext 中加入更多的逻辑判断来实现控制度更高的预加载动作。采用"切片"的方式播放视频时，后台的资源都是体积较小的片段，HTTP 请求是不断发送的，我们可以在每次请求资源片段时通过传入新的 URL 地址来切换不同的分辨率或语言：

```
function fetchNextEnhanced(i, lan, quality){
    if(i >= total){ return; }
```

```
return fetch(`/video/${lan}/${quality}/segment${i}.mp4`)
.then(resp=>resp.arrayBuffer())
.then(data=>{
    //handleData中可以实现一些控制逻辑，然后将其加入SourceBuffer中
    const { lan, quality } = handleData(data);
    return fetchNext(++i, lan, quality); //抓取下一段视频
})
}
```

切换到不同的分辨率或语言之后，使用 sourceBuffer 的 remove 方法清空之前添加到缓冲区的资源即可。使用 ts 格式的切片文件时也是同样的道理，前文已经介绍过，与直接请求静态资源相比，ts 格式的文件在使用时虽然增加了"解复用"的步骤，但同时也提高了应对通信过程中传输错误的能力。

20.3.2　解析 TS 切片

前文中已经介绍过 TS 包的基本结构，现在就来看看如何从 ts 格式的文件中拆分出多媒体信息流。MPEG2-TS 传输协议是非常复杂的，在"解复用"的场景中，大多数时候只会用到 PAT 表、PMT 表等少数关键信息，我们可以使用码流分析软件来帮助自己更好地完成这个过程，笔者使用的是 EasyICE 软件。将本章代码仓库中提供的 public/assets/m3u8 文件夹中的 flatUI_demo0.ts 文件拖进软件中，就可以看到其中的包信息（如图 20-6 所示）。

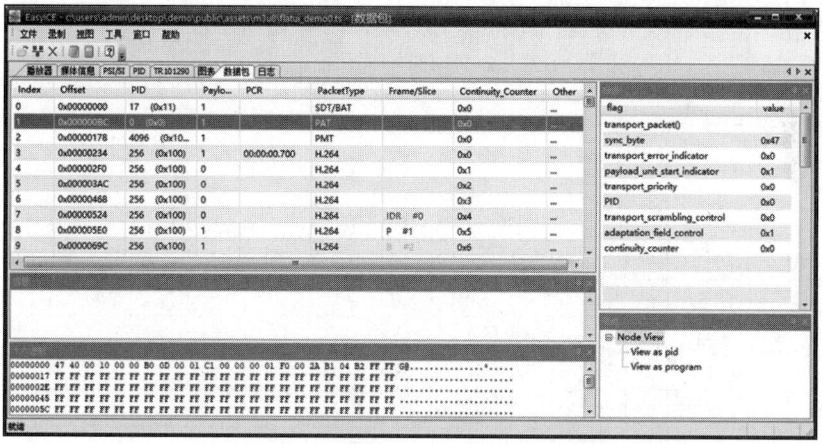

图 20-6　使用码流分析软件分析 TS 文件

首先，来看一下 PAT 表（Program Association Table，节目关联表），它定义了当前 TS 中所有的节目，PAT 表存储在 PID 为 0x0000 的包中，也就是图 20-6 中索引为 1 的 TS 包中，它的包数据为 47 40 00 10 00 00 B0 0D 00 01 C1 00 00 00 00 01 F0 00 2A B1 04 B2 FF FF FF……包头部分的解析可以参考前文中的步骤来进行，其中 payload_unit_start_indicator 数据位的值为 1，表示包头之后有一个调整字节，所以包数据是从"00 B0 0D……"开始的，前 8 字节描述了 PAT 表的元信息，之后的每 4 字节（共 32 位）为一个信息组，每组信息中的前 16 位

为节目的编号，紧接着的 3 位为保留位，最后的 13 位表示存储这个节目详细信息的 PMT 表所对应的 PID 信息，循环部分结束后会有 4 字节表示校验位，如果此时总长度不够 188 字节，则后续均填充为 FF。下面我们按照这个思路来查看上面这段包数据（如图 20-7 所示）。

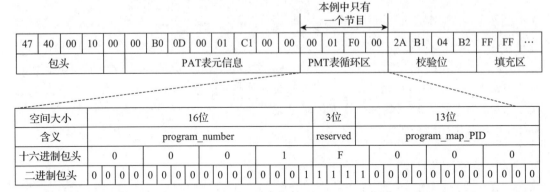

图 20-7　flatUI_demo0.ts 文件存储 PAT 表的 TS 包解析示意图

从图 20-7 所示的图表中可以看出，这段 TS 包中只有 1 个节目，其编号为 0x0001，对应的 PMT 表存放在 PID 为 0x1000 的 TS 包中。

再来看图 20-6，不难发现，PAT 表的 TS 包后面紧跟着的就是 PID=0x1000 的包，也就是这段 TS 中唯一一个节目所对应的 PMT 表。PMT 表全称为 Program Mapping Table，即节目映射表，其中记录了这个节目中关联的音频、视频及其他关联数据的 PID 信息，可以将其看作是资源的目录。下面就以类似的方式从码流软件中查看其二进制信息，解析过程大致如图 20-8 所示。

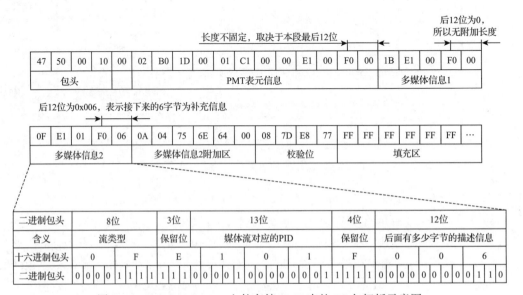

图 20-8　flatUI_demo0.ts 文件存储 PMT 表的 TS 包解析示意图

PMT 表中最关键的信息是多媒体信息中各个码流的存放位置，从图 20-8 中可以看出，跳过包头和一些元信息后，多媒体流信息的部分以基本宽度为 5 字节的形式循环，利用其中最后 12 位的数据，还可以声明附加信息的长度。具体来看，第一段多媒体信息的首字节为 0x1B，它代表的是 H264 编码的视频信息，对应的信息存放在 PID 号码为 0x0100（基本宽度中有 13 位表示了关联的 PID，详见图 20-8）的 TS 包中；第二段多媒体信息的首字节为 0x0F，它代表的是 AAC 编码的音频信息，存放该音频数据的 TS 包对应的 PID 为 0x0101，根据 5 字节基本宽度中最后的 12 位信息可以知道，紧随其后的 6 字节是 AAC 编码的描述信息。在码流分析软件中通常可以很方便地查看解析结果，从中可以看出我们对 PAT 表和 PMT 表中基本信息的分析与软件中的结果是一致的（如图 20-9 所示）。

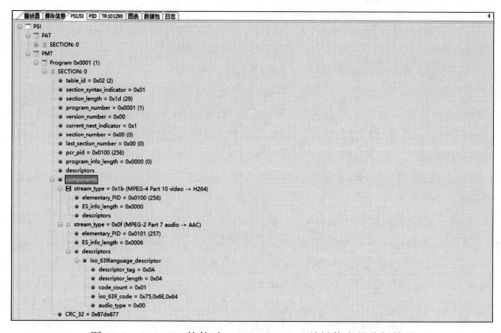

图 20-9　EasyICE 软件对 flatUI_demo0.ts 关键信息的分析结果

这里再回到软件中数据包列表的页面，你会在此页面看到接下来连续多个 TS 包对应的 PID 都是 0x100，里面装载的就是所有的视频信息，之后多个连续的 TS 包对应的 PID 都是 0x101，里面装载的是音频信息。根据软件中的统计信息可以看到，视频传输使用了 5208 个 TS 包，音频使用了 774 个 TS 包，实际开发中的 TS 包通常都是交错传输的，对 PID 信息进行过滤即可得到某个指定类型的所有 TS 包。以视频 TS 包为例，当你完成了 TS 包的拆分并将其中的数据信息拼接起来后得到的并不是视频码流，而是 PES，它是由编码后的视频流分块打包得到的。PES 包的头信息中包含了时间戳相关的一些元信息，再次解析 PES 包之后就能够得到视频流了，这整个过程与制作 TS 时的复用过程正好相反。PES 包的头信息更为复杂，由于其存在可选字段，所以 PES 包的长度是可变的。

你可以在国际标准"ISO/IEC 13818 - 1 Information technology — Generic coding of moving pictures and associated audio information: Systems"中看到 PES 包结构的详细要求，该文件也正是描述 MPEG2-TS 的标准（本章的代码仓库中也收录了这份标准的 PDF 版本）。解析 PES 包及多媒体编解码需要掌握大量相关领域的基础知识，限于篇幅这里就不展开讲解了，感兴趣的读者可以参考 jsmpeg.js 库源代码中的 ts.js 模块自行学习，它实现了解析 TS 包和 PES 包的基本逻辑，代码语义清晰且只有 200 行，框架作者还添加了详细的注释，提高了整个源码的可读性。

20.4　jsmpeg.js 源码结构和低延迟播放实例

至此，我们已经了解了多媒体编解码以及传输和播放的基本知识，最后再来看看本章的主角——jsmpeg.js[⊖]，其使用 mpeg1video 标准进行视频编解码，使用 mp2 标准进行音频编解码（当然它也强制要求多媒体资源使用这样的编码方式），并依据 MPEG2-TS 标准进行传输，客户端的 TS "解复用"和多媒体解码全部使用 JavaScript 完成，最后使用 Canvas 和 WebGL 技术构造渲染器来完成画面的逐帧渲染，同时利用 WebAudio API 播放解码后的音频。我们在 Recorder.js 相关的章节（第 19 章）中已经学习过使用 WebAudio 技术，有需要的读者可以回顾相关内容后再继续后面的学习。

jsmpeg.js 的源码结构[⊖]非常清晰，当你想要深入了解某个环节的运作过程时，只需要查看对应模块的代码就可以了。这样的设计使得开发者可以更方便地了解其内部实现，并按照自己的需求替换或扩展其中某些不符合期望的模块，从而定制出新的播放器。基于基本的处理流程，jsmpeg.js 可以分为 Sources（源管理模块）、Demuxer（解复用模块）、Decoder（解码模块）、Render（视频渲染模块）和 AudioOutput（音频输出模块）等主要部分。这也是一个播放器程序处理多媒体信息所需的典型模块，其基本结构采用了与 Audio Graph（Web Audio API 中的音频图结构）中一样的节点连接方式，主工作流中的每个模块都要实现一个 connect 方法，表示数据流未来需要传递给哪个模块，connect 方法会将接收到的参数对象保存在当前模块的 destination 属性上，在自己的任务执行完之后，就会调用其 write 方法将数据传递到下一个处理节点（也就是 destination 属性指向的节点）上，如图 20-10 所示。

如果希望通过源代码来学习 jsmpeg.js，则可以按照表 20-1 所示的提纲对官方仓库中的 src 目录进行分模块阅读。

表 20-1　jsmpeg.js 源码模块说明表

模块类别	用　途	相关源码文件
General	顶层模块定义	jsmpeg.js / player.js

⊖　https://jsmpeg.com/。

⊖　https://github.com/phoboslab/jsmpeg。

（续）

模块类别	用　途	相关源码文件
Sources	数据源管理	ajax.js / ajax-progressive.js / websocket.js / fetch.js
Demuxer	TS 解复用	ts.js
Decoder	多媒体解码	decoder.js / mpeg1.js / mpeg1-wasm.js / mp2.js / mp2-wasm.js / wasm
Render	视频渲染引擎	canvas2d.js / webgl.js
AudioOutput	音频播放模块	webaudio.js
Other	辅助工具	buffer.js / wasm-module.js / video-element.js

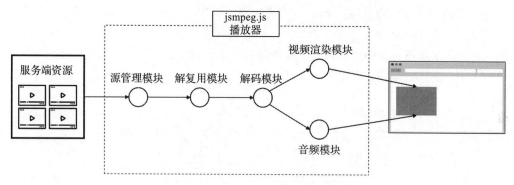

图 20-10　jsmpeg.js 工作原理示意图

jsmpeg 官方博客里的 "Decode it like it's 1999"[一]一文和简书博客中的《jsmpeg 源码解析》系列博文[二]对 jsmpeg.js 的整个流程和关键技术点进行了深入的描述，它们在笔者学习相关知识时给予了非常大的帮助。

jsmpeg.js 在一些低端浏览器中是非常消耗性能的，基于 JavaScript 的解码器和基于 Canvas 的渲染引擎所承担的任务量是非常大的，而 JavaScript 本身是一种解释型语言，在性能方面存在天生的弱势。在较高版本的浏览器中，jsmpeg.js 可以使用基于 WebAssembly 的解码器，它将 C 语言实现的原生解码模块编译为 WebAssembly 模块，从而在 JavaScript 环境中执行，以此来提高密集型计算任务的处理速度。同时，在支持 WebGL 的浏览器中，使用纹理来实现画面渲染将具有更高的效率，因为它可以借助纹理系统和 GPU 并行计算的特点来提高像素颜色信息的处理速度，即便是参考已有的技术方案，高性能播放器的实现过程也是非常复杂的。jsmpeg.js 的优势在于 JavaScript 的实现在一定程度上可以脱离浏览器原生多媒体 API 的兼容性限制，从而在中低端浏览器中获得更好的适配性，另一个显著的特性是它的延迟非常低。

jsmpeg.js 的一个非常典型的应用场景就是安防监控领域，监控摄像头的画面通常是基于 RTSP（Real Time Streaming Protocol，实时流传输协议）进行传输的。以海康威视的可见

[一]　https://phoboslab.org/log/2017/02/decode-it-like-its-1999。

[二]　https://www.jianshu.com/p/b9a77b1891a7。

光摄像机为例，我们可以通过访问不同的地址来得到不同的编码格式和不同分辨率的码流，例如使用下面的地址就可以访问 H.264 编码的视频主码流：rtsp://[username]:[password]@[ip]:[port]/h264/ch1/stream1。

　　主码流的分辨率较高，通常用于计算分析，子码流的分辨率则较低，通常用于监控画面的展示，但遗憾的是浏览器中无法直接解析 RTSP。一种很流行的方式是使用 Nginx 及其 nginx-rtmp-module 模块来启用一个流媒体服务，然后使用 ffmpeg 将 RTSP 码流推送至对应端口，并由 Nginx 将 RTSP 码流转换为浏览器更容易识别的 RTMP（Real Time Messaging Protocol，实时消息传输协议）码流，最后在客户端连接拉流端口获取视频画面。有时我们希望将监控画面用于计算视觉分析，从而实现身份识别、头像追踪、电子围栏、舆情预警等智能化程度更高的能力，这类服务端应用的开发通常会围绕 Python 语言及其他人工智能领域的相关模块来进行，毕竟它是人工智能领域的主要语言，相关的生态要比 JavaScript 完善得多。一个典型的监控分析架构中信息流向的方案就如图 20-11 所示。

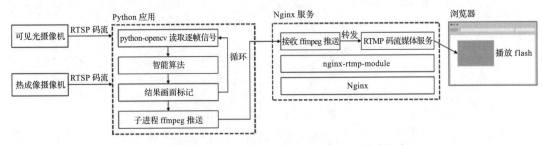

图 20-11　监控信号在浏览器中展示的典型技术方案

　　图 20-11 所示的方案可在 Python 应用中读取摄像机提供的 RTSP 码流信号（用于图像分析的 python-opencv 模块只需要一个 API 就可以轻松实现），经过计算分析后发送至 Nginx 搭建的流媒体转发服务，从而提供 RTMP 码流信息，这样开发者在浏览器环境中使用 video.js 就可以将 RTMP 码流信息直接播放出来了。如果将上述所有服务都部署在一台普通的笔记本电脑上，当 Python 程序逐帧读取画面并通过上面的流程进行推流时，本地测试浏览器端看到的画面大约会延迟 1～2 秒，进行远程信息传输时这个延迟可能还会更大。

　　如果对监控画面的实时性有较高的要求，则可以考虑使用 jsmpeg.js 作为浏览器端的播放器。这时需要改变多媒体信息的编解码方式，可以使用 ffmpeg 将 RTSP 码流中的 H.264 编码的视频信号转换为使用 ts 格式来传输 mpeg1video 编码的视频信号。另一方面，针对图像的计算分析程序对性能的消耗通常都非常大，如果将其串联在渲染信号的链路中，势必会影响画面渲染的连贯性。比如，基于流行的开源人脸识别工具包 face_recognition[注] 使用官方仓库中提供的简易示例来体验人脸追踪功能时，你会发现如果镜头中只有一个人，视频

　　⊖　https://github.com/ageitgey/face_recognition。

运行非常流畅，同时画面中自己头像的区域也会用矩形标记出来。但是当镜头中的人数增加到 3～5 人的时候，由于计算环节耗时明显增加，画面就会开始变得卡顿，这就是将计算密集模块串联在渲染链路中的潜在风险。所以，在实际应用时最好是将计算链路和渲染链路剥离开，就好像 JavaScript 主线程和渲染线程的关系一样，这样可以在一定程度上降低对于计算分析速度的要求，参考方案如图 20-12 所示。

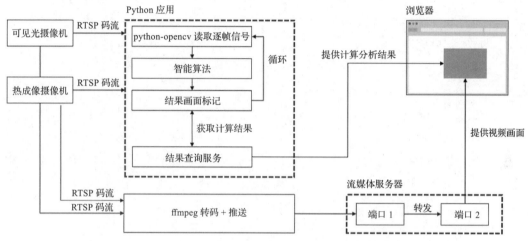

图 20-12　使用 jsmpeg.js 以更低的延迟展示监控画面

在新的方案中，在客户端使用了一个透明背景的独立 Canvas 覆盖层来绘制计算结果，这样即便计算结果稍有延迟，也不会影响视频画面的流畅性。当使用内存容量为 8 GB、主频为 2.6 GHz 的双核电脑进行本地测试时，采用 jsmpeg.js 的方案在服务端看到的视频画面及浏览器端看到的画面都只有极短的延迟（主观感受约 200~300ms）。本章的代码仓库中对上述两种方案都提供了完整的示例代码和使用指南。需要特别说明的是，文中的示例只是为了帮助读者理解视频播放链路中的各个环节，真正的安防工程通常需要借助大量的专用设备，整体解决方案也是非常复杂的。

拓展知识

❑ https://phoboslab.org/log/2017/02/decode-it-like-its-1999 —— jsmpcg.js 官方博文。

❑ https://www.jianshu.com/p/b9a77b1891a7 —— jsmpeg 源码分析系列博文。

跨端开发篇

"懒"是第一生产力：
制作命令行工具

从某种角度来看，工具的产生和演进是以"懒"为驱动力的，它们很多时候都是由一些聪明的"懒"人因为无法容忍某些枯燥、重复且低效率的事物而发明出来的。jQuery 的流行是因为开发者懒得为 DOM 操作编写跨浏览器兼容的代码；Angular.js 的流行是因为开发者连 DOM 都懒得操作；Bootstrap 的流行是因为开发者懒得编写自适应样式；webpack 的流行是因为开发者懒得去手动处理打包构建和资源优化的工作；DevOps 的推行是因为开发者只想安静地写会代码；Low-Code 的流行是因为开发者连代码都不想写了……前端领域的前辈们创作了各种各样的工具，把原本需要自己干的活分给设计师、非前端开发者甚至是冰冷的机器。有趣的是，那些"吃苦耐劳"的开发者反而在这件事情上表现出的创造力很低，因为他们实在是太能"忍"了。

"懒"也许是一种本能，但是每个人的感知又不尽相同。有的人懒得去记各种命令，就会使用 GUI（即图形化用户界面）工具，而有的人懒得挪鼠标，往往就会更喜欢简洁高效的 CLI（即命令行交互界面）工具。CLI 工具的使用和开发并不是极客的专利，事实上它的技术门槛并不算高，但是对工具体系的设计却可以让你跳出基本的业务层面，从更高的视角来观察和反思自己和团队在日常开发中所遇到的问题，并尝试为团队做一些建设性的工作，这样的训练和思考终将让你从普通的开发者中脱颖而出。本章就来介绍如何使用 Commander.js 和 Inquirer.js 制作不同风格的命令行工具。

命令行工具本质上就是一个巨大的条件分支和任务分发系统，它从命令行收集用户的输入信息，分析处理后运行对应的脚本文件以实现用户期望的功能。命令行工具通常会包含多个子命令，参数的收集既可以采用 Git 风格的附加参数输入形式，也可以采用向导式交互提问的形式，两者之间并没有本质上的区别。

21.1　Commander.js 与 Git 风格的命令行工具

　　使用 Commander.js[①]制作的命令行工具称为 Git 风格命令行工具，它通过"主命令＋子命令＋参数"的模式来实现输入采集，只需要实现业务功能相关的命令定义即可，Commander 会自动添加对"-h, --help"参数的响应，并罗列出所有自定义的子命令、配置参数和示例代码等，与你在命令行输入"git --help"命令后看到的信息一样。Commander.js 的 API 设计简洁易用，下面我们通过一个完整的官方示例进行学习（笔者在其中加入了注释），示例代码如下：

```
const program = require('commander');

/*主命令定义，option命令可用于定义支持的参数键值对，<>表示必填参数，[]表示可选参数*/
program.version('0.1.0') //定义版本
    .option('-C, --chdir <path>', 'change the working directory')
    .option('-c, --config <path>', 'set config path. defaults to ./deploy.conf')
    .option('-T, --no-tests', 'ignore test hook');

/*子命令定义，子命令的可选参数都会传入action方法接收的回调函数中*/
program.command('setup [env]')
    .description('run setup commands for all envs')
    .option("-s, --setup_mode [mode]", "Which setup mode to use")
    .action(function(env, options){
        const mode = options.setup_mode || "normal";
        env = env || 'all';
        console.log('setup for %s env(s) with %s mode', env, mode);
    });

/*监听"--help"参数，可以在commander添加的帮助说明后再添加自定义帮助，通常是示例代码*/
program.command('exec <cmd>')
    .alias('ex')
    .description('execute the given remote cmd')
    .option("-e, --exec_mode <mode>", "Which exec mode to use")
    .action(function(cmd, options){
        console.log('exec "%s" using %s mode', cmd, options.exec_mode);
    }).on('--help', function() {
        console.log('Examples:');
        console.log('  $ deploy exec sequential');
        console.log('  $ deploy exec async');
    });

/*如果输入的命令尚未定义，则调用help方法显示命令列表*/
program
    .command('*')
    .action(function(env){
        console.log(`can not find the command '${env.args}'`);
        program.help();
```

---

　　① https://github.com/tj/commander.js。

```
    });

program.parse(process.argv);
```

在命令行运行上述代码就可以看到如图 21-1 所示的信息。

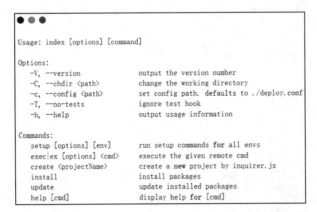

图 21-1　Commander.js 为自定义工具添加的 "--help" 参数响应信息

　　为了更方便地使用自研命令行工具，可以将开发阶段本地模块的软链接添加到全局模块目录中，这样就可以在任意目录下直接使用模块名来启动它了。首先将项目（本例中使用项目名称 dashcmd）的 package.json 文件中的 bin 字段修改为模块的入口文件（例如 index.js），然后在入口文件的首行添加 "#!/usr/bin/env node" 声明该脚本是使用 node 来执行的，最后在项目目录中打开终端，这时输入 "npm link" 就可以将当前项目链接至全局了。此番操作后，在任意目录下输入 dashcmd 就可以启动命令行工具了。如果想要移除该模块的全局链接，只需要在模块的项目目录中打开终端输入 "npm unlink" 即可。

　　另一个显而易见的问题是子命令的分发，当子命令数量较少时，可以像示例中那样使用 action 方法将处理逻辑直接编写在传入的回调函数中。当子命令较多时，就需要通过其他方法来保持项目的可扩展性和维护性了。若子命令中没有使用 action 方法，Commander.js 则会根据 "入口文件名 - 子命令" 的命名格式自动搜索对应的可执行文件，例如下面的命令：

```
program.command('install','install packages');
program.command('update','update installed packages');
```

　　下面在工程中新建一个 cmds 文件夹将子命令对应的执行脚本全都放在里面，然后将 package.json 中的 bin 字段修改为 "./cmds/dash"，代码如下：

```
{
...
"bin":"./cmds/dash"
...
}
```

这样，入口文件名就变成了 dash，前文中定义的 install 和 update 子命令被触发时就会在 cmds 目录中寻找可执行文件 dash-install 和 dash-update 并执行它们，也可以在定义子命令时直接指定与其对应的脚本文件，只需要将 executableFile 属性的值指定为对应文件的真实路径即可，代码如下：

```
program.command('install','install packages',{executableFile:'dash-install'});
```

这样就可以很方便地实现命令集的模块化编写了，本章的代码仓库中含有完整的示例代码。

21.2　Inquirer.js 与交互式命令行工具

熟练使用 Git 风格的命令行工具无疑可以提高效率，但对于一些使用频率较低、配置参数较多的命令，开发者很难长时间准确记忆每个参数的用法，这时就可以借助交互式命令行工具来获得更好的体验，其使用问答的模式来收集命令参数。在制作命令行工具时，我们通常会将它与 Commander.js 配合使用，从而将相关的功能集成在某个特定的子命令中。例如在 Vue CLI 工具中使用"vue create"命令来生成初始化工程时，就会启动交互式问答系统来收集定制参数，交互式界面如图 21-2 所示。

```
● ● ●

Vue CLI v4.5.8
? Please pick a preset: Manually select features
? Check the features needed for your project: Choose Vue version, Babel, TS, Linter
? Choose a version of Vue.js that you want to start the project with 2.x
? Use class-style component syntax? Yes
? Use Babel alongside TypeScript (required for modern mode, auto-detected polyfills, transpiling JSX)? Yes
? Pick a linter / formatter config: (Use arrow keys)
> ESLint with error prevention only
  ESLint + Airbnb config
  ESLint + Standard config
  ESLint + Prettier
  TSLint (deprecated)
```

图 21-2　Vue CLI 工具使用"vue create"子命令时的交互式界面

本节中使用 Inquirer.js[⊖]在终端界面上构建的交互式的命令行工具（本章中使用 Inquirer.js 的 v6.2.0 版本），它提供了 input（输入）模块、confirm 模块（结果为 true/false）、list（单选）模块、checkbox（多选）模块、password（密码）输入模块等常见功能，同时也支持默认值以及校验函数、过滤函数、变形函数等带有生命周期性质的钩子函数，还支持自定义组件扩展。使用时只需要将 question 对象组成的数组传入 inquirer.prompt() 方法就可以了，每一个交互式问题的相关信息对应于一个 question 对象，其支持的自定义属性如下：

⊖　https://github.com/SBoudrias/Inquirer.js。

```
{
    type: String,                                    // 表示提问的类型
    name: String,                                    // 在最后获取的answers回答对象中，
                                                     //   作为当前这个问题的键
    message: String|Function,                        // 打印出来的问题的标题，如果为函数的话
                                                     //   则可获得前置问题的结果
    default: String|Number|Array|Function,           // 用户不输入回答时，返回问题的默认值
    choices: Array|Function,                         // 给出一个选择列表
    validate: Function,                              // 校验用户输入，若返回true则通过，
                                                     //   返回字符串时会将该信息展示给用户
    filter: Function,                               // 接受用户输入，并且将值重新计算后
                                                     //   再填入最后的answers对象内
    when: Function|Boolean,                          // 接受当前用户输入的answers对象，
                                                     //   用于判断是否触发当前问题
    pageSize: Number,                                // 改变渲染list、rawlist、expand或
                                                     //   checkbox时行数的长度
}
```

下面定义一个单选模块，定义代码如下：

```
const inquirer = require('inquirer');
const questions = [{
        type: 'list',
        name: 'CSSPreProcessor',
        message: '请选择想要使用的CSS预处理器:',
        choices: [{
            name: 'sass(dart-sass)',
            value: 'dartSass'
        }, {
            name: 'sass(node-sass)',
            value: 'nodeSass'
        }, {
            name: 'less',
            value: 'less'
        }, {
            name: 'stylus',
            value: 'stylus'
        }]
}];
inquirer.prompt(questions).then(answer=>{
    console.log('您输入的所有答案如下:');
    console.log(answer);
})
```

上述代码中，prompt 方法会返回一个 Promise 实例，所有问题对应的结果会存储在一个对象中，并以键值对（key-value）的形式传给后续的处理函数。其中，key 为每个 question 对象中 name 属性的值，value 为用户输入或选择的结果，如果 question 对象中定义了 filter 钩子函数，则对应的 value 会变成 filter 函数的返回值。本章代码仓库中提供了包含多个连续问题的示例代码，其运行效果如图 21-3 所示。

```
● ● ●

? 请输入任务ID编号: Team-S-Task9527
? 请选择想要使用的CSS预处理器: sass(dart-sass)
? 请选择想要添加的库: (Press <space> to select, <a> to toggle all, <i> to invert selection)
>( ) vuex
 ( ) vue-router
 (*) axios
 ( ) elementUI
 ( ) vuetify
```

图 21-3　交互式命令行工具示例代码运行效果图

21.3　从工具化到工程化

了解了 Commander.js 和 Inquirer.js 的基本用法后，就可以使用它们与其他工具一起来打造自己的工具了，当然命令行只是工具的形式之一，只要你喜欢，也可以用普通的 BS 架构网站、桌面应用或是 IDE 插件的形式来实现。但需要明白的是，工具本身只是一种载体而不是最终的目的，它所承载的是前端工程化建设中沉淀出来的解决方案、协作规范和开发工作流。好的工具不仅可以提高开发效率并协助规范落地，同时也会在工作流的关键节点上设置门禁，为工程质量提供强制保障。前端工程化建设服务的对象就是你所在团队的开发者（当然也包括你自己），其目的是在整个开发周期中提升开发体验和效率，同时为最终的产品提供质量保障。在这件事情上，前端开发者有着天然的优势，因为我们自己既是工具的用户也是开发者，这就意味着我们挖掘出来的需求几乎都是源于对日常开发工作流的观察和反思，同时 Node.js 提供的跨端和全栈能力也使得前端开发者可以自己制作工具来解决所遇到的问题。

一个相对完整的前端工程化方案非常庞大，它通常需要设计者对整个研发生命周期有一定的理解，工具本身覆盖开发规范、脚手架工具、本地开发、测试、构建、部署、运维监控等多个环节。尽管每个阶段都有非常多的开源工具可以使用，但并不是每个人都喜欢不停地尝试各种新技术，业务开发人员可能并没有时间也没有兴趣去了解这些工具烦琐的配置或是底层的技术细节，他们关注的核心点只有两个：第一，需要他实现的那部分代码应该怎么写，最好能有示例代码可以参考；第二，一旦出现问题应该向谁反馈，最好是能自动发消息给负责人。软件开发是一项工程活动，其与在工厂里组织生产并没有本质区别，如果你了解过车间的生产实践很容易明白，在生产一线操作自动化设备的大都是普通工人甚至是机械手，他们并不需要了解设备的工作原理，只需要按照规定的流程机械地完成操作就可以了。而有能力对设备进行检修和调试的技术员往往是少数。这其实也是前端工程化建设的方向，基础建设越完备，业务开发人员的知识水平对项目的影响就越小，整体的用人成本也可以有效降低。

本地化工具通常是用于提高开发阶段的团队协作效率的，脚手架工具可以让开发者快速生成一个新的初始项目，其中的文件夹已经按照团队的开发规范进行了划分，并且带有团队自研的通用工具包。通过自研命令行很容易实现"新建一个以指定关键词命名的页面或组件"这样的功能,新生成的文件包含了符合团队编码规范的代码结构,其他需要开发者注意的要求或示例代码可以以注释的形式编写在文件的开头。以 webpack 为核心的本地开发和构建服务通常都集成了 Babel 转译功能、ES Lint 编码校验功能、Prettier 格式校验功能、静态资源处理功能等,尽管工具的配置非常烦琐,但其具有高度的可复用性,使用时只需要将相应的配置文件添加到脚手架使用的初始项目模板中,并将代码编写的注意事项写在项目目录的 readme 文件里即可。当业务开发人员在重复性工作和非业务逻辑代码上消耗的时间减少时,开发的效率自然就提升了。当然,工具并不能为代码质量提供完全可靠的保障,定期组织代码检视依然是很有必要的。

本地化的工具通常只能解决开发前期和中期所面临的问题,很难覆盖项目的整个生命周期。开发者的本地环境通常会存在各种各样的差异,例如操作系统的类型、版本或依赖包的版本等,这些因素将会影响构建结果的一致性,也就是说不同的开发者即使用同一份源代码,也可能会构建出存在差异的结果。所以源代码的构建通常需要在固定的机器上进行,产出的文件既可能是发布到测试环境,也可能是先发送至归档服务器进行备份,然后发送至正式环境发布。如果发布的代码出现了问题,则还可能需要进行快速回滚。无论是出于对效率的考虑还是对可靠性的考量,部署发布的过程显然不适合人为手动操作,此外,为了便于对敏感操作进行权限控制,也不可能将该功能集成在本地化的工具链中。部署发布的操作通常是采用统一的管理平台来实现的,小型团队既可以直接使用开源中国的代码托管服务(码云),也可以自行搭建和维护 GitLab+Jenkins 来满足代码管理和定制自动化任务的需求。GitLab 是开源的代码仓库管理系统,Jenkins 是开源的持续集成工具,在 GitLab 中实现代码的推送、分支的合并、创建 Tag 标记等特定动作都可以基于 hook 机制向 Jenkins 发送通知消息,从而启动 Jenkins 的某个预设任务来实现自动化的测试、门禁、归档、结果反馈和发布等功能,最终实现作业自动化。

部署发布并不是简单地把构建结果"复制粘贴"到生产环境的目标位置就结束了,不同类型的资源需要发布到不同的服务器上。除此之外,还需要关注用户客户端代码的缓存,CDN 是否会影响到新版本展现的及时性,或者线上版本是否出现了测试中没有覆盖的异常场景,又或者新部署的版本只想针对部分用户进行小流量的灰度测试等。产品稳定发布后,通常还需要通过可视化平台来展示代码中上报的各类业务追踪数据、错误上报数据以及服务器性能的监控数据等,如果触发了风控等级较高的安全告警,则还需要及时通知相关责任人或者值班人员。

前端工程化建设是一个非常复杂的话题,本节只能为初级开发者建立一个直观的认知,想要深入学习的读者可以阅读《前端工程化体系设计与实践》一书,同时也推荐大家阅读 fouber 前辈的技术博客⊖,其中包含了大量对于前端工程化建设的实践经验和总结思考,值得细细品味。希望有一天,你也能成为一个聪明的"懒人"。

⊖ https://github.com/fouber/blog。

第 22 章 *Chapter 22*

用 Shelljs 实现自动化部署

开发者平时所说的 Shell，是指 Linux 系统中使用的脚本解释器，它本身也是一门脚本语言。在现代化前端开发高度工程化的背景下，初级开发者或多或少都会接触一些命令行的使用，本地开发时，如果遇到不会的命令还可以直接用鼠标操作，但是服务端大多使用的是开源的 Linux 或是基于 Linux 内核的衍生系统，它们使用的 Shell 命令语法与 Windows 系统中的并不完全一致，而且默认不提供图形操作界面，所以有时候碰到问题我们看着小黑窗里一闪一闪的光标会觉得无所适从。

跨平台命令行语法的不兼容性会造成很多麻烦，为了在服务器上执行自动化任务，我们需要编写 Shell 脚本，但是开发者本地通常采用的是 Windows 环境，这就导致了对 Linux 命令不熟悉的开发者很难进行一些指令测试，且编写的 sh 脚本无法进行本地自测，因为 Windows 的命令行解释器并不认识 sh 脚本的语法，而且 Windows 中使用的 bat 脚本和 Shell 脚本的语法也存在差异，这也是越来越多的开发者转而使用苹果 MacBook 来进行日常开发的原因。Shelljs 就是为了解决这个问题而生的，它将 Node 底层丰富的系统级操作 API 封装起来，对外提供了与 Shell 命令一致的语法，借助 Node 天然的跨平台运行能力，使得前端开发者可以不依赖任何其他工具而直接使用最熟悉的 JavaScript 来编写 Shell 脚本并实现跨平台的运行。

本章首先介绍前端开发者最常使用的 Linux 指令和基本的 Shell 知识，接着介绍在不同的开发阶段经常使用的跨平台工具，最后通过 Shelljs 完成一个自动化部署的实战项目。

22.1 Linux 入门小课

开发者通常会使用 SSH 工具来连接远程服务器，可选的工具软件也非常多，笔者常用的是 MobaXterm[⊖]，成功连接后就可以在本地的窗口中对服务器进行远程操控了，使用起来非常方便。SSH 是 Secure Shell 的缩写，它是建立在应用层基础上的安全协议，专用于远程登录会话和其他网络服务。除了远程操作服务器之外，文件传输也是开发者常见的需求，例如静态资源上传或监控日志的下载，等等。当你对 Linux 的相关命令不够熟悉时，可以利用支持 FTP（File Transfer Protocol，文件传输协议）的工具来实现此需求，MobaXterm 也可以用来建立 FTP 连接（如图 22-1 所示）。除此之外，文件传输常用的软件还有 WinSCP 和 FileZilla，它们几乎全都支持批量选择和鼠标拖曳，上手难度很低。当然，如果你熟悉 Linux 命令，直接使用 scp 命令也可以达到相同的目的。至于远程服务器，各大云服务厂商提供的面向个人开发者的虚拟主机或云服务器并不贵，建议直接入手一台，出现任何处理不了的问题时一键重置即可。

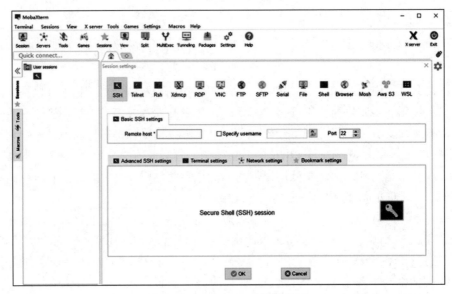

图 22-1　MobaXterm 软件界面

前端工程师使用最多的命令通常是路径操作、文件操作、git 命令以及常见的系统和网络状态查询（具体见表 22-1），了解命令的英语字面意思对记忆它们的用法有很大的帮助。

表 22-1　Linux 中常用的操作命令

命　令	含　义	基本功能
pwd	Print Working Directory	查看当前所在路径
cd	Change Directory	切换到指定目录，"cd .."表示回到父目录
ls	List files	显示文件或目录信息，属于高频命令，Windows 下使用 dir

⊖　http://mobaxterm.mobatek.net/。

（续）

命　令	含　义	基本功能
touch	Touch	生成指定名称的新文件，对于只有扩展名的文件，Windows 下需要使用类似 "echo s>.eslintrc" 的 HACK 语法来生成，Linux 中使用 touch 即可
rm	Remove	移除指定的文件，移除文件夹需要添加参数
vi	Visual editor	编辑文件内容，退出时先按 ESC 键，然后输入模式关键字，最常见的是输入 ":wq" 表示进行常规保存后退出
cat	Concatenate	将文件内容输出到终端
mkdir	Make Directory	生成指定名称的文件夹
chmod	Change Mode	改变指定文件的读写权限
cp	Copy	复制 + 粘贴文件或文件夹
mv	Move	剪切 + 粘贴文件或文件夹，也可用于重命名
zip/unzip	Zip/Unzip	压缩文件和解压，在 Windows 系统和 Linux 系统中都可以直接使用，Windows 中使用 makecab/expand 命令
grep	Global RE and Print	全局正则匹配，配合管道符 "|" 可以完成非常强大的串联任务
netstat	Net State	查看网络状态
ps	Process State	查看进程状态
sh	Shell	执行 Shell 脚本
scp	Secure Copy	基于 SSH 登录的远程文件复制

表 22-1 中的命令加上常用的 git 命令，基本上足以支撑前端工程师对于 Linux 系统的日常操作了。上述每个命令都包含了很多扩展的配置参数，例如，文件夹相关的操作命令基本上都可以添加 "-r" 配置项（recursive，递归）来表示操作对象也包括文件夹中子目录里的文件。Shelljs 开发文档中常见命令的配置项同样也可以用于 Linux 命令行中。Shell 脚本本质上是一份自动化任务清单，开发者将原本需要手动执行的任务记录在 Shell 脚本中，然后委托给脚本解释器逐行执行。

22.2　实用的跨平台工具

如果你使用 Windows 系统进行日常开发，则还需要借助一些工具来消除跨平台操作所带来的问题。下面就来具体介绍这些实用的跨平台工具。

1. Cmder

Cmder⊖可以算是 Windows 命令行工具的加强版，它不仅有更加美观的 UI 样式，还增加了对 Linux 命令和 Tab 式多窗口的支持，完整版的 Cmder 集成了 git 命令行，它可以让开

⊖　http://cmder.net。

发者在 Windows 系统中使用 Linux 命令。

2. cross-env

cross-env[○]是一个很小的 NPM（Node Package Manager，Node.js 的包管理器）包，这就意味着它本质上是一个 Node.js 脚本，可以用来解决跨平台设置和使用环境变量的问题，只需要使用"npm install"或者"yarn add"命令将它添加为本地依赖就可以在项目中使用了。

cross-env 最初希望解决的问题是 Windows 中的命令行工具无法通过"NODE_ENV=production"这样的语法来设置环境变量，在获取环境变量时 Windows 系统中使用的语法是"%ENV_VAR%"，而 POSIX 系统（可移植操作系统，这里以 Linux 为例来理解就可以了）中使用的语法是"$ENV_VAR"。在 cross-env 的帮助下，开发人员就可以按照统一的 POSIX 系统中支持的写法进行设置了：

```
cross-env NODE_ENV=production webpack --config build/webpack.config.js
```

它最终会影响到 Node.js 脚本中所有依赖于 process.env.NODE_ENV 变量值的代码逻辑，比如根据目标环境的不同而改变 webpack 的打包配置。

3. Shelljs

本章的主角 Shelljs，是基于 node API 实现的可以在 Windows、Linux 和 Mac OS 三大系统中使用的 Shell 工具，它同样也是使用"npm install"或"yarn add"命令来安装的。在 Shelljs 的帮助下，可以使用 JavaScript 代码来编写 Shell 脚本，并且各个平台都可以通过"node [scriptname].js"或是"npm scripts"的方式来运行这个脚本文件，从而解除了跨平台的困扰。Shelljs 的官方网站给出了一段示例代码，其 API 中的命令与 22.1 节的 Linux 命令几乎是一致的，笔者为其添加了注释：

```javascript
//引入shelljs
var shell = require('shelljs');

//检查是否存在'git'命令
if (!shell.which('git')) {
    //在控制台输出内容
    shell.echo('Sorry, this script requires git');
    //标记为异常退出
    shell.exit(1);
}

shell.rm('-rf','out/Release');              //强制递归删除'out/Release'目录
shell.cp('-r','stuff/','out/Release');      //将'stuff/'中所有的内容复制至'out/Release'目录
shell.cd('lib');                            //进入'lib'目录

//找出所有扩展名为js的文件，并进行遍历操作
shell.ls('*.js').forEach(function (file){
```

○ https://github.com/kentcdodds/cross-env。

```
    /* 这是第一个难点：sed流编辑器,建议进行专项学习,"-i"表示直接作用于源文件 */
    //将build_version字段替换为'v0.1.2'
    shell.sed('-i', 'BUILD_VERSION', 'v0.1.2', file);
    //将包含'REMOVE_THIS_LINE'字符串的行删除
    shell.sed('-i', /^.*REMOVE_THIS_LINE.*$/, '', file);
    //将包含'REPLACE_LINE_WITH_MACRO'字符串的行替换为'macro.js'中的内容
    shell.sed('-i', /.*REPLACE_LINE_WITH_MACRO.*\n/, shell.cat('macro.js'), file);
});

//返回上一级目录
shell.cd('..');

//运行git工具提交(commit)
if (shell.exec('git commit -am "Auto-commit"').code !== 0){
    shell.echo('Error: Git commit failed');
    shell.exit(1);
}
```

使用上面的方式编写的自动化任务会让前端工程师觉得更有底气，因为他们非常熟悉 JavaScript 的运行机制和语法，基本上能够保证代码以符合自己预期的方式运行。如果使用 Shell 来编写同样的代码，遇到定义函数、引用系统变量或者是需要保障执行先后顺序的场景时，也许就只能通过不断地进行结果测试来检验代码是否正确了。当然，作为 JavaScript 工程师，熟悉了 Shelljs 的使用方法后，还需要再向前更进一步，即了解 Node.js 中原生 fs 模块的能力，以便更好地应对需要依赖于文件读写的定制化开发场景。

22.3　实战：使用 Shelljs 和 node-ssh 完成自动化部署

尽管 Shell 在自动化中的应用非常广泛，但初级前端工程师使用它更多地是完成开发和部署过程中的一些任务。本节就从前端工程完成打包开始，学习如何利用 Shell 部署自己的前端工程，服务端以 Express 应用为例。在实际工作中，可能只需要将代码提交到代码仓库的指定分支即可，后续的流程通常会由基于 Jenkins 的自动化构建流水线来统一管理，这又是另外一个庞大的工程，如果你对全链路的自动化工程感兴趣，可以自行了解 DevOps 的相关知识。

1. Web 服务器的搭建

服务器端需要通过"IP+ 端口号"的形式进行访问，在未指定端口号时，HTTP 请求会默认访问 80 端口，HTTPS 请求会默认访问 443 端口。但是每个端口号只能被一个程序占用，所以在正式的部署环境中，通常会使用 Nginx 作为反向代理服务器，也就是由它来监听指定的端口，并将这个请求代理到服务器的其他端口上，它也可以作为负载均衡器根据多个 Web 服务的工作状况对请求进行分发调度。本节中直接使用 Express 应用作为 Web 服务器来监听 80 端口，基本实现步骤具体如下。

1）通过 npm 或 yarn 命令全局安装脚手架工具 express-generator。

2）在本地工作目录打开命令行终端，输入"express tinyserver --ejs"生成一个使用 ejs 模板引擎的 express 工程。

3）依据提示输入"cd tinyserver && yarn"或"cd tinyserver &&npm install"安装依赖。

4）输入"npm install shelljs --save-dev"或"yarn add shelljs -D"安装 Shelljs 模块。

5）在"/bin/www"文件中将端口号修改为合法的端口号，默认为 80 端口，本例中使用 3001 端口。

6）"/public"目录是网站的静态资源目录，前端打包的结果将会放在这个目录中。

7）在本地工程根目录下输入"npm start"命令，之后在浏览器中输入 http://localhost:3001 就可以看到网站的内容了。

8）使用 FTP 工具连接服务器，将整个 tinyserver 目录压缩为 zip 包上传至服务器，路径可自定义。

9）使用 SSH 工具登录远程服务器，进入 tinyserver.zip 所在的目录，输入"unzip tinyserver.zip"命令进行解压，接着通过"cd"命令进入 tinyserver 目录，同样输入"npm start"命令，这时应用就启动了，在浏览器中输入 IP 地址就可以看到对应的网页了。

10）此时若断开 SSH 工具的连接，Express 应用就无法继续访问了，只有以守护进程的方式运行 Express 应用才能在断开连接后继续访问。在服务端可以使用 PM2[⊖]工具来达到这一目的，使用 npm 或 yarn 命令全局安装后，在服务器端的 tinyserver 目录中输入"pm2 start ./bin/www"命令就可以了。

PM2 也是基于 Node.js 开发的，除了支持守护进程之外，它还支持多应用管理、集群管理、Hook 自动化更新等许多功能，不仅方便易用，对于刚开始接触服务端部署和工程化的前端开发者来说它也是非常好的入门工具。

2. 自动化部署

Web 服务器搭建好以后，就可以开始编写自动化部署的程序了，一个基本的自动化部署任务就是将本地构建的前端包发送到目标服务器 tinyserver 目录下的 public 目录中，用于替换其中原有的文件。当然这种粗暴的发布方式的使用场景非常有限，大多数正式项目通常会使用带有哈希指纹的文件进行增量发布，并配有可视化的版本管理后台。自动化脚本是依赖 package.json 配置文件里的 scripts 配置项来实现的，例如，在 vue-cli 搭建的模板工程中，可以看到如下的代码：

```
{
    ...
    "scripts":{
        "serve":"vue-cli-service serve",
        "build":"vue-cli-service build",
```

⊖　https://pm2.keymetrics.io/。

```
        "lint":"vue-cli-service lint"
    }
    ...
}
```

我们可以用同样的方式编写自己的自动化命令，然后使用"npm run [script-key]"语句或者"yarn [script-key]"语句来运行定义的命令，[script-key] 是指上面示例代码中 serve、build、lint 这样的键名，一条自动化部署的脚本命令大概是这样的：

```
{
    ...
    "scripts":{
        "upload":"node ./scripts/upload.js",
    }
    ...
}
```

当在命令行输入"npm run upload"或"yarn upload"时，实际上就相当于输入了预设的命令，系统会执行相关的脚本。scripts 属性还提供了强大的生命周期钩子，如果对接的是一个测试环境，希望每次构建完成后都能够自动发布，那么这里就可以使用 post 钩子来实现，它是一个命名前缀，表示在某个脚本命令执行完之后执行下一步动作：

```
{
    ...
    "scripts":{
        "build":"vue-cli-service build",
        "postbuild":"npm run upload",
        "upload":"node .scripts/upload.js"
    }
    ...
}
```

这样在每次运行完 build 命令之后就会自动执行 upload 任务了，同时直接执行 upload 命令的能力也保留了下来。除了 post 钩子之外，这里还可以使用 pre 钩子，用于表示在运行某个命令之前会预先执行的命令。例如使用 Typescript 时需要在每次出包之前自动重新编译，或者在提交代码之前默认先在本地运行测试用例等都可以使用 pre 钩子来完成。常见的门禁配置还会涉及诸如 lint-staged、husky 等大量非常好用的 NPM 包。或许从 0 到 1 的过程是烦琐的，但我们只需要利用第 21 章中学习过的 commander.js 工具将它们沉淀到脚手架工具里就可以了。

3. 上传脚本的编写

在上传脚本 upload.js 中需要完成以下几项任务，其中每一项都有多种实现方式。

❏ 将打包后输出的文件夹压缩为 zip 包（通常是 dist 文件夹）。
❏ 连接部署服务器，将 zip 包发送过去。
❏ 远程调用服务器端的脚本完成解压和文件替换的工作。

接到需求后，通常首先会在 NPM 上按关键词查找相关的包，大多数时候都可以找到一些可以直接使用或者可以进行二次开发的模块。本例将使用 archiver 模块来制作 zip 包，接着使用 node-ssh 包（它的底层是更为通用的 SSH2 模块，这个模块是一个 Promise 封装，使用起来更加方便）来建立与服务器的连接，并将压缩包发送至服务器，最后使用 node-ssh 提供的远程命令调用 API 来启用放置在服务器上的发布脚本 deploy.js，从而完成剩余的工作。示例代码如下：

```javascript
const path = require('path');
const archiver =require('archiver');
const fs = require('fs');
const node_ssh = require('node-ssh');
const ssh = new node_ssh();
const srcPath = path.resolve(__dirname,'../../dist');
const configs = require('./config');

console.log('开始压缩dist目录...');
startZip();

//压缩dist目录为public.zip
function startZip() {
    var archive = archiver('zip', {
        zlib: { level: 5 }                      //递归扫描最多5层
    }).on('error', function(err) {
        throw err;                              //压缩过程中如果出现错误则抛出
    });

    var output = fs.createWriteStream(__dirname + '/public.zip')
    .on('close', function(err) {
        /*压缩结束时要先触发close事件，然后开始上传，
          否则会上传一个内容不全且无法使用的zip包*/
        if (err) {
            console.log('压缩zip文件异常:',err);
            return;
        }
        console.log('已生成zip包');
        console.log('开始上传public.zip至远程机器...');
        uploadFile();
    });
    archive.pipe(output);                       //典型的node stream用法

    //将srcPath路径对应的内容添加到zip包的"/public"路径中
    archive.directory(srcPath,'/public');
    archive.finalize();
}

//将dist目录上传至正式环境
function uploadFile() {
    ssh.connect({                               //configs中存放的是连接远程机器的信息
        host: configs.host,
        username: configs.user,
```

```
        password: configs.password,
        port:22 //SSH默认的连接端口号为22
    }).then(function () {
        //将网站的发布包上传至configs中配置的远程服务器的指定地址中
        ssh.putFile(__dirname + '/public.zip', configs.path).then(function(status) {
            console.log('上传文件成功');
            console.log('开始执行远端脚本');
                startRemoteShell();//上传成功后触发远程端脚本
            }).catch(err=>{
                console.log('文件传输异常:',err);
                process.exit(0);
            });
    }).catch(err=>{
        console.log('ssh连接失败:',err);
        process.exit(0);
    });
}
//执行远程端部署脚本
function startRemoteShell() {
    //在服务器上cwd配置的路径下执行deploy.js脚本来更新网站文件
    ssh.execCommand('node deploy.js', { cwd:'/usr/bin/XX' })
        .then(function(result) {
            console.log('远程STDOUT输出: ' + result.stdout)
            console.log('远程STDERR输出: ' + result.stderr)
            if (!result.stderr){
                console.log('发布成功!');
                process.exit(0);
            }
        });
}
```

4. 发布脚本的编写

上传脚本中需要在服务器上远程执行的 deploy.js 还没有实现，下面使用 Shelljs 来实现它：

```
const shell = require('shelljs');
let rootPath = __dirname;

shell.cd( '${rootPath}/usr1/server/tinyserver');
//移除public目录
shell.rm('-rf', 'public');
shell.cd('${rootPath}/usr1/server');
shell.exec('unzip public.zip', function (err, stdout) {
    if (err) {
        console.log('unzip error:', err);
        process.exit(1);
    } else {
        console.log('unzip success!');
        shell.mv('public', `./tinyserver`);
    }
});
```

这样近似混合编程的方式，可以让前端开发者将单行命令以外的逻辑控制或者是获取系统变量的部分全部用原生 Node.js 来编写。与不熟悉的 Shell 语法相比，这样的代码编写方式更容易上手，对团队其他前端开发者而言维护难度也更低；这种方式的另一个优势是方便本地测试，上面的代码可以直接在 Windows 操作系统中运行，而普通的 sh 脚本却不行。当然，这个范例比较简单，即使通过 Shell 来实现也并不复杂，若使用 Shell 编写脚本，则远程调用时就需要使用 "sh deploy.sh" 命令，deploy.sh 版本的示例代码如下：

```bash
#!/bin/bash
cd /usr1/server/tinyserver
rm -rf public
cd /usr1/server
unzip public.zip
mv public ./tinyserver
```

在 Windows 系统中编写 Shell 脚本的另一个问题是回车换行符，Windows 系统中回车键会输入 CRLF（表示回车并换行），而 Linux 系统中敲回车键会输入 LF（表示换行），这虽然看起来是个小问题，但的确有可能导致在 Windows 系统中编写的 Shell 脚本在 Linux 机器上无法正常运行，开发人员在定位问题时需要多加注意。

至此，一个基本的自动部署功能就完成了，只需要在构建后输入 "npm run upload" 命令就可以将打包后的目录发布到服务器了，当然这种做法不应该在正式项目中使用，毕竟误操作的代价太大了。

22.4 下一站：性能监控

掌握了基本的 Linux 操作命令之后，前端工程师学习的下一站就是掌握服务端性能和运维相关的知识了：CPU 的性能、磁盘的 I/O 性能、内存性能，以及网络性能分别是指什么，应该使用哪些指标来衡量，又可以使用哪些工具来获得这些指标，这些指标数据是否能够做到可视化和异常监控预警，是否能够快速响应甚至是自动修复异常，等等。如果你查看前端领域大型技术交流会的相关议题就会发现，几乎每个大公司都会建立全链路的日志系统和性能监控保障体系，而负责这些事情的人都是前端工程师。对于拥有顶级流量的应用而言，停止运行的每一秒都意味着巨额损失。

初级前端工程师或许只需要借助 Chrome DevTools 的各种工具来改进页面的性能就可以了，但想要成为高级的前端工程师，就不得不去学习和关注整个链路中可能对性能产生影响的环节。也许你不具备主动优化的能力，但至少可以将关键数据更快地提供给运维工程师。当异常真的出现时，没有人可以袖手旁观，技术思路越宽广，定位和分析问题的速度也就越快，这种全局观是一个资深工程师必须具备的素养。《Node.js 调试指南》⊖或许可以帮助你更好地开启下一段旅程。

⊖ https://github.com/nswbmw/node-in-debugging。

第 23 章　*Chapter 23*

跨端技术的秘密

当智能手机刚刚兴起的时候，开发者还只能使用特定的语言来编写移动端程序。Google 旗下的 Android 平台程序需要使用 Java 作为开发语言（后来推出了新的原生开发语言 Kotlin），而 Apple 旗下的 iOS 平台需要使用 Objective-C 来进行开发（后来推出了新的原生开发语言 Swift）。科技巨头的市场争夺战也造成了"神仙打架，凡人遭殃"的局面。团队通常需要配备不同技术栈的开发人员来为同一个应用维护多套代码，以便其应用能尽量地覆盖更多的用户，由此带来的开发成本可想而知。随着前端技术发展到今天，跨平台的诉求已经变得非常复杂，仅主流的小程序平台就多达十几种，为每一个平台维护一套代码显然是不现实的。

随着 Web 技术的快速发展，UI 和基本业务逻辑开发的部分被抽象了出来。这就使得前端开发者可以利用自己熟悉的 HTML、CSS 和 JavaScript 技术栈来构建应用，最终这部分代码会与平台相关的原生代码混合打包来生成应用，这就是我们常说的 Hybrid 技术（Ionic官方网站制作了一本对比 Hybrid 和 Native 的简明电子书，你可以在本章的代码仓库中找到它）。这样的开发方式既可以发挥 Web 开发人员的技术能力，同时也可以通过调用相关的 API 来获取与平台相关的原生能力，从而缓解企业招聘原生应用开发人员的压力，而前端技术本身在构建丰富的用户界面方面就有着与生俱来的优势。但技术的更新是永无止境的，业界在享受 Hybrid 技术带来的高效开发的同时，也在不断地尝试用新的方案来解决 Hybrid 技术固有的性能问题，各大技术厂商都在用自己的方式优化 Hybrid 技术的底层架构，让 UI 渲染的能力越来越底层化，如此优化后，跨平台应用的性能确实得到了很大的提升，但新技术的学习曲线也变得愈加陡峭了。

丰富的技术选型为开发者带来了更多的困扰，初级开发者通常很难判断自己到底该学习哪个框架。本章就来介绍常见的移动端跨平台开发方案，以及笔者自己在选择技术方案时的一些心得，最后再通过一个简易的原生 Android 程序揭秘 Hybrid 技术通信的实现方式。本章中提及的各个框架其官方网站都提供了非常详细的文档，需要使用时从官方网站着手即可。

23.1　Cordova 的前世今生

PhoneGap 可以看作是前端领域使用的第一代跨平台技术，它于 2011 年 7 月发布了 1.0 版本，后来该项目被贡献给 Apache 基金会，并更名为 Apache Cordova⊖（后文统称 Cordova，你可以通过 Cordova 中文网⊖来查阅相关信息），并一直迭代维护至今。Cordova 以移动端原生的 WebView 控件作为应用的容器，将前端技术开发的 Web 应用在移动端展示出来，同时它还向应用层提供了一组与设备相关的 API，这样开发者就可以在 JavaScript 中调用智能设备的加速度传感器、摄像头、网络通信、本地通知、本地存储等原生能力了。由于运行环境造成的代码编写差异被封装在了插件内部，因此整个 Web 代码就可以实现跨平台的复用。这就好像用 React 编写的代码一样，配合 React-DOM 即可渲染到浏览器，配合 React-Canvas 则可以渲染到 Canvas 画布上。再比如技术社区有一些方案可以将 H5 代码迁移到小程序平台，其做法是先在小程序环境中定义一套与浏览器环境中 DOM 对象一致的接口，然后在对应方法的实现中调用小程序操作页面元素的方法，从而实现代码的低成本迁移。没有使用过 Cordova 技术的开发者在提起它时通常会有"不够流畅"或者"性能太差"的印象。与原生的开发技术或者新一代跨平台技术相比，Cordova 应用的性能的确不够好，但跨平台技术的初衷就是以牺牲性能为代价来换取更高的开发效率。这就好像我们在现代 Web 开发中使用 SPA 框架来自动管理 DOM 操作一样，当页面状态出现变化时，对虚拟 DOM 树的整体或是局部进行差异对比，它的性能肯定不如手动优化。但使用框架的好处是将性能损失控制在可接受的程度下，让开发效率和代码的可维护性都得到大幅提升，我们之所以选择使用某项技术，更多的是因为在可承受的代价下，它能提供相对更高的收益。

在使用 Cordova 技术进行开发时，笔者使用的框架是 Ionic，它在 2014 年推出的 1.0 版本中使用 Cordova 和 Angularjs 作为底层技术，并提供了许多漂亮的 UI 组件和完整的开发指南。笔者在自学编程只有 3 个月时间的情况下，在 Ionic 的帮助下只用了 30 天就独立完成了一款 App 的开发，并因此获得了近 5 万元的报酬，笔者当时可能无法解释清楚技术的底层原理，但是依旧能够快速地构建出符合需求的软件产品，帮助客户积累了第一批种子用户。这次经历带给笔者巨大的认知冲击，因为在学习编程之前，笔者刚刚在 2014 年"深

⊖　https://cordova.apache.org/。

⊖　http://cordova.axuer.com/。

圳创新南山创业大赛初创组 20 强晋级赛"中失利，而团队前后两任技术负责人花了近 4 个月的时间都没能拿出一个能够用于展示的 App 雏形。当时不懂技术的自己除了干着急什么也做不了，他们告诉笔者"这个很难做"，笔者就只能选择相信。"高性能"的应用或许可以让很多开发人员引以为傲，但很多时候我们需要的并不是一个"高性能"的应用，而只是想以最快的速度得到一个 MVP（Most Valuable Product）的方案，然后获得市场和种子用户的反馈信息。它们对于项目的价值要远高于技术，但"技术崇拜"的开发者往往并不能意识到这样的需求，当你告诉他们进度已经慢了或是并不需要很完备的产品时，他们通常只会耐心地跟你描述自己选用的技术有多热门。

直到现在，笔者依然相信 Ionic 非常适合作为跨平台 App"从 0 到 1"的解决方案，开发成本和人力资源的限制越多，它的优势就越明显。相比之下，React-Native 开发者尽管已使用 React 作为应用层开发框架，但仍然需要为不同的平台编写少量的差异化代码，另外它对社区提供的插件有较高的依赖性，而这些插件的适配性通常是良莠不齐的。小程序开发者也需要处理大量因设备差异而造成的问题，以及服务端部署和运维等相关事宜（云开发技术已经能够解决这个问题），同时它和第三方平台是有一定耦合性的。如果选择 Flutter 作为跨平台解决方案，则面临着学习新开发语言的压力，国内相关的生态也不够完善。而使用 Cordova 时，稍有经验的前端工程师不需要依赖其他人就可以开发出完整的跨平台 App，可以直接将它安装在自己的手机上并离线使用，它真正做到了让一套代码运行在不同的平台上。

截至本章写作时，Ionic 框架已经迭代至 6.0 版本，经过重构后它已经与 Angular 实现了解耦，我们可以根据自己的喜好选择 Angular、React 或 Vue 中的任何一个来作为 UI 开发框架。如果不想花费大量的时间去搜寻原生功能的扩展插件，资金和技术能力方面的限制也很大，那么 Cordova 将会是非常好的选择。

23.2　React Native

React Native（后文简称 RN）是由 Facebook 于 2015 年 4 月开源的跨平台移动应用框架，它可能是目前使用最广的跨平台开发技术。React Native 技术提倡"Learn once, Write anywhere"，也就是开发者掌握 JSX 语法后，可以在跨平台开发中继续使用它，这一点对于 React 开发者来说是非常友好的。从 RN 的官方文档中可以看出，尽管都是使用 JSX 来开发，但它针对 Android 和 iOS 提供了不同的 API，这就意味着想要使用 RN 来开发跨平台应用，需要为跨平台需求编写和维护不同的代码。

由于架构和渲染机制的不同，使用 RN 开发的应用的确比使用 Cordova 开发的应用更加流畅，使用体验也更加接近于原生开发。但性能的提升是有代价的，一个 RN 项目通常需要 Web 开发者、Android 工程师和 iOS 工程师互相协作才能够达到较好的效果。Web 开发人员需要利用 React 技术栈的知识来完成 UI 和业务逻辑的部分，而 Android 和 iOS 工程师则需要分别针对不同的平台来进行扩展或性能优化，并编写各种桥接代码来实现复用，以及处理各种意料之外的程序崩溃，对于原生开发能力较弱的团队或者独立开发者而言，这种潜在的风险很可能是灾难性的。2018 年 6 月，Airbnb 技术团队在尝试推广 RN 技术 2 年后宣布放弃使用 React Native 而回归自研的原生开发框架，并接连发表了 5 篇博文[⊖]来阐述他们两年间对于 RN 技术优缺点的总结和体会。当然，每个团队的实际开发能力和面对的困难各不相同，不需要因此过于纠结。对于没有历史技术包袱的大中型团队而言，深耕 RN 技术也是一个不错的选择。

除了驾驭难度之外，使用 RN 另一个潜在的风险来自于开发生态。RN 的开发社区很活跃，Github 上也有非常多基于它构建的项目，但社区的活跃另一面也意味着更多的混乱。笔者曾经试图将一个 Web 版本的录音应用移植到 RN 上，因为 WebRTC 在移动端的支持度并不像资料上描述的那样，相关的全局对象虽然的确存在，需要的流媒体采集函数也不为空，但就是无法采集到声音信号。而换了另一个品牌的手机并在同样版本的 Android 系统中安装后，功能又能正常实现了。这样的情况并不罕见，Android 是一个开源系统，不同的手机厂商在使用时都会对它进行不同程度的定制。为了避开这种不稳定因素的影响，笔者希望找到一个 RN 的扩展包来直接调用设备的原生录音功能，以取代原方案中使用 HTML5 API 的做法。当笔者真的去搜索时才发现，社区提供的同类型插件至少有 3～5 个，一个接一个地尝试后，最终只有一个插件能够正常工作。然而在进行功能测试时，新的问题又出现了，如果录音持续的时间过短，整个程序就会直接崩溃退出。于是，笔者又开始了新一轮的搜索，但试遍了网上的方法依然没能解决，最后只好请一位做 Java 开发的朋友陪着笔者一起研究 Android SDK 的录音 API 相关文档，再阅读扩展包的源代码，花了几天时间才修复了这个 Bug，期间笔者在 Github 仓库中提的 Issue 也一直都没有得到答复。这或许只是一个特例，但你真的能确保自己永远不会遇到吗？

综合来看，React Native 对独立开发者而言不够友好，它更适合于对用户体验有一定诉求且人员结构多样化的团队来使用。建议在选用一项技术之前做好评估工作，它的优势是大家都希望借助的，但它的风险和代价却不是每个团队都能承担的。

23.3　小程序

经过几年的发展，主流的小程序平台已经多达数十个。首次使用小程序时需要在对应的第三方平台应用中打开，但是你可以将它添加到移动端的桌面上，这样一来，对于普通用户而言，它与 App 的使用体验似乎也没有什么区别了，更方便的是，它只需要重启一次就可以完成版本更新，所以可以将它也算作跨平台方案之一。如果你不介意自己的应用程序依附于第三方平台而存在，甚至本来就需要依赖平台方的流量扶持，那么笔者认为小程

⊖　https://zhuanlan.zhihu.com/p/38288285。

序可能是目前最好的选择。它对于前端开发者而言上手难度最低，且天生具备跨平台能力，稍有 Vue 开发经验的工程师几乎都可以快速掌握它的原生语法。小程序平台提供的服务通常不限于应用程序开发，而是覆盖了产品整个生命周期，毕竟平台也需要小程序为整体的流量生态助力。另一方面，中文文档对国内开发者而言本身就是一种天然的优势。建议前端工程师至少尝试开发一款小程序，它可以帮助你很好地从商业和产品的层面来观察技术在项目中的价值，这对于习惯了"技术思维"的编程人员来讲是一种很好的"升维思考"训练。

以微信小程序为例，官方文档提供了设计、开发、运营、数据、社区几个大的板块，开发者可以使用官方自研的 IDE 进行编码，完成后通过一键上传将代码发送至云服务器，接着使用手机扫码就可以在设备上进行真机调试了。小程序发布后，登录官方后台就可以查看其与运营相关的数据图表。如果使用其他跨平台技术来开发 App 应用，除了应用主体之外，团队通常还需要手动搭建后台服务和管理系统，相应的技术或许并不复杂，但无疑都要花费额外的时间和经济成本。对于部分需求方而言，他们很可能已经拥有了自己的主端应用，只是希望以最快的速度和最小的成本在小程序中增加一个流量入口罢了。小程序的另一个优势是非常容易形成商业闭环，分享模块可以很方便地实现用户间的传播，地图组件可以实现地图定位并唤起外部的地图 App 来实现导航，支付模块可以支持在线支付并在后台查看到所有流水和账目的记录，还可以配合同体系的其他服务实现更丰富的运营和变现项目。

了解完基本信息后，我们再回归到技术视角来聊聊小程序开发技术。与传统的 Hybrid 技术一样，小程序本质上也是基于原生应用中的 WebView 控件来实现跨平台运行的。不同的是，小程序采用的是"双线程"的架构设计，将渲染层和逻辑层进行了分离，用一个线程来处理页面渲染，另一个线程来执行 JavaScript 代码，然后通过原生应用程序来互相通信。这样设计的好处是 JavaScript 代码的执行不会再阻塞页面的渲染，而相应的代价就是数据的跨线程传输必然会带来一些性能损耗和渲染延迟。在开发阶段，我们为单个页面所编写的 wxml 文件和 wxss 文件（wxml 和 wxss 是微信小程序使用的文件扩展名，其他小程序可能与之不同）在构建时会通过不同的编译器转换为 JavaScript 代码，并最终被放入渲染线程中执行，而编写的 JavaScript 脚本文件又会被放入逻辑线程中执行，两者之间的数据传递均通过原生程序转发来实现。从设计原理的角度来看，小程序技术可以看作是一种实现了跨 Android 和 iOS 平台运行的 DSL（Domain Specific Language，领域特定语言）。前文已经提到过主流的小程序平台有十余种，每个平台都有自己的开发语言，尽管大同小异，但毕竟 A 平台的小程序无法在 B 平台的应用里直接运行，如果为每个平台的小程序都维护一份代码，那相当于使用十几种 DSL 编写类似的功能，这样做的效率显然是很低的，那我们应该怎么办呢？答案是再做一次抽象，用一种新的 DSL 来编写应用代码，再结合不同的编译器生成多个小程序平台的代码，最终借助平台提供的编译器再构建相应的 JavaScript 代码。著名的 uni-app 框架和 Taro 框架都是基于这种多平台的开发需求而产生的解决方案，感兴趣的读者可以自行学习，这里就不再展开讲解了。

23.4 原生 App 与网页的通信

本节将带着读者开发一个简易的原生 Android 应用（iOS 应用的原理与之类似），从应用程序宿主环境的角度来看看原生应用和网页程序之间是如何进行通信的，它是所有 Hybrid 技术的关键点。要想进行 Android 应用的开发，首先需要在自己的电脑上配置开发环境。如果你没有任何原生应用开发的经验，请参考 Android 官方网站提供的开发者指南⊖，它能够很好地帮助你写出第一个可运行的 Android 应用。如果你有一些 TypeScript 的使用经验，那么编写一些简单的 Java 代码将是一件非常容易的事。

Android 应用中的 WebView 控件是用来渲染网页的，可以把它理解为一个没有导航栏的浏览器，其使用方式也非常简单，只需要调用 WebView 实例的 loadUrl 方法就可以打开一个网页。原生应用程序具备读写本地文件的能力，我们也可以将 index.html 文件保存在 Android 工程的指定路径中，从而实现本地加载。网页文件的保存路径是"[工程根目录]/app/src/main/assets/index.html"，在代码中调用时对应的路径可采用如下形式：

```
myWebview.loadUrl("file:///android_asset/index.html");
```

通过这样的方式我们就可以打开一个 WebView 控件，并用它来加载一个本地网页。或许有读者已经意识到，Hybrid 技术中的混合打包并不是什么神秘的技术，我们完全可以自己编写一个简易的 Node.js 脚本，将 Web 应用程序的打包产物复制到 Android 工程的指定目录里，让 Android 程序只要在启动时自动打开一个 WebView 控件并加载网站的入口文件就可以了。这与我们平时使用本地开发工具时将构建的代码复制到一个临时的本地目录中并没有什么区别。当然，现在的代码还不具备调用设备上其他硬件的能力，浏览器提供的 API 在 WebView 中并不一定都有等价的实现。例如笔者前文提及的录音功能，从浏览器环境迁移至 WebView 中时就遇到了意外情况。接下来我们就来看看 Android 程序和 WebView 实例中的 JavaScript 程序是如何完成通信的，下文中的"原生方法"是指使用原生应用开发语言定义的方法。

首先我们来实现 JavaScript 调用原生方法的能力，Android 应用可以通过调用 WebView 控件的 addJavascriptInterface(Object object, String name) 方法来注入一个可以被 JavaScript 代码调用的方法。传入的第一个参数是一个实例，它拥有的方法中凡是使用了 @JavascriptInterface 注解的都会被注入 WebView 的全局对象中，并保存在指定的命名空间里。我们先来尝试定义一个 postMessage 方法，它可以调用设备原生的 Toast 提示功能，定义代码如下：

```
public class WebApp {
    Context  mContext;

    WebAppInterface(Context c){
```

⊖ 安卓平台官方提供的在线开发文档：https://developer.android.google.cn/guide?hl=zh_cn。

```
        mContext = c;
    }

    @JavascriptInterface
    public void postMessage(String message){
        Toast.makeText(mContext, "收到:"+message, Toast.LENGTH_LONG).show();
    }
}
```

然后在主程序代码中将这个类的实例绑定到 nativeMethods 命名空间下，代码如下：

```
public class MainActivity extends AppCompatActivity {

    @Override
    protected void onCreate(Bundle savedInstanceState) {
        super.onCreate(savedInstanceState);
        setContentView(R.layout.activity_main);
        WebView myWebView = (WebView) findViewById(R.id.myWebview);

        // 启用JavaScript
        myWebView.getSettings().setJavaScriptEnabled(true);

        // 打开调试模式
        myWebView.setWebContentsDebuggingEnabled(true);

        // 注入原生方法
        myWebView.addJavascriptInterface(new WebApp(this),"nativeMethods");
    }
}
```

这样 WebView 的全局对象上就定义了一个 nativeMethods.postMessage 方法，在 Java-Script 代码中调用这个方法时，WebView 就会携带传入的参数调用在原生程序中绑定的同名方法，从而调用原生程序提供的能力。那么，想要调用设备的录音能力，就需要先用原生语言实现一个录音程序，并将需要对外暴露的方法都注入 WebView 中，这样就可以在 JavaScript 中调用麦克风来实现录音的功能。不过，想要将设备采集到的数据传回给 JavaScript 代码，还需要为原生代码增加调用 JavaScript 方法的能力。

用原生方法调用 JavaScript 比较简单，直接调用 WebView 提供的 evaluateJavaScript() 方法即可。例如，下面的代码就实现了点击原生代码侧的按钮控件时调用 JavaScript 中的 jslog 方法：

```
button_send.setOnClickListener(new View.OnClickListener(){

@Override public void onClick(View v){
    myWebView.evaluateJavascript("javascript:jslog('来自Android的消息')", new ValueCall-
        back<String>() {
        @Override
        public void onReceiveValue(String s) {
            CharSequence text = textView.getText() + "\n新消息:"+ s;
```

```
                textView.setText(text);
            }
        });
    }
});
```

需要注意的是，evaluateJavascript 方法可以传入回调函数，用于接收 JavaScript 中方法返回的结果。

现在我们已经具备了原生代码和 JavaScript 代码双向通信的能力，本章的代码仓库中提供了完整的 Android 工程示例代码，实现的功能具体如下：当用户打开 WebView 时，JavaScript 会在 1 秒后调用原生侧定义的 postMessage 方法，原生侧收到消息后会调用 Toast 方法将其展示出来，并在屏幕上生成一条日志，当用户点击"发送消息"按钮时，原生侧会调用 JavaScript 代码中实现的 jslog 方法，发送的消息也会打印在界面上。用本地的 Android 模拟器来查看效果，效果如图 23-1 所示。

图 23-1   实现 Android 与 JavaScript 代码的双向通信

现在，我们已经实现了 Hybrid 技术关键的通信功能了，但这样的代码调用方式不够优雅，如果每个定义的方法都直接参与数据交换，我们将很难在代码中实现一些通用的逻辑（例如参数校验、错误捕获、日志读写等）。比较好的思路是在 Android 和 JavaScript 中各自实现一个唯一的发送消息的方法，所有的通信消息都将通过这个方法来发送，然后利用"发布 - 订阅"模式来集中管理消息的分发，从而触发相应的方法，两端只需要约定好通信消息的格式就可以了。这样一来，无论未来添加多少个新的方法，我们都不需要去修改与通信相关的代码，而只需要在对应的代码中调用注册的方法来响应新的消息类型即可，这样的设计也符合"开放封闭原则"的思想。事实上，这个技术就是我们经常提及的 JSBridge 技术，感兴趣的读者可以尝试自行实现。

23.5   小结

除了前文介绍的技术之外，还有大量的跨平台技术，比如 Google 推出的 Flutter、阿里推出的 Weex、移动端快应用等，未来可能还会有更多新的跨平台技术出现，每个技术可能都会有自己的亮点，但也必然也会存在各种各样的问题。选择一个技术并不是因为它是完美的，而是因为它在成本、效率和性能之间做出的权衡恰好也是你所需要的。Hybrid 技术确实让前端工程师有机会参与移动端开发，但现实中只依靠少数前端工程师往往很难开发出可靠的大型应用。

　　初级开发者很容易对新技术过度崇拜，而对一些较老的技术嗤之以鼻，希望大家能根据自己的需求和客观条件去做出更符合自己和团队诉求的选择。就好像部分前端开发者认为 jQuery 技术已经过时，但实际上 jQuery 插件生态的丰富程度可能是三大框架都望尘莫及的，我们很容易在社区中找到各种创意十足且非常有趣的模板和插件，只要稍加改动就可以为自己所用，它往往可以让公司以更小的成本制作出营销落地页，当 jQuery 制作的页面上线时，可能有人连 SPA 框架的本地开发环境都还没配置好。

　　跨平台技术的选择本质上是一个取舍的问题，笔者的个人经验是在个人和小型项目中优先选择小程序或 Cordova，节省自己在技术细节上花费的精力，从而用更多的时间去思考产品和业务本身，那才是我们在商业活动中追求的价值，从这个维度上看，技术只不过是价值的一种承载方式罢了。在有强大团队支持的情况下可以考虑其他跨平台方案，这样即便遇到障碍，也不至于给项目的交付带来过高的风险，如果对应用性能有诉求且时间充裕，也可以直接选择原生开发。我们不需要掌握所有的技术，但请一定花时间去了解这些技术的特点以及其在解决特定问题时的设计思路，并尝试将同样的方法和技巧运用在自己的项目实践中。无论选择哪套跨平台方案，想要真正受益于它，都需要团队持续地进行技术积累。

protobuf 与二进制消息

作为前端工程师，我们几乎每天都会编写向后端发送请求的代码，按接口的要求传递参数，然后等待服务端把结果传回来，整个过程看似顺理成章，但是你真的知道自己发送给后端的消息是怎样的吗？可能并不见得。很多常年编写业务逻辑的初级前端工程师甚至只了解 JSON 这一种数据交换格式，JSON 的确是前端领域应用最广泛的可序列化数据格式，但并不适合用于所有的场景，如果有一天某个开发场景不能或是不适合使用 JSON 了，要如何处理发送给服务端的消息呢？本章就从实际场景出发来看看不同的消息格式的真面目，并以 protobuf 格式为例演示如何使用二进制消息实现跨语言通信，以便大家在实际的开发场景中可以做出更好的选择。

24.1 前端常见的消息格式

可能有读者了解过互联网分层模型，知道在这种模型下每一层都有很多种通信协议。当我们在 Chrome 浏览器中使用开发者工具来调试自己的程序时，浏览器已经将 HTTP 请求的信息整理成对象的形式，查看起来非常方便，但事实上真正的 HTTP 报文是线性的字符流序列，也就是所谓的 "序列化消息"。为了直观地展示 HTTP 报文的样子，我们可以使用 Node.js 中的 net 模块来建立一个简易的 TCP 服务器，由于 TCP/IP 族是属于通信层的协议，因此客户端发送的消息在这一层中会完成 TCP 包的解析，从而得到应用层报文，也就是未经处理的 HTTP 报文。Node.js 的原生 http 模块是建立在 net 模块之上的，如果直接使用它来建立服务器，得到的消息就是完成了 HTTP 报文解析之后的消息，这时请求头信息和相关参数都已经被收集在相应的对象中了。使用 net 模块构建 Web 服务的示例代码如下：

```
const net = require('net');
const { StringDecoder } = require('string_decoder');
const decoder = new StringDecoder('utf8');

let server = net.createServer(socket=>{
    socket.on('data',data=>{
        console.log('收到来自客户端的消息:\n',data);
        console.log('收到来自客户端的消息:\n',decoder.write(data));
    });

    socket.on('end',function(){
        console.log('socket在客户端被关闭了');
    });
});

server.listen(12315,()=>{
    console.log('开始监听端口');
});
```

当我们从浏览器中向本地 12315 端口发送请求时，控制台会先打印出未编码的二进制信息，然后打印出按照 UTF-8 编码的文本信息，使用 postman 发送一个基本的 HTTP 请求后可以看到终端打印的信息如图 24-1 所示。

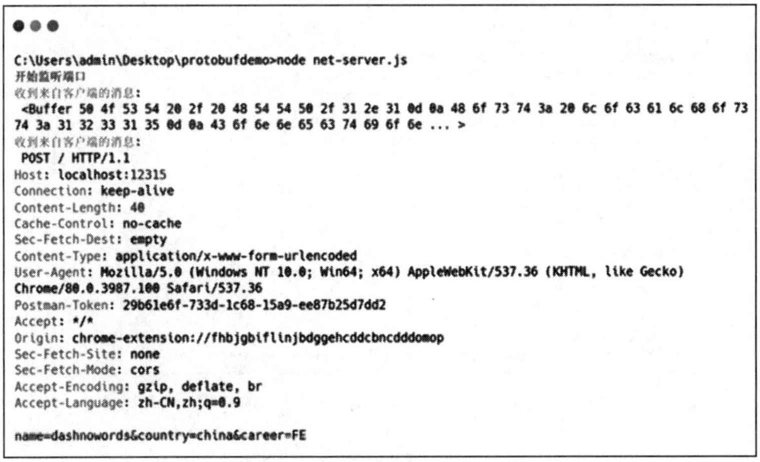

```
C:\Users\admin\Desktop\protobufdemo>node net-server.js
开始监听端口
收到来自客户端的消息:
 <Buffer 50 4f 53 54 20 2f 20 48 54 54 50 2f 31 2e 31 0d 0a 48 6f 73 74 3a 20 6c 6f 63 61 6c 68 6f 73
74 3a 31 32 33 31 35 0d 0a 43 6f 6e 6e 65 63 74 69 6f 6e ... >
收到来自客户端的消息:
 POST / HTTP/1.1
Host: localhost:12315
Connection: keep-alive
Content-Length: 40
Cache-Control: no-cache
Sec-Fetch-Dest: empty
Content-Type: application/x-www-form-urlencoded
User-Agent: Mozilla/5.0 (Windows NT 10.0; Win64; x64) AppleWebKit/537.36 (KHTML, like Gecko)
Chrome/80.0.3987.100 Safari/537.36
Postman-Token: 29b61e6f-733d-1c68-15a9-ee87b25d7dd2
Accept: */*
Origin: chrome-extension://fhbjgbiflinjbdggehcddcbncdddomop
Sec-Fetch-Site: none
Sec-Fetch-Mode: cors
Accept-Encoding: gzip, deflate, br
Accept-Language: zh-CN,zh;q=0.9

name=dashnowords&country=china&career=FE
```

图 24-1　HTTP 请求报文示例

在图 24-1 中，请求头中的 Content-Type 属性用于声明请求体信息的格式，浏览器中使用 Ajax 发送请求时默认使用表单格式，也就是示例中的 application/x-www-form-urlencoded，它是 HTML 表单元素默认使用的格式，会以“键 = 值”的格式来记录数据，再用“&”符号将各个键值对连接起来组成序列信息，这是一种适合扁平化信息结构的格式，发送 GET 请求时携带的查询参数通常也会以这种方式拼接在 URL 请求中。对于文件上传的场景，可以使用 multipart/form-data 格式，它是一个加强版的表单格式，可以表示多格式混合。浏览器

会使用一个"边界字符串"作为分割依据，它的作用与普通表单格式中用来连接键值对的
"&"字符是一样的，对于接收请求的服务端而言，请求体的第一行就是边界字符串。分割
后的单元拥有自己的私有头信息和消息体，浏览器通常使用"Content-Disposition"来记录
一些元信息，并使用"Content-Type"来声明分割后区块的格式类型，不同区块的类型并不
需要保持一致。表单的键通常会记录在"Content-Disposition"属性值中，头信息之后会有
一个空行，然后才是该单元的消息体内容。利用postman可以很方便地构造出一个这种类
型的请求。我们在上一个示例的基础上添加文本文件description.txt和图片资源avatar.jpg，
并将请求头的Content-Type属性设置为multipart/form-data，点击发送后服务端收到的信息
如图24-2所示。

图 24-2　multipart/form-data 格式的请求报文示例

在这个请求中，图片的内容信息会被展示为乱码（图24-2中未展示），因为它并不是
UTF-8编码的字符信息，所以按照UTF-8编码规则来还原信息就会得到乱码。如果你感兴
趣，可以尝试将上例中avatar.jpg单元的消息体截取出来，然后保存到另一个jpg文件中，
这样就可以在服务端查看这张图片了。示例中使用net模块只是为了方便展示通信消息，在
实际开发中，有许多流行的第三方库可用于处理文件上传的场景。

表单格式的优点是方便、易用，即使在脚本被禁用的情况下，也可以在HTML文档中
直接使用form标签和其他表单元素来完成信息的收集并发送给后台。但它的缺点也是显而
易见的，面对有嵌套层级或关联关系的数据结构时，表单格式描述起来就会显得力不从心，

这时就可以使用前端应用最广泛的可序列化格式——JSON。

　　JavaScript 中内置了 JSON 格式的"序列化"和"反序列化"方法，也就是我们平时开发中大量使用的 JSON.stringify() 和 JSON.parse() 这两个方法。上文中，HTTP 请求发送的消息是线性序列的，所以在发送前通常需要使用 JSON.stringify() 方法将结构化的数据转换为线性的字符序列，而服务端在接收到消息后需要使用 JSON.parse() 或类似的方法将序列化的数据还原为结构化数据类型，以便地进行访问或编辑。当然，如果只是中转服务器的话，也可以选择直接将数据透传给下一个处理环节。下面使用 postman 构建一个以 JSON 作为传输格式的请求，这里只需将请求头中的 Content-Type 设置为 application/json 即可，请求体的格式与 JavaScript 中对象字面量的写法类似，需要注意的是，标准的 JSON 格式中键名需要使用双引号包裹，服务端收到的消息如图 24-3 所示。

```
● ● ●
开始监听端口
收到来自客户端的消息:
<Buffer 50 4f 53 54 20 2f 20 48 54 54 50 2f 31 2e 31 0d 0a 48 6f 73 74 3a 20 6c 6f 63 61 6c 68 6f 73
74 3a 31 32 33 31 35 0d 0a 43 6f 6e 6e 65 63 74 69 6f 6e ... >
收到来自客户端的消息:
POST / HTTP/1.1
Host: localhost:12315
Connection: keep-alive
Content-Length: 61
Cache-Control: no-cache
Sec-Fetch-Dest: empty
Content-Type: application/json
User-Agent: Mozilla/5.0 (Windows NT 10.0; Win64; x64) AppleWebKit/537.36 (KHTML, like Gecko)
Chrome/80.0.3987.100 Safari/537.36
Postman-Token: ac0427e4-ca0b-dd1d-6294-1df42124e845
Accept: */*
Origin: chrome-extension://fhbjgbiflinjbdggehcddcbncdddomop
Sec-Fetch-Site: none
Sec-Fetch-Mode: cors
Accept-Encoding: gzip, deflate, br
Accept-Language: zh-CN,zh;q=0.9

{
        "name":"dashnowords",
        "country":"china",
        "career":"FE"
}
```

图 24-3　JSON 格式的请求报文示例

　　JSON 格式在业务数据通信的场景中是非常灵活和方便的，但是在诸如消息队列服务这类对性能开销非常敏感，或者是嵌入式开发这种对空间占用要求比较苛刻的场景中，它可能就会变成一个糟糕的选择，甚至连 HTTP 也不再适用。例如，你希望某个智能终端（或者某台服务器）持续向后台上报自己的 5 个关键参数的状态以便进行实时监控，如果以 JSON 格式来传输，那么它可能会是如下的形态：

```
{
    "state1":XXX,
    "state2":XXX,
    "state3":XXX,
    "state4":XXX,
    "state5":XXX,
}
```

当上面的消息以较高的频率进行发送时，state1~state5 的属性名实际上就成为了一种重复的冗余信息，完全可以将它简化为"XXX-XXX-XXX-XXX-XXX"这样的字符串格式，这样每次发送的报文体积就会变得更小。如果知道每个状态的取值范围，那么上面的字符串格式就可以进一步压缩。假设 state1 的取值范围为 0~200 的整数，使用 JSON 这种基于文本的格式来编码时就需要占据 1~3 字节，如果使用 Uint8Array 定型数组来存储，表示 0~255 之间的整数只需要 1 字节就可以做到，待存储的数值越大，这两种方案的差异会越明显。另外，可能有读者已经意识到，如果在这种场景下继续使用 HTTP，请求头的体积会远远大于有效数据的体积，这时就可以选择 MQTT 协议或是其他专门用于特定场景（如物联网数据交换）的轻量级网络通信协议，或者定制自己的私有通信协议。需要注意的是，在为不同的场景设计通信方案时，通信协议和数据交换格式都是可以灵活选择的，一些看似微不足道的优化和选择可能会随着通信量的增大而最终产生差异巨大的结果。24.2 节将介绍一种在服务端开发中广泛使用的二进制消息格式——protobuf。

24.2　二进制消息格式：protobuf

protobuf 格式[一]全称为 Protocol Buffers，是 Google 推出的一种基于二进制编码的跨语言、跨平台、易扩展的数据交换格式，广泛应用于服务端通信等场景，其设计初衷也是为了将结构化的数据转换为序列化的数据，以便在通信传输中使用。protobuf 为常见的服务端开发语言提供了运行时的支持，可以通过它的官方代码仓库[二]进行了解。需要注意的是，protobuf 并不是唯一的选择，Facebook 推出的 Thrift 也是一种二进制通信协议，它们都可以在大规模的跨语言服务开发场景中使用，你可以在学完本章后查阅相关资料自行了解。与 Web 开发领域常用的表单、XML 和 JSON 等数据交换格式相比，使用二进制编码后的消息体积更小且其编码速度更快，代价就是使用流程比较烦琐且编码后的消息几乎丧失了可读性。在浏览器与服务端通信的场景中，发送的大多是与业务相关的数据，此时具有可读性的数据更便于开发和调试，但在诸如 M2M（Machine To Machine）的通信场景中，开发者可能并不关心消息的内容，只需要校验消息是否符合约定的格式并将其映射到后续的执行逻辑就可以了。

protobuf 格式在使用时通常遵循如下几个步骤：首先将接口声明编写在扩展名为".proto"的文件中，它拥有自己的语法，接着使用编译器来生成指定语言可以访问的消息读写类，最后在自己的程序中引用对应语言的运行时库和消息读写类来使用编解码函数。下面以 JavaScript 和 Python 为例来说明 protobuf 的使用流程，如图 24-4 所示。

———————————

　⊖　https://developers.google.com/protocol-buffers。

　⊖　https://github.com/protocolbuffers/protobuf。

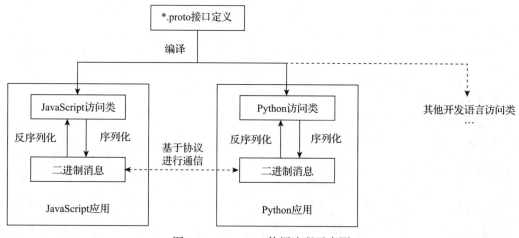

图 24-4　protobuf 使用流程示意图

从图 24-4 中不难看出，*.proto 文件实际上扮演了"接口文档"的角色。本节先利用 protobuf 官方仓库中的工具在 JavaScript 程序和 Python 程序之间实现二进制消息通信，再介绍适用于前端开发者的 protobuf.js 库，它可以将 proto 定义文件的编译步骤延迟到运行时再执行。

1. 共享接口定义

proto 文件的语法可分为 proto2 和 proto3 两个版本，编译工具默认使用 proto2 版本，同时也会建议开发者在首行显式声明所使用的 proto 语法的版本，如果想使用 proto3 语法，则需要在 proto 文件的开头增加如下所示的一行声明：

```
syntax = "proto3";
```

你可以在 Google 官方的 Protocol Buffers 开发者文档中阅读两个版本的编程语言指南来进行更详细的了解，本章中使用默认的 proto2 语法进行说明，消息类型定义的基本格式如下：

```
message 消息类名 {
    修饰符 字段类型 字段名 - 索引号;
    修饰符 字段类型 字段名 = 索引号;
    ......
}
```

其中，字段名会在序列化后被替代为索引号，由于通信双方使用的访问类是基于同一份 proto 定义文件生成的，这就说明对于索引号代表的真实字段名双方已经达成了共识，因此同一个消息类型定义中的索引号必须是唯一的，这也是 protobuf 格式体积更小的原因之一。如果你了解过 HTTP2 的请求头压缩技术，就会发现它们的处理思路是类似的。

假设你现在需要为某个 ERP 系统开发一个查询入库记录信息的接口，前端在得到查询数据后需要展示为列表，请求时必传的参数包括关键词（keywords）、当前页码（page）和每页条目数（items_per_page），同时还要支持一些可选的查询条件，包括供应商编号（supplier_id）和创建时间（create_at），接口正常响应后会返回响应状态（status）和查询结果（data）。下面直接给出 proto 文件的示例，然后再进行解释：

```proto
syntax="proto2";
import "product.proto";          //引用货物接口定义

/* 库存查询请求接口 */
message SearchRequest {
    required string keywords = 1;       //关键词
    required int32 page = 2;            //页码
    required int32 items_per_page = 3;  //每页展示的数量
    optional int32 supplier_id = 4;     //供应商id
    optional string create_at = 5;      //创建时间
}

/* 库存查询响应接口 */
message SearchResponse {
    required int32 status = 1;          //响应状态
    required int32 total = 2;           //总计数量
    repeated Product data = 3;          //查询结果
}
```

示例中的第一行声明了使用的语法版本，第二行的 import 引用了在外部 proto 文件中定义过的消息格式，文件中声明了请求和响应两个消息体接口，在每个消息体的定义中，索引号不能重复，否则编译器就会报警且对 proto 文件的编译也会失败。编译后的类库会包含对每个消息体进行字段读写、校验、序列化和反序列化等的典型操作，所有在 proto 文件中以下划线命名法定义的字段名，在编译时都会被转换为驼峰命名法，例如上例中的 items_per_page 字段，在读写时就需要通过消息实例的 setItemsPerPage 或 getItemsPerPage 这两个方法来访问。上例响应接口中的 data 字段使用的 repeated 修饰符，表示该字段以数组的形式存储了结构相同的数据，每个数据遵循的结构均符合 Product 消息的定义，Product 是从外部文件 product.proto 引入的消息定义。

程序在运行时需要实例化消息体，然后对其进行赋值，如果消息实例中被标记为 required 的字段没有全部赋值或者赋值的数据类型与定义不符，那么校验方法和序列化方法就都会抛出相应的错误，提示开发者具体是在处理哪个字段时出现了问题。不难看出，这样的模式在对消息格式和数据类型提供保障的同时，也很适合作为各端开发者之间的契约文档，因为定义文件是直接作为程序的一部分来使用的，相较于额外维护一份接口文档，这种模式出现遗漏或错误的可能性要低得多。下面就来讲解如何跨编程语言使用 protobuf 格式的消息，相关的示例代码可以在本章的代码仓库中获取。

2. 使用 protobuf 实现跨语言通信

首先从 protobuf 的官方代码仓库[⊖]中下载对应平台的编译工具 protoc，例如笔者使用的是 64 位的 Windows10 操作系统，就需要下载 protoc-3.13.0-win64.zip 这个版本的压缩包（3.13.0 为本章写作时最新的版本）。接下来将解压后目录中 bin 文件夹的绝对路径添加到环境变量的 Path 变量中，之后就可以在命令行工具中使用 protoc 命令来编译 *.proto 文件了。下面继续使用前面的场景进行说明，编译为 JavaScript 库时，可以先从命令行进入定义文件所在的目录，接着使用如下命令：

```
protoc --js_out=import_style=commonjs,binary:. search.proto product.proto
```

编译器的可选定制参数还有很多，可以查看官方教程中进行了解。运行成功后，当前目录下会生成两个新的文件，默认命名分别为 search_pb.js 和 product_pb.js（也可以通过增加配置参数来进行修改），它们需要作为运行时处理对应消息的类库被主程序引用。在 Node.js 程序中使用 protobuf 时，需要引用官方提供的运行时依赖 google-protobuf（直接使用 npm 安装即可），但并不需要对其进行显式引用。下面以请求消息格式为例进行说明，示例代码如下：

```
const SearchProto = require('./search_pb');

//实例化消息体
let message = new SearchProto.SearchRequest();
message.setKeywords('Tony');
message.setPage(31);
message.setItemsPerPage(20);

//转换为对象
let obj = message.toObject();
console.log('转为对象:',obj);
console.log('JSON序列化结果:',JSON.stringify(obj));
console.log('JSON序列化后的长度:',JSON.stringify(obj).length);

//转换为二进制序列化消息
let bytes = message.serializeBinary();
console.log('序列化结果:',bytes)
console.log('序列化原始buffer:',Buffer.from(bytes.buffer))
console.log('protobuf序列化后长度:',bytes.length)

//通过反序列化重建消息内容
let rebuildMessage = SearchProto.SearchRequest.deserializeBinary(bytes);
let rebuildObject = rebuildMessage.toObject();
console.log('反序列化后转对象:', rebuildObject);
```

上面的示例展示了在 Node.js 中使用 protobuf 的基本方法，运行程序后我们可以看到控制台打印的信息如图 24-5 所示。

⊖　https://github.com/protocolbuffers/protobuf/releases。

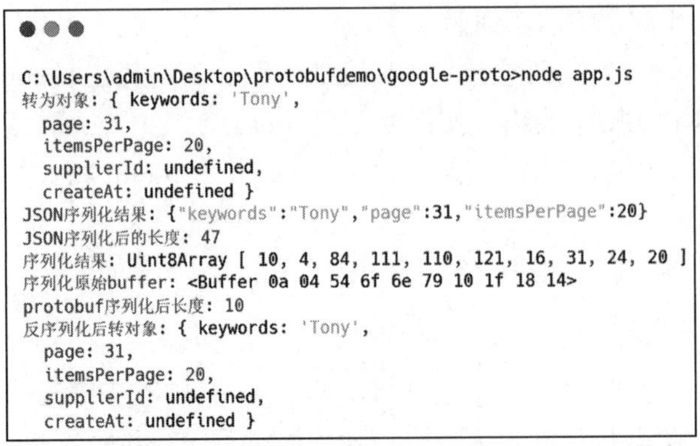

图 24-5　在 Node.js 程序中实例化 SearchRequest 消息定义

从图 24-5 中可以看到，同一个对象，JSON 序列化后消息的大小为 47 字节，而 protobuf 序列化后只有 10 字节，其空间占用更小的优势是显而易见的。Uint8Array 类型化数组只是建立在原始二进制编码上的视图，与原始 buffer 指向的是同一段内存空间，例如编码后消息的最后一字节为十六进制的 14，转换为十进制后就是 20（即 $1 \times 16^1 + 4 \times 16^0$），与 Uint8Array 格式最后的 20 是一致的，只是展现形式不同罢了。

假设另一个接收消息的服务是使用 Python 语言开发的，同样需要使用 protoc 工具编译生成 Python 中可以使用的消息访问类，基本示例代码如下：

```
protoc --python_out=. search.proto product.proto
```

运行成功后，当前目录下同样也会生成两个新的文件，默认命名分别为 search_pb2.py 和 product_pb2.py，我们在示例程序中引用它们，然后给对应的消息实例赋予同样的键值并进行序列化转换以进行测试。要想在 Python 程序中使用 protobuf，需要先安装对应的运行时库 protobuf，同样也不必显式引用它，示例代码如下：

```python
import search_pb2
import binascii
//实例化消息
search = search_pb2.SearchRequest()
search.keywords = 'Tony'
search.page = 31
search.items_per_page = 20;

//校验消息是否合法
flag = search.IsInitialized()
print(flag)

//生成序列化消息
serialized= search.SerializeToString()
print(serialized)

//以原始二进制形式展示结果
b_serialized = binascii.b2a_hex(serialized).decode()
```

```
print(b_serialized)

//反序列化
search.ParseFromString(serialized)
print(search)
```

运行程序后控制台输出的结果如图 24-6 所示。

```
● ● ●
C:\Users\admin\Desktop\protobufdemo\google-proto>py app.py
True
b'\n\x04Tony\x10\x1f\x18\x14'
0a04546f6e79101f1814
keywords: "Tony"
page: 31
items_per_page: 20
```

图 24-6　在 Python 程序中实例化 Search-Request 消息定义

从示例的结果可以看到，最终调用 ParseFrom-String 进行反序列化后得到的数据与实例化消息时的数据是一致的。再对比一下序列化后的原始二进制编码，你会发现它与前一个示例在 Node.js 中对同样的消息进行编码后得到的结果也是一致的。protobuf 就这样借助原始二进制信息的编码完成了跨语言通信的功能。感兴趣的读者可以自行尝试使用其他语言来实现类似的处理。

3. JavaScript 版 protobuf 的尴尬

当你尝试过 protobuf 官方为不同的编程语言提供的支持后就会发现，它对于 JavaScript 版本的支持似乎并不理想。首先，相较于其他编程语言，JavaScript 版本的编译产物的体积非常大，这极大地降低了它在浏览器环境中使用的性价比。其次，它为每个字段生成的读写方法使用起来都非常烦琐，远不如直接使用对象字面量那样简单明晰。最不能让开发者接受的是官方竟然没有为 JavaScript 版本提供消息校验方法。假设你由于疏忽忘了为某个被 required 关键词修饰过的字段赋值，或者赋予了错误的类型，那么在 Python 中调用消息类的 isInitialized 方法进行校验时就会返回 False，表示这个消息实例不满足 proto 文件的定义。如果强行调用序列化方法，程序就会准确地抛出错误来告知开发者详细的出错信息，但当你想在 Node.js 中编写类似的逻辑时却会发现，JavaScript 版本的实现中并没有提供校验方法。如果直接调用消息实例的序列化方法，程序就会将你忘记赋值的 required 字段直接赋值为 undefined。如果为某个字段赋予了错误的类型，有的时候程序会直接隐式纠正，有的时候则会简单粗暴地抛出 Assertion Failed 和一段几乎完全不知道在描述什么的错误信息，这会给开发者带来不必要的混乱，而且开发体验非常糟糕。庆幸的是，我们还有另一种选择——使用 protobuf.js。

24.3　使用 protobuf.js

protobuf 将数据编码为二进制形式的方法并不是什么秘密，官方文档在 Encoding 章节中已经对其进行了详细描述，这就表示开发者完全可以按照自己期望的方式去使用 proto 文件中对于消息的定义。只要大家是基于同一份 proto 定义来进行消息编解码的，即使不依赖于官方提供的运行时，手动处理同样也可以得到跨语言传递的二进制消息，protobuf.js 就是这样做的。

protobuf.js[⊖]是一个基于 JavaScript 二进制数据处理能力实现的运行时框架，这就表示并不需要提前编译 proto 文件，而是可以在运行时直接加载和使用。它可以同时支持浏览器和Node.js 环境，除此之外，还可以在 TypeScript 中使用，其引入的方式与其他库并没有什么不同。重要的是，它添加了官方实现版本中缺少的那些非常重要的特性，例如使用对象字面量来批量赋值以及对消息合法性进行校验等。下面就来学习在 Node.js 中使用 protobuf.js进行二进制消息通信的示例代码，示例依然沿用前文所讲的 proto 文件和测试用例：

```
const protobuf = require('protobufjs');

//SearchProto文件根对象
let SearchProto = protobuf.loadSync('../proto/search.proto');

//找到请求消息的类型定义
const SearchRequestMessage = SearchProto.lookupType('SearchRequest');

//对象字面量定义载荷
let payload = {
    keywords: 'Tony',
    page: 31,
    itemsPerPage:20
};

// 判断载荷是否合法
let errMsg = SearchRequestMessage.verify(payload);
if (errMsg)
    throw Error(errMsg);

//如果没有错误则生成消息实例
let message = SearchRequestMessage.create(payload);
console.log('message实例:', message);

//编码
let buff = SearchRequestMessage.encode(message).finish();
console.log('编码后的消息:', buff);

//解码
let decodeMessage = SearchRequestMessage.decode(buff);
console.log('解码后的消息:', decodeMessage);

//还原为对象
let toObj = SearchRequestMessage.toObject(decodeMessage);
console.log('还原为对象:', toObj);
```

⊖ https://github.com/protobufjs/protobuf.js。

有了官方 protobuf 知识的铺垫，上面的代码理解起来就比较容易了。首先，proto 定义文件是在程序运行时被加载进来的，接着代码会通过 lookupType 方法获取指定的消息类（一个 proto 文件中可能会有多个 Message 定义）。与官方提供的编译产物不同的是，消息类提供了用于校验的 verify 方法，它会在缺少 required 字段或是使用了错误的数据类型时给出准确的错误信息提示。create 方法可用于将对象字面量转换为消息实例，并最终借助 encode 和 decode 方法来进行二进制编解码操作。这样的 API 设计与使用 JSON 时的设计非常类似，更加符合 JavaScript 开发者的操作习惯，运行上面的代码后可以看到控制台的输出结果如图 24-7 所示。

```
C:\Users\admin\Desktop\protobufdemo\protobufjs>node pbjs-demo.js
message实例: SearchRequest { keywords: 'Tony', page: 31, itemsPerPage: 20 }
编码后消息: <Buffer 0a 04 54 6f 6e 79 10 1f 18 14>
解码后消息: SearchRequest { keywords: 'Tony', page: 31, itemsPerPage: 20 }
还原为对象: { keywords: 'Tony', page: 31, itemsPerPage: 20 }
```

图 24-7　使用 protobuf.js 进行二进制编解码

从编码后的二进制消息可以看到，它与前文通过其他方式得到的编码结果是一致的。protobuf.js 官方仓库提供的示意图（见图 24-8）清晰地描述了它的工作方式。

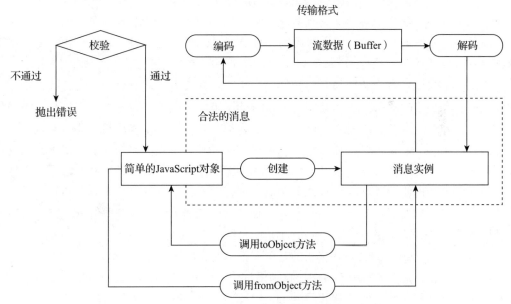

图 24-8　protobuf.js 的基本工作原理

在 protobuf.js 的帮助下，消息可以很方便地在 JavaScript 对象、消息实例和 Buffer 之间进行格式转换。

proto 文件的编写通常是以接口为粒度来进行的，如果想在客户端使用，可以使用官方提供的命令行工具 pbjs 来进行预处理，它可以在打包构建环节将存放在前端工程中的 proto

文件打包成 *.json 或 *.js 文件，相当于提前进行了加载环节的处理，等到运行时直接在 JavaScript 运行环境中使用加载后的结果就可以了。相比之下，Google 官方对 JavaScript 版本提供的支持反而显得不够细致了。

尽管如此，为了减小通信时发送数据的体积，我们不得不在初始化时加载额外的文件（proto 文件编译后的接口定义），在前后端通信这种对性能并不算敏感的场景中，这样的方案就显得很不划算了。如果我们的目的是实现统一的接口管理，那么只需要将 proto 文件编译输出为 TypeScript 能够识别的接口定义就可以了，这样不仅能够在编码时享受到 IDE 的智能提示，实现对接口所需数据的校验，而且不用担心增加最终打包文件的体积。很多大公司的接口管理平台都拥有从 DSL 文件编译出多种接口定义代码的功能，甚至已与 Mock 平台直接打通，易用性非常高。

24.4 初探 gRPC

学习 gRPC 之前，我们先来了解什么是 RPC。RPC（Remote Procedure Call）即远程过程调用，这里的远程并不一定是指运行在不同机器上的程序，即使是运行在同一台机器上不同进程里的程序，也会由于资源隔离的机制而无法直接调用另一个进程中定义的函数。而 RPC 提供的功能就是将本地函数的调用映射为对另一个进程中的同名函数的调用，它可以隐藏更多的通信细节，让应用层的代码具有更自然的语义性。RPC 调用最初主要应用于分布式系统的通信中，比我们最熟悉的 RESTful 风格的接口请求方式出现得还要早。

需要注意的是，RPC 调用只是一种接口风格，它并没有绑定具体的实现方式，与"高性能"也没有必然的联系。就好像我们熟悉的 flux 单向数据流架构一样，它只是一种抽象的架构描述方式，开发中使用的 vuex 或 redux 等都是基于这种架构风格的具体实现。本节即将介绍的 gRPC 框架也是遵循 RPC 架构风格的一种具体实现。在前文的示例中，无论是序列化的手段还是通信协议，都可以根据场景进行选择或定制，只是在浏览器这个特殊的运行环境中，无论使用哪种序列化技术对消息进行处理，最终都绕不开解析 HTTP 产生的开销，这也在一定程度上削弱了 RPC 调用在浏览器通信场景中的价值。除此之外，对于前端工程师而言，RPC 调用还意味着额外的学习成本。

gRPC[⊖]是 Google 在 protobuf 格式的基础上推出的高性能开源 RPC 框架，它同样具备跨平台和跨语言的特点。在利用 protobuf 技术提高序列化和反序列化性能的同时（gRPC 官方推荐使用 proto3 语法，同时也提供了对 proto2 语法的支持），gRPC 也提供了对 HTTP/2 流模式的支持，目前主要应用于服务端通信场景中。gRPC 调用函数的定义也是编写在 proto 文件中的，下面继续以"库存查询"为例来声明一个服务，示例代码如下：

```
service ProductService {
```

⊖ https://grpc.io/。

```
rpc query (SearchRequest) returns (SearchResponse);
rpc update (Product) returns (UpdateResponse);
//...
}
```

这种最常见的单次调用模式称为 Unary 模式（单次调用模式），除此之外 gRPC 还提供了基于 HTTP/2 的流模式通信功能，以便请求侧和响应侧可以持续发送多个消息。你可以在官方文档中学习更高级的用法，本节先使用 Unary 模式来展示 gRPC 的基本使用方法，测试用例继续与前文中的示例保持一致，客户端的示例代码如下：

```
const grpc = require('grpc');
const protoLoader = require("@grpc/proto-loader")
const packageDescripter = protoLoader.loadSync(
    '../proto/search-rpc.proto',
    {
        keepCase: true
    }
)

const ProductPkg = grpc.loadPackageDefinition(packageDescripter).product;
//创建客户端代理
const stubProduct = new ProductPkg.ProductService(
    'localhost:9527',
    grpc.credentials.createInsecure()
);
// 请求载荷
let payload = {
    keywords: 'Tony',
    page: 31,
    items_per_page:20
};

//RPC调用query服务
stubProduct.query(payload, (err, response) => {
    if (err) { return console.log(err) }
    if (!response) {return console.log('no response')}
    if (response.status){
        console.log(response);
    }
})
```

服务端的示例代码如下：

```
const grpc = require('grpc');
const protoLoader = require("@grpc/proto-loader");
const pbjs = require('protobufjs');

const root = pbjs.loadSync('../proto/search-rpc.proto');
const SearchResponse = root.lookupType('SearchResponse');
const packageDescripter = protoLoader.loadSync(
```

```
        '../proto/search-rpc.proto',
        {
            keepCase: true
        }
)
const productPkg = grpc.loadPackageDefinition(packageDescripter).product;

function query(call, callback) {
    console.log('request:', JSON.stringify(call.request))
    setTimeout(() => {
        //响应消息
        let response = {
            status: 1,
            total: 20,
            data: [{
                uuid: 1,
                name: '零件1',
                supplierId: 1005,
                createTime: '2020-09-10',
                quantity: 50,
            }]
        }
        let errMsg = SearchResponse.verify(response);
        if (errMsg) {
            console.log('response message is not valid');
            callback(new Error(errMsg), null);
        } else {
            callback(null, response);
        }
    }, 1000);
}

function main() {
    const server = new grpc.Server()
    server.addService(productPkg.ProductService.service, {
        query,
    })
    server.bind('0.0.0.0:9527', grpc.ServerCredentials.createInsecure())
    server.start();
}

main();
```

　　上面的示例代码并不难理解，先运行服务端代码，再运行客户端代码来发送请求，之后就可以看到服务端收到了客户端的请求并返回了响应消息，如图24-9所示。

　　可能有读者已经发现服务端的代码中依然使用了protobuf.js来对消息进行校验，因为gRPC仅仅提供了框架层面的实现，对于二进制消息的处理是依赖于官方protobuf的。前文中已经提到过protobuf官方版本存在缺陷，如果漏掉了一些必填字段或者赋值时赋予了错误的类型，gRPC并不会报错，而是会为必填字段赋予默认值（如果没有设置默认值，则会将字符串类型赋值为空串，将数值类型赋值为 0）。这种机制表面上能够保证消息符合 proto 文件中的定义，但却极有可能导致服务端返回看似正确但实际上却并不符合客户端期望的结果，如果接口的调用链路很长，那么这种隐性错误定位起来将会非常困难。

```
● ● ●
C:\Users\admin\Desktop\demo\grpc>node grpc-server.js
request: {"keywords":"Tony","page":31,"items_per_page":20}

● ● ●
C:\Users\admin\Desktop\demo\grpc>node grpc-client.js
{
  status:1,
  total:20,
  data:
  [
    {
      uuid:1,
      name:"零件1",
      supplier_id:0,
      create_time:"",
      quantity:50
    }
  ]
}
```

图 24-9　使用 gRPC 框架实现远程方法调用示例

总的来说，protobuf 技术与 JavaScript 结合的优缺点都很明显，真正能够落地的场景也较为有限，但它在服务端的调用中应用较多，因此建议大家在学习时把关注的重点放在技术需要解决的问题及其实现思路上，尤其是 DSL 为前端工程化带来的想象空间上。如果想要了解相关领域的更多知识，可以自行学习微服务和分布式系统的相关知识，自上而下地去理解 RPC 框架的背景及其背后所依据的原理和软件工程思想。在笔者看来，这远比在某个特定的编程语言中使用知名的技术更值得花时间。

第 25 章

控制反转与 Inversify.js

Angular 是由 Google 推出的前端框架，曾经与 React 和 Vue 一起被开发者称为"前端开发的三驾马车"，但随着技术的迭代发展，它在国内前端技术圈中的存在感正变得越来越低，通常只有 Java 技术栈的后端工程师在考虑转型为全栈工程师时才会优先考虑使用。Angular 没落的原因并不是因为它不够好，反而是因为它过于优秀，还有点"高冷"，忽略了国内前端开发者的学习意愿和接受能力，这就好像一个学霸，明明成绩已经很好了，但他还是不断地寻求挑战来实现自我突破，尽管他从不吝啬分享自己的所思所想，但他所接触的领域却令广大学渣望尘莫及，而学渣们感兴趣的事物在他看来又有些无聊，所以最终的结果通常都只能是大家各玩各的。

了解过前端框架发展历史的读者可能会知道在 2014 年时 Angular 1.x 版本有多火，尽管它并不是第一个将 MVC 思想引入前端的框架，但的确可以算作是第一个真正撼动 jQuery 江湖地位的黑马，由于在升级到 2.0 版本的过程中 Angular 强制使用 TypeScript 作为开发语言，因此它失去了大量用户，Vue 和 React 也趁势崛起，很快便形成"三足鼎立"之势。但 Angular 似乎并没有回头的意思，而是保持着半年一个大版本的迭代速度将更多的新概念带到前端，从而推动前端领域的技术演进，也推动着前端向正规的软件工程方向靠拢。笔者常将 Angular 比作是一位孤傲的变革者，它喜欢引入和传播思想层面的概念，将那些被公认为正确优雅且有助于工程实践的事物带到前端，它似乎总是在说："这个是好的，那我们就在 Angular 里实现它吧。"从早期的模块化和双向数据绑定的引入，到后来的组件化、TypeScript、CLI、RxJS、DI、AOT 等，一个个特性的引入都是为了引导开发者从不同的角度去思考和扩展前端领域的边界，这也对团队的整体素养提出了更高的要求。看看今天 TypeScript 在前端开发领域的地位，回顾一下早期的 Vue 和 Angular 1.x 之间的差异性，看看 RxJS 和 React Hooks 出现的时间差，就不难明白 Angular 的思想有多前卫。

　　"如果一件事情是软件工程师应该懂的，那么你就应该弄懂它"，这在笔者看来是 Angular 带给前端开发者最有价值的思想，精细化分工对企业而言是非常有利的，但同时也很容易限制技术人员本身的视野和职业发展，这就好像流水线上从事体力劳动的工人，就算对自己负责的单一环节再熟悉，也无法仅凭此来保障整个零件最终的质量。我们应该在协作中对自己的产出负责，但只有去掉职位头衔带来的思维枷锁，才能成为一个更全面的软件工程师，它并不是关于技能的，而是关于思维方式的，那些源于内心深处的认知和定位会决定一个人未来所能达到的高度。

　　无论你是否会在自己的项目中使用 Angular，都希望你能够花一点时间来了解它的理念，它能够扩展你对于编程的认知，领略软件技术思想层面的美。本章就来介绍 Angular 框架中最具特色的技术——DI（Dependency Injection，依赖注入），了解相关的 IOC（Inversion of Control，控制反转）设计模式、AOP（Aspect Oriented Programming，面向切面编程）编程思想以及实现层面的装饰器语法，最后再看看如何使用 Inversify.js 在自己的代码中实现"依赖注入"。如果你对此感兴趣，可以通过 Java 的 Spring 框架进行更深入的研究。

25.1　依赖为什么需要注入

　　依赖注入并不算是一个复杂的概念，但想要真正理解它背后的原理却不是一件容易的事情，它的上游有更抽象的 IOC 设计模式，下游有更具体的 AOP 编程思想和装饰器语法，只有搞清楚整个知识脉络中各个术语之间的联系，才能够建立比较完整的认知，从而在适合的场景中使用它。依赖注入核心概念的关系如图 25-1 所示。

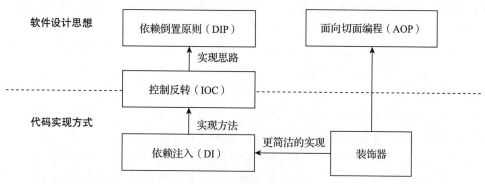

图 25-1　依赖注入相关的术语及其关系

　　面向对象的编程是基于"类"和"实例"来运作的，当你希望使用一个类的功能时，通常需要先对它进行实例化，然后才能调用相关的实例方法。由于遵循"单一职责"的设计原则，开发者在实现复杂的功能时并不会将所有代码都写在一起，而是依赖于多个子模块协作来实现相应的功能。如何将这些模块组合在一起对面向对象编程而言是非常关键的，这也是设计模式相关的知识需要解决的主要问题。代码结构的设计不仅影响团队协作的开发效率，也关系着代码未来的维护和扩展成本。毕竟在真实的开发中，不同的模块可能是由不同的团队开发和维护的，如果模块之间的耦合度太高，那么偏底层的模块一旦发生变更，整个程序在代码层面的修改可能就会非常多，这对于软件可靠性的影响是非常严重的。

在普通的编程模式中，开发者需要引入自己所依赖的类或者相关类的工厂方法（工厂方法是指运行后会得到实例的方法），并手动完成子模块的实例化和绑定，示例代码如下：

```
import B from '../def/B';
import createC from '../def/C';

class A{
    constructor(paramB, paramC){
        this.b = new B(paramB);
        this.c = createC(paramC);
    }
    actionA(){
        this.b.actionB();
    }
}
```

从功能实现的角度而言，上述代码并没有什么问题，但从代码结构设计的角度来看，却存在着一些潜在的风险。首先，在生成 A 的实例时所接受的构造参数实际上并不是由 A 自身来消费的，而是将其透传分发给了它所依赖的 B 类和 C 类。换句话说就是，A 除了需要承担其本身的职责之外，还额外承担了 B 和 C 的实例化任务，这与面向对象编程中的"单一职责"原则是相悖的。其次，A 类的实例 a 仅仅依赖于 B 类实例的 actionB 方法，如果对 actionA 方法进行单元测试，理论上只要 actionB 方法能够正确执行，那么单元测试就能够通过，但在前文的示例代码中，这样的单元测试实际上已经变成了包含 B 实例化过程、C 实例化过程以及 actionB 方法调用的小范围集成测试，任何一个环节发生异常都会导致单元测试无法通过。最后，对于 C 模块而言，它对外暴露的工厂方法 createC 可以控制实例化的过程，例如维护一个全局单例对象。但对于直接导出类定义的 B 模块而言，每个依赖它的模块都需要自己完成对它的实例化，如果未来 B 类的构造方法发生了变化，那么开发者就只能利用 IDE 全局搜索所有对 B 类进行实例化的代码，然后进行手动修改。

"依赖注入"的模式就是为了解决上述问题而出现的，在这种编程模式中，我们不再是先接收构造参数，然后手动完成子模块的实例化，而是直接在构造函数中接受一个已经完成实例化的对象，代码层面的基本实现形式变成了如下所示的样子：

```
class A{
    constructor(bInstance, cInstance){
        this.b = bInstance;
        this.c = cInstance;
    }
    actionA(){
```

```
        this.b.actionB();
    }
}
```

对于 A 类而言，它所依赖的 b 实例和 c 实例都是在构造时从外部注入进来的，这就意味着它不再需要关心子模块实例化的过程，而只需要以形参的方式声明对这个实例的依赖，然后专注于实现自己所负责的功能即可。对子模块进行实例化的工作是由 A 类外部的其他模块来完成的，这个外部模块通常被称为 "IOC 容器"，它本质上就是 "类注册表 + 工厂方法"，开发者通过 "key-value" 的形式将各个类注册到 IOC 容器中，然后由 IOC 容器来控制类的实例化过程，当构造函数需要使用其他类的实例时，IOC 容器会自动完成对依赖的分析，生成需要的实例并将它们注入构造函数中，当然，需要以单例模式来使用的实例都会保存在缓存中。

另一方面，在 "依赖注入" 的模式下，上层的 A 类对下层模块 B 和 C 的强制依赖已经消失了，它与 JavaScript 中的 "鸭式辨形" 机制非常类似，只要实际传入的 bInstance 参数也实现一个 actionB 方法，且在函数签名（或者说类型声明）上与 B 类的 actionB 方法保持一致，那么对于 A 模块而言，它们就是一样的。这极大地降低对 A 模块进行单元测试的难度，而且方便开发者在开发环境、测试环境和生产环境等场景中对特定的模块提供完全不同的实现，而不是被 B 模块的具体实现所限制。如果你了解过面向对象编程的 "SOLID" 设计原则就会明白，"依赖注入" 实际上是 "依赖倒置原则" 的一种体现。

 拓展知识　依赖倒置原则具体包括如下两方面的内容。
  ❏　上层模块不应该依赖底层模块，它们应该依赖于共同的抽象。
  ❏　抽象不应该依赖于细节，细节应该依赖于抽象。

这就是 "依赖注入" 和 "控制反转" 的基本知识，依赖的实例由原本手动生成的方式转变为由 IOC 容器自动分析并以注入的方式提供，原本由上层模块控制的实例化过程被转移给 IOC 容器来完成，本质上它们都是对面向对象基本设计原则的实现手段，目的就是降低模块之间的耦合性，隐藏更多的细节。很多时候，设计模式的应用的确会让本来直观清晰的代码变得晦涩难懂，但换来的却是整个软件对于需求不确定性的对抗能力。初级开发者在编程时千万不要只满足于实现眼前的需求，而是应该多思考如何降低需求变动可能对自己造成的影响，甚至是如何直接通过 "控制反转" 将细节定制的环节以配置文件的形式提供给产品人员。软件工程师的任务是设计软件，让软件和可复用的模块帮助自己实现需求。

25.2　IOC 容器的实现

在阅读本节内容之前，建议先基于前文的分析思考一下基本的 IOC 容器应该实现哪些功能。由于 IOC 容器的主要职责是接管所有实例化的过程，因此它肯定能够访问所有的类定义，并且知道每个类的依赖，但类的定义可能编写在多个不同的文件中，IOC 容器要如何完成依赖收集呢？比较容易想到的方法就是为 IOC 容器实现一个注册方法，开发者在完成每个类的定义后调用注册方法将自己的构造函数和依赖模块的名称注册到 IOC 容器中，IOC 容器以闭包的形式维护一个私有的类注册表，其以键值对的形式记录每个类的相关信息，例如，工厂方法、依赖列表、是否使用单例以及指向单例的指针属性，等等。我们可以根据实际需要添加更多的配置信息，这样一来，IOC 容器就拥有了访问所有类并进行实例化的能力。除了收集信息之外，IOC 容器还需要实现一个获取所需实例的调用方法，当调用方法执行时，它可以根据传入的键值找到对应的配置对象，并根据配置信息向调用者返回正确的实例。这样一来，IOC 容器就可以完成实例化的基本职能了。

　　IOC 容器的使用对于模块之间耦合关系的影响是非常明显的，在原来的手动实例化模型中，模块之间的关系是相互耦合的，模块的变动很容易直接导致依赖它的模块发生修改，因为上层模块对底层模块产生了依赖。在引入 IOC 容器后，每个类只需要调用容器的注册方法将自己的信息登记进去即可，其他模块如果对它有依赖，则通过调用 IOC 容器提供的方法就可以获取所需的实例。这样一来，子模块实例化的过程和主模块之间就不再是强依赖关系了，子模块发生变化时也不需要再去修改主模块，这样的处理模式对于保障大型应用的稳定性有很大的帮助。下面再来看看那张经典的控制反转示意图（见图 25-2），就比较容易理解其背后所完成的工作了。

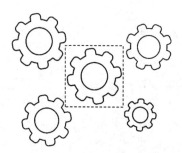

未使用 IOC 时的耦合关系　　　　使用 IOC 容器时的耦合关系

图 25-2　IOC 容器对耦合关系的影响

　　IOC 的机制其实与招聘有些类似，公司项目的落实需要项目经理、产品、设计、研发、测试等多个不同岗位的员工协作完成，对公司而言，重点关注的是每个岗位需要多少人，低中高不同级别的人员比例大概是多少，以便从宏观的角度来评估人力资源配置是否足以保障项目落地，至于具体招聘到的人是谁，公司并不需要特别在意。而 HR（人力资源管理）的角色就像是 IOC 容器，只需要按照公司的标准和要求去市场上搜寻符合条件的候选人，并通过面试来检验他是否符合公司的用人要求就可以了。

1. 手动实现 IOC 容器

下面我们使用 TypeScript 来手动实现一个简单的 IOC 容器类，帮助大家了解它的基本用法。因为具有强类型的特点，所以它更容易让你在抽象层面了解自己所写的代码，另外它面向对象的特性也更加完备，语法特征与 Java 非常相似，学习收益率很高。相比于 JavaScript 的灵活性，TypeScript 的代码增加了非常多的限制，可能有读者最开始会因为类型系统找不到头绪，但在你熟悉其结构后，就会慢慢开始享受这种代码层面的约束和自律带来的工程层面的清晰性。下面就来编写基本的结构和必要的类型限制，示例代码如下：

```
// IOC成员属性
interface iIOCMember {
    factory: Function;
    singleton: boolean;
    instance?: {}
}


// 定义IOC容器
Class IOC {
    private container: Map<PropertyKey, iIOCMember>;

    constructor() {
        this.container = new Map<string, iIOCMember>();
    }
}
```

上面的示例代码定义了 2 个接口和 1 个类，IOC 容器类中有一个私有的 map 实例，它的键是 PropertyKey 类型，这是 TypeScript 中预设的类型，指 string | number | symbol 的联合类型，也是我们平时用作键的类型，而值的类型是 iIOCMember，从接口的定义中可以看到，它需要一个工厂方法、一个标记是否为单例的属性以及指向单例的指针。接下来我们在 IOC 容器类上添加用于注册构造函数的方法 bind，代码如下：

```
// 构造函数泛型
interface iClass<T> {
    new(...args: any[]): T
}

// 定义IOC容器
class IOC {

    private container: Map<PropertyKey, iIOCMember>;

    constructor() {
        this.container = new Map<string, iIOCMember>();
    }

    bind<T>(key: string, Fn: iClass<T>) {
        const factory = () => new Fn();
```

```
        this.container.set(key, { factory, singleton: true });
    }
}
```

bind 方法的逻辑并不难理解，初学者可能会对 iClass 接口的声明感到陌生，它是指实现了这个接口的类在使用 new 操作符时需要返回预设类型 T 的实例，换句话说就是这里接收的是一个构造函数，new() 作为接口的属性时也被称为 "构造器字面量"。但 IOC 容器是延迟实例化的，想要让构造函数延迟执行，最简单的方式是定义一个简单的工厂方法（如前文示例中的 factory 方法所做的那样），并将它保存起来，等到需要时再进行实例化。最后我们再来实现一个调用方法 use，代码如下：

```
use(namespace: string) {
    let item = this.container.get(namespace);
    if (item !== undefined) {
        if (item.singleton && !item.instance) {
            item.instance = item.factory();
        }
        return item.singleton ? item.instance : item.factory();
    } else {
        throw new Error('未找到构造方法');
    }
}
```

use 方法可用于接收一个字符串，并基于它从容器中找出对应的值，这个值会是符合 iIOCMember 接口定义的结构。为了方便演示，如果没有找到对应的记录就直接报错，如果需要单例且还没有生成过相应的对象，则调用工厂方法来生成单例，最终根据配置信息来判断是返回单例还是创建新的实例。下面我们就来使用这个 IOC 容器，代码如下：

```
class UserService {
    constructor() {}
    test(name: string) {
        console.log(`my name is ${name}`);
    }
}

const container = new IOC();
container.bind<UserService>('UserService', UserService);
const userService = container.use('UserService');
userService.test('大史不说话');
```

本章的代码仓库中提供了完整的示例代码，使用 ts-node 直接运行 TypeScript 代码后，就可以在控制台看到打印的信息。前文的 IOC 容器仅仅实现了最核心的流程，它还不具备依赖管理和加载的功能，请读者尝试自行实现。接下来需要做的工作就是在注册信息时提供依赖模块键的列表，然后在实例化时通过递归的方式将依赖模块都映射为对应的实例，当你学习 webpack 模块加载原理时也会接触到类似的模式。下面就来看看 Angular1.x 版本如何完成对依赖的自动分析和注入。

2. AngularJS 中的依赖注入

AngularJS 在业内特指 Angular2 之前的版本（更高的版本中统一称为 Angular），它提倡使用模块化的方式来分解代码，将不同层面的逻辑拆分为 Controller、Service、Directive、Filter 等类型的模块，从而提高整个代码的结构性，其中 Controller 模块是用来连接页面和数据模型的，通常每个页面会对应于一个 Controller，典型的代码片段如下：

```
var app = angular.module("myApp", []);

//编写页面控制器
app.controller("mainPageCtrl", function($scope, userService) {
        // 控制器函数操作部分，主要用于完成数据的初始化操作和事件函数的定义
        $scope.title = '大史住在大前端';
        userService.showUserInfo();
});

// 编写自定义服务
app.service('userService', function(){
    this.showUserInfo = function(){
        console.log('call the method to show user information');
    }
})
```

上述示例代码先通过 module 方法定义了一个全局的模块实例，接着在实例上定义了一个控制器模块（Controller）和一个服务模块（Service），$scope 对象用于与页面产生关联，通过模板语法绑定的变量或事件处理函数都要挂载在页面的 $scope 对象上才能够被访问。运行上面这段简单的代码时，AngularJS 会将页面模板上带有 ng-bind="title" 标记的元素内容替换为自定义的内容，并执行 userService 服务上的 showUserInfo 方法。

如果仔细观察上面的代码，很容易发现依赖注入的痕迹，Controller 在定义时接收了一个字符串 key 和一个函数，这个函数通过形参 userService 来接收外部传入的同名服务，用户要做的仅仅是使用 AngularJS 提供的方法来定义对应的模块，而框架在执行工厂方法进行实例化时就会自动找到它所依赖的模块实例并将其注入进来，对于 Controller 而言，它只需要在工厂函数的形参中声明自己所依赖的模块即可。有了前文中 IOC 相关知识的铺垫，我们不难想象，app.controller 方法的本质其实就是 IOC 容器中的 bind 方法，用于将一个工厂方法登记到注册表中，它仅仅依赖于收集的过程，app.service 方法与之类似。这种实现方式被称为"推断注入"，即从传入的工厂方法形参的名称中推断出所依赖的模块并将其注入，函数体的字符串形式可以通过调用 toString 方法来得到，接着使用正则表达式就可以提取出形参的字符，也就是依赖模块的名称。"推断注入"属于一种隐式推断的方式，它要求形参的名称和模块注册时使用的键名保持一致，例如前文示例中的 userService 对应于使用 app.service 方法所定义的 userService 服务。这种方式虽然简洁，但代码在利用工具进行压缩混淆时通常会将形参使用的名称修改为更短的名称，这时再用形参的名称去寻找依赖项就会导致错误。于是，AngularJS 又提供了另外两种依赖注入的实现方式——"内联声明"和"声

明注入"，它们的基本语法如下：

```
// 内联注入
app.controller("mainPageCtrl", ['$scope', 'userService', function($scope, userService) {
    // 控制器函数操作部分,主要用于实现数据的初始化操作和事件函数的定义
    $scope.title = '大史住在大前端';
    userService.showUserInfo();
}]);

// 声明注入
var mainPageCtrl = function($scope, userService) {
    // 控制器函数操作部分,主要用于实现数据的初始化操作和事件函数的定义
    $scope.title = '大史住在大前端';
userService.showUserInfo();
};
mainPageCtrl.$inject = ['$scope', 'userService'];
app.controller("mainPageCtrl", mainPageCtrl);
```

　　内联注入是在原本传入工厂方法的位置传入一个数组，默认数组的最后一项为工厂方法，而前置项是依赖模块的键名，字符串常量并不像函数定义那样会受到压缩混淆工具的影响，这样 AngularJS 的依赖注入系统就能够找到需要的模块了。声明注入的目的也是一样的，只不过它将依赖列表挂载在了工厂函数的 $inject 属性上（JavaScript 中的函数本质上也是对象类型，可以添加属性），在程序的实现上想要兼容上述几种不同的依赖声明方式并不困难，只需要判断 app.controller 方法接收到的第二个参数是数组还是函数即可，如果是函数，则判断是否有 $inject 属性，然后将依赖数组提取出来并遍历加载模块。

　　AngularJS 的依赖注入模块源代码可以在官方代码仓库⊖的 src/auto/injector.js 中找到，从文件夹的命名就可以看出，它是用来实现自动化依赖注入的，其中包含了大量官方文档的注释，对理解源代码的思路提供了很大的帮助，你可以在其中找到 annotate 方法的定义，还可以看到 AngularJS 对于上述几种不同的依赖声明方式的兼容处理方法，感兴趣的读者可以自行完成其他部分的学习。

25.3 AOP 和装饰器

　　面向切面编程是程序设计中非常经典的思想，它通过预编译或动态代理的方式来为已经编写完成的模块添加新的功能，从而避免了对源代码的修改，也让开发者可以更方便地将业务逻辑功能和诸如日志记录、事务处理、性能统计、行为埋点等系统级的功能拆分开来，从而提升代码的复用性和可维护性。真实开发中项目的时间跨度可能会很长，参与的人员也可能会不断更换，如果将上述代码都编写在一起，势必会对其他协作者理解主要业务逻辑造成干扰。面向对象编程的关注点是梳理实体关系，它所要解决的问题是如何将具

⊖ AngularJS 官方代码仓库地址：https://github.com/angular/angular.js。

体的需求划分为相对独立且封装性良好的类，让它们具有自己的行为。而面向切面编程的关注点则是剥离通用功能，让很多类共享一个行为，这样当它变化时只需要修改这个行为即可，它可以让开发者在实现类的特性时更加关注其本身的任务，而不是苦恼于将它归属于哪个类。

"面向切面编程"并不是什么颠覆性的技术，它带来的是一种新的代码组织思路。假设你在系统中使用知名的 axios [⊖]库来处理网络请求，后端在用户登录成功后就会返回一个令牌（token），每次发送请求时都需要将它添加在请求头中以便进行鉴权。常规的思路是编写一个通用的 getToken 方法，然后在每次发送请求时通过自定义 headers 方法将令牌信息传入请求头中（假设自定义头字段为 X-Token），实现代码如下：

```
import { getToken } from './utils';

axios.get('/api/report/get_list',{
    headers:{
        'X-Token':getToken()
    }
});
```

从功能实现的角度而言，上面的做法是可行的，但这样一来，我们就不得不在每个需要发送请求的模块中引用公共方法 getToken 了，这样显得非常烦琐，毕竟在不同的请求中添加令牌信息的动作都是一样的。相比之下，axios 提供的 interceptors 拦截器机制就非常适合用来处理类似的场景了，该机制就是非常典型的"面向切面"的实践：

```
axios.interceptors.request.use(function (config) {
        // 在config配置中添加自定义信息
        config.headers = {
            ...config.headers,
            'X-Token':getToken()
        }
        return config;
    }, function (error) {
        // 请求发生错误时的处理函数
        return Promise.reject(error);
    });
```

如果你了解过 express 和 koa 框架中所使用的中间件模型，很容易意识到这里的拦截器机制本质上与它们是一样的，用户自定义的处理函数依次添加到拦截器数组中，并在请求发送前或者响应返回后的特定"时间切面"上依次执行。这样一来，每个具体的请求就不需要再自行处理向请求头中添加令牌信息之类的非业务逻辑了，功能层面的代码就这样被剥离并隐藏了起来，业务逻辑的代码自然就变得更加简洁了。

除了利用编程技巧之外，高级语言也提供了更加简洁的语法来方便开发者进行"面向

⊖　axios 官方代码仓库地址：https://github.com/axios/axios。

切面编程"的实践，JavaScript 从 ES7 标准开始就支持装饰器语法，但由于当前前端工程中有 Babel 编译工具的存在，所以对于开发者而言并不需要考虑浏览器对新语法支持度的问题。但如果使用的是 TypeScript，开发者就可以通过配置 tsconfig.json 中的参数来启用装饰器（在 Spring 框架中装饰器又被称为 annotation，即注解）语法实现相关的逻辑，它本质上是一种语法糖。常见的装饰器包括类装饰器、方法装饰器、属性装饰器、参数装饰器等。以类装饰器为例，它接收的参数是需要被修饰的类。下面的示例代码使用 @testable 修饰符在已经定义的类的原型对象上增加了一个名为"_testable"的属性：

```
function testable(target){
    target.prototype._testable = false;
}
// 在类名的上一行编写装饰器
@testable
Class Person{
    constructor(name){
      this.name = name;
    }
}
```

从上面的代码中你会发现，即使没有装饰器语法，我们在 JavaScript 中执行 testable 函数也可以完成对类的扩展，它们的区别在于手动执行包装的语句是命令式风格的，而装饰器语法是声明式风格的，后者通常被认为更适合在面向对象的编程中使用，因为它可以保持业务逻辑层代码的简洁性，那些无关紧要的细节则移交给专门的模块去处理了，同时对原对象能力的扩展也不需要改动已经写好的代码。Angular 中提供的装饰器可用于接收参数，我们只需要借助高阶函数来实现一个"装饰器工厂"，返回一个装饰器生成函数就可以了，示例代码如下：

```
// Angular中的组件定义
@Component({
    selector: 'hero-detail',
    templateUrl: 'hero-detail.html',
    styleUrls: ['style.css']
})
Class MyComponent{
    //......
}

//@Component装饰器的定义大致符合如下的形式
function Component(params){
    return function(target){
        // target可以访问到params中的内容
        target.prototype._meta = params;
    }
}
```

这样，组件在被实例化时就可以获得从装饰器工厂传入的配置信息了，这些配置信息通常被称为类的元信息。其他类型的装饰器的基本工作原理与之类似，只是函数签名中的参数不同，例如方法装饰器被调用时会传入以下 3 个参数。

- ❏ 第 1 个参数装饰静态方法时为构造函数，装饰类方法时为类的原型对象。
- ❏ 第 2 个参数是成员名。
- ❏ 第 3 个参数是成员属性描述符。

很容易发现，它与 JavaScript 中 Object.defineProperty 的函数签名是一样的，这也意味着方法装饰器同样属于抽象度较高但通用性更强的方法。在方法装饰器的函数体中，我们可以从构造函数或原型对象上获取需要被装饰的方法，接着通过代理模式生成一个带有附加功能的新方法，并在恰当的时机执行原方法，最后通过直接赋值或是利用属性描述符中的 getter 返回包装后的新方法，从而完成对原方法功能的扩展。在 Vue2 源码的数据劫持部分可以学习类似的应用。下面就来实现一个方法装饰器，希望在被装饰的方法执行前后分别在控制台中打印出一些调试信息，代码的实现大致如下：

```
function log(target, key, descriptor){
    const originMethod = target[key];
    const decoratedMethod = ()=>{
        console.log('方法执行前');
        const result = originMethod();
        console.log('方法执行后');
        return result;
    }
    //返回新方法
    target[key] = decoratedMethod;
}
```

只需要在被装饰方法的上一行写上 @log 来标记就可以了，当然也可以通过工厂方法以参数的形式传入日志的内容。限于篇幅，本文中就不再赘述其他类型的装饰器了，它们的工作方式均与此类似。下面就来看看 Inversify.js 是如何使用装饰器语法实现依赖注入的。

25.4　用 Inversify.js 实现依赖注入

Inversify.js[注]提供了更加完备的依赖注入实现方法，它是使用 TypeScript 语言编写的。

1. 基本使用

官方网站已经提供了基本的示例代码和使用方式，首先是接口定义，代码如下：

```
// interfaces.ts文件

export interface Warrior {
```

⊖　官方网站 https://inversify.io/。

```
    fight(): string;
    sneak(): string;
}

export interface Weapon {
    hit(): string;
}

export interface ThrowableWeapon {
    throw(): string;
}
```

上面的代码中定义并导出了战士、武器和可投掷武器这三个接口，还记得吗？依赖注入是依赖倒置原则的一种实践，上层模块和底层模块应该依赖于共同的抽象。当不同的类使用 implements 关键字来实现接口或者将某个标识符的类型声明为接口时，它们需要满足接口声明的结构限制，因此接口就成为了它们“共同的抽象”，而且 TypeScript 中的接口定义只用于类型约束和校验，上线前编译为 JavaScript 后就消失了。接下来是类型定义，代码如下：

```
// types.ts文件
const TYPES = {
    Warrior: Symbol.for("Warrior"),
    Weapon: Symbol.for("Weapon"),
    ThrowableWeapon: Symbol.for("ThrowableWeapon")
};

export { TYPES };
```

与接口声明不同的是，这里的类型定义是一个对象字面量，它编译后并不会消失，Inversify.js 在运行时需要使用它来作为模块的标识符。当然，类型定义也支持使用字符串字面量，就像前文中我们自己实现 IOC 容器时所做的那样。接下来是类定义的声明环节，代码如下：

```
import { injectable, inject } from "inversify";
import "reflect-metadata";
import { Weapon, ThrowableWeapon, Warrior } from "./interfaces";
import { TYPES } from "./types";

@injectable()
class Katana implements Weapon {
    public hit() {
        return "cut!";
    }
}

@injectable()
class Shuriken implements ThrowableWeapon {
    public throw() {
```

```
        return "hit!";
    }
}

@injectable()
class Ninja implements Warrior {

    private _katana: Weapon;
    private _shuriken: ThrowableWeapon;

    public constructor(
            @inject(TYPES.Weapon) katana: Weapon,
            @inject(TYPES.ThrowableWeapon) shuriken: ThrowableWeapon
    ) {
        this._katana = katana;
        this._shuriken = shuriken;
    }

    public fight() { return this._katana.hit(); }
    public sneak() { return this._shuriken.throw(); }

}

export { Ninja, Katana, Shuriken };
```

　　从上述代码中可以看到最核心的两个 API 是从 inversify 中引入的 injectable 和 inject 这两个装饰器，它们也是在大多数依赖注入框架中会使用到的装饰器，injectable 是可注入的意思，也就是告知依赖注入框架这个类需要被注册到容器中，inject 是注入的意思，它是一个装饰器工厂，接受的参数就是前文在类型定义中定义的类型名。如果你觉得这些内容难以理解，可以将它们直接当作字符串来对待，其作用是告知框架在为这个变量注入依赖时需要按照哪个键查找对应的模块。如果将这种语法与 AngularJS 中的依赖注入进行比较就会发现，它已经不需要开发者手动维护依赖数组了。最后需要处理的就是容器配置的部分，具体配置如下：

```
// inversify.config.ts文件

import { Container } from "inversify";
import { TYPES } from "./types";
import { Warrior, Weapon, ThrowableWeapon } from "./interfaces";
import { Ninja, Katana, Shuriken } from "./entities";

const myContainer = new Container();
myContainer.bind<Warrior>(TYPES.Warrior).to(Ninja);
myContainer.bind<Weapon>(TYPES.Weapon).to(Katana);
myContainer.bind<ThrowableWeapon>(TYPES.ThrowableWeapon).to(Shuriken);

export { myContainer };
```

不要受到 TypeScript 复杂性的干扰，这里与前文中自己实现的 IOC 容器类的使用方式是一样的，只不过我们使用的 API 是 ioc.bind(key, value)，而这里的实现是 ioc.bind(key).to(value)，下面就来使用这个 IOC 容器实例，具体如下：

```
import { myContainer } from "./inversify.config";
import { TYPES } from "./types";
import { Warrior } from "./interfaces";

const ninja = myContainer.get<Warrior>(TYPES.Warrior);
expect(ninja.fight()).eql("cut!"); // true
expect(ninja.sneak()).eql("hit!"); // true
```

inversify.js 提供了 get 方法从容器中获取指定的类，这样就可以在代码中使用 Container 实例来管理项目中的类了，示例代码可以在本章的代码仓库中找到。

2. 源码浅析

在本节中，我们将深入源码层面进行一些探索，很多读者一提到源码就会望而却步，但 Inversify.js 代码层面的实现可能比你想象的要简单很多，但想要弄清楚背后的思路和框架的结构，还是需要花费不少时间和精力的。首先是 injectable 装饰器的定义，具体如下：

```
import * as ERRORS_MSGS from "../constants/error_msgs";
import * as METADATA_KEY from "../constants/metadata_keys";
function injectable() {
    return function (target) {
        if (Reflect.hasOwnMetadata(METADATA_KEY.PARAM_TYPES, target)) {
            throw new Error(ERRORS_MSGS.DUPLICATED_INJECTABLE_DECORATOR);
        }
        var types = Reflect.getMetadata(METADATA_KEY.DESIGN_PARAM_TYPES, target) || [];
        Reflect.defineMetadata(METADATA_KEY.PARAM_TYPES, types, target);
        return target;
    };
}
export { injectable };
```

Reflect 对象是 ES6 标准中定义的全局对象，用于为原本挂载在 Object.prototype 对象上的 API 提供函数化的实现。Reflect.defineMetadata 方法并不是标准的 API，而是由引入的 reflect-metadata⊖库提供的扩展功能。metadata 被称为"元信息"，通常是指需要隐藏在程序内部的与业务逻辑无关的附加信息，如果由我们自己来实现，则很大概率会将一个名为"_metadata"的属性直接挂载在对象上，但是在 reflect-metadata 的帮助下，元信息的键值对与实体对象或对象属性之间是以映射的形式存在的，从而避免了对目标对象的污染，其用法如下：

```
// 为类添加元信息
Reflect.defineMetadata(metadataKey, metadataValue, target);
```

⊖ https://github.com/rbuckton/reflect-metadata。

```
// 为类的属性添加元信息
Reflect.defineMetadata(metadataKey, metadataValue, target, propertyKey);
```

injectable 源码中引入的 METADATA_KEY 对象实际上只是一些字符串而已。若把上面代码中的常量标识符都替换为对应的字符串，就非常容易理解了：

```
function injectable() {
    return function (target) {
        if (Reflect.hasOwnMetadata('inversify:paramtypes', target)) {
            throw new Error(/*...*/);
        }
        var types = Reflect.getMetadata('design:paramtypes', target) || [];
        Reflect.defineMetadata('inversify:paramtypes', types, target);
        return target;
    };
}
```

从上述代码中可以看到，injectable 装饰器所做的事情就是把与目标对象对应的键为"design:paramtypes"的元信息赋值给了键为"inversify:paramtypes"的元信息。下面再来看看 inject 装饰器工厂的源码：

```
function inject(serviceIdentifier) {
    return function (target, targetKey, index) {
        if (serviceIdentifier === undefined) {
            throw new Error(UNDEFINED_INJECT_ANNOTATION(target.name));
        }
        var metadata = new Metadata(METADATA_KEY.INJECT_TAG, serviceIdentifier);
        if (typeof index === "number") {
            tagParameter(target, targetKey, index, metadata);
        }
        else {
            tagProperty(target, targetKey, metadata);
        }
    };
}
export { inject };
```

inject 是一个装饰器工厂，这里的逻辑就是根据传入的标识符（即前文中定义的类型）实例化一个元信息对象，然后根据形参的类型来调用不同的处理函数。当装饰器作为参数装饰器时，第三个参数 index 是该参数在函数形参中的顺序索引，它是数字类型的，否则就认为该装饰器是作为属性装饰器使用的。tagParameter 和 tagProperty 底层调用的是同一个函数，其核心逻辑是在进行了大量的容错检查后，将新的元信息添加到正确的数组中保存起来。事实上，无论是 injectable 还是 inject，它们作为装饰器所承担的任务都是对于元信息的保存，IOC 的实例管理能力都是依赖于容器类 Container 来实现的。

Inversify.js 中的 Container 类会将实例化的过程分解为多个自定义阶段，并增加了多容器管理、多值注入、自定义中间件等诸多扩展机制。考虑其源代码的理论化相对较强且英文的术语较多，对于初中级开发者的实用价值非常有限，所以笔者不打算在本文中详细展开分析 Container 类的实现，社区有很多非常详细地分析源码结构的文章，足以帮助感兴趣的读者继续深入了解。

25.5 小结

如果你第一次接触依赖注入相关的知识，可能也会与笔者当初一样，觉得这样的理论和写法非常"高级"，迫不及待地想要深入了解，事实上即使花费很多时间去浏览源码，在实际工作中也有可能几乎不会用到它。作为软件工程师，我们需要了解技术背后的原理和思想，以便扩展自己的思维，但对技术的敬畏之心不应该演变成对高级技术的盲目崇拜。"依赖注入"不过是设计模式中的一种，模式总会有它适合或不适合的使用场景，常用的设计模式还有很多，经典的设计思想也有很多，只有灵活运用才能让自己在代码结构组织的工作上游刃有余。

游戏开发篇

基于 CreateJS 解构游戏开发

　　我们都喜欢玩游戏，但是开发一款游戏可比玩游戏复杂多了。游戏的本质其实是响应式的动画。在网页开发中，游戏通常是基于 <canvas> 画布标签实现的。第 12 章在介绍 easel.js 时，已经讲解过 Canvas 逐帧动画的基本原理。事实上，只要画布上的动画元素能够响应鼠标、键盘、手柄或者其他交互设备（如交互式体感设备）的交互事件并做出相应的变化，游戏就可以实现了。不过，为了提高开发效率，开发者还需要借助于开发引擎来更轻松地实现图元操作、资源管理、碰撞检测、物理引擎等通用的功能。受制于 JavaScript 语言自身的性能，HTML 游戏通常用于小游戏或其他画面复杂度相对较低的场景，而诸如 Babylon.js 之类网页中的 3D 游戏引擎，因各方面的原因在国内前端圈并不是很热门。

　　游戏开发与常规的业务逻辑开发之间存在着很大的不同，可能有不少全栈工程师可以独自编写所有的产品代码然后将产品发布上线，但是却极少有独立的游戏开发者可以自己完成游戏开发的各个环节。即使是一些画面简单的小游戏，例如《围住神经猫》《别踩白格》等，也是需要有相应的美术资源的，这些通常需要由专门的设计师来制作。复杂一些的游戏则还需要游戏策划、数值策划、剧情文案、AI 算法等更多跨专业的人员协作才能够完成。此外，相较于常规的应用开发，游戏对软硬件性能造成的影响更为敏感，所以开发过程中通常需要借助预加载、对象池以及离屏位图缓存等技术手段来减轻主线程的工作负担，从而保证画面的流畅性。

　　本章将介绍的 CreateJS 并不算是非常热门的游戏开发框架，但可以非常清晰地展示游戏开发中需要关注的问题，此外，本章还将学习一些游戏开发中常见的关键技术，最后使用飞龙的素材实现一个经典的《飞机大战》小游戏来进行实战演练。

26.1　工具包 CreateJS

CreateJS[○]是基于 HTML5 开发的一套用于快速实现游戏、动画及交互应用的工具集，EaselJS 提供了易用的 Canvas 操作 API 以及一些实用的工具类，SoundJS 用于处理音频，TweenJS 用于提供丰富的补间动画、缓动函数和动画序列，PreloadJS 用于管理和协调相关资源的加载和管理，CreateJS 则是这些工具的统称。由于 EaselJS 和 TweenJS 的相关知识已经在之前的章节中介绍过了，因此本节只讲解其他模块。

1. PreloadJS

为了保证游戏画面渲染过程的流畅性，通常需要预先将图片、音频、视频或数据资源下载到本地，然后再进行后续的游戏流程，这是很容易理解的，相信你在玩游戏时也常常会见到资源加载信息的进度条。PreloadJS 将不同类型静态资源的原生 API 封装在底层，为开发者提供了一致的调用方法，简化了资源的管理，同时官方还提供了 Flash 补丁（适配低版本浏览器）和 Cordova 补丁（适配低版本移动端 webview），这使得 PreloadJS 可以支持绝大多数的 Web 环境。官方提供的示例代码如下：

```
/* 创建加载队列 */
var queue = new createjs.LoadQueue();
/* 如果需要在加载后操作音频资源,则需要提前引入SoundJS,并通过下面这行代码来安装插件*/
queue.installPlugin(createjs.Sound);
/* 为相关事件注册监听函数 */
queue.on("complete", handleComplete, this);
/* 添加待加载的资源 */
queue.loadFile({id:"sound", src:"http://path/to/sound.mp3"});
queue.loadManifest([{id: "myImage", src:"path/to/myImage.jpg"}]);
/* 声明监听函数 */
function handleComplete() {
    createjs.Sound.play("sound");
    var image = queue.getResult("myImage");
    document.body.appendChild(image);
}
```

在上述代码中，PreloadJS 首先创建了一个 LoadQueue 队列实例，该实例支持事件监听机制，可监听的事件具体如表 26-1 所示。

表 26-1　PreloadJS 加载器支持的事件

事件名	触发条件	事件名	触发条件
complete	当队列中所有文件加载完成时	fileload	单个文件加载完成时
error	当队列中的任意文件遇到错误时	fileprogress	单个文件的进度发生变化时
progress	整个队列的进度发生变化时		

○　http://www.createjs.cc/。

接下来是使用 loadFile 方法添加单个资源，或者使用 loadManifest 方法添加资源组，如果是非标准扩展名资源或者是使用代理脚本提供的资源，则需要为资源添加 type 字段显式声明资源类型，loadFile 方法支持的具体类型可以在官方文档中查阅。常规的做法是在页面打开后，先显示加载画面并配合 progress 事件显示资源的加载进度，正式启动的游戏代码放在 complete 事件的监听函数中执行，以保证游戏体验。示例代码中对于音频的处理并不是一个通用的模式，在高版本的 Chrome 浏览器中，音频资源只有在用户对页面进行过点击或触发了交互事件后才能够调用 API 来播放，以避免音频资源的突然播放给用户带来负面体验。所以如果用户在资源加载阶段没有任何动作，那么当 complete 事件发生时就会无法播放已经加载完成的音乐，而只会在控制台收到一条提示信息，由于 complete 事件只会触发一次，所以会导致加载的音频无法正常播放。解决方法也很简单，只需要将音频播放关联在其他交互事件上就可以了。

可以看到，PreloadJS 几乎没有什么学习门槛，建议大家将关注的重点放在源代码的阅读上，了解不同类型的资源如何处理原生的 Web API，以及 PreloadJS 又是如何在代码层面将它们组织在一起的。

2. SoundJS

SoundJS 主要用于处理音频资源的加载和播放，它本身也包含了基于事件监听的资源预加载机制。独立使用 SoundJS 时需要通过 registerSound 来为音频资源注册一个 id，与 PreloadJS 协同使用时，直接使用资源加载时声明的 id 属性就可以了。播放时只需要传入 id 标识并调用静态方法 play() 即可，示例代码如下：

```
let musicInstance = createjs.Sound.play('XXX');
```

play 方法返回的实例对象可用于控制音频的播放，源码中已经通过数据劫持对使用方式进行了简化，直接读取属性值或赋值即可，常用的控制属性如表 26-2 所示。

表 26-2　SoundJS 音频实例常用的控制属性

属　性	用　途
volume	取值范围为 0~1，可用于调节音量
paused	取值为 true/false，可用于音频的暂停 / 恢复
loop	取值为整数，0 表示不循环，1 表示无限循环，其他正整数表示循环次数
position	取值为数字类型，表示播放的进度（单位：ms）
duration	取值为数字类型，表示音频的总时长（单位：ms）
muted	取值为 true/false，用于控制是否静音

表 26-2 中的属性基本上可以满足一般的音频播放控制需求。

26.2　实战开发：《飞龙大战》

了解了 CreateJS 的各个组成部分后，本节就来实现一个《飞龙大战》的小游戏，看看各个模块之间是如何协作的。游戏中玩家控制一条飞龙，可以用鼠标拖动来改变它的位置，它会以一定的频率向上吐火，火球击中敌人时可将其消灭，敌人会以不同的速度向下移动，如果飞龙被敌人碰到则游戏结束。完成了基本的游戏模型后，还可以根据自己的想法来逐步丰富游戏的玩法，例如增加飞龙的技能、添加带有技能的 Boss 怪或是加速飞行躲避障碍等。

1. 资源预加载

资源的预加载可使用 PreloadJS 来完成，基本的 API 在前文已经介绍过，游戏的开发通常会大量使用精灵表（Spritesheet）类型的资源，它在处理上与其他资源稍有不同，需要先将它的图片资源地址以及参数定义都写进 JSON 配置文件中，然后使用 PreloadJS 来加载这个配置文件。图 26-1 所示的是精灵表图片的示意图。

图 26-1　精灵表图片示意图

精灵表图片通常以矩阵的形式保存着同一个角色多个不同状态的静态画面。例如对于图 26-1 所示的这张精灵表，只需要监听键盘的方向键，然后连续播放对应的动画帧，就可以模拟出角色向各个方向行走的效果。在独立的 HTML 元素上展现动画时，可以将精灵表绑定到元素的 background-image 属性上，接着通过 @keyframes 来定义关键帧动画，在每个关键帧中只需要修改 background-position 属性即可让精灵表中的一部分画面显示在可见区域中，最后需要将动画的时间函数设置为 steps() 阶跃函数，以便将关键帧动画中默认的补间动画形式修改为只有关键帧轮播的阶跃动画，示例代码如下：

```
@keyframes goDown{
    0%{ background-position:0 0;}
    25%{ background-position: 32px 0;}
    50%{ background-position: 64px 0;}
    75%{ background-position: 96px 0;}
    100%{ background-position: 0 0;}
}
.player-go-down{
    width:32px;
    height:48px;
    background-position:0 0;
    background-image:url('imgs/player.png');
    animation: goDown 1s steps(1, start) infinite;
}
```

但在开发游戏时通常无法直接使用这种方式，除非为动画对象生成了独立的 DOM 标签。游戏的画面整体绘制在一个或多个层叠的 Canvas 元素上，如果需要展示多个精灵动画，那么就需要在对每一帧进行重绘时从精灵表的对应位置取出正确的静态位图，然后在画面中手动重绘，CreateJS 为此提供了非常实用的操作方法。精灵表的描述文件如下：

```
{
    "images": [
        "/dragon/imgs/enemy1.png"
    ],
    "frames": {
        "width": 54,
        "height": 41,
        "count": 10
    },
    "animations": {
        "play": {
            "frames":[0,1,2,3,4,5,6,7,8,9],
            "speed":1
        }
    }
}
```

描述文件并不难懂，images 配置项可以添加一个或多个图片作为精灵表（建议只使用一个即可），frames 配置项声明了每一帧的宽和高（这里并不是指精灵表图片的尺寸）以及总帧数，animations 可以将精灵表中指定的帧抽取出来组成一段连续播放的命名动画。例如在上述示例代码中，在精灵表对象中调用 play 动画时，就会依次播放从 0 到 9 这 10 帧的画面，更多的配置参数请查询 API 文档[⊖]。填写完配置表后，就可以使用 PreloadJS 来进行加载了，加载时需要声明资源对应的类型为精灵表，实现代码如下：

```
queue = new createjs.LoadQueue();
queue.loadManifest([{
        id:'attack',
        src:'/dragon/sound/attack.mp3'
    },{
        id:'map',
        src:'/dragon/imgs/map.jpg'
    },{
        id:'enemy1',
        src:'/dragon/imgs/enemy1.json',
        type:createjs.Types.SPRITESHEET
    }])
```

用户的网络环境不同，资源加载所需要的时间也不同。通常在游戏中会先显示一张游戏原画作为背景，然后再启动 PreloadJS 去加载其他资源，并通过 PreloadJS 触发的事件来更新页面上的加载进度，从而避免因加载资源而导致长时间的白屏（如图 26-2 所示）。

对于资源数量较多且体积较大的游戏，通常需要在首次预加载后手动对一些可复用的资源进行本地缓存管理，以便减少后续打开页面时的等待时间。

2. 无缝滚动的背景

在游戏的开发中，背景图片占据的像素通常是最多的，也是对每一帧进行重绘时最先

⊖ http://www.createjs.cc/src/docs/easeljs/classes/SpriteSheet.html。

被绘制在画布上的，因为它不能覆盖其他的舞台元素。《飞龙大战》游戏中的背景比较特殊，它是一个 y 方向上无限循环出现的画面，换句话说，它在 y 方向上平铺时看起来会是一张完整的图片，这样即使飞龙的绝对位置不变，只要画面一直向下移动，就能够模拟出飞龙一直在向上飞的视觉效果。在 EaselJS 中，背景图片同样是舞台元素之一，其滚动动画可以使用如下方式来实现：

```
//画布尺寸
W = canvas.width;
H = canvas.height;

//位图顶部距离画布顶部的距离
shape = new createjs.Shape();
shape.graphics
    .beginBitmapFill(queue.getResult('map'))
    .drawRect(0, 0, W, H)
    .drawRect(0, -1 * H, W, H);
```

将生成的 shape 对象添加至舞台对象 stage 中，然后在对每一帧进行更新时增加 shape 的 y 属性值就可以了。无限滚动背景是通过在 y 方向上重复一次背景图片，然后丢弃掉画布以外的像素得到的，如图 26-3 所示。

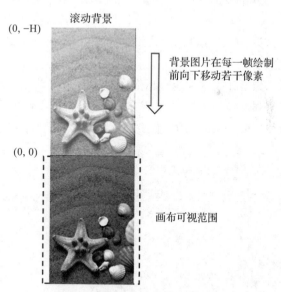

图 26-2　显示资源加载进度的示意图　　　图 26-3　无限滚动背景的实现原理

也可以直接将图片作为 Canvas 元素的背景，利用 CSS 的关键帧动画来完成无限滚动背景的效果，其基本原理与使用 EaselJS 时是一样的，示例代码如下：

```
@keyframes roll {
        0% { background-position: 0 0;}
        100% { background-position: 0 768px;}
```

```
}

.roll-bg {
    width: 512px;
    Height: 768px;
    background-repeat: repeat-y;
    background-image: url('./assets/map.jpg');
    background-position: 0 0;
    animation: roll 5s linear infinite;
}
```

3. 玩家角色

玩家控制的角色是一只飞龙，它自身是一个无限轮播的精灵对象，用以表现飞龙抖动翅膀飞行的画面，同时它还需要响应玩家的鼠标拖动操作，即它的位置会随着鼠标的拖动而移动。精灵表在 PreloadJS 预加载时已经完成了定义，所以使用起来非常方便，只需要使用相应的方法将它从资源池里"捞"出来即可，示例代码如下：

```
shape = new createjs.Sprite(queue.getResult('player'), "play");
```

预定义的精灵动画可以当作一个整体使用，上面的代码可以从名为 player 的资源中获取名为 play 的帧序列动画（也就是在精灵表描述对象中 animations 属性里预定义的命名帧序列），然后将生成的 shape 实例添加到舞台对象 stage 中，它就会在画面刷新时自动更新对应的关键帧来实现动画，而通过修改 shape 对象的 x 属性和 y 属性就可以改变其在画布上的位置了。

为了让飞龙响应鼠标拖动的操作，还需要为其添加对于鼠标事件的响应，此处可以直接使用 EaselJS 的事件机制来实现。首先添加一个标记变量，按下鼠标时将鼠标的坐标参数持续赋值给 shape 的位置坐标 x 和 y，示例代码如下：

```
shape.addEventListener('mousedown',()=>{
    follow = true;
});
// 按下鼠标时，启动鼠标跟随，根据鼠标的位置和精灵图自身坐标计算出精灵图应该绘制的位置
shape.addEventListener('pressmove',(event)=>{
    if (follow) {
        /*halfX和halfY表示精灵表自身尺寸的一半，可用于补偿鼠标和图像中心的偏差*/
        shape.x = event.stageX - halfX;
        shape.y = event.stageY - halfY;
    }
})
shape.addEventListener('mouseup', ()=>{
    follow = false;
})
```

当然，还需要自行添加节流函数。至此一个可以响应鼠标拖动的玩家角色就制作好了，由于大部分预定义工作已经在精灵表描述对象中进行了声明，因此剩余的部分实现起来就比较轻松了。

4. 子弹和敌军

在编写代码之前，我们先来梳理一下子弹的特点，它是由玩家控制的飞龙以固定的时间间隔发出的，所以新子弹生成时必然需要获取玩家的实时坐标数值，子弹发出后会一直向上飞，如果击中某个敌人或是飞出画布范围，子弹就会从画布中消失。最简单的实现就是以固定的时间间隔新生成一个子弹实例并添加到舞台上，接着在对每一帧进行计算时减小子弹的 y 坐标，使其能够向上移动，并计算子弹是否满足消失的条件，如果满足则从舞台元素集合中移除这颗子弹并销毁它。不过，换个角度来分析，还可以找到性能更高的做法。子弹是以固定的时间间隔发出的，它最长的可见飞行时间就是飞过整个画布高度的时间，所以画面中可见子弹的最大数量是确定的，假设数值为 5 个，那么只需要在游戏开始时先生成 5 个子弹实例待用，以固定的时间间隔从其中取出一个"未被占用"的对象用来记录新子弹的信息即可，一旦子弹消失，就停止绘制它，并将该子弹实例重新标记为"未被占用"，这样该实例就可以被反复用来表示一颗新子弹。稍有经验的开发人员可能已经意识到了，这就是"对象池"的应用，在这个过程中对 JavaScript 对象进行复用可以避免原本需要不断重复地生成和销毁子弹对象的过程，所以性能相对更高。敌人的绘制与子弹的绘制原理类似，只不过在每次更新时需要随机重置其 x 坐标、敌人类型、飞行速度等参数。在 EaselJS 中，可以通过 shape 实例的 visible 属性的变更来通知引擎这个实例的画面是否需要展示，编码时可以用一个子弹集合管理所有的子弹实例，伪代码示例如下：

```
class Bullets{
    update(){
        /*判断是否需要新增子弹*/
        //......

        /*遍历更新每颗子弹*/
        this.bullets.map(bullet=>bullet.update())
    }
}
class Bullet{
    update(){
        /*移动子弹*/
        this.shape.y += this.velocity
        /*检测子弹是否已飞出画面*/
        if(this.shape.y < -100){
            this.shape.visible = false
        }
        /*检测子弹是否击中敌机*/
        //......
    }
}
```

每一帧的更新函数只需要调用子弹集合实例 bullets 的 update 方法就可以了，敌军的生成代码和子弹对象除了方向相反以外，其他的逻辑几乎是一致的，本节就不再赘述了。

5. 碰撞检测

在《飞龙大战》中，如果子弹击中了敌人，通常需要播放一段消失的动画，本例中将其简化为让子弹和敌人全都直接消失，如果敌人碰触到玩家，则游戏结束，这些都需要依靠碰撞检测来实现。玩家、子弹和敌人都是使用图片资源生成的，都属于矩形区域，进行碰撞检测时可以通过计算图片中点在 x 和 y 方向上的距离来判断，若两张矩形图片在 x 方向上刚好接触，那么这两张图片中点之间的距离等于其宽度之和的一半，y 方向上也是一样的道理，当两张图片中点之间的距离在 x 和 y 方向上都小于相应的阈值时，就意味着这两张图片存在重叠区域，也就是发生了碰撞，这种检测方式称为"矩形包围盒碰撞检测"。

当然在实际使用中还需要进行一些调整，如果直接以矩形包围盒的碰撞检测作为结果，那么有可能会出现误判，比较可行的方式是为待检测对象中心距离设定一个更小的阈值，以便与视觉上碰撞的发生保持一致，其基本原理如图 26-4 所示。

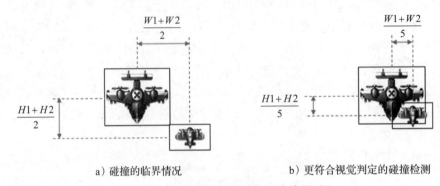

a）碰撞的临界情况　　　　　　b）更符合视觉判定的碰撞检测

图 26-4　基于矩形包围盒的碰撞检测对比

图 26-4a 表示了两张图片碰撞的临界情况，此时小飞机图片只要再向左或向上偏移 1 像素，两张图片就会出现重叠像素，但实际上图片中的图形看起来还是存在一定距离的，如果以图片重叠像素作为碰撞检测的依据，则可能出现视觉上两个物体擦肩而过，但程序将其判定为"发生碰撞"的问题。图 26-4b 中碰撞检测的中心距阈值设定得更小，程序中碰撞的判定和视觉上的主观感受就具有较高的一致性了，当然，如果阈值过小也会存在漏判的情况，具体的碰撞检测阈值可根据实际情况来设定。

包围盒检测只是碰撞检测技术中最基本的方式之一，有时候也会使用圆作为外接包围盒，同理，三维碰撞检测中可以使用立方体盒子和球体作为包围盒。这种检测方式适用于中低精度的碰撞检测，如果需要考虑图形轮廓的影响（例如使用凸多边形去模拟被检测物体的轮廓时），就需要使用精度更高的方法，例如射线追踪法、分离轴定理或区域检测，等等。当画面中的独立元素较多时，碰撞检测的计算量很容易快速增长，从而直接导致画面绘制的延迟，这时就需要选用更高效的检测算法，有时甚至要以降低检测的准确率为代价。想要进一步了解的读者可以自行阅读有关碰撞检测的专业书籍，本节中就不再展开讲解了。

6. 计分及结束判定

至此，《飞龙大战》的游戏就可以正式使用了，但是为了保证游戏的完整性，还需要添加一些辅助元素。首先是计分板，它需要在画布上渲染文字，示例代码如下：

```
text = createjs.Text('Score: ${this.score}', "24px Arial", "#ffffff");
text.x = 10
text.y = 10
```

上面的代码会在坐标为（10，10）的地方绘制文字，接着在每一帧中更新 text 实例的 text 属性值，它表示 text 对象的实际内容，最后只要在子弹消灭敌人的同时增加分数就可以了。当敌人碰到玩家时，游戏结束，此时需要将页面上不断绘制的画面全部暂停，实现的方式也很简单，在暂停时直接退出逐帧执行的 tick 函数就可以了，示例代码结构如下：

```
createjs.Ticker.addEventListener("tick", tick);
/*每一帧执行的函数*/
function tick() {
    // 如果画面标记为暂停则直接退出
    if (createjs.Ticker.paused){
        return;
    }
    /*其他需要执行的逻辑代码*/
    //......
    /* 更新舞台 */
    stage.update();
}
```

游戏结束后，在画面中间展示"Game Over"的图片就可以了。在 EaselJS 的帮助下，各类对象都可以通过类似的方式进行管理，这样的设计无疑会提高代码的开发效率和可维护性。

本节的代码仓库中提供了开发中不同阶段的示例代码，以及一些示例代码中没有使用的美术素材，你可以发挥自己的想象力，将它们添加到游戏中，以此来检验自己对于游戏开发基本模式的理解。

26.3　性能提升技巧

经过实战环节，相信大部分读者已经可以上手制作一些小游戏了，本章的最后就来谈谈游戏开发中的性能问题。游戏开发的基本原理就是预加载资源，然后在每一帧中重复执行更新计算和画面渲染的代码，性能优化的任务就是尽可能减少这几项工作的性能开销。下面就来介绍几种常用的性能提升技巧。

1. 分层绘制

分层绘制或许是游戏开发中最常见的技巧，开发人员可以在同一个位置生成多个重叠在一起的透明画布，然后将静态图案（例如背景）和动态图案分别绘制在不同的画布上。虽然这样做得到的渲染结果与绘制在同一个 Canvas 元素上并没有什么区别，但分层可以极大地提高程序的灵活性，它使得开发者可以对舞台元素进行分组管理，并以不同的频率去计算和渲染不同的元素，还可以有效避免动态元素的频繁变更对静态画面产生的影响。例如，在一个《打地鼠》的小游戏中，如果所有的元素都绘制在同一层上，那么每次地鼠从洞里钻出钻入时，开发人员都需要手动维护受到影响的背景区域，因为如果不做处理，上一帧的画面就会一直留在画布上。如果将频繁变动的地鼠精灵图绘制在一个高于背景画面的独立图层中，针对地鼠画面的擦除操作就不会影响背景的画面了。在一些简易场景中，也可以直接利用 Canvas 元素的 background-image 属性作为背景的载体来实现分层。有经验的前端开发人员对此一定不会感到陌生，毕竟我们最熟悉的浏览器在绘制页面时，就是通过分层绘制和合成的方式来保证层叠关系和渲染效率的。如果你查看一些数据可视化工具的图表渲染结果，就会发现静态展示的部分和能够响应交互事件的部分通常会被渲染在不同的层中，以减少动画发生时维护画面的工作量。

2. 对象池

在前面的实战中，我们已经使用过"对象池"技术，只是示例代码中的对象数量并不多，"对象池"的优势并没有体现出来，当舞台元素的数量较多时，频繁地生成和销毁实例就会产生明显的性能损耗，加重垃圾回收的负担，从而引发画面卡顿的问题，影响用户的游戏体验。"对象池"的核心思想是将已经生成的实例缓存下来，再次使用时直接从缓存中取出，使用完后标记为"可复用"，再将其放回缓存，以此来避免频繁的实例生成和销毁操作，这里把每个实例想象成"出租车"就很容易理解了。"对象池"是一种实用性很强的设计模式，可以将其看作是单例模式的扩展，在单例模式中，每个类只能有一个实例，在对象池模式中，每个类只能拥有有限数量的实例。对象池模式在实例化过程开销较高的场景中应用尤为广泛，例如访问数据库时使用的连接池、管理多线程程序时使用的线程池等，在许多前端框架的源代码中也能够见到类似的应用，例如 React 的自定义事件系统等。

3. 仅绘制可见

Canvas 画布只是游戏世界的一个窗口，画面只有在窗口范围以内才可以被看见。比如《飞龙大战》中飞出画布的子弹，无论是继续更新它的状态并进行绘制，还是仅仅回收到子弹对象池中，甚至直接销毁该对象等到下次飞龙喷火时再重新实例化，对用户而言都是无感知的，换句话说就是这部分的性能开销是多余的，而 Canvas API 的调用成本却是非常高的，所以在绘制前过滤掉画布之外的元素对于提升渲染效率而言是非常有必要的。CreateJS 中的所有舞台元素都保存在 stage 实例的 children 属性指向的数组中，Stage 是一个特殊类型的 Container 容器，在每一帧中调用的 stage.update() 方法实际上会调用 Container 原型对象上的 draw 方法，实现代码具体如下：

```
p.draw = function(ctx, ignoreCache) {
    if (this.DisplayObject_draw(ctx, ignoreCache)) { return true; }
    var list = this.children.slice();
```

```
    for (var i=0,l=list.length; i<l; i++) {
        var child = list[i];
        if (!child.isVisible()) { continue; }

        //绘制子元素
        ctx.save();
        child.updateContext(ctx);
        child.draw(ctx);
        ctx.restore();
    }
    return true;
};
```

可以看到，当程序遍历舞台元素进行绘制时，如果元素不可见，就会直接略过。添加到舞台的元素都是抽象类 DisplayObject 的实例，在源码中可以找到用于判断元素是否可见的方法，具体如下：

```
p.isVisible = function() {
    return !!(this.visible && this.alpha > 0
        && this.scaleX != 0
        && this.scaleY != 0);
};
```

由此可见，当使用 CreateJS 管理 Canvas 的绘制时，只要调整对应元素的 visible 属性就可以决定是否要绘制该元素了。

4. 离屏 Canvas

离屏 Canvas 是指没有添加到 DOM 对象中的 Canvas 元素，在离屏 Canvas 上绘制的内容不会被展示到页面中，但可以使用 Canvas 绘图上下文的 drawImage 方法将离屏 Canvas 画布上的像素复制到可见的 Canvas 中，它通常用于缓存那些绘制过程较为烦琐的图形。例如在绘制水球图时，需要生成若干颜色不同的正弦曲线，正弦曲线的生成需要逐点计算三角函数，如果直接绘制，就需要在每一帧中改变正弦曲线的相位值并重新计算绘制曲线。如果使用离屏 Canvas，就可以事先在离屏 Canvas 上绘制一条完整的正弦曲线，然后在每一帧中将需要的部分复制到可见画布的对应区域，这样就可以避免重复计算了。离屏 Canvas 的使用场景比较特殊，其本质就是对渲染结果的缓存。

5. 使用瓦片图

瓦片图技术通常用于像素游戏或是地图制作中，它可以用更少量的资源来实现同样的图形。在瓦片图的使用中，整个画面被分成了更粗粒度的切片，资源加载时只需要加载最小切片的集合即可，使用时将画面分割成 $M \times N$ 的网格，并使用 $M \times N$ 的矩阵来表示每个网格渲染时应该使用的最小切片集合中图元的索引，绘制时则对矩阵进行遍历，然后将索引对应的切片绘制在对应的网格就可以了。瓦片图技术无疑可以减少预加载的资源量，节省加载时间。例如在经典游戏《坦克大战》的制作中，就可以利用左侧少量的切片图形资源绘制出右侧的地图，而不必存储整个地图的图像资源，如图 26-5 所示。

瓦片图资源   索引矩阵   渲染结果

图 26-5　瓦片图技术基本原理示意图

瓦片图通常可使用 Tiled⊖工具进行制作，在工具中通过可视化填充的形式拼接好最终的渲染结果，导出的 JSON 格式中就包含了网格使用的素材索引。如果使用的框架正好可以识别 Tiled 导出的 JSON 格式（例如 Phaser3 ），那么可以很方便地对其进行加载，当然也可以自行解析。

6. 骨骼动画

骨骼动画也称为龙骨动画，它也是减少资源加载量的常用技巧之一，通常用于替代帧序列动画资源，它的基本思想与瓦片图是一样的。假设在游戏开发中需要实现一个细节丰富的人物模型，如果使用帧序列动画则可能会导致资源的体积非常大，但如果使用骨骼动画，就可以将人物的身体分解为各个部分，然后为需要进行动画的部分绑定一节"骨骼线段"，"骨骼线段"可以移动、旋转或者与其他"骨骼"建立约束和联动关系，相关的工作可以由美术制作人员在 Egret 出品的 DragonBones 或是 Spine 软件中完成。使用骨骼动画时，身体各部分的图形资源只需要加载一次，然后由引擎通过配置文件中的数据来重建模型并实现动画，它在用于动画细节较丰富的模型时性能优势更加明显。

尽管性能优化的技巧非常多，但游戏开发的商业属性非常强，若因为局部的性能优化而拖延整体的开发进度在大多数时候都是得不偿失的。希望学习完本章后，大家能对前端游戏开发建立起宏观的认知。

⊖　http://mapeditor.org。

第 27 章　*Chapter 27*

经典物理与 matter.js

在前端开发领域，物理引擎是一个相对小众的话题，它通常被作为游戏开发引擎的附属工具，独立的相关功能演示作品常常给人好玩但是无处可用的感觉。使用物理引擎可以帮助开发者更快速地实现诸如碰撞反弹、摩擦力、单摆、弹簧、布料（柔体连接）等不同类型的仿真效果。仿真是指在计算机的虚拟世界中模拟物体在真实世界里的表现（最常见的是动力学仿真的场景），在 CreateJS 一章（第 26 章）中实现的碰撞检测就是物理仿真中使用的基本技术，只不过在第 26 章的示例中物体在发生碰撞后直接停止了绘制，并不需要进行进一步的运动模拟。仿真能让画面中物体的运动更符合玩家对现实世界的认知，比如在《愤怒的小鸟》游戏中被弹弓发射出去的小鸟或者因为被撞击而坍塌的物体堆，还有在《水果忍者》游戏中被抛起又落下去的水果，都与现实世界的观感近乎相同，游戏体验通常也会更好。

物理引擎通常并不需要处理与画面渲染相关的事务，只需要完成仿真部分的计算就可以了，可以把它理解成 MVC 模型中的 M 层，它与用于渲染画面的 V 层在理论上是独立运作的。常见的独立的物理引擎库包括 matter.js 和 p2.js。matter.js 提供了基于 Canvas2D API 的渲染引擎，p2.js 在示例代码中提供了一个基于 WebGL 实现的渲染器。在技术社区中可以找到 p2.js 与 CreateJS 或 Egret 联合使用的示例。游戏引擎和物理引擎的联合使用并没有想象中的那么复杂，实际上只需要完成不同引擎之间的坐标系映射就可以了，经验丰富的开发者可能会喜欢这种"低耦合"带来的灵活性，但对于初级开发者而言这无疑又提高了开发门槛。

本章首先会回顾一些经典力学的基本理论，接着学习在原生 Canvas 开发中实现仿真的基本套路，最后介绍物理引擎 matter.js 的基本知识，并用它实现一个简易版本的《愤怒的小鸟》。

27.1 经典力学回顾

经典力学的基本定律就是牛顿三大运动定律或与其相关的力学原理，它可以用来描述宏观世界在低速状态下的物体运动规律，也为游戏开发中的物理仿真提供了计算依据，大多数仿真都是基于经典力学的公式或其简化形式进行计算和模拟的。下面就来介绍一些使用率较高的公式和定律。

（1）牛顿第一定律

牛顿第一定律又称惯性定律，它指出任何物体都会保持匀速直线运动或静止状态，直到外力迫使它改变运动状态为止。

（2）牛顿第二定律

牛顿第二定律是指物体的加速度与它所受的外力成正比，与物体的质量成反比，加速度的方向与物体所受的合外力速度相同。它可以模拟物体加速减速的过程，计算公式为（F 为合外力，m 为物体质量，a 为加速度）：

$$F = ma$$

（3）动量守恒定律

如果一个系统不受外力或所受外力的矢量和为零，那么这个系统的总动量保持不变。动量即质量 m 和速度 v 的乘积，它通常被用于模拟两物体之间的碰撞。为方便理论计算，通常会假设碰撞过程没有能量损失（v_1 和 v_2 为碰撞前的速度，v'_1 和 v'_2 为碰撞后的速度）：

$$m_1v_1 + m_2v_2 = m_1v'_1 + m_2v'_2$$

（4）动量定律（冲量定律）

动量定律用于描述力在时间上的积累效应，计算公式可以由牛顿第二定律推导得出（F 为合外力，t 为作用时长，m 为物体质量，v_2 为末速度，v_1 为初速度）：

$$Ft = mv_2 - mv_1$$

（5）动能定律

合外力对物体所做的功等于物体动能的变化量，公式表达如下（W 为合外力做的功，m 为物体质量，v_2 为末速度，v_1 为初速度）：

$$W = \frac{1}{2}mv_2^2 - \frac{1}{2}mv_1^2$$

当合外力为一个恒定的力时，它所做的功可以通过如下公式进行计算（W 为合外力做的功，F 为合外力大小，S 为物体运动的距离）：

$$W = FS$$

（6）胡克定律

胡克定律指出当弹簧发生弹性形变时，弹簧的弹力 F 和其伸长量（或压缩量）x 成正比。它是物理仿真中进行与弹性相关的计算的主要依据，相关公式如下（F 表示弹力，k 表示弹性系数，x 表示弹簧形变后的长度和无弹力时的长度差）：

$$F = kx$$

利用经典力学的相关原理和计算公式，就可以在计算机中模拟物体的运动特性了，前端开发中最常见的就是进行运动模拟和碰撞检测。需要注意的是，在游戏开发中并不是所有的场景都要严格按照物理学公式进行复现，毕竟游戏不是以计算分析为最终目的的。为了获得更好的流畅度和游戏体验，很多时候我们只需要得到一些"看起来合理"的结果就可以了，相较于在每一帧中使用物理公式进行精确计算，这样做的性能开销往往会小得多。这与我们在一些图形学项目中使用阴影贴图模拟光照效果（而不是使用 GPU 去计算阴影区域的像素）是一样的道理。

27.2　仿真的实现原理

本节我们来学习如何通过程序实现对客观世界的仿真。

27.2.1　基本动力学模拟

Canvas 动画是逐帧绘制的过程，物理引擎的作用是为抽象实体增加物理属性，在每一帧中更新它们的值并计算这些物理量发生的变化，然后重新绘制新的画面。对物体进行动力学模拟时需要用到质量、合外力、速度、加速度等属性，其中质量是标量值（即没有方向的值），而合外力、速度、加速度都是矢量值（即有方向的值）。无论是在 2D 还是 3D 图形学计算中，向量计算的频率都是极高的，如果不进行封装，那么代码中可能就会充斥大量的底层数学计算代码，从而影响代码的可读性。为了方便计算，我们先将二维向量的常见操作封装起来：

```
/*二维向量类定义*/
class Vector2{
    constructor(x, y){
        this.x = x;
        this.y = y;
    }
    copy() {
        return new Vector2(this.x, this.y);
    }
    length() {
        return Math.sqrt(this.x * this.x + this.y * this.y);
    }
    sqrLength() {
        return this.x * this.x + this.y * this.y;
    }
    normalize() {
        var inv = 1 / this.length();
        return new Vector2(this.x * inv, this.y * inv);
    }
```

```
    negate() {
        return new Vector2(-this.x, -this.y);
    }
    add(v) {
        return new Vector2(this.x + v.x, this.y + v.y);
    }
    subtract(v) {
        return new Vector2(this.x - v.x, this.y - v.y);
    }
    multiply(f) {
        return new Vector2(this.x * f, this.y * f);
    }
    divide(f) {
        var invf = 1 / f;
        return new Vector2(this.x * invf, this.y * invf);
    }
    dot(v) {
        return this.x * v.x + this.y * v.y; }
}
```

为了让物体实例拥有仿真必须要有的属性结构，可以先定义一个抽象类，再用物体的类去继承它，这与我们平时编写 React 应用时用自定义类继承 React.Component 是一样的，伪代码示例如下：

```
class AbstractSprite{
    constructor(){
        this.mass = 1; //物体的质量
        this.velocity = new Vector2(0, 0);//速度
        this.force = new Vector2(0, 0);//合外力
        this.position = new Vector2(0, 0);//物体的初始位置
        this.rotate = 0; //物体相对于自己对称中心的旋转角度
    }
}
```

我们并没有在其中添加加速度属性，使用合外力和质量就可以将其计算出来。position 属性用于确定对象绘制的位置，rotate 属性用于确定对象的偏转角度。上面列举的属性对于计算常见的线性运动场景来说已经足够了。事实上属性的取舍并没有统一的标准，比如要模拟天体运动，可能还需要添加自转角速度、公转角速度等；如果要模拟弹簧，就需要添加弹性系数、平衡长度等；如果要模拟台球滚动时的表现，则需要添加摩擦力等。所选取的属性通常都是会直接或间接影响物体在画布上最终可见形态的因素，可以在子类中声明这些只有在特定场景中才会使用的属性。声明一个新的物体类的示例代码如下：

```
class AirPlane extends AbstractSprite{
    constructor(props){
        super(props);
        /* 声明一些子属性 */
        this.someProp = props.someProps;
    }
```

```
    /* 定义如何更新参数 */
    update(){}
    /* 定义如何绘制 */
    paint(){}
}
```

状态属性的更新代码编写在 update 函数中即可，更新函数在理论上的执行时间间隔大约是 16.7ms，在这个过程中可以近似地认为属性是不变的。我们知道，加速度在时间维度上的积累影响了速度，而速度在时间上的积累则影响了位移，具体公式如下：

$$v = v_0 + a\Delta t$$
$$S = S_0 + v\Delta t$$

仿真过程中的 Δt 是自定义的，我们可以根据期望的视觉效果调整它，Δt 越大，同样大小的物理量在每一帧中造成的可见影响就越显著。可使用向量计算来进行更新，具体实现代码如下：

```
this.velocity = this.velocity.add(this.force.divide(this.mass).multiply(t));
this.position = this.position.add(this.velocity.multiply(t));
```

运动仿真过程中需要对那些体积较小但速度较快的物体多加留意，因为基于包围盒的检测很可能会失效。例如在与粒子仿真相关的场景中，粒子是基于引力作用运动的，初始距离较远的粒子在相互靠近的过程中速度是越来越快的，这就可能会导致在连续的两帧计算中，两个粒子的包围盒虽没有重叠，但实际上它们已经发生过碰撞了，计算机仿真过程中就会因为逐帧动画的离散性而错过碰撞的画面，如果这时两个粒子又开始做减速运动而相互远离，那么整体的运动状态就会呈现为简谐振动的形式。所以在做针对粒子系统的碰撞检测时，除了包围盒以外，通常还要结合速度和加速度的数值和方向变化来进行综合判定。

27.2.2 碰撞模拟

碰撞是指两个或两个以上的物体在运动过程中相互靠近或发生接触时，在较短的时间内发生强相互作用的过程，它通常会造成物体运动状态的变化。碰撞模拟一般使用完全弹性碰撞来进行计算，这是一种假定在碰撞过程中不会发生能量损失的理想状况，这样的碰撞过程可以利用动量守恒定律和动能守恒定律进行计算：

$$\frac{1}{2}m_1v_1^2 + \frac{1}{2}m_2v_2^2 = \frac{1}{2}m_1v_1'^2 + \frac{1}{2}m_2v_2'^2$$
$$m_1v_1 + m_2v_2 = m_1v_1' + m_2v_2'$$

公式中只有 v_1' 和 v_2' 是未知量，联立方程就可以求得碰撞后速度的计算公式：

$$v_1' = \frac{(m_1 - m_2)v_1 + 2m_2v_2}{m_1 + m_2}$$
$$v_2' = \frac{(m_2 - m_1)v_2 + 2m_1v_1}{m_1 + m_2}$$

当引擎检测到碰撞发生时，只需要根据公式来计算碰撞后的速度就可以了。可以看到公式中使用的属性都已经在抽象物体类中进行了声明，需要注意的是，速度合成需要进行矢量运算。完全弹性碰撞只是为了方便计算所设定的假设情况，大多数情况下我们并不需要知道碰撞造成的能量损失的确切数值，所以如果想要模拟碰撞造成的能量损失，可以在每次碰撞后将系统的总动能乘以 0～1 之间的系数。

另一种典型的场景是物体之间发生非对心碰撞，也就是物体运动方向的延长线并不经过另一个物体的质心，实现运动模拟时，为了简化计算通常会忽略物体因碰撞而造成的旋转，将物体的速度先分解为指向另一物体质心方向的分量和垂直于该连线的分量，接着使用弹性对心碰撞的公式来求解对心碰撞的部分，最后再将碰撞后的速度与碰撞前的垂直分量进行合成，从而得到碰撞后的速度（如图 27-1 所示）。

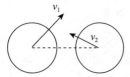
即将发生非对心碰撞的运动物体

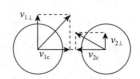
分解速度，对分量进行对心碰撞计算

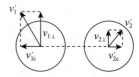
分量合成得到碰撞后的物体速度

图 27-1 非对心碰撞计算原理示意图

不必担心物理仿真中烦琐的计算细节，大多数常用的场景都可以使用物理引擎快速实现。学习原理并不是为了去重复制造一些简陋的“轮子”，而是为了让你在面对引擎不适用或者存在 Bug 的情况下有能力自己处理所遇到的问题。

27.3 物理引擎 matter.js

本节以 matter.js 为例来学习如何为动画添加物理仿真特性。

27.3.1 《愤怒的小鸟》的物理特性分析

《愤怒的小鸟》是一款物理元素非常丰富的游戏，本节将以此为例进行一个简易的练习。游戏首先需要实现一个虚拟的地面，否则所有带重力属性的物体都会持续坠落到画布以外。接着需要制作一个弹弓，当玩家在弹弓上按下鼠标并向左拖动时，弹弓的皮筋就会被拉长，且中间部位会出现一只即将被弹射出去的小鸟。当然，弹簧的最大拉伸幅度是有限制的，这与日常生活中的经验是一致的。当玩家松开鼠标时，弹弓的皮筋由于拉长而积蓄的弹性势能会逐渐转变成小鸟的动能，从而将小鸟发射出去。这时小鸟的初速度方向一般是向斜上方的，在后续的运动过程中其会因为受到重力和空气阻力的影响而逐渐发生改变，重力的方向垂直向下且大小不变，而空气阻力与合速度的方向相反，整个飞行过程都需要在每一帧上更新小鸟飞行的速度和方向。画面的右侧通常是一个由不同材质的物体布景和绿色的猪头组成的静态物体堆，当小鸟撞击到物体堆时，物体堆会发生坍塌，其各个组成部分都会遵循物理定律的约束而改变状态，从而呈现出仿真的效果。如果坍塌的物体堆压到绿色猪头，则会将其消灭，当所有的猪头都被消灭时，就可以进入下个关卡了。

我们先使用 matter.js 为整个场景建立物理模型，然后再使用 CreateJS 建立渲染模型，通过坐标和角度同步为各个物理模型添加静态或动态的贴图。为了降低建模的难度，在本节的示例中，弹弓皮筋的模型被简化为一个弹簧，只要可以将小鸟弹射出去就行，感兴趣的读者可以在学完本章后添加更多的细节来完善它。

27.3.2　使用 matter.js 构建物理模型

matter.js 的官方网站提供的示例代码如下，它可以帮助开发者熟悉 matter.js 的基本概念和开发流程，在官方代码仓库中可以找到更多示例代码[一]。

```
var Engine = Matter.Engine,
    Render = Matter.Render,
    World = Matter.World,
    Bodies = Matter.Bodies;

// 实例化物理引擎
var engine = Engine.create();

// 创建渲染器
var render = Render.create({
    element: document.body,
    engine: engine
});

// 创建两个矩形模型和地面模型
var boxA = Bodies.rectangle(400, 200, 80, 80);
var boxB = Bodies.rectangle(450, 50, 80, 80);
var ground = Bodies.rectangle(400, 610, 810, 60, { isStatic: true });

// 将所有的模型添加至"世界"对象
World.add(engine.world, [boxA, boxB, ground]);

// 运行物理引擎
Engine.run(engine);

// 运行渲染器
Render.run(render);
```

示例代码中使用的主要概念包括负责物理计算的 Engine（引擎）、负责渲染画面的 Render（渲染器）、负责管理对象的 World（世界）以及用于刚体建模的 Bodies（物体），当然这只是 matter.js 的基本功能。Matter.Render 通过改变传入的参数来对画面中物体的速度、

　　㊀　https://brm.io/matter-js/。

加速度、方向及其他调试信息进行标记，以便实现动态观察，还可以直接将物体渲染为没有填充色的线框模型。它在调试环境或一些简单场景中非常方便好用，但在面对诸如精灵动画管理等更为复杂的需求时，就需要手动进行扩展或者直接替换渲染器了。

在对《愤怒的小鸟》进行物理建模的过程中，static 属性设置为 true 的刚体都默认拥有无限大的质量，这类刚体不参与碰撞计算，只会将碰到它们的物体反弹回去。如果不想让游戏世界中的物体飞出画布的边界，只需要在画布的 4 个边分别添加静态刚体就可以了，这只是一种计算层面的设定，并不一定意味着画面上存在对应的物体。物体堆的建立也非常容易，常用的矩形、圆、多边形等轮廓都可以使用 Bodies 对象直接创建，位置坐标默认的参考点是物体的中心。当游戏世界中物体的初始位置处于重叠区域时，引擎就会在工作时直接认定发生了碰撞，并进行相应的处理，这可能会导致一些物体拥有意料之外的初速度。在调试过程中，我们可以通过激活刚体模型的 isStatic 属性来将其声明为静态刚体，静态刚体会停留在自己的位置上，不会因为碰撞检测的关系发生运动，这样就可以对模型的初始状态进行检测了。例如在图 27-2 所示的模型中，如果顶部的圆形物体是自由物体，则初始模型生成时它会向上弹起再落下；如果将其设定为静态物体，就可以看到弹起的原因是其初始位置与下方的矩形发生了重叠。

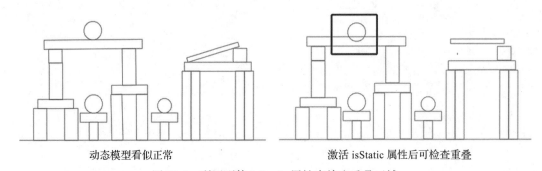

动态模型看似正常　　　　　　　　　　　激活 isStatic 属性后可检查重叠

图 27-2　利用刚体 isStatic 属性来检查重叠区域

构建弹簧模型的技术称为"约束"，相关的方法保存在约束模块 Matter.Constraint 上。单独存在的约束并没有什么实际意义，它需要关联两个物体，用来表示被关联的物体之间存在约束关系，如果只关联了一个物体，则表示这个物体与固定锚点坐标之间存在约束关系。固定锚点坐标默认为（0,0），可以通过 pointA 或 pointB 属性调整它的位置，《愤怒的小鸟》中使用的弹簧模型就是后一种单端固定的形式。我们只需要找到小鸟被弹射出去时经过弹弓横切面的位置，并建立一个带有坐标值的虚拟点作为锚点，然后再建立一个动态刚体 B 作为鼠标拉动弹簧时小鸟图案的附着点，最后在这两个对象之间创建约束就可以了。创建约束时需要声明弹性系数 stiffness，它表明了约束发生形变的难易程度。这个示例中约束两端的平衡位置是重合在一起的，当玩家使用鼠标拖动小鸟图案附着点离开平衡位置后，就可以看到画面上渲染出了两点之间的弹簧约束，在用户松开鼠标后，弹簧就会收缩，附着点就会回到初始位置，回弹的过程是一个类似于阻尼振动的过程。约束的弹性系数越大，端点回弹时在平衡位置的波动就越小，直观的感受就是弹簧越难产生形变。如果需要模拟有初始长度的弹簧被压缩，则需要通过 length 属性来定义约束的平衡距离，约束复原时就会恢复这个平衡距离，示例代码如下：

```
birdOptions = { mass: 10 },
bird = Matter.Bodies.circle(200, 340, 16, birdOptions),
anchor = { x: 200, y: 340 },
elastic = Matter.Constraint.create({
            pointA: anchor,
            bodyB: bird,
            length: 0.01,
            stiffness: 0.25
        });
```

鼠标模块 Matter.Mouse 和鼠标约束模块 Matter.MouseConstraint 提供了鼠标事件跟踪以及与用户交互相关的功能，配合 Matter.Events 模块就可以对鼠标的移动、点击和物体拖曳等典型事件进行监听。这种使用方式比较固定，只需要浏览一下官方文档，熟悉一下引擎支持的事件就可以了，相关示例代码如下：

```
//创建鼠标对象
var mouse = Mouse.create(render.canvas);
//创建鼠标约束
Var mouseConstraint = MouseConstraint.create(engine, {
            mouse: mouse,
            constraint: {
                stiffness: 0.2,
                render: {
                    visible: false
                }
            }
        });
//监听全局鼠标拖曳事件
Events.on(mouseConstraint, 'startdrag', function(event){
    console.log(event);
})
```

物理引擎的更新也是逐帧进行的，可以利用 Matter.Events 模块来监听引擎发出的事件，这里以每次更新计算后发出的 afterUpdate 事件为例来说明在回调函数中是如何判断是否需要将小鸟弹射出去的。弹射操作是在玩家使用鼠标向画面左下方拖动后松开鼠标时发生的，我们可以依据小鸟附着点的位置进行弹射判定，当小鸟处于锚点右上侧并超过一定距离时，就判定为可发射，此时如果不切断弹簧模型的约束，小鸟的位置就会因为弹簧模型的复原而最终被"拽回"到初始的固定点。发射的逻辑是生成一个新的小鸟图案附着点，用于替换原约束中的 bodyB。新的附着点会因为受到弹簧约束而返回至平衡位置，而原本的附着点在一瞬间脱离了弹簧约束后就表现为具有一定初速度的抛物运动了，它会飞向物体堆。

示例代码如下：

```
const ejectDistance = 4;    //定义弹射判断的位移阈值
const anchorX = 200;        //定义弹簧锚点的x坐标
const anchorY = 350;        //定义弹簧锚点的y坐标

//每轮更新后判断是否需要更新约束
Events.on(engine, 'afterUpdate', function () {
    if (mouseConstraint.mouse.button === -1
        && bird.position.x > (anchorX + ejectDistance)
        && bird.position.y < (anchorY - ejectDistance)) {
        bird = Bodies.circle(anchorX, anchorY, 16, birdOptions);
        World.add(engine.world, bird);
        elastic.bodyB = bird;
    }
});
```

需要注意的是，matter.js 构建的刚体模型会以物体几何中心作为定位参考点。至此，简易的物理模型就构建好了，线框图的效果如图 27-3 所示。

图 27-3　matter.js 建立的《愤怒的小鸟》中的简易物理模型

尽管图 27-3 看起来有些简陋，但它已经可以模拟很多物理特性了，下一节对模型进行贴图后，看起来就比较像游戏了。物理模型的完整代码可以在本章的代码仓库中获取。

27.3.3　物理引擎如何牵手游戏引擎

matter.js 提供的渲染器模块 Matter.Render 非常适合用于对物理模型进行调试，但其在面对游戏制作时还不够强大，比如，原生的 Render 模块为模型贴图时仅支持静态图片，而游戏中往往会大量使用精灵动画来增加趣味性，如果能将物理引擎和游戏引擎联合起来使用会是一种比较好的选择。

虽然将 Matter.Render 相关的代码都移除后，页面上就不会再绘制图案了，但是如果你在控制台输出一些信息，就会发现示例中监听 afterUpdate 事件的监听器函数依然在执行，这就意味着物理引擎仍然在持续地工作，不断地刷新着模型的物理属性数值，只是没有将画面渲染到画布上而已。渲染的工作自然需要交给渲染引擎来处理，当使用 CreateJS 开发游戏时，使用的渲染引擎就是 Easel.js。Easel.js 可用于对所有保存在物理空间 engine.world.bodies 数组中的模型建立视图模型。所谓的视图模型是指物体的可见外观，比如一个长方形，既可能代表木头，也可能代表石块，这取决于你使用什么样的贴图来表示它。视图模型可以是精灵表、位图，也可以是自定义图形等任何受 Easel.js 支持的图形。建立视图模型后需要将它们依次添加到舞台实例 stage 中，这样每个物体实际上就有两个模型与之对应了，物理空间中的模型依靠物理引擎进行更新，它负责在每一帧中为对应的物体提供位置坐标和旋转角度，并确保变化趋势符合物理定律。渲染舞台中的模型则保存着物体的外观样式，它们依靠渲染引擎来进行更新和绘制，我们只需要在每一帧更新物体属性时将物理模型的关键信息（通常是位置坐标和旋转角度）同步给渲染模型就可以了。基本的逻辑流程如图 27-4 所示，其中 pm 为 physical model 的简写，表示物理模型；vm 为 visual model 的简写，表示视图模型。

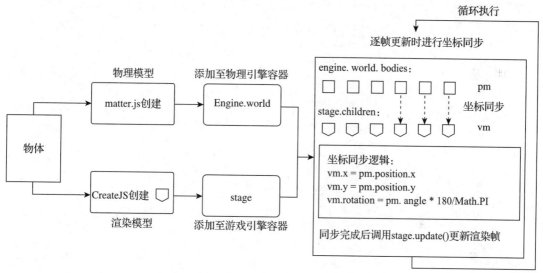

图 27-4 matter.js 与 CreateJS 协作原理流程图

按照上面的流程对之前的代码进行扩展操作并不困难，完成后的游戏画面看起来更有趣了，如图 27-5 所示。

图 27-5 matter.js 与 CreateJS 协作开发的《愤怒的小鸟》游戏示例图

完整的代码已上传至本章的代码仓库。相信有读者已经发现，最终画面里的物体布局和物理引擎中的布局是一样的。物理引擎的本质就是为每个渲染模型提供正确的坐标和角度，并保证这些数据在逐帧更新过程中的变化和相互影响符合物理定律。如果第三方物理引擎无法满足你的需求，那就自行动手去实现想要的引擎吧，相信你已经知道该如何开始了。

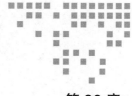

第 28 章   *Chapter 28*

Phaser：从工具到生态

经过前两章的学习，相信大家已经对游戏开发的基本流程有所了解。但是游戏开发框架并不是只有 CreateJS，如果团队负责人决定使用某个你没有用过的框架，那么之前的开发经验是否会就此作废呢？答案是不会的，本章将介绍一个新的游戏开发框架 Phaser，并完成一款小游戏《生死忍者》的基本功能开发。你会发现开发过程中的思维模式并没有太大的变化，只是需要在新的框架中找到相应的类或方法来进行实现。

28.1   快速上手 Phaser 游戏开发

在国外，Phaser[⊖]是一款非常流行的游戏开发框架，它的核心库里包含了大部分游戏开发常用的功能，且拥有内置的物理引擎 arcade，也支持将其替换为 p2.js 或 matter.js，同时还具备插件扩展功能，以方便开发者自行补充定制功能。Phaser 的功能非常强大，但它的开发文档却不太友好，它更像是源代码的定义文档而不是开发指南，这会给没有相关技术积累的团队带来较大的困扰。建议初级开发者使用 Phaser2.x，因为大多数中文资料都是基于这个版本提供的，很容易找到大量的博客和完整的项目源码来学习。如果你对自己的信息搜索能力和英文阅读理解能力有信心，也可以尝试使用 Phaser3.x 版本（本节中的示例将使用 Phaser3 来开发）。它拥有更多的新特性，但相关资料通常需要在国外的视频和开发者社区中查找，对于英语水平欠佳的开发者来说这无疑会造成额外的学习负担。

本节将使用 Phaser3 开发一款小游戏——《生死忍者》，你可以通过地址 http://play.7724.com/olgames/ssrz/ 访问并体验一下该游戏，图 28-1 是此游戏的示意图。

⊖   http://phaser.io/。

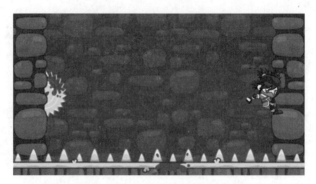

图 28-1 《生死忍者》小游戏示意图

1. 初始化配置及多场景划分

Phaser3 通过实例化 Phaser.Game 对象来传入基本配置信息，声明画布的尺寸、渲染器的类型、使用的物理引擎等基本信息。当物理引擎的 debug 模式开启时，引擎就会在画面中为具有物理特性的物体标识出包围盒和速度等物理信息。配置信息具体如下：

```
var config = {
        type: Phaser.AUTO,        //根据环境支持情况自动选择2D或3D渲染引擎
        width: cWidth,            //画布宽度
        height: cHeight,          //画布高度
        physics:{                 //启用物理引擎，若不使用则不需要声明此配置项
            default:'arcade',     //默认使用arcade引擎
            arcade:{
                debug:false,      //是否开启调试模式
                gravity:{y:80}    // 设置重力值，方向为垂直向下
            }
        }
    };

var game = new Phaser.Game(config);
```

如果你学习过 Phaser 官方网站提供的入门教程，就会发现我们并没有对 scene 属性进行配置。scene 属性可用于声明一个具体的场景，即便是最简单的休闲游戏通常也会包括"预加载""开始菜单""游戏中""游戏结束"等典型的场景，更不用提像是横版卷轴类或是角色扮演类包含大量地图切换的游戏了，这时对多个场景进行调度、管理就显得尤为必要了。Phaser3 中的自定义场景类都是 Phaser.Scene 的派生类，示例代码如下：

```
class bootScene extends Phaser.Scene{
    constructor(){
        super('boot');               //传入自定义场景名
    }
    preload(){
        //声明预加载资源……
    }
    create(){
```

```
            //资源加载完毕后执行……
    }
    update(){
        // 在逐帧渲染循环中执行……
    }
}
```

preload 方法中定义的是当前场景中需要预加载的资源，资源池的机制使得开发者可以直接使用键名来获取已经在其他场景中加载过的资源。需要注意的是，场景类进行实例化时并不会执行对应的 preload 方法，只有在使用 start 方法对场景进行激活后，相应的资源才会添加到游戏资源池中。create 方法相当于"加载完成"事件的回调函数，在场景中资源加载完毕后只会执行一次。update 方法相当于 CreateJS 中的 tick 回调函数，也就是在每一帧中都会执行的方法。或许有读者已经意识到，这与我们每天在业务逻辑框架中使用的带有生命周期的组件化开发模式是一致的，在游戏中可以使用如下代码注册场景：

```
/*新增场景*/
game.scene.add('boot', bootScene);          //引导场景
game.scene.add('prelaod', preloadScene);    //加载场景
game.scene.add('menu', menuScene);          //开始菜单场景
game.scene.add('play', playScene);          //游戏场景

/*激活指定场景*/
game.scene.start('boot');
```

游戏引擎同一时间最多只能激活一个场景，当使用 game.scene.start 激活指定场景时，当前的场景就会自动"休眠"。这种代码结构的优势是显而易见的，它更符合面向对象开发的基本原则，新场景的注册不会对旧场景产生影响，代码结构也更加清晰。你也可以实现一个自动的场景注册器来完成相关的逻辑。

2. 预加载、渲染和事件监听

为了缩短游戏加载的白屏时间，可以在引导场景中先加载少量必要的资源，以便在后续预加载大量资源的过程中动态展示加载进度。Phaser3 支持的外部资源类型不仅包括常见的图片资源，还包括由第三方软件导出的瓦片图、骨骼动画、视频剪辑等多种复杂类型的资源，资源通过调用场景类的 load 属性上对应的加载器进行加载。对于最常使用的静态图片、帧序列精灵表以及合成雪碧图，可以采用下面的方法分别进行预加载：

```
class bootScene extends Phaser.Scene{
    constructor(){
        super('boot');
    }
    preload(){
        /*加载静态图片*/
        this.load.image('bg', 'assets/bg1.png');
        /*加载帧序列精灵表*/
        this.load.spritesheet('ninja',
```

```
            'assets/ninja.png',
            { frameWidth: 160, frameHeight: 160 }
        );
        /*加载由texture packer导出的合成雪碧图（最后一个参数表示合成图所在的目录）*/
        this.load.multiatlas('game_assets',
                             'assets/sprite/assets1.json',
                             'assets/sprite');
    }
    create(){
        this.scene.start('preload');
    }
}
```

加载完基本资源之后，引擎会自动调用当前场景的 create() 方法，此时就可以切换至预加载场景了。

《生死忍者》小游戏中各主要场景的示意图如图 28-2 所示。

加载场景

菜单场景

游戏场景

图 28-2 《生死忍者》小游戏各主要场景示意图

预加载场景需要先将引导场景中加载好的资源（通常包括背景图和加载进度动画资源）渲染出来，然后加载其他资源，并在加载过程中不断更新加载进度百分比，这与使用 PreloadJS 进行资源加载时所做的工作是一致的。Phaser3 对资源的类型进行了更细致的划分，对应的渲染方法都保存在了场景类的 add 属性上，常见的基本类型具体如表 28-1 所示。

表 28-1　Phaser3 中常用的渲染对象类型

类　型	用　途	渲染方法
image	静态图片资源	scene.add.image()
sprite	帧序列资源、雪碧图资源、交互响应资源	scene.add.sprite()
tileSprite	平铺资源以填满指定区域	scene.add.tileSprite()

渲染时会以资源的中心点作为位置参考点，加载的过程可以通过监听" progress "事件

来触发回调函数，只需要在回调函数中改变进度条的填充比例即可，示例代码如下：

```
class preloadScene extends Phaser.Scene {
    constructor() {
        super('preload');
    }
    preload() {
        let { width, height } = this.game.config;          //获取画布尺寸
        this.add.image(width / 2, height / 2, 'bg');        //绘制背景
        this.load.on('progress',this.handleProgress, this); //加载进度变化时调用
    }
    handleProgress(event){
        this.progress.setScale(0.6*event, 1);              //更新加载进度条对象
                                                            的宽度比例
    }
}
```

当所有的外部资源全部加载完毕后，就可以切换至"菜单"场景，让玩家进行下一步选择了。在这个场景中，忍者图案以一定的速度上下浮动，我们需要为加载的图元增加一些平移动画，并为"开始"按钮添加点击响应。使用 add 方法渲染资源后会返回一个代表该图元的渲染实例对象，通过在场景类的 update 方法中持续改变实例对象的 *x*、*y* 和 rotation 属性即可轻松实现动画效果。Phaser3 实现了包括图元点击、拖曳、滚轮以及引擎生命周期等大量事件的响应机制，调用渲染对象的 setInteractive 方法可以激活对应图元响应用户交互事件的能力，监听函数被调用时传入的第二个参数（例如下面示例代码中的 handleMouseDown 方法的第二个形参在执行时接受的实际参数）就是触发该事件的渲染实例，当画面中具有多个可响应交互的图元时，可以通过该参数判断到底是哪个图元触发了对应的事件。本例中我们为按钮添加对应的点击响应，示例代码如下：

```
class menuScene extends Phaser.Scene{
    constructor(){
        super('menu');
    }
    create(){
        let { width, height } = this.game.config;
        /*激活按钮图元的交互响应*/
        this.btn = this.add.sprite(width/2, height*1.2, 'btn').setInteractive();
        /*监听图元点击事件*/
        this.input.on("gameobjectdown", this.handleMouseDown, this);
    }
    handleMouseDown(pointer, obj, event){
        if(obj === this.btn){    // 如果被点击的图元是指定的按钮，则执行对应逻辑    }
    }
}
```

3. 游戏场景

假设你已经体验过这个小游戏了，下面我们直接对其中的一些关键点进行分析，在前

述场景中使用过的技术这里就不再赘述了。首先，背景和两侧的墙壁都会随着忍者向上跳而无限向下滚动，对静态图元进行偏移显然是不行的，这时就要用到一种新的渲染对象类型 tileSprite，也就是瓦片精灵图，它可以像瓦片一样无限平铺来填满一个指定的区域：

```
this.bg = this.add.tileSprite(width / 2, height / 2, width, height, 'bg_game');
```

它接收的参数分别为填充区中心位置的坐标（width/2, height/2）、填充区宽度（width）和高度（height）的尺寸以及瓦片精灵图资源的键名（'bg_game'），通过调整相应渲染对象的tilePositionX 和 tilePositionY 属性即可调整瓦片精灵图的偏移量。在《生死忍者》小游戏中，只需要根据一定的条件修改 tilePositionY 的值就可以模拟出忍者向上跳时的背景和墙壁在Y方向无限滚动的效果。

下面再来看旋转锯齿，它需要随着墙壁下移，同时不断地转动，更重要的是它需要与忍者图元进行碰撞检测，如果玩家控制的忍者角色在跳跃过程中碰到了锯齿，则游戏结束。对于需要不断销毁重建的图元对象，我们很容易想到使用对象池来处理，在介绍 CreateJS的章节（第 26 章）中已经介绍过这个技巧，而移动和旋转的动画也是非常容易实现的，下面重点来看看碰撞检测的实现。在 Phaser3 中，如果希望一个图元具备物理特性，就需要使用物理引擎来创建渲染对象，得到的渲染对象是可见模型和物理模型的复合体，它的 body属性指向了对应的物理模型对象，而其余的属性与使用 scene.add 方法生成的渲染对象几乎一致，这也正是我们在 CreateJS 中引入 matter.js 引擎后需要手动完成的工作。本例中需要使用物理引擎生成的对象（碰撞检测和重叠检测将在后文中进行区分）具体如表 28-2 所示。

表 28-2 《生死忍者》小游戏中需要生成的物理对象列表

图　元	原　因	检测类型
地面	防止初始状态时忍者下落至画面外	碰撞检测
忍者	碰到地面时停止 Y 方向的移动 碰到墙壁时停止 X 方向的移动 碰到锯齿时游戏结束	与墙壁的重叠检测 与锯齿的碰撞检测
墙壁	限制忍者在 X 方向移动的范围	重叠检测
锯齿	与忍者碰撞时游戏结束	重叠检测

使用物理引擎创建渲染实例的代码如下，相关属性的修改可以通过一系列 setXXX 方法来实现：

```
/*使用键名为ground的资源为地面创建带有物理特性的渲染实例*/
this.platforms = this.physics.add.staticImage(width / 2, height - 10, 'ground')
this.platforms.setScale(0.7);
```

Phaser3 中的物体碰撞检测分为碰撞（Collide）检测和像素重叠（Overlap）检测。声明为碰撞检测的两个渲染对象发生碰撞后，其表现与第 27 章中的小游戏《愤怒的小鸟》中的表现类似，引擎会自行对渲染对象进行物理仿真模拟，当它们碰撞时通常会各自弹开。而声明为像素重叠检测的两个对象，当其渲染对象所占区域发生像素重叠时，引擎只会调用关联的回调函数，而不会对其进行仿真处理，开发者可以在回调函数中完成需要执行的逻辑，示例代码如下：

```
/*检测玩家是否碰到地面(碰撞检测，有物理仿真)*/
this.physics.add.collider(this.player, this.platforms);
/*检测玩家是否碰到锯齿(重叠检测，无物理仿真)*/
this.physics.add.overlap(this.player, this.saws, this.gameOver, null, this);
```

示例代码中的 this.gameOver 就是引擎检测到玩家与锯齿有重叠像素时调用的函数，如果你在控制台打印一些信息就可以看到，当忍者在下滑的过程中碰触到锯齿时，这个函数会持续触发直到两个图元分开。如果你在函数中不进行任何逻辑处理，那么发生重叠的图元就会继续保持自己的物理特性。当两个图元之间没有重叠区域时，引擎将不再调用回调函数。在本游戏中，如果 this.gameOver 方法中不执行任何逻辑，那么忍者滑过锯齿时就会直接穿过它，而碰到地面时则无法穿过，可以细细体会一下两者的区别。

4. 主角控制

最后需要处理的就是玩家控制的忍者角色，每当玩家点击画布时，忍者就会跳到对侧的墙壁上，跳跃的过程中会伴有翻跃动作，当忍者抵达对侧的墙壁时，因受重力的影响而加速下滑，如果碰触到锯齿则游戏结束。翻跃动作可以通过帧序列动画来实现，Phaser3 中定义和播放帧序列动画的示例代码如下：

```
/*在x方向中部，y方向距离画布下沿90像素处初始化生成带有物理特性的精灵对象*/
this.player = this.physics.add.sprite(width / 2, height - 90, 'ninja');

/*定义向右跳的动画*/
this.anims.create({
    key: "jumpright",
    frames: this.anims.generateFrameNumbers('ninja', { start: 4, end: 14 }),
    frameRate: 30, //帧率，决定动画播放的速度
    repeat:1 //重复次数，不配置时默认为1，值为-1时表示无限循环
});

/*播放动画*/
this.player.play('jumpright');
```

只需要在鼠标点击事件的回调函数中播放代码中的 jumpright 动画，就可以实现翻跃的效果，但此时的动画仅会在原位置执行。为了让角色可以在两侧的墙壁之间反复进行跳跃，可以声明一个新的属性 side 来标记忍者图元应该到达的一侧，每次点击鼠标时将其值取反即可。接着在 update 方法中不断检测忍者图元的当前位置是否需要执行平移翻跃，例如在某次 update 循环中，side 属性表明忍者应该处于右侧墙壁，但它的 x 坐标值却表明忍者在左侧墙壁，此时只需要赋予忍者对象一个指向右上方的初速度，并播放向右翻跃的动画就可以模拟出期望的效果了。当忍者图元触碰到右侧墙壁时，重叠检测机制会触发并执行相

应的回调函数，只需要在该函数触发时将忍者的速度重置为 0 即可，接着忍者就会因为重力作用而沿着墙壁加速下滑。

至此，《生死忍者》小游戏的基本模型就搭建完毕了，在本章的代码仓库中可以找到完整的示例代码。

28.2 浅谈框架的选择

常见的前端游戏开发框架有 CreateJS、Phaser、Egret（白鹭）、微信小游戏及类似平台，从程序员的视角来看，这些框架之间的差别并不明显，但从框架生态上来看，Egret 引擎和小游戏平台无疑是胜出的。当我们谈及游戏框架的生态时，到底在说什么呢？简而言之，就是一款游戏从创意、策划、设计、开发、测试到上线发布等一系列流程的工具和技术支持，以及扩展插件的丰富度和稳定度。Egret 引擎拥有自研的开发 IDE，可以对软件进行全生命周期的可视化管理，并为雪碧图合成、粒子动画、物理引擎、龙骨动画、多平台发布管理等需求均提供独立的辅助设计软件，全中文的官方文档和友好的使用指南也极大地降低了新用户的上手难度。再来看看 Phaser 的生态，除了开发框架之外，官方网站也推荐了一系列辅助工具，比如用于合成雪碧图的 TexturePacker，用于制作物理模型的 PhysicsEditor，用于制作骨骼动画的 Spine，遗憾的是，其中大多数都是第三方软件而且是收费的，在使用中遇到难以解决的问题时，很可能需要用英语去咨询一些国外的开发者，这会对独立开发者带来诸多不便。

对于初学者，建议先从 CreateJS 开始学习，它的功能最为精简，模块化的结构也更容易帮助初学者理解游戏开发的基本模式，但是对于瓦片图、骨骼动画等高级技术的实现，则需要手动编写扩展插件，且需要依赖第三方制作工具。对于独立游戏开发者，建议优先选择 Egret 或小游戏，全中文的环境和自研工具链可以帮助你在不同工种的协同工作中节省大量的时间和精力。如果你已经是游戏开发团队中的一员，则可以先利用好团队在技术选型上积累的最佳实践来快速上手一个框架，然后在自己的能力范围之内完善它。如果你对游戏开发领域感兴趣，也可以尝试学习诸如 Cocos、Unity3D 或者 Unreal 之类大型的游戏开发框架，甚至成为专业的游戏开发工程师。

跨界实践篇

Chapter 29 第 29 章

brain.js：写给前端的
神经网络入门课

随着 Google 旗下 DeepMind 公司制造的人工智能围棋机器人 AlphaGo 两度战胜世界冠军（2016 年 3 月，AlphaGo 战胜围棋世界冠军李世石。2017 年 5 月，在乌镇围棋峰会上，战胜围棋世界冠军柯洁），人工智能一度成为技术人员茶余饭后的高级谈资。然而当你想要搜索一些相关的入门知识时，恐怕也会像笔者一样瞬间被人工智能、神经网络、机器学习、深度学习等一个又一个概念冲击到怀疑人生，甚至直接敬而远之。事实上你并不需要妄自菲薄，人工智能本身就是一个跨度很大的综合学科，了解和熟悉其相关知识的确需要一个漫长的过程。要胜任相关领域的研究工作需要具有较好的数学基础和学术文献阅读能力，但对于大多数普通开发者而言，更重要的是了解其基本原理和适用场景，并使用相关的技术工具来解决应用层面的问题，这时更多地是实践经验的积累。

本章首先介绍上述几个关键词所涵盖的技术领域，然后详细介绍人工神经网络的基本知识，最后使用前端框架 brain.js 来实现一个简易的神经网络。

29.1　从关键词开始

人工智能（Artificial Intelligence，AI）的概念通常会让人联想到科幻电影《终结者》或者《复仇者联盟》中高度智能化的机器人或计算机交互系统，它们能够自主思考且像人类一样活动。尽管人工智能技术正在改变着人类衣食住行的各个方面，但现实生活中的人工智能技术与电影里的想象还存在着非常大的差距。常见的智能技术包括微信将语音转换成文字；视频应用根据用户的浏览内容来进行偏好分析；从而定向推荐更多相关内容；停车场出入口的监控自动识别并记录车牌号，以及本章开头提及的机器人围棋选手等，这些在若干年前都还只能依赖于人力处理的任务，现在都可以由强大的计算机系统来驱动了。人工智能并不是一种特定的技术，它是计算机科学的一个分支，主要是指通过计算机来模拟和扩展人类智能的理论和相关技术（比如感知、学习、推理、规划等），电影中的智能机器人实际上综合了语音识别、语义识别、机器视觉、推理学习、决策辅助、机器人学等非常多细分领域的技术。当然，也有很多人认为现在的人工智能并不是真正意义上的智能，只是借助计算机强大的计算能力做出的数学和统计学层面的模拟而已。关于如何界定机器是否具有智能，感兴趣的读者可以自行了解有关图灵测试的讨论。

神经网络（Neural Network），在计算机科学中也称为人工神经网络（Artificial Neural Networks，ANN），用于区别真实的生物神经网络。生物神经网络是由大量神经元细胞构成的，每个神经元细胞都有若干个可以接收信号的树突和一条很长的轴突，轴突末端的突触可以将信号传递给另一个神经元细胞的树突，这样每个神经元细胞都可以对多个由其他神经元传递过来的信号进行聚合，也就是将多个输入信号转换成一个输出信号（如图 29-1 所示）。

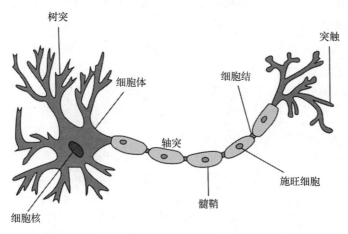

图 29-1　神经元细胞结构简图（图片来自网络）

图 29-2 所示的是神经元与人工神经元的抽象模型。

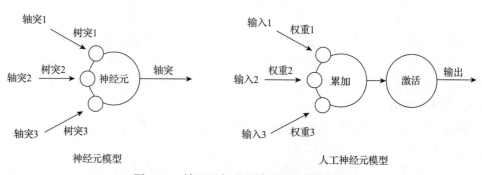

图 29-2　神经元与人工神经元的抽象模型

人工神经网络是指在计算机中对这种通信结构进行模拟，并通过参数调整来最终实现信息处理，它并不像生物神经网络那样具有普适性，在使用神经网络模型之前应首先根据需要解决的问题建立相应的模型，然后使用大量的数据对模型进行训练。所谓的训练就是通过已有的数据来促使神经网络对其各个节点的权重参数进行调整，只有经过训练的神经网络才能更好地应用于实际场景。普通的计算机程序所遵循的模式是通过"规则"和"输入"来获得"结果"，比如编写如下这样一个函数：

```
function add2(x){
    return x+2;
}
```

函数本身描述了一种计算规则，当你将 2 作为输入参数来执行函数时，就会得到返回值 4。而人工神经网络的模式是通过"输入"和"输出"来模拟"规则"的，这就好像告诉你现在有一个函数，输入值为 2 时运算结果是 4，请实现这个函数，这时可能用到的规则几乎是无穷多的，人工神经网络的模型建立后，通常需要借助大量的输入和输出结果来推测准确度更高的规则。当然，神经网络只是一种基本算法，它有诸多衍生和优化形式，29.2 节将专门讲解神经网络的入门知识。

机器学习（Machine Learning，ML）是指研究计算机模拟人类的学习行为，通过获取新知识来重组和完善已有知识结构的技术，因此机器学习算法的许多表现都与人类的学习行为相似。人脑能够从对实际经验的思考中总结出一些规律，从而对未来进行一些预测，或者调整自己的行为方式。比如你站在罚球线上投篮，如果看到球没有碰到篮筐，就会明白力量轻了，那么下一次就会尝试增加力量；第二次投可能是碰到篮板反弹回来了，你就会明白发力重了；如果投偏了，你可能还会尝试调整自己手腕的角度。随着一次次对投篮的各个影响环节进行调整，命中的可能性就会越来越高，这时如果突然让你站到三分线上去投篮，命中率可能一下子又会降到很低，因为你并没有练习过如何投三分球。机器学习的过程与之类似，使用已知的数据集来对模型进行训练，然后根据得到的结果和期望结果之间的偏差来调整算法中的参数，就好像人类在学习中将前一次的误差作为下一次的调整依据一样，从而提升其后续在类似任务中的表现。同理，训练后的机器学习模型通常也只对一定范围内的数据有着较好的效果。

机器学习一般分为监督学习和无监督学习，监督学习是指每个训练数据都拥有期望输出（或者称为每个训练样本都已经打标），常用于解决回归（数据拟合、趋势预测等连续型数值预测任务）和分类（离散型数值预测任务）的问题。单隐藏层神经网络就是一种典型的监督学习算法，比如用 100 张图片来训练一个神经网络分类器，图片中可能是一只猫或者一条狗，每次将图片像素信息作为输入，然后告诉分类器当前图片是猫还是狗，最终训练后的分类器在面对一张新的图片时就能够判断出画面中的动物是猫还是狗。当然，它也可能出现判断错误的情况，这就好像现实生活中我们会认错人一样。无监督学习是一种统计手段，常用于处理聚类、降维或是数据关系挖掘等任务，简单地说，就是推测数据之间可能存在的关系，它不需要使用打标数据进行训练，也没有明确的期望，比如电商将用户的购物记录数据"喂给"无监督学习模型，以便挖掘其中可能存在的关联，最终到底能从中获得多少可能的关联关系却是无法预知的。

　　深度学习（Deep Learning）是机器学习领域中一种新的研究方向，它使用机器学习的相关理论和经验来实现搜索、机器翻译、自然语言处理、语音识别、机器视觉、个性化推荐或系统模式识别等智能程度更高的任务类型。深度学习模型可以看作是神经网络模型的规模化扩展，它使用包含多个隐藏层的神经网络（29.2 节会进行详细讲解），并通过组合低层次特征来形成更加抽象的高层次特征，从而完成传统机器学习难以实现的分类或预测等任务。深度学习的观点认为在一定范围内，层数越多时模型的描述和还原能力越强，深度学习虽然能力强大，但使用成本却是很高的，对于中小型公司来说，完成一次深度学习模型训练很可能要花费数日甚至数周的时间。如果结果不理想，就需要对参数进行调整后再重新训练，这也是许多机器学习行业的从业者自嘲为"调参工程师"或者"炼丹师"的原因。

　　这里再来回顾一下前文中讲解的几个关键词，人工智能是一个宏观定义的交叉学科，神经网络是一种仿生算法，它可以被用在机器学习领域，机器学习和深度学习都属于人工智能的技术手段。传统机器学习通常用于回归、分类、聚类等一些与数据解释或预测相关的基本任务中，深度学习是机器学习的延伸，其本质是利用强大的计算机系统驱动更大规模的复杂神经网络，从而完成智能化程度更高的任务。如何对海量数据的特征定义和分类打标，如何在计算机中构建高效稳定的数据处理系统，如何加快神经网络的训练速度并提高精度，都是机器学习领域的研究者和从业者需要持续探索的方向。

29.2　认识神经网络

　　本节中我们来了解最基本的人工神经网络模型。

29.2.1　基本结构

　　人工神经网络结构是将前文介绍的神经元模型连接起来后形成的，如图 29-3 所示。

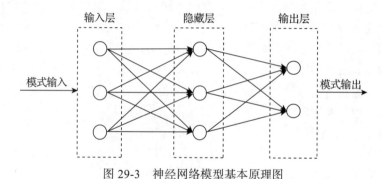

图 29-3　神经网络模型基本原理图

　　一个典型的人工神经网络至少包含一个输入层、一个输出层和若干个隐藏层，每一层都有若干个神经元节点，隐藏层的数量和每层的神经元节点数并没有确定的计算公式，它通常需要根据任务的类型和规模借助经验公式来进行预估，并通过最终的效果来进行反向检验。如果效果不理想，就重新调整神经网络的结构，也就是说，最终表现较好的结构是经过反复尝试后得到的，只不过尝试的过程并不是随机的。当神经元的数量过少时，可能无法在训练过程中有效地学习到样本中的潜在模式，从而导致最终使用时无法还原出正确的"规律"；当神经元的数量过多时，又可能出现"过度学习"的情形，也就是对于训练样本的识别效果非常好，但对于样本以外新数据却无法满足期望的识别效果。多隐藏层的神经网络结构常在深度学习中使用，它对于计算机的运算能力有更高的需求。

　　例如我们现在做一个填字游戏，已知一列数字的前几个值分别是1、1、2、3、5、8、13，那么请问下一个数字是多少？你可能很快就会发现从第三个数字开始，每一个数字都等于数列中前两个数字的和，甚至一眼就能认出这就是典型的"斐波那契数列"（前置经验），这就是样本数据中隐藏的"模式"，基于这样的"模式"就可以得到答案21。但这只是一种可能性很高的推测，并不能代表这是这个数列的真正模式。如果数列的模式只是"奇数－奇数－偶数"的循环，那么下一个数值只要是奇数就可以了，尽管"一个数字等于前两个数字的和"的模式也符合"奇数－奇数－偶数"的模式，但很明显它比真实的模式更加严格，适用范围更小。如果后续再给定几个数列，让你来判断其中哪些与给定的数列类似，基于前一种模式（斐波那契数列）就可能会将很多潜在的正确答案排除在外，这种现象也称为"过度学习"或"过拟合"。如果数列的模式是"1、1、2、3、5、8、13"这个片段的循环，那么下一个数值就是1；如果数列的模式是"1→13, 13→1"这样的往复循环，那么下一个数值就是13……你或许已经明白了我想要表达的意思，即如果没有明确给定，那么样本中存在的模式只能靠推测，可能的情况是无穷的，尽管这看起来有些抬杠的意味，但神经网络算法就是这样的，你只能说识别出的模式（或者潜在关系）非常典型，或者说它能够有效完成任务，但是不能说它是唯一的或是绝对正确的。

　　再回到神经网络的基本结构上，输入层的神经元节点用于表示训练样本的输入特征，对于数值型的特征，通常会采用归一化计算的方法将其真实值映射为0～1之间的浮点数，转换后的数值是无量纲的，这样不仅可以避免量纲转换对精度的影响，而且也便于在程序中采用统一的数据类型来表示。对于非数值型的特征（也可以看作是离散取值），则可以采用多个输入神经元来表示一个特征取值。例如现在要实现一个分类器，它的功能是根据身高、头发颜色、是否有胡须这三个特征来推测一个人是小孩子、成年人还是老人，身高是一个连续数值，取值范围可以设置为50～200cm，常用的归一化处理方式为"min-max归一化"，相应的映射公式为：

$$x' = \frac{x - \min}{\max - \min}$$

例如一个人的身高为 180cm 时，无论采用哪个长度计量单位，归一化处理后都会映射为 0.867。头发的颜色假设可选的值为黑色、白色和其他这 3 个待选值，这里需要使用 3 个神经元节点并用同等维度大小的向量来表示，每次只能有一个分量为 1，其余为 0，那么可以将黑色、白色和其他颜色分别表示为 [1, 0, 0]、[0, 1, 0]、[0, 0, 1] 这样的输出结果，这样每个神经元的取值也在 0～1 之间，与数值型特征预处理后的范围是一致的。是否具有胡须是布尔型的特征量，使用 1 个神经元节点就可以表示，当它的输出值为 [0] 或者 [1] 时，分别代表不同的类别。输出层的节点数通常与期望结果的种类数一致，在上面的示例中，期望的输出是分类结果，我们可以像对待头发颜色特征一样，使用 3 个神经元节点，当输出为 [1, 0, 0]、[0, 1, 0]、[0, 0, 1] 时分别代表儿童、成人和老人这三个类别。

很明显，对于区分儿童、成人和老人，上例中所选取的几个特征是不足以完成准确分类的，我们只是通过一种简化后的数学模型来进行判断，不同的人在面对这个问题时使用的模型可能各不相同，这就反映出了神经网络算法的特点之一，即模型的效果依赖于特征的选取和设计，相关的研究领域被称为"特征工程"，它的目的是基于原始数据来筛选和构造高区分度的特征，从而提升模型和算法的实用效果。神经网络并不是一个精确的模型，它更像是基于训练样本的统计数据来提取潜在的规律，然后将这个规律用数学的形式记录在神经网络各个节点之间的权重里，以便未来将其应用于相似类型的新任务中。这就好像人类要在学习的过程中积累经验一样，它可以让人更容易完成具有某种共性的任务，但对于经验以外的任务，出错的可能性还是会很高。

确定了神经网络的结构后，就可以对它进行训练了，一般训练时只会使用样本数据的一部分，剩余的部分则用于对训练的效果进行检验，当训练数据的数量有限时，通常会随机打乱顺序并多次重复前面的过程。应用最广泛的神经网络是反向传播神经网络（Back Propagation Neural Network），简称 BP 神经网络，反向传播是指误差反向传播训练算法。神经网络每次工作时由输入层驱动，每个神经元的输出与相应连接的权重相乘后就会传递给下一层的节点，下一层的节点对来自上一层各个节点的信号量进行累加，并通过激活函数进行非线性化处理，然后向下一层的神经元节点输出信号，直到信号到达输出层得到结果为止。在监督学习中，每个训练样本都包含期望输出，而神经网络得到的结果和期望值之间总会存在偏差，量化评估这个偏差的函数称为"损失函数"。在反向传播阶段，首先通过选定的损失函数计算输出误差，然后按照连接权重反向传播误差，从输出层均摊至整个神经网络中，接着每个节点根据分摊到的偏差来调整相关的权重。但即使是已经训练完成的神经网络，输入样本后得到的输出结果与期望值之间也会存在一定的偏差，整个样本集的偏差累加在一起就称为"成本函数"。神经网络算法的目的就是尽可能地减小成本函数的值，当总成本小于给定的预设值时，就可以认为神经网络训练完成了，常见的终止条件也可以设置为整个样本集循环训练的次数。只要训练后的神经网络对训练集中大多数样本进行计算后得到的结果与期望值非常接近，就可以认为是"学会"了样本数据中存在的"规律"。

29.2.2 神经元的数学模型

要想对神经网络进行计算，就需要为其建立数学模型，人工神经元节点的数学模型如图 29-4 所示。

下面来看一下人工神经元信号处理的计算过程。首先它会根据权重将各个输入信号累加起来，并在结果上增加一个偏置值（bias），然后会使用激活函数（也称为激励函数、阈值函数或压缩函数）对其进行非线性化处理，这样就可以得到输出信号了。要想理解这个基本模型，还需要一些线性代数的知识，我们先忽略激活函数的影响，从基本的线性神经网络开始学习。

假设有一些样本点（已通过归一化处理将其坐标转换为 0~1 之间）的分布如图 29-5 所示。

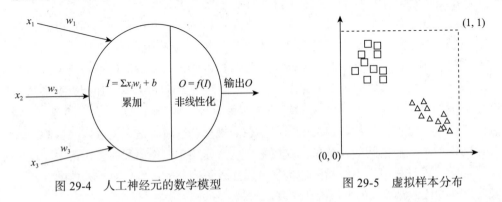

图 29-4　人工神经元的数学模型　　　　图 29-5　虚拟样本分布

下面就来使用神经网络对它们进行分类，每个样本点包含了 $[x_1, x_2]$ 两个输入特征（也就是点的坐标值），期望的输出结果是正方形或三角形，这里使用一个神经元来完成分类，假设推测输出大于 0.5 时为正方形，小于 0.5 时为三角形。在这个简易的问题中并不需要引入激活函数，一条直线作为分界线就可以将样本点分隔在两边，相应的模型如图 29-6 所示。

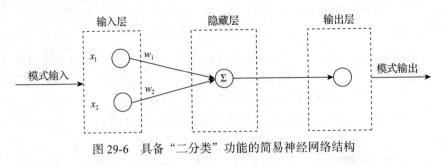

图 29-6　具备"二分类"功能的简易神经网络结构

正方形的样本满足如下条件：

$$y = w_1 x_1 + w_2 x_2 + b > 0.5$$

转换后可以得到：

$$x_2 > -\frac{w_1}{w_2} x_1 + \frac{0.5 - b}{w_2}$$

不等式的右侧表示了二维空间中的一条直线，而满足上面表达式的 x_2 恰好就表示了这条直线以上的部分，不难看出通过调整 w_1、w_2 和 b 的取值，不等式的右侧几乎可以代表二维平面内的任意直线。基于前文介绍的二分类功能，假定训练后得到的参数为 $w_1 = -2.5$，$w_2 = 2.5$，$b = 0$，那么不等式会变为：

$$x_2 > x_1 + 0.2$$

这样就实现了一个线性的分类器，我们将它的图像和样本点绘制在同一张图中就可以看到不同种类的样本被划分在了决策边界的两侧，如图 29-7 所示。

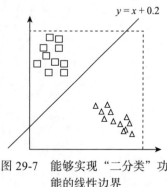

图 29-7　能够实现"二分类"功能的线性边界

上面示例中这种线性变换的神经元也称为"感知器"。从线性代数的角度来看，对于输入层有 N 个神经元节点的网络，输入数据可以看作是 N 维空间中的一个坐标点，对 N 维向量分类则可以看作是在 N 维空间中寻找一个 $N-1$ 维的决策边界（在不同的维度中它可能是点、线、面或者高维空间中的抽象面）。之所以称为"决策边界"，是因为它可以对 N 维空间中的样本点进行视觉上的隔离，起到分类决策的作用。例如在一维空间中，样本点分布在一条直线上，分类时就需要使用一个分界点将线分割开，使得具有不同期望输出的样本点恰好位于分割点的两侧。在二维空间（也就是平面）中，决策边界以线的形式存在，如前文示例中所示的那样，当然，它并不一定是一条直线。三维空间中的"边界"是以面的形式存在的（如图 29-8 所示），高维向量空间的边界称为"超平面"，我们很难直接绘制其形状，但相关的代数计算理论是相同的。借助人工神经网络来复现系统的规律本身就是一种近似的方法，我们并不需要特别关注"边界"所对应的精确的数学公式。反过来讲，如果已经明确了"边界"的数学公式，其实就没有必要使用人工神经网络了，因为可以直接通过计算得到精确的结果。

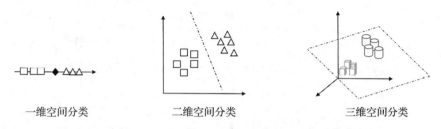

一维空间分类　　　　　　二维空间分类　　　　　　三维空间分类

图 29-8　不同维度空间的线性决策边界示例

如果仅从视觉上来判断，满足条件的决策边界是无穷多的，这时就需要借助数学手段来定义一个能够度量决策边界优劣程度的函数，也就是前文介绍的"成本函数"，成本函数的值会随着训练过程中对权值网络的调整而不断变小，当它达到一定阈值后训练就结束了。

29.2.3　激活函数与非线性决策边界

真实样本数据的分布远比前文中介绍的情况复杂得多，首先高维度空间的分布情况很难直接绘制出来进行观测，只能通过数学的方式寻找决策边界；其次真正的决策边界既可能是多个线性边界拼接而成的，也可能是弯曲的非线性的形态，或者需要引入新的特征然后在更高的维度寻找决策边界。例如经典的分类问题——"XOR 分类"就很难用一条线性边界完成分类，这时就需要使用特殊的方式来确定决策边界了（如图 29-9 所示）。

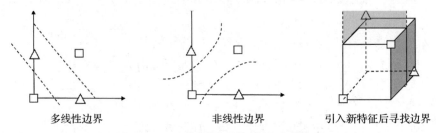

多线性边界　　　　　　　非线性边界　　　　　引入新特征后寻找边界

图 29-9　XOR 分类问题可能的决策边界

当使用一个形状为直线的"感知器"无法处理"XOR 分类"时，你可能会尝试增加隐藏层的数量或者是每层神经元的数量，但你会发现仅包含"权重累加"的感知器网络最终都会将对应的决策方程简化为 $Ax + B$ 的形式（此处的 x、A、B 也可能是矩阵形式）。也就是说这样的神经网络仅具备线性变换的能力，要想实现更复杂的决策边界拟合，就要使用激活函数。激活函数可以将大范围的数值压缩至 0~1 之间，其函数图像呈现 S 型，所以这种人工神经元模型有时也称为"S 型神经元"，函数图像能够呈现出"S"形状的方程有很多，但它们在神经网络理论的计算过程中出现过各种各样的边界问题。基于数学计算的需要，业界后来又出现了非 S 型的激活函数（如下例中的 Relu 函数），最常使用的激活函数如图 29-10 所示。

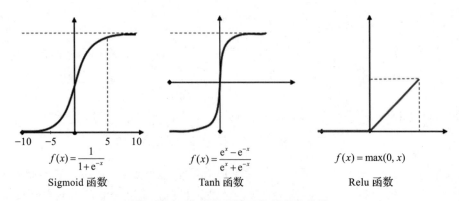

$$f(x) = \frac{1}{1+e^{-x}}$$

Sigmoid 函数

$$f(x) = \frac{e^x - e^{-x}}{e^x + e^{-x}}$$

Tanh 函数

$$f(x) = \max(0, x)$$

Relu 函数

图 29-10　典型的激活函数方程及曲线

引入激活函数后，神经网络就可以拟合出非线性边界了，但相应的数学模型的求解难度也会极大地增加，很难像对待"感知器"那样直接通过绘制函数曲线来进行观察。我们可以借鉴"蒙特卡洛仿真"的思想，通过神经网络的预测结果来观察它的近似图像。以"XOR 二分类问题"为例，先使用 4 个样本点来训练神经网络（XOR 逻辑运算一共只有 4 条规则），然后在 x 和 y 两个方向上将 0～1 区间分割成 100 份（也可以更少），得到 10 000 个坐标点，将这 10 000 个点分别通过训练后的神经网络进行预测，得到一个输出值，然后按照输出值的大小来区分颜色（以 0.5 为界判定为方块或扇形，并绘制为不同的颜色），将这 10 000 个点绘制在 Canvas 上后，不同颜色区域的边界就代表了神经网络的拟合线条，也就是决策边界。图 29-11 展示了神经网络结构对 XOR 分类问题进行分类后的结果（相关代码可以在本章的代码仓库中获得）。

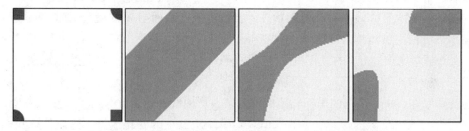

图 29-11　计算机绘制神经网络训练后的非线性决策边界

当隐藏层的数量和每层神经元的数量增加时，神经网络训练后得到的结果并不是唯一的，这表示样本数量不足时神经网络只能从中模拟出粗略的规律，对示例中仅有的 4 个样本而言，它们都是正确的，但这样只经过少数样本训练的神经网络在后续的分类任务中很可能会表现得很差劲。无论如何，可以确定的是，激活函数为神经网络带来了拟合非线性决策边界的能力。

是否有读者也感到好奇，引入了激活函数的 S 型神经元是如何帮助神经网络来模拟非线性的复杂函数的呢？下面就从单个神经元的表现来进行一些探索，这个过程中可能需要一点高中的数学知识和想象力。假设现在有一个激活函数，其函数形式和图像如图 29-12 所示。

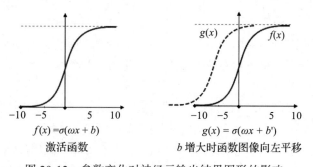

图 29-12　参数变化对神经元输出结果图形的影响

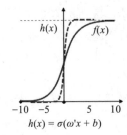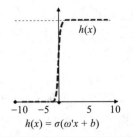

$$h(x) = \sigma(\omega'x + b)$$

$$h(x) = \sigma(\omega'x + b)$$

w 增大时函数图像水平方向压缩　　　　w 取值较大时无限接近阶跃函数

图 29-12　（续）

参数 w 和 b 发生变化时，函数曲线的形状也会随之发生变化。当 b 的值增大或减小时，函数的图像会沿水平方向平移，但形状并不会发生改变；而当 w 的值增大时，函数的图像就会在水平方向上被压缩，反之则会被拉伸。比如 w 从 1 变为 10 后，对于新的函数来说，变量 x 从 0 逐渐增加到 0.1 的过程就相当于原函数中 x 从 0 增加到 1 的过程，反映在图像上就是水平方向被压缩了，当 w 增大到一定程度时，S 型神经元看起来就非常像一个阶跃函数，这就好像你在一个很宽的坐标轴范围内观察 S 形曲线一样。此时对于神经元来说，b 的取值决定了它发生阶跃的位置，w 的取值决定了阶跃过程的变化速度，这就使得我们可以在后续的分析中将 S 型神经元当作阶跃函数来使用。与真正的阶跃函数不同的是，S 型神经元的函数是连续可导的，而阶跃函数是离散的，这样的数学形式会在神经网络的误差传递和参数调整过程中发挥优势，我们可以先跳过这部分知识。

从 S 型神经元的数学表达式可以看到，当它近似为阶跃函数的时候，阶跃会发生在 $x = -b/w$ 的位置两侧，为了方便起见，我们将这个阶跃点命名为 s 点，当 x 的值从小到大经过 s 点时，函数的值会完成从 0 到 1 的跳跃，我们将这个过程称为“激活”。现在在输入层再添加一个神经元，观察一下两个 S 型神经元如何影响最终的输出。在隐藏层有两个神经元节点的模型中，需要确定的参数包括两个神经元各自的阶跃点 s_1 和 s_2，以及它们将信息传递给下一层神经元时的权重。实际上，w 权重系数的意义就是将神经元的输出结果在 y 轴方向上进行缩放，由于激活函数的存在，每个神经元对输出结果所起的作用不再是带权累加，而是变为“当 x 的值小于阶跃点 s 时输出为 0，它对最终结果的贡献也为 0；当 x 的值超过阶跃点 s 时，将权重 w 的值传递给下一个神经元”，在这样的机制下，整个神经网络就好像一个巨大的“开关量网络”。我们将同一个 x 值输入给两个神经元，然后尝试动态改变权重参数，看看输出层结果对应的函数图像是如何变化的。两个 S 型神经元叠加时对输出结果图形的影响如图 29-13 所示。

假设随着输入量 x 值的增加，第一个神经元总是先激活的（否则调换两个神经元的位置，就可以让第一个神经元先激活），也就是说它的阶跃点 s_1 的值比第二个阶跃点 s_2 的值更小，当后一个神经元激活时，它的权重系数就会累加到最终的输出结果上。当隐藏层有多个神经元时，我们可以将它们按照激活顺序从上到下进行排列，每当有一个神经元激活时，输出结果就会累加到最终的输出结果上，这样的特性有什么用呢？可能有读者已经意识到了，在单隐藏层的神经网络中，只要增加神经元的数量，我们几乎就能模拟出任何平面的连续函数，比如对于图 29-14 所示的这个杂乱无章、难以求解表达式的函数图像，将上面两个神经元的情况进行简单地扩展，就可以完成对它的模拟。

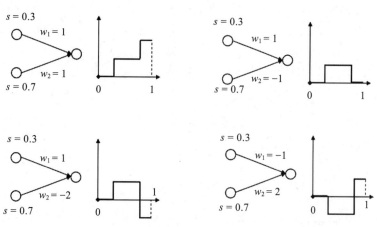

图 29-13　两个 *s* 型神经元叠加时对输出结果图形的影响

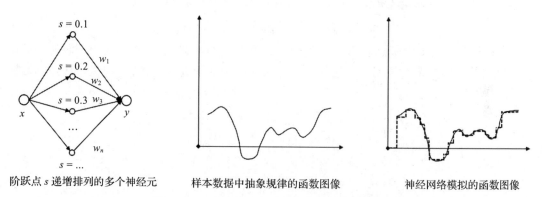

阶跃点 *s* 递增排列的多个神经元　　　　样本数据中抽象规律的函数图像　　　　神经网络模拟的函数图像

图 29-14　多神经元实现复杂函数图像的模拟

尽管这种方式并不算是严谨的数学证明，但是它能够帮助你对激活函数和基本的神经网络建立一个更加直观的认知。对于编程人员来说，并不需要过分纠结其中的数学原理，只需要将神经网络作为一个参数可调节的"整体模块"来使用就可以了。如果你对相关的内容感兴趣，可以阅读美国量子物理学家 Michael Nielsen 编写的《神经网络与深度学习》一书，其中第4章的内容对三维空间任意复杂曲面的可视化模拟也进行了分析，本节就不再展开讲解了。

29.2.4　神经网络中的信息传递

将神经元的基本模型规模化后就可以得到神经网络的模型，实战时通常使用全连接网络，也就是相邻两层的神经元节点之间均为两两连接。下面就对其基本结构进行数学建模来作为程序实现的依据，模型及参数的使用如图 29-15 所示。

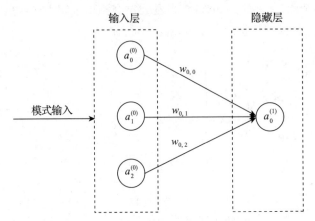

图 29-15　神经网络的局部数学模型

$a_i^{(L)}$ 表示第 L 层的第 i 个神经元节点，$w_{i,j}$ 表示前一层的 j 节点和当前层的 i 节点之间的权重，这样命名的好处是可以将下标的顺序和矩阵中的位置坐标统一起来，激活函数通常使用 σ 来表示，所以第一层第一个节点（索引为 0）的输出计算公式为：

$$a_0^{(1)} = \sigma(w_{0,0}a_0^{(0)} + w_{0,1}a_1^{(0)} + w_{0,2}a_2^{(0)} + b_0)$$

假设第一层有 n 个节点，则其他节点的计算公式也是同样的形式，因为它们都是依据前一层的节点输出来计算的，变化的只是连接权重和偏置大小，将它们汇总为矩阵形式，如下：

$$\boldsymbol{a}^{(1)} = \sigma\left(\begin{bmatrix} w_{0,0} & w_{0,1} & \cdots & w_{0,n} \\ w_{1,0} & w_{1,0} & \cdots & w_{1,n} \\ \vdots & \vdots & \ddots & \vdots \\ w_{k,0} & w_{k,1} & \cdots & w_{k,n} \end{bmatrix} \cdot \begin{bmatrix} a_0^{(0)} \\ a_1^{(0)} \\ \vdots \\ a_n^{(0)} \end{bmatrix} + \begin{bmatrix} b_0 \\ b_1 \\ \vdots \\ b_n \end{bmatrix}\right) = \sigma(Wa^{(0)} + b)$$

这样就得到了相邻两层之间信号传递的递推公式：

$$\boldsymbol{a}^{(L)} = \sigma(Wa^{(L-1)} + b)$$

通过这样的递推关系，我们可以对输入信号进行逐层计算并输出，也就达到了信息向前传递的效果。如果你使用的语言恰好提供了矩阵操作的高级 API，那么最终编写的信号传播仿真程序就会非常简洁。对于经典的反向传播神经网络来说，信号向前传播还只是第一步，误差的反向传播、权重的调整策略、误差的度量计算等后续步骤需要更多高等数学的知识，限于篇幅本章中不再展开讲解，对相关知识感兴趣的读者可以观看由3blue1brown.com 网站推出的神经网络知识的动画短片，它可以帮助你更好地理解神经网络的整个工作过程和计算细节。

　　尽管一个神经元节点的计算量看起来并不是很大，但是当神经网络的规模增大时，软件所需要完成的运算量可能就会非常大了。例如著名的 MNIST 手写体数字训练数据集，仅仅为了准确识别一个 0～9 之间的手写体数字，就需要使用一张 28×28 像素的图片，即便只使用基本的神经网络，输入层的节点数也达到了 784 个（28×28），输出层节点数有 10 个（表示 0～9），如果想要准确识别汉字或更多字符，神经网络的规模可想而知。再比如在计算视觉（Computer Vision）领域，通常需要对图像采集设备（例如摄像头）传输画面的某一帧进行分析，假设使用一个普通的分辨率为 640×480 的网络摄像头，为了减少计算量，先将画面的 RGB 色彩转换为灰度图，那么对应的神经网络的输出层神经元个数就为 307 200（即 640×480×1）个。由神经网络的结构可知，信号在正向传递的过程中，计算量是由相邻两层的节点数决定的，假设第一个隐藏层有 20 个节点，依据神经元的数学模型，仅加法运算就会达到 6 144 000（即 307 200×20）次。在真实的场景中，深度学习网络隐藏层的数量可能高达数百层，那么计算机所需要处理的计算量就更大了，而这还仅仅是神经网络单次工作所需要的计算量。在多媒体或游戏应用中，我们可能会要求画面帧率保持在 50～60FPS，但是在视频分析等依赖于深度神经网络的场景中（例如人脸追踪或身份识别等），帧率通常维持在 10～20FPS 就可以了，这在一定程度上反映出了神经网络算法在实际使用中的计算负担。

 拓展知识　MNIST⊖数据库是机器学习领域非常著名的开源训练集，用于训练机器学习模型来识别手写体数字。它收集了 250 余位参与者提供的 60 000 例手写体数字训练样本，并提供了 10 000 个数据用于模型测试。

　　关于神经网络的基础知识就先介绍到这里，机器学习是近年来的热门技术，相关生态非常好，初学者很容易在技术社区找到大量优质的开源电子书和名校的全套课程资料（包括完整的视频录像和 PPT），如果你掌握了神经网络的工作原理就会发现，许多知名的机器学习库只不过是使用特定的语言复现或者封装了它的工作过程而已。

29.3　使用 brain.js 构建神经网络

　　brain.js⊖是一个支持 GPU 加速的神经网络框架，在浏览器和 Node.js 应用中都可以使用。它的 API 基于神经网络算法设计的，使用时只需要依次调用构建（new）、训练（train）和运行（run）就可以了，非常简洁。构建环节可以选择不同的构造器和配置参数来获得期望的神经网络结构，训练环节的配置参数可以对训练过程中的细节进行调整，例如训练的终止条件、是否在训练过程中打印日志等，完成训练后的神经网络只需要调用 run 方法就可以使用了。对于开发者而言，学习的重点和难点仍然是神经网络及其各类扩展算法的理论知识，几乎不需要担心编程语言方面的问题。使用 brain.js 构建神经网络的基本示例代码如下：

⊖　http://yann.lecun.com/exdb/mnist/，著名的手写体数字图像训练集。
⊖　https://github.com/BrainJS/brain.js。

```
//定义训练样本
const trainingData = [......];
//定义神经网络配置
const netConfig = {
    hiddenLayers:[3],        //声明隐藏层规模，示例中使用了1个隐藏层，神经元个数为3
    activation:'sigmoid'     //选择激活函数
    //...其他配置项
}
//定义训练过程配置
const trainingConfig = {
    iterations: 20000,       //定义反复训练的次数
    log: true,               //是否在训练过程中打印日志
    logPeriod:10,            //每循环10次打印1次日志
    learningRate:0.3,        //学习率，会影响神经网络的训练速度和偏差精度
    //...其他配置项
}
//定义测试数据
const testData = [......]
//实例化反向传播神经网络
const net = new brain.NeuralNetwork(netConfig)
//训练神经网络
net.train(trainingData, trainingConfig);
//测试神经网络
const output = net.run(testData);
```

brain.NeuralNetwork 类和 brain.NeuralNetworkGPU 类可用于构造基本的神经网络，通常是在分类的场景中使用，GPU 版本可以利用 WebGL 借助硬件实现加速计算，尤其是面对大规模训练样本时表现会更好。这里仍以前文中的人物分类任务为例，假设有如下 10 个样本数据，使用一个拥有 3 个神经元节点的单隐藏层神经网络来对其进行分类，输入特征向量的构造方法已经在前文中介绍过了，索引为 1、2、3 的数值联合起来描述头发的颜色信息，所以这个神经网络的输入层就包含了 5 个神经元节点，输出层包含了 3 个神经元，样本数据如表 29-1 所示。

表 29-1　虚拟数据样本的预处理

序号	身高（cm）	归一化身高	发色	有胡须	类别	输入向量	期望输出
1	96.2	0.308	黑	无	儿童	[0.308, 1, 0, 0, 0]	[1, 0, 0]
2	135.6	0.571	黑	无	儿童	[0.571, 1, 0, 0, 0]	[1, 0, 0]
3	174.2	0.828	黑	有	成人	[0.828, 1, 0, 0, 1]	[0, 1, 0]
4	164.2	0.761	白	有	老人	[0.761, 0, 1, 0, 1]	[0, 0, 1]
5	167.4	0.783	黑	有	成人	[0.783, 1, 0, 0, 1]	[0, 1, 0]
6	120.7	0.471	其他	无	儿童	[0.471, 0, 0, 1, 0]	[1, 0, 0]
7	180.5	0.870	黑	无	成人	[0.870, 1, 0, 0, 0]	[0, 1, 0]
8	154.4	0.696	白	无	老人	[0.696, 0, 1, 0, 0]	[0, 0, 1]
9	160.8	0.739	其他	无	成人	[0.739, 0, 0, 1, 0]	[0, 1, 0]
10	161.2	0.775	黑	有	老人	[0.775, 1, 0, 0, 1]	[0, 0, 1]

定义训练样本时，既可以使用对象属性来对输入层节点进行语义化标记（这时每个属性名会对应于一个输入层神经元），也可以直接使用转换后的特征向量，但属性值需要使用 0~1 之间的浮点数，例如第一条训练样本，就可以用下面这两种形式来记录：

```
//使用语义化标记形式
const trainingData = [{
    input: {
        tall:0.308,
        black_hair:1,
        mustache:0
    },
    output:{
        child:1
    }
}]

//使用特征向量形式
const trainningData = [{
    input:[0.308, 1, 0, 0 ,0],output:[1,0,0]
}]
```

有了训练样本后就可以开始训练神经网络了，样本较少时会使用所有的样本重复训练神经网络，当训练的迭代次数达到上限（默认为 20 000 次）或整个训练集的平均偏差小于给定阈值（默认为 0.005）时训练就结束了，也可以通过传入自定义参数来修改结束条件。训练的过程可以离线进行，对于使用场景而言，只需要知道神经网络的结构和相关的参数就可以了。假设现在有一个特征为身高 100cm，黑头发，无胡须的待测样本，它对应的输入特征向量为 [0.333,1,0,0,0]，将它传入训练后的神经网络里就可以得到一个预测结果 [0.996, 0.0008, 0.02]，这个结果表示预测有非常大的概率是儿童。不过，得到的结果可能会存在非常微小的偏差，因为训练的过程中参数是按照一定的步长逐渐逼近最优解的，并不是一个确定的求解过程，而且当损失函数降低到一定水平后就不再继续训练了。

除了基本的神经网络以外，brain.js 还支持典型的循环神经网络（Recurrent Neural Network，RNN），对应的构造函数定义在 brain.recurrent 对象上。在基本神经网络的训练过程中，样本数据之间是相互独立的，但是在一些与社会学或金融相关的领域里，开发者很多时候都需要对序列数据的演进方向进行预测，比如研究某个公司历年业绩的变化趋势，或者根据疫情的现状预测其发展情况等，这时可能需要综合当前样本和历史数据一起分析才能得出结果。一般的神经网络模型并没有将样本之间的相互影响反映在模型中，这时就需要使用到循环神经网络了。循环神经网络在基本的网络结构中引入了循环层，用它来保存隐藏层上一次的输出值，在下一轮计算的过程中，隐藏层节点的输入信号不仅包含了前一层的输出信号，也包含了保存在循环层中的历史信号。通过这种结构上的变化，就可以将样本数据之间的关联引入神经网络中，它的基本结构如图 29-16 所示。

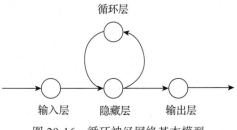

图 29-16　循环神经网络基本模型

在实际应用中,由于 RNN 基本模型本身存在的不足又产生了诸如长短期记忆(Long Short-Term Memory,LSTM)网络、门控制循环(Gate Recurrent Unit,GRU)网络等变体神经网络,相关的知识已经远远超出了前端领域,感兴趣的读者可以自行深入研究。

29.4　小结

如今,人工智能非常热门,但行业的热门并不意味着通过短期培训后就能够找到一份高薪的工作。人工智能领域的复杂度不同于软件技术的工程复杂度,想要深入研究,至少需要具备过硬的数学基础、英文文献阅读能力,掌握人工智能领域知识以及科学研究的基本方法,如果没有相关的基础知识,很容易出现一系列自己完全没有办法解决的问题,但这些问题在行业里可能早就有了通用的解决方案。

作为前端工程师,我们只需要了解其基本原理和适用场景,在必要的时候知道该找什么盟友合作即可,不建议花费大量时间和精力去进行相关领域的研究。

第 30 章　*Chapter 30*

TensorFlow.js：开箱即用的深度学习工具

　　TensorFlow[⊖]是 Google 推出的开源机器学习框架，其针对浏览器、移动端、IoT 设备及大型生产环境均提供了相应的扩展解决方案。TensorFlow.js 是 JavaScript 语言版本的扩展，在它的支持下，前端开发者可以直接在浏览器环境中实现深度学习的功能，尝试配置过环境的读者都知道这意味着什么。浏览器环境在构建交互型应用的方面有着天然的优势，而端侧机器学习不仅可以分担部分云端的计算压力，也具有更好的隐私性，同时还可以借助 Node.js 在服务端继续使用 JavaScript 进行开发，这对于前端开发者而言非常友好。除了提供统一风格的术语和 API 之外，TensorFlow 的不同扩展版本之间还可以通过迁移学习来实现模型的复用（许多知名的深度学习模型都可以找到 Python 版本的源代码），或者在预训练模型的基础上定制自己的深度神经网络，为了能够让开发者尽快地熟悉相关知识，TensorFlow 官方网站还提供了一系列有关 JavaScript 版本的教程、使用指南和"开箱即用"的预训练模型[⊖]，它们都可以帮助我们更好地了解深度学习的相关知识。在此笔者再次向大家推荐美国量子物理学家 Michael Nielsen 编写的《神经网络与深度学习》，它非常清晰地讲解了深度学习的基本过程和原理。

30.1　上手 TensorFlow.js

　　Tensor（张量）是 TensorFlow 中的基本数据结构，它是向量和矩阵向更高维度的推

　　⊖　https://tensorflow.google.cn/。

　　⊖　https://github.com/tensorflow/tfjs-models。

广，从编程的角度来看，它的核心数据就是多维数组。在介绍 matter.js 的章节（第 27 章）里，为了方便向量计算而定义的二维向量类 Vector2 就可以看作是 Tensor 在二维空间的简化形式。Tensor 数据类型可以很方便地构造各种维度的张量，它支持切片、变形、合并分割等结构操作，同时也定义了各类线性代数运算的操作符，这样做的好处是可以将开发者在应用层编写的程序与不同平台的底层解耦。这样，神经网络中的信息传递就能通过张量（Tensor）的流动（Flow）表现出来了。在 2018 年 Google I/O 大会上，TensorFlow.js 小组的工程师介绍了该框架的分层结构设计，为了更好地支持不同工作性质的开发者，TensorFlow.js 在底层解决了编程语言和平台差异的问题，在应用层则提供了两种不同的 API，即高阶 API 和低阶 API。高阶 API 称为 Keras API（Keras 是一个由 Python 编写的开源人工神经网络库）或 Layer API，用于快速实现深度学习模型的构建、训练、评估和应用，软件和应用的开发者大多数情况下都会选择使用它。低阶 API 也称为 Core API，通常用于对神经网络实现更底层的细节定制，使用难度更高。TensorFlow.js 架构图如图 30-1 所示。

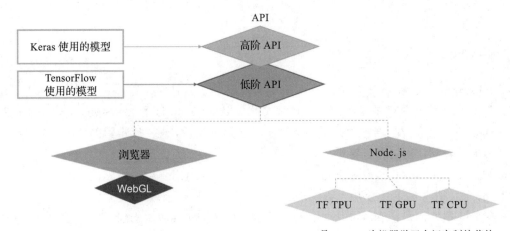

图 30-1　TensorFlow.js 架构图（图片来自 Google I/O 2018 演讲 PPT）

TensorFlow.js 的工作依然是围绕神经网络展开的，其基本工作过程包含了如图 30-2 所示的典型步骤。

图 30-2　TensorFlow.js 工作流程图

下面我们就通过 TensorFlow.js[⊖]官方网站提供的数据拟合示例来了解整个流程。

⊖　https://codelabs.developers.google.com/codelabs/tfjs-training-regression/index.html?hl=zh_cn。

Define 是使用 TensorFlow.js 的第一步，该阶段需要初始化神经网络模型，可以在 TensorFlow 的 tf.layers 对象上找到具备各种功能和特征的隐藏层，通过模型实例的 add 方法将其逐层添加到神经网络中，从而实现张量变形处理、卷积神经网络、循环神经网络等复杂模型。当内置模型无法满足需求时，还可以自定义模型层，TensorFlow 的高阶 API 可以帮助开发者以声明式的编码方式完成神经网络的结构搭建，示例代码如下：

```
/*创建模型*/
function createModel() {
    const model = tf.sequential();
    model.add(tf.layers.dense({inputShape: [1], units: 1, useBias: true}));
    model.add(tf.layers.dense({units: 1, useBias: true}));
    return model;
}
```

Compile 阶段需要对训练过程的一些参数进行预设，建议先温习一下第 29 章中介绍过的反向传播神经网络的工作过程，然后再来理解下面的示例代码：

```
model.compile({
    optimizer: tf.train.adam(),
    loss: tf.losses.meanSquaredError,
    metrics: ['mse'],
});
```

其中，loss（损失）用于定义损失函数，它是神经网络的实际输出和期望输出之间偏差的量化评估标准，最常用的损失函数就是均方差损失（tf.losses.meanSquaredError）。要想了解其他损失函数可以查看 TensorFlow 的 API 文档。optimizer（优化器）是指误差反向传播结束后，神经网络进行权重调整时所使用的算法。权重调整的目的就是为了使损失函数达到极小值，所以通常采用"梯度下降"的思想来进行逼近，梯度方向是指函数变化最显著的某点的方向，但实际的情况往往并没有这么简单。假设图 30-3 所示的是参数优化过程中，损失函数和训练参数对训练速度或最终结果造成的影响。

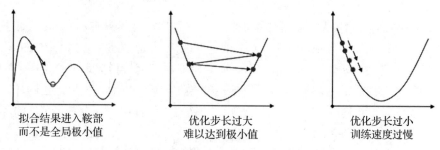

拟合结果进入鞍部　　　　　　优化步长过大　　　　　　优化步长过小
而不是全局极小值　　　　　　难以达到极小值　　　　　　训练速度过慢

图 30-3　参数优化过程中可能出现的问题

由图 30-3 可以看到损失函数的形态、初始参数的位置以及优化过程的步长等都可能对训练过程和训练结果产生影响，这就需要在 optimizer 配置项中指定优化算法来达到较好的训练效果了。metrics 配置项可用于指定模型的度量指标，大多数情况下可以直接使用损失函数来作为度量标准。

Fit 阶段执行的是模型训练的工作（fit 本身是拟合的意思），调用模型的 fit 方法即可启动训练循环，官方示例代码如下（fit 方法接收的参数分别为输入张量集、输出张量集和配置参数）：

```
const batchSize = 32;
const epochs = 50;

await model.fit(inputs, labels, {
    batchSize,
    epochs,
    shuffle: true,
    callbacks: tfvis.show.fitCallbacks(
        { name: 'Training Performance' },
        ['loss', 'mse'],
        { height: 200, callbacks: ['onEpochEnd'] }
    )
});
```

上述代码中的相关参数说明如下（其他参数可参考官方开发文档）。

❏ batchSize（批大小）：指每个循环中使用的样本数，通常取值为 32～512。

❏ epochs：指定整个训练集上的数据的总循环次数。

❏ shuffle：指是否在每个 epochs 中打乱训练样本的次序。

❏ callbacks：指定训练过程中的回调函数。

神经网络的训练是循环进行的，假设总训练样本的数量为 320，那么上面的示例代码所描述的训练过程是：先使用下标为 0～31 的样本来训练神经网络，然后使用 optimizer 来更新一次权重，再使用下标为 32～63 的样本进行训练并更新权重，直到总样本中所有的数据均被使用过一次为止。上述过程称为一个 epoch，接着打乱整个训练样本的次序，再重复进行共计 50 轮，callbacks 回调函数参数直接关联了 tfvis 库，它是 TensorFlow 提供的专用可视化工具模块。

Evaluate 阶段需要对模型的训练结果进行评估，调用模型实例的 evaluate 方法就可以使用测试数据来获得损失函数和度量标准的数值。可能有读者已经注意到了，TensorFlow 在定制训练过程时更关注如何使用样本数据，而并没有将"度量指标小于给定阈值"作为训练终止的条件（例如 brain.js 中就可以设置 errorthresh 参数，以便当损失函数的计算结果小于某个指定阈值时终止训练）。在复杂神经网络的构建和设计中，开发者很可能需要一边构建一边进行非正式的训练测试，度量指标最终并不一定能够降低到给定的阈值以下，以此作为训练终止条件很可能会使训练过程陷入无限循环，所以使用固定的训练次数配合可视化工具来观察训练过程更为合理。

Predict 阶段是使用神经网络模型进行预测的阶段，这也是前端工程师参与度最高的部分，毕竟模型输出的结果只是数据，如何利用这些预测结果来制作一些更有趣或者更加智能化的应用或许才是前端工程师更应该关注的问题。从前文的介绍中不难看出，TensorFlow.js 提供的能力是围绕神经网络模型展开的，应用层很难直接使用，开发者通常需要借助于官方模型仓库中提供的预训练模型或者使用其他基于 TensorFlow.js 构建的第三方应用，例如人脸识别框架 face-api.js⊖（它可以在浏览器端和 Node.js 中实现快速的人脸追踪和身份识别）、语义化更明确的机器学习框架 ml5.js⊜（可以直接调用 API 来实现图像分类、姿势估计、人物抠图、风格迁移、物体识别等更加具体的任务）、可以实现手部跟踪的 handtrack.js⊜等，如果 TensorFlow 的相关知识让你觉得过于晦涩，也可以先尝试使用这些更高层的框架来构建一些有趣的程序。

30.2　使用 TensorFlow.js 构建卷积神经网络

本节将介绍如何使用 TensorFlow.js 库来构建一个用于图像分类的卷积神经网络。

30.2.1　卷积神经网络

卷积神经网络（Convolutional Neural Networks，CNN）是计算视觉领域应用非常广泛的深度学习模型，它在处理图片或其他具有网格状特征的数据时表现得非常好。在处理信息时，卷积神经网络会先保持像素的行列空间结构，然后通过多个数学计算层来提取特征，再将信号转换为特征向量，并将其接入传统神经网络的结构中，如此处理后，在提供给传统神经网络时特征向量的体积更小，需要训练的参数数量也会相应地减少。卷积神经网络的基本工作原理如图 30-4 所示（图中各层的数量并不是固定的）。

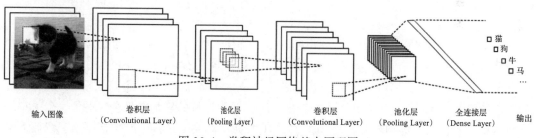

输入图像　　卷积层（Convolutional Layer）　　池化层（Pooling Layer）　　卷积层（Convolutional Layer）　　池化层（Pooling Layer）　　全连接层（Dense Layer）　　输出

图 30-4　卷积神经网络基本原理图

为了搞清楚卷积网络的工作流程，我们需要先了解卷积和池化这两个术语的含义。

卷积层需要对输入信息进行卷积计算，它使用一个网格状的窗口区（也称为卷积核或过滤器）对输入图像进行遍历加工，过滤器的每个窗口单元通常都有自己的权重，从输入图像的左上角开始，将权重和窗口覆盖区域的数值相乘并进行累加后得到一个新的结果，这个

⊖　https://github.com/justadudewhohacks/face-api.js。

⊜　https://ml5js.org/。

⊜　https://github.com/victordibia/handtrack.js。

结果就是该区域映射后的值，接着将过滤器窗口向右滑动固定的距离（通常为 1 像素），然后重复前面的过程，当过滤器窗口的右侧和输入图像的右边界重合后，窗口向下移动同样的距离，再次从左向右重复前面的过程，直到所有的区域都遍历完后，就可以得到新的行列数据了。每将一个不同的过滤器应用于输入图像，卷积层就会增加一个输出，真实的深度网络中可能会使用多个过滤器，所以在卷积神经网络的原理图中通常会看到卷积层有多个层叠的图像。不难计算，对于一个输入尺寸为 $M \times M$ 的图像，使用 $N \times N$ 的过滤器处理后，新图像的单边尺寸为 $M - N + 1$。例如一个输入尺寸是 8×8 的灰度图，使用 3×3 的过滤器对其进行卷积计算后，就会得到一个 6×6 的新图片，如图 30-5 所示。

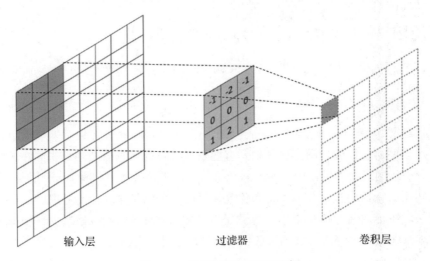

输入层　　　　　　　　　　过滤器　　　　　　　　　卷积层

图 30-5　卷积层的工作原理图

不同的过滤器可以识别出图像中不同的微小特征，例如图 30-5 中的过滤器，对于一个 3×3 大小的单色区域，卷积计算的结果均为 0。假设现在有一个上白下黑的边界，那么过滤器中上侧的计算结果会非常小（白色的各个分量更接近于 255），而中间一行和下面一行的结果都接近于 0（黑色的各个分量更接近于 0），卷积计算的累加结果会映射为一个很小的负数，相当于过滤器将一个 3×3 区域内的典型特征记录在 1 像素中，这就达到了特征提取的目的。很明显，如果将上面的过滤器旋转 90°，就可以用来识别图像中的垂直边界。由于卷积计算会将一个区域内的特征缩小到一个点上，所以卷积层的输出信息也称为特征映射图。在本章的代码仓库中，笔者基于 Canvas 实现了一个简单的卷积计算程序，读者可以通过在源码中修改过滤器的参数来观察处理后的图像，这就好像是在为图片添加各种有趣的滤镜一样（如图 30-6 所示）。

图 30-6 展示了使用不同的卷积核来实现水平边缘检测（图 30-6b）、垂直边缘检测（图 30-6c）和斜线边缘检测（图 30-6d）处理后的效果。在真实的神经网络使用过程中，卷积核通常会由系统直接生成，它并不一定对应着能够被直观理解的特征。

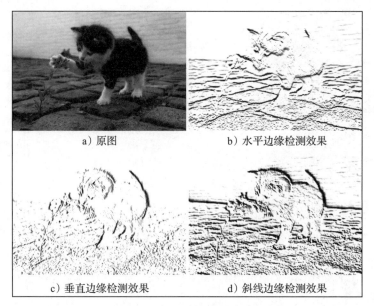

a）原图　　　　　　　　　b）水平边缘检测效果

c）垂直边缘检测效果　　　　d）斜线边缘检测效果

图 30-6　卷积计算可视化示例

　　再来看看池化层（也称为混合层、合并层或降采样层），通常是卷积层处理完之后紧接着使用它。图像中相邻像素的值通常比较接近，这导致卷积层的输出结果中会产生大量的冗余信息，比如卷积层中一个检测出水平边缘的区域，它周围的像素可能也检测到了水平边缘，但事实上它们表示的是原图中的同一个特征。池化层的目的就是简化卷积层的输出信息，它输出的每个单元都可以被认为概括了前一层中一个区域的特征。常用的最大池化层就是在区域内选取一个最大值作为整个区域在池化层中的映射（这并不是唯一的池化计算方法）。假设前文示例中 6×6 的卷积层后紧接着的是一个使用 2×2 大小的窗口来进行区域映射的最大池化层，那么最终将得到一个 3×3 的图像输出，过程如图 30-7 所示。

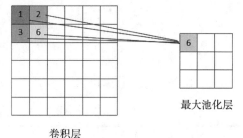

卷积层

最大池化层

图 30-7　池化层的工作原理图

　　可以看到，如果不考虑深度影响，示例中 8×8 的输入图像经过卷积层和池化层的处理后就会变成 3×3 大小，对于后续的全连接神经网络而言，输入特征的数量已经大幅减少了。本章代码仓库中也提供了经过"卷积层＋最大池化层"处理后图像变化的可视化示例，直观效果与图片缩放非常相似，由图 30-8 可以看到缩放后的图片仍然保持了池化前的典型特征。

　　在对复杂画面进行分析时，"卷积＋池化"的模式可能会在网络中进行多次串联，以便可以从图像中逐级提取特征。在实际开发过程中，为了解决具体的计算视觉问题，开发者很可能需要自行查阅相关的学术论文并搭建深度学习网络，30.2.2 节将以经典的 LeNet-5 模型为例来讲解相关的知识。

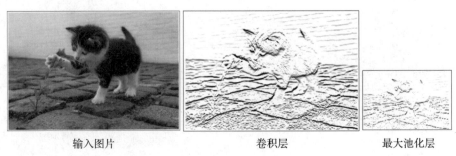

| 输入图片 | 卷积层 | 最大池化层 |

图 30-8　最大池化层计算可视化示例

30.2.2　搭建 LeNet-5 模型

　　LeNet-5 是一种高效的卷积神经网络模型，几乎所有以 MNIST 手写数字图像识别为例的教程都会介绍它，LeNet-5 是在论文"Gradient-Based Learning Applied to Document Recognition"⊖中提出的，论文中给出的 LeNet-5 卷积神经网络模型结构如图 30-9 所示。

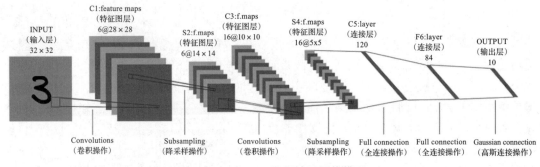

图 30-9　LeNet-5 卷积神经网络模型

　　由图 30-9 可以看到模型中一共有 7 层，其含义和相关解释如表 30-1 所示。

表 30-1　LeNet-5 卷积网络模型结构

序　号	类　别	标　记	细　节
/	输入层	INPUT 32×32	输入为 32×32 像素的图片
C1	卷积层	C1:feature maps 6@28×28	卷积层，输出特征图共 6 个，每个图的尺寸为 28×28（卷积核尺寸为 5×5）
S2	池化层	S2:f.maps 6@14×14	池化层，对前一层的输出进行降采样，输出特征映射图共 6 个，每个图的尺寸为 14×14（降采样窗口尺寸为 2×2）
C3	卷积层	C3:f.maps 16@10×10	卷积层，输出特征图共 16 个，每个图的尺寸为 10×10（卷积核尺寸为 5×5）
S4	池化层	S4:f.maps 16@5×5	池化层，对前一层的输出进行降采样，输出特征映射图共 16 个，每个图的尺寸为 5×5（降采样窗口尺寸为 2×2）

　　⊖　http://yann.lecun.com/exdb/publis/pdf/lecun-98.pdf。

（续）

序　号	类　别	标　记	细　节
C5	卷积层	C5:layer 120	卷积层，输出特征图共 120 个，每个图的尺寸为 1×1（卷积核尺寸为 5×5）
F6	全连接层	F6:layer 84	全连接层（也就是隐藏层），使用 84 个神经元
/	输出层	OUTPUT 10	输出层，10 个节点，代表 0~9 共 10 个数字

在完成类似的图片分类任务时，构建的卷积神经网络并不需要与 LeNet-5 模型完全保持一致，只需要根据实际需求对它进行微调或扩展即可。例如在 TensorFlow.js 官方的"利用 CNN 识别手写数字"的教程中[⊖]，就在 C1 层使用了 8 个卷积核，并去掉了整个 F6 全连接层，即便是这样也依然能够获得不错的识别率。TensorFlow.js 提供的 Layers API 可以很方便地生成定制的卷积层和池化层，示例代码如下：

```
model = tf.sequential();
//添加LeNet-5中的C1层
model.add(tf.layers.conv2d({
    inputShape: [32, 32, 1],              //输入张量的形状
    kernelSize: 5,                        //卷积核尺寸
    filters: 6,                           //卷积核数量
    strides: 1,                           //卷积核移动步长
    activation: 'relu',                   //激活函数
    kernelInitializer: 'varianceScaling'  //卷积核权重初始化方式
}));
//生成LeNet-5中的S2层
model.add(tf.layers.maxPooling2d({
    poolSize: [2, 2],                     //滑动窗口尺寸
    strides: [2, 2]                       //滑动窗口移动步长
}));
```

官方教程提供的示例代码使用 tfjs-vis 库对训练过程进行了可视化，我们可以清楚地看到神经网络的结构、训练过程中度量指标的变化以及测试数据的预测结果汇总等信息，如图 30-10 所示。

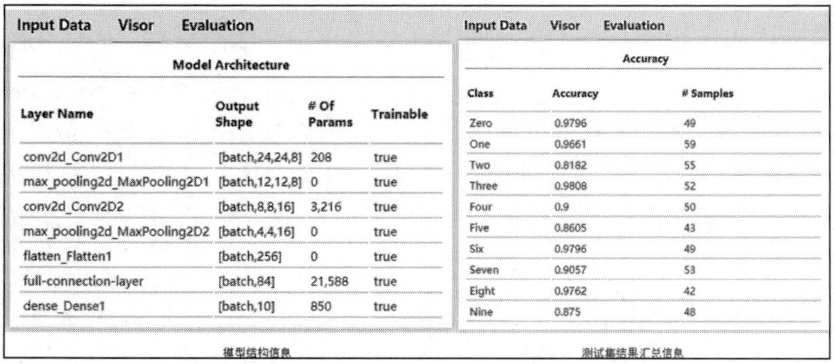

图 30-10　LeNet-5 卷积神经网络模型

⊖　https://tensorflow.google.cn/js/tutorials/training/handwritten_digit_cnn。

完整的示例代码可以在本章的代码仓库中获得。

30.3　基于迁移学习的语音指令识别

复杂的深度学习模型通常具有上百万的参数，即便能够重新搭建起整个神经网络，中小型企业的开发团队也没有足够的数据和机器资源从头训练它，这就需要开发者将已经在相关任务中训练过的模型复用到新的模型中，从而降低深度学习模型搭建和训练的门槛，让更多的应用层开发者参与进来。

迁移学习是指用一个使用数据集 A 完成训练的模型解决与另一个数据集 B 相关的任务，这通常需要对模型进行一些调整并使用数据集 B 重新训练。幸运的是，有了数据集 A 的训练结果，重新训练模型时需要的新样本数和训练的时间都会大幅减少，数据集 A 训练过的模型也称为"预训练模型"。调整预训练模型的基本方法是将它的输出层替换为自己需要的形式，而保留其他特征提取网络的部分，对于同类型的任务而言，被保留的部分依然可以完成特征提取的任务，并对类似的信号进行分类。但如果数据集 A 和数据集 B 的特征差异过大，新的模型仍有可能无法达到期望的效果，这就需要对预训练模型进行更多的定制和改造（比如调整卷积神经网络中的卷积层和池化层的数量或参数），限于篇幅本章中不再展开相关的理论和方法，如有兴趣请自行查阅相关资料进行了解。TensorFlow.js 官方[一]提供的预训练模型可以实现图像分类、对象检测、姿势估计、面部追踪、文本恶意检测、句子编码、语音指令识别等非常丰富的功能，本节就以"语音指令识别"功能为例来讲解迁移学习相关的技术。

TensorFlow.js 官方语音识别模型 speech-commands[二]每次可以针对长度为 1 秒的音频片段进行分类，它已经使用了近 5 万个声音样本进行训练，直接使用时可以识别英文发音的数字（如 zero～nine）、方向（up、down、right、left）和一些简单的指令（如 yes、no 等），在这个预训练模型的基础上，只要少量的新样本就可以将它改造为一个中文指令识别器，是不是很神奇？在对一段音频信号进行处理时，会先通过快速傅里叶变换将其转换为频域信号，然后提取特征将其送入深度学习网络进行分析。对于简易指令的使用场景，只需要对若干个声音指令进行分类就可以了，并不需要计算机进行语种或真实语义分析，所以一个英文指令识别器才可以方便地改造为中文指令识别工具。语音指令功能的本质是对短语音进行分类，例如在训练过程中将"向左"的声音片段标记为"右"，训练后的神经网络在听到"向左"这个语音时就会将其归类为"右"。使用预训练模型 speech-command 实现迁移学习的基本步骤如图 30-11 所示。

官方提供的扩展库将具体的实现封装了起来，提供给开发者的应用层 API 使用起来简易又方便，只需要按部就班地去调用即可。本章代码仓库中提供了一个完整的示例，你可

⊖　https://tensorflow.google.cn/js/models。

⊖　https://github.com/tensorflow/tfjs-models/tree/master/speech-commands。

以通过采集自己的声音样本来生成中文指令，然后重新训练迁移模型，并尝试用它来控制《吃豆人》游戏中的角色，如图 30-12 所示。

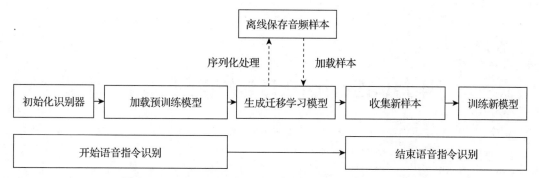

图 30-11　基于 speech-command 的迁移学习模型工作流程

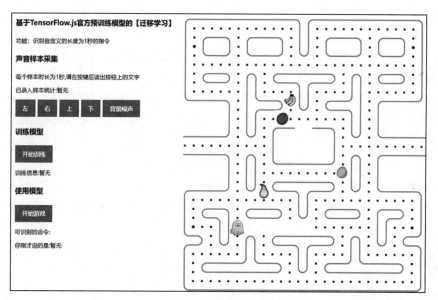

图 30-12　可识别声音指令的《吃豆人》游戏示意图

 拓展知识
- ❏ 李宏毅的《深度学习》课程（http://speech.ee.ntu.edu.tw/~tlkagk/index.html）
- ❏ 吴恩达的《机器学习》在线教程（https://www.coursera.org/learn/machine-learning）
- ❏ MIT 6.S191《深度学习导论》（http://introtodeeplearning.com/）
- ❏ Stanford CS231.n《卷积神经网络与计算视觉》（http://cs231n.stanford.edu/）

Chapter 31 第 31 章

用 JavaScript 玩转物联网

第 30 章介绍了利用神经网络来实现智能化任务的基本过程和原理。但对于普遍意义上的"智能"来说,"感知"和"分析"只是整个链路的前半部分。我们期望智能化的机器不仅能够感知和分析客观世界,而且能够将计算分析的结果转换为机电信号,从而驱动相应的硬件影响客观世界,也就是达到所谓的"信息闭环"。比如想要实现一个基于计算视觉的智能化的火灾监控系统,首先使用热成像摄像机持续拍摄指定区域,在计算机中构建程序逐帧读取并分析监控画面,当画面中高温区域的温度和面积超过设定的阈值后,就会判定为"疑似起火"的状态。我们当然不希望计算机在处理这种存在重大安全隐患的问题时只是弹出一个写着"办公室起火后应该怎么做"的求生指南,而是能够实现类似于人为观测发现异常时所进行的处理,比如将目标区域稍微放大,然后尝试联系相关人员并将实时画面传输过去请求进一步确认,或者通过广播系统疏散人群,又或者是直接打开指定区域的灭火喷头,等等。信息的起源是客观世界中的疑似火点,信息传播的终止点是这个疑似火点得到了处理,这就是一次闭环的信息流动。

本章将暂时跳出浏览器的限制,进入嵌入式开发和物联网(Internet of Things,IoT)的世界来了解 JavaScript 如何完成与硬件模块之间的通信和控制,并用入门级的 Arduino UNO 开发板和各种传感器拼装出一些有意思的系统。不用担心,在工具库的帮助下,编写控制程序已经变得非常简单了。

31.1 入门级物联网"玩具"Arduino

Arduino[⊖]是一款开源电子原型开发平台,如果你参加过科技类创客空间组织的活动,

⊖ https://www.arduino.cc/。

对它应该不会陌生，Arduino 和 3D 打印技术几乎成了创客们为产品构建原型的标配工具，在创客论坛（例如 Arduino 官方的 Project Hub[○]）上可以看到许多创意十足的小项目。Arduino 作为一个控制单元，能够连接各种各样的传感器来实现感知和数据采集，并通过控制 LED 灯、马达、舵机等机电元件来提供动力输出或实现控制。

　　Arduino 的硬件部分是一块可编程的电路板，它是一个包含处理器、内存和输入输出插口的小型计算机，这种结构通常称为微控制器或 MCU（Micro Crontroller Unit），原生开发时使用 Arduino 编程语言，程序编写完成后需要被编译成二进制文件，然后烧录到控制板上（可以将烧录过程理解为把程序复制到控制板上的指定存储区域），这样 MCU 在供电后就会运行我们所编写的程序了，这就好像我们小时候玩的游戏机一样，在红白机上插上不同的游戏卡就可以体验不同的游戏，但游戏机本身只有一台。Arduino 的整个开发流程都可以在配套的 IDE 中完成，另外 IDE 中还提供了针对大多数基本元件的示例代码，初学者几乎不需要手动编写程序就能够完成丰富的硬件设计实验，IDE 界面及示例代码的位置如图 31-1 所示。

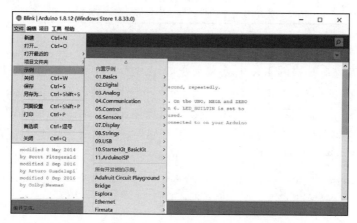

图 31-1　Arduino IDE 提供的大量示例代码

　　Arduino 有很多不同型号的主板和扩展板，本章主要以 Arduino UNO R3 为例进行说明。

31.1.1　Arduino UNO R3 板卡结构

　　图 31-2 所示的是标准的 Arduino UNO R3 板卡的外观，如果你购买的是国产的板卡，外观和结构可能会稍有差异，但常用引脚的功能和数量都是一样的。

　　图 31-2 中对应位置的功能介绍如表 31-1 所示。

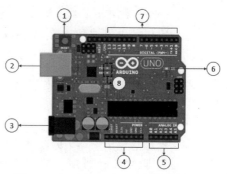

图 31-2　Arduino UNO R3 板卡外观图

───────────
　○　https://create.arduino.cc/projecthub。

表 31-1 Arduino UNO R3 板卡主要元件表

序 号	名 称	功 能 介 绍
1	复位按钮	向标有 RESET 的引脚供电，也可以重置板卡
2	电源 USB	将其与电脑的 USB 口连接后，电脑就可以对 Arduino 板供电并进行通信
3	桶插座电源	外部供电接口，可以使用交流电源直接对 Arduino 板卡进行供电
4	常规功能引脚	3.3V 和 5V 引脚可以提供对应的电压输出，GND 引脚为接地引脚（在板卡的不同位置通常有多个接地引脚），Vin 可用于外部电源供电
5	模拟量引脚	A0～A5 为 6 个模拟输入引脚，它可以从模拟量传感器读取信号，然后将其转换为 MCU 可读取的数字值
6	电源 LED 灯	当 Arduino 正常通电时，该 LED 灯会亮起
7	数字 I/O 引脚	Arduino UNO 板卡上共有 14 个数字 I/O 引脚，其中有 6 个可以提供 PWM 脉宽调制（序号前标有波浪线，用于提供近似的模拟量输出）；数字 I/O 引脚配置为输入模式时，可以读取逻辑 0 或 1；配置为数字输出引脚时可以驱动其他开关量模块，如 LED 灯
8	RX/TX LED	RX 表示 Receive（接收），TX 表示 Transport（发送），当 Arduino 板卡接收串行信号时，RX LED 灯会闪烁；发送串行信号时，TX LED 灯会闪烁

使用 USB 线将 Arduino 连接在个人电脑上是最常见的开发方式，在使用其他模块之前，需要先了解这个模块的工作电流和工作电压，然后计算出相应的限流电阻的阻值。Arduino 开发套件中通常会提供若干固定阻值的色环电阻，我们需要通过基本的电路设计将电阻连接到电路中，以保证不会因为电流过大而烧坏元件。对于 Arduino 开发套件中的常规模块，通常只需要仔细查看说明书就可以了，如果想要驱动一些额外购买的元件，就需要仔细查看相关元件的规格说明了。关于 Arduino UNO R3 入门的更完整的知识可以查看 W3Cschool 出品的 Arduino 入门教程⊖，英语水平较好的读者可以直接阅读 Arduino 官方网站的教程⊖。

31.1.2 模拟量和数字量

作为一个控制单元，我们最关心的当然是它的输入和输出。以 Arduino UNO R3 开发板为例，它可以提供模拟量和数字量的输入输出，并与其他控制器或微控制器进行串口通信，相关功能主要是通过右下角的 6 个模拟量输入引脚（A0～A5）和上侧的 14 个数字量 I/O 引脚来实现的，在介绍使用 Recorder.js 进行语音信号处理的章节（第 19 章）中已经讲解过模拟量和数字量的概念。

模拟量是指连续变化的量，当你想要将温度、湿度、位移等传感器接入 Arduino 中时，通常需要使用模拟量输入引脚来连接。Arduino UNO R3 的内部电路提供了一个 10 位的 AD 转换功能（即 Analog 到 Digital 的转换，也就是将模拟量转换为数字量），它会从连接的模

⊖ https://www.w3cschool.cn/arduino/。

⊖ https://www.arduino.cc/en/Tutorial/HomePage。

块中读取电压值并将其转换为 0～1023（即 $0～2^{10}-1$）之间的整数，传感器的制造商一般都会提供电压值到相应物理量的映射关系，或者提供直接返回最终结果的库函数，Arduino UNO R3 的模拟量输入引脚的最大读取速度为 10 000 次 / 秒。

与模拟量相对应的是数字量，它通常用于表示非连续变化的数值。Arduino UNO R3 中的普通数字 I/O 引脚只收发 0 和 1，这两个值通常也被称为高电平（HIGH）和低电平（LOW）或者 ON 和 OFF，数字量的输入和输出都以这种方式进行。如果仔细观察数字 I/O 引脚的标记，就会发现有的引脚标号前会有一个"～"的标记，它表示这个引脚可以使用脉宽调制（PWM）向电路中输出不同级别的电量，这是一种常见的使用数字均值来得到模拟量输出结果的技术，其工作原理是在一定时间内将引脚的输出电压在 HIGH 或 LOW 之间进行切换，以模拟不同的电量。高电平的周期被称为"脉宽"，如图 31-3 所示。

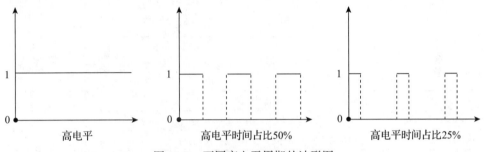

图 31-3　不同高电平周期的波形图

以高电平为 5V 的情况为例，当高电平的时间占比为 50% 时，相应引脚输出的电压就相当于 2.5V，当高电平占比为 25% 时，就会输出 1.25V 的电压。在 Arduino 程序中我们可以将一个支持 PWM 的引脚设置为 0～255 之间的整数，用于表示引脚设置到 HIGH 的频繁程度，比如设置为 170，就表示该引脚有 2/3（即 170/255）的时间是处在 HIGH 状态的，此时得到的稳定输出电压就是标准电压的 2/3，同理，其他的电压值也很容易获得。利用这个特性我们可以很方便地实现一些渐变的效果，或者实现模拟量输出。你可以将同样的两个 LED 灯分别连接在普通的数字 I/O 引脚和支持 PWM 的引脚上，然后改变 PWM 引脚的输出值，并对比它们的亮度，普通数字 I/O 引脚相当于仅支持 0 和 255 这两个值的 PWM 引脚。需要注意的是，数字 I/O 的 0 号引脚和 1 号引脚分别被用于串口通信时数据的接收和发送，后文中还会进行详细的讲解。

31.1.3　Arduino 原生编程入门

Arduino 原生编程需要使用 Arduino 开发语言，官方将开发者编写的程序片段称为 sketch，它的基本结构如下：

```
void setup(){
    //初始化时只执行一次的代码
}
```

```
void loop(){
    //板卡工作时反复执行的代码
}
```

Arduino 只提供了上述两个生命周期方法，编写完成的程序需要先在 IDE 中进行编译，然后将编译后的代码复制到板卡中，在对 Arduino 供电后程序就会开始运行，在 Arduino IDE 的帮助下，整个编译过程只需要点点鼠标就可以轻松完成了。需要注意的是，loop 函数是不断重复执行的，如果想要保存一些状态值，需要在全局作用域声明变量，这样不同的函数就会共享这些全局变量。当然，这只是基本的程序结构，编程时我们可能还会使用其他功能函数以及与物理元件对应的库函数，有时元件还会附带一些 C/C++ 编写的库函数，因此，我们在使用复杂元件时可以直接调用封装好的方法，不用手动控制各个引脚的状态来驱动元件。Arduino 中最常用的函数如表 31-2 所示。

表 31-2　Arduino 与通信相关的常用函数

名　称	功　能　介　绍
pinMode(name,MODE)	设置指定引脚为 OUTPUT（输出模式）或 INPUT（输入模式），通常编写在 setup() 方法中
digitalRead(name)	读取数字量的值，结果为 HIGH 或 LOW，name 为引脚号
digitalWrite(name,Value)	输出数字量的值，Value 为 HIGH 或 LOW，name 为引脚号
analogRead(name)	读取模拟量引脚的值，模拟量引脚的名称以 A 开头，例如"A0"
analogWrite(name,Value)	输出模拟量的值，硬件层面使用支持 PWM 的数字 I/O 引脚实现
delay(time)	延迟指定时间，单位为 ms
Serial.begin(baudrate)	启用串口并设置串口传输速率，Arduino 仅能支持特定的波特率值，通常会在 setup() 方法中进行设置
Serial.read()	读取串口数据
Serial.print()	从串口发送数据
Serial.println()	从串口发送数据，数据后会跟随一个回车符和一个换行符，数据接收者将以此为依据来切分数据包

了解了不同类型的通信方法后，就可以开始进行 Arduino 编程实验了，下面要讲的两个实验示例分别采用手动编程控制和调用类库的方式来实现。

31.1.4　Arduino 实验示例一：按钮控制三色 LED 灯

第一个实验使用一个按钮和一个三色四针脚的 LED 灯来完成，期望得到的效果是每按一次按钮，LED 灯就会在红、绿、蓝之间轮流切换颜色。按钮的连接方式和基本原理如图 31-4 所示。

当按钮未按下时，数字 I/O 引脚并没有与电源接通，此时处于低电平状态；当按钮按下时，数字 I/O 引脚与电源正极接通，引脚处于高电平状态。如果没有图 31-4 中的电阻，那么当按钮按下时，电源就会直接接地，这时如果通过串口监视器来查看引脚的状态，通常会发现它在高低电平之间抖动而无法达到稳定。当然，这并不是按钮的唯一使用方式，如果在程序中将引脚设定为 INPUT_PULLUP 模式，就可以省去外接的电阻直接将按钮与 Arduino 板卡进行连接，此时按钮按下时对应的是低电平，但这并不会产生多大的影响。在代码中我们只需要输入两种不同的状态即可，并不一定非要在按钮按下时获得高电平，这种连接方式更为简便，只是相关原理会更复杂，读者可以自行查找相关知识进行了解。本文中使用的是前一种方式，因为它理解起来更容易一些。

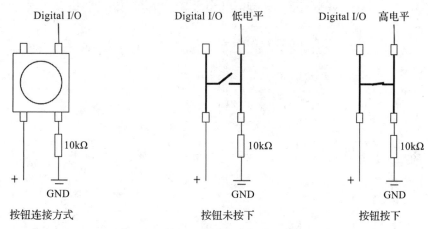

图 31-4　按钮元件连接方式及工作原理

　　实验中的另一个元件是三色 LED 灯，常见的三色 LED 灯有 4 个引脚，其中最长的引脚接地，其他几个引脚分别控制红色（Red）、绿色（Green）和蓝色（Blue），也就是编程中常用的 RGB 色，将它们连接在支持 PWM 的数字 I/O 引脚上，就可以通过在对应的端口输出 0～255 的值来表示各个颜色分量的值（不同的 LED 灯会有一些差异，有的在引脚输出值越接近 255 时对应的颜色分量越大，有的则正好相反，笔者使用的 LED 灯为前一种）。假设想要输出红色，就需要在红色分量连接的引脚输出 255，并将其他两个颜色连接的引脚置为 0。

　　了解了基本元件的工作原理之后，我们就可以开始进行连接了。简单的情况下可以直接进行连线，当连线较为复杂或元件较多时，可以使用 fritizing⊖软件来进行辅助设计，它包含的大量微控制器和电子元件图元可以帮助开发者更清晰地设计硬件实验的布线。本次实验连线设计如图 31-5 所示。

　　按照图 31-5 连好线后就可以开始编写相应的控制逻辑了。在这个实验中，2 号数字引脚用于接收按钮的状态，所以需要将它设定为 INPUT 模式，9～11 号数字引脚均支持 PWM 脉宽调制，它们需要被设定为 OUTPUT 模式，从而可以向 LED 灯输出不同的控制电压。我们期望的实验效果是每按压一次按钮，就切换一次颜色，这就意味着图 31-5 所示的连接方式对应的逻辑控制程序中只需要识别 2 号引脚由低电平变为高电平的典型事件，然后进

　⊖　https://fritzing.org/home/，著名的电路设计辅助软件。

行颜色切换即可。事实上，如果只需要红、绿、蓝三种颜色的话，使用普通的数字 I/O 引脚也是可以的，sketch 示例代码如下：

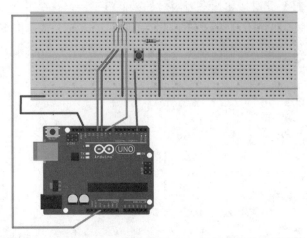

图 31-5　使用 fritizing 软件进行 LED 灯颜色实验连线设计

```
int prevState = 0;        //前一次检测时按钮的状态
int bState = 0;           //当前检测到的按钮状态
int ledState = 0;         //标记LED灯应该展示的颜色
int bPin = 2;             //定义按钮使用的引脚
int led1 = 9;
int led2 = 10;
int led3 = 11;

void setup() {
    pinMode(led1,OUTPUT);
    pinMode(led2,OUTPUT);
    pinMode(led3,OUTPUT);
    pinMode(bPin, INPUT);
    Serial.begin(9600);   //启动串口以便查看运行状态
}

//输出RGB颜色
void setColor(int red,int green,int blue)
{
    analogWrite(led1,red);
    analogWrite(led2,green);
    analogWrite(led3,blue);
}

void changeColor(){
    ledState++;
    int i,j;
    int cIndex = ledState % 3;
    switch (cIndex) {
        case 0:
            setColor(255,0,0);
```

```
        break;
        case 1:
            setColor(0,255,0);
        break;
        case 2:
            setColor(0,0,255);
    }
}

void loop() {
    bState = digitalRead(bPin);
    if(bState != prevState && bState == HIGH){
        Serial.println("should change color");
        changeColor();
    }
    prevState = bState;
    delay(50);
}
```

程序的逻辑非常简单，唯一需要说明的是串口对象 Serial 的使用。Serial 对象主要用于实现串口通信功能，尽管我们并没有将 RX 和 TX 引脚连接到其他控制器或个人电脑上，但当程序调用初始化方法 Serial.begin() 时，串口就被激活了，使用 Serial.print() 或者 Serial.println() 就可以向串口写入消息，通过 Arduino IDE 自带的串口监视器就可以看到这些输出消息，它可以更方便地帮助开发者对程序进行调试。我们还可以对 changeColor 函数做一些小小的改进，让 LED 灯由红变绿、由绿变蓝时依据不同的方式渐变切换：

```
void changeColor(){
    ledState++;
    int i,j;
    int cIndex = ledState % 3;
    Serial.println(cIndex);
    switch (cIndex) {
        case 0:
            setColor(255,0,0);
        break;
        case 1:
            //先暗后明
            for(i=255;i>=0;i--){
                setColor(i,0,0);
                delay(4);
            }
            for(i=0;i<256;i++){
                setColor(0,i,0);
                delay(4);
            }
        break;
        case 2:
            //渐变过渡
            for(i=0;i<256;i++){
                setColor(0,255-i,i);
                delay(4);
            }
```

```
        break;
    }
}
```

将程序编译并下载到 Arduino 控制板后，就可以通过按钮来进行颜色切换了，在本章的代码仓库中可以找到笔者实验时使用的代码以及实验结果的测试小视频。

31.1.5 Arduino 实验示例二：使用 DHT11 模块采集温湿度信息

下面我们通过温湿度采集模块来了解另一种依赖第三方库的 Arduino 开发模式。笔者购买的开发套件中使用的温湿度传感器是 DHT11 型的，相关的资料在网上很容易查询到（例如在百度百科中就有关于 DHT11 型传感器非常详细的资料），其外形如图 31-6 所示。

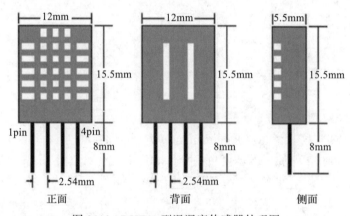

图 31-6　DHT11 型温湿度传感器外观图

根据资料可以知道，DHT11 的 1 号针脚（面向网格时最左侧的针脚）需要接 3.3～5V 的电源，2 号针脚为数据线，需要连接数字 I/O 引脚，3 号置空，4 号针脚接地，连接方式如图 31-7 所示。

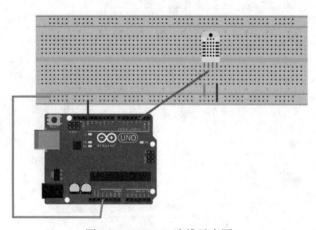

图 31-7　DHT11 连线示意图

完成接线后，将 Arduino 连接至个人电脑上，你会发现 Arduino IDE 中默认并没有 DHT11 传感器的示例代码，我们可以通过快捷键 Ctrl+Shift+I 来启动库管理器，在搜索栏中输入 DHT11 后就可以看到它的库文件 DHT sensor library，点击下载就可以了。下载完成后可以看到 IDE 的示例代码在"第三方库示例"中增加了"DHT sensor library"选项，选择 DHT Tester 示例并稍加改动（只需要修改传感器型号，示例代码中有非常详细的注释）后将其编译下载到 Arduino 上，打开 IDE 自带的串口监视器就可以看到串口获得的温湿度信息了，如图 31-8 所示。

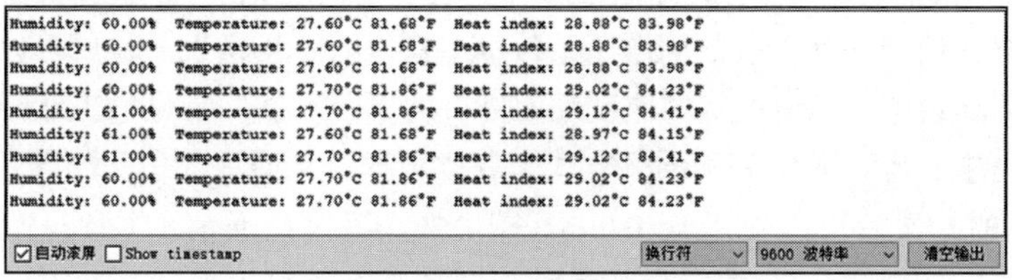

图 31-8　DHT11 传感器采集的温湿度信息

至此，我们已经了解了使用 Arduino 连接其他机电元件的基本方法，想要用它构建系统，还需要用各种传感器或控制器逐步进行实验，掌握它们的基本原理、接线方式和控制方法，这是一个循序渐进的积累过程，相关的技术社区中有大量的教程和资料，本章中不再展开。另一点需要注意的是，Arduino UNO R3 只是一个快速原型开发板，我们使用的面包板、导线、电阻以及各种元件等仅仅是实验阶段的工具，是为了辅助开发者快速进行原型验证和系统调试的，当原型设计完之后需要产品化时，色环电阻可能会被换成体积更小的贴片电阻，实验元件可能会被换成工业级的传感器或其他电气元件，导线的连接可能会换成 PCB（Printed Circuit Board，印制电路板），甚至使用的 Arduino UNO R3 控制器本身都可能被更换为更加轻量的微控制器，最终会通过结构设计将各个零部件组装在一起并加上外观设计，这样才能得到一个最终的产品。比如将实验 1 中的三色 LED 灯换成红、绿、黄 3 个单色 LED 灯，再配上 LED 点阵屏来展示倒计时功能，就变成了一个简易的红绿灯模型。

31.2　PC 与 MCU 之间的串口通信

在前文的示例中，我们使用 Arduino 的原生开发语言进行了简单的编程，并将代码片段下载到板卡上使其能够正常运行。在整个开发过程中，个人电脑不仅提供了代码的开发和编译环境，还通过 USB 接口进行了供电（当 Arduino 板卡工作时）。事实上，我们还可以通过另一种 Client-Server 的方式来实现个人电脑和 MCU 之间的通信。先在 MCU 的嵌入式程序中实现某种通用消息格式的解析和处理能力，然后将逻辑控制部分转移至个人电脑软件中，MCU 通过响应个人电脑发送过来的命令来实现相同的功能。两者的区别就好像我们将程序部署在本地和部署在服务器之间的差异。这里就需要使用串口通信技术。

串行接口通信，简称串口通信，是计算机和其外设之间常用的接口通信方式，也是 IOT 领域应用非常广泛的通信方式，USB 通信协议也是串口协议的一种。串口是指数据逐位顺序发送的接口，它的特点是通信线路简单，信息密度较高。与串口相对应的是并行接口，它可以同时传送数据各个位的信息（并行接口的位宽并不固定，最常见的并行接口是 8 位），两者之间的区别就好像是单行道和 8 车道的公路一样。乍看起来，并行接口的传输速度应该是远高于串行接口的，但遗憾的是，并行接口的通道之间会互相影响，这就使它的传输速度受到了限制，而且每当遇到传输错误时，就需要同时重传 8 个位的数据。相比之下，串口通信就不存在信号相互干扰的问题了，传输出错以后直接重发 1 位就可以了，这就是在很多实际应用的场景中，串口通信的速度反而更快的原因。许多常见的工业级硬件设备都会同时支持网络请求和串口通信等不同的方式来获取数据，从而适配不同的场景需求。

JavaScript 的开发者可以使用 serialport⊖模块来实现串口通信（本章写作时该模块已经发布了 9.0 版本），serialport 模块提供的各种不同的转换器可以帮助开发者以特定的格式解析串口通信数据。比如按照固定位数或者识别指定的分隔符来分割串口数据等，这就使得它可以很灵活地解析私有通信协议，同时 serialport 模块提供的命令行工具还可以帮助开发者快速查看个人电脑上连接的串口设备，或者以 REPL 的方式来进行串口通信。serialport 模块依赖于系统底层的通信能力，所以在不同的平台上使用时安装方式会有所不同，我们可以根据官方文档的指南在对应的平台上安装它。

下面首先来测试从 Arduino 向 Node.js 程序发送数据。在 sketch 程序的全局作用域中声明一个递增的变量，其值每隔 1 秒递增一次，然后调用 Serial 对象的方法来输出数据，实现代码具体如下：

```
int i = 0;
void setup() {
    Serial.begin(9600);
}
void loop() {
    i++;
    Serial.println(i);
    delay(1000);
}
```

将上面的程序片段编译并下载到 Arduino UNO 上后，就可以在 IDE 的串口监视器中看到递增的数值了。接着，在 Node.js 代码中使用同样的波特率来读取串口的数据，示例代码如下（注意串口也存在端口占用的问题，运行 Node.js 程序时需要先关闭 IDE 的串口监视器）：

```
const SerialPort = require('serialport');
SerialPort.list().then(list=>{
    //笔者调试时只连接了唯一的一块Arduino UNO R3开发板，取第一个即可
```

⊖ https://serialport.io/。

```
    let { path } = list[0];
    if(!path) throw new Error('未找到串口设备');
    const port = new SerialPort(path,{baudRate:9600,autoOpen:true},()=>{
        console.log('串口已经打开');
    });
    port.on('data', (data)=>{
        console.log('接收到数据:',data);
    });
}).catch(err=>{
    console.log('发生错误:',err);
})
```

在终端运行上面的程序后，就会看到终端以 1 秒为间隔时间持续输出信息，Node.js 程序读取到的是十六进制的 Buffer 数据，它表示的是字符的 ASCII 码值，本例中输出的是 <Buffer 31 0d 0a>、<Buffer 32 0d 0a>……对照 ASCII 码表就可以查到十六进制中的 31（即十进制的 49）、0d 和 0a 分别表示数字 1、回车（CR）和换行（LF）。为了更方便地获得板卡发送出来的字符串信息，可以使用 serialport 模块提供的解析器进行转换。源码中的 Serialport 类通过继承 stream.Duplex 类来将串口对象构造成一个支持读写的双工流，并通过 pipe 方法连接到转换器实例上。下面的示例中使用了"行转换插件"来对接收到的数据流进行逐行解析：

```
const SerialPort = require('serialport');
const Readline = require('@serialport/parser-readline');
SerialPort.list().then(list=>{
    let {path} = list[0];
    if(!path) throw new Error('未找到串口设备');
    const port = new SerialPort(path,{baudRate:9600,autoOpen:true},()=>{
        console.log('串口已经打开');
    });
    const parser = port.pipe(new Readline({ delimiter: '\r\n' }));
    parser.on('data', (data)=>{
        console.log('接收到数据:',data);
    });
}).catch(err=>{
    console.log('发生错误:',err);
})
```

再次运行程序，就可以看到控制台只会输出数值 1、2、3……这些数值正是我们在嵌入式程序中向串口写入的信息。

接着，再使用 Node.js 向 Arduino UNO R3 发送数据，由于串口对象实例本身是一个双工流，所以直接将其作为可写流来写入数据即可，发送端的示例代码如下：

```
const SerialPort = require('serialport');
const ReadlineParser = require('@serialport/parser-readline');
const Readline = require('readline');

SerialPort.list().then(list=>{
```

```
        let {path} = list[0];
        if(!path){
            console.log('未找到串口设备');
        }else{
            const port = new SerialPort(path,{baudRate:9600,autoOpen:true},()=>{
                console.log('串口已经打开');
            });
            const parser = port.pipe(new ReadlineParser({ delimiter: '\r\n' }));
            parser.on('data', (data)=>{
                console.log('接收到数据:',data);
            });

            //在终端创建交互界面
            const rl = Readline.createInterface({
                input: process.stdin
            });
            //换行时将信息输出到串口
            rl.on('line',line=>{
                port.write(line+'\r');
            })
        }
}).catch(err=>{
    console.log('发生错误:',err);
})
```

在 Node.js 实现的发送侧代码中，我们使用原生的 readline 模块创建了一个终端交互界面，每当用户在终端输入内容并回车换行时就会触发对应的事件，将回车符 '\r' 作为分隔符加入字符串后，内容会被发送给 Arduino。当 Arduino 作为数据接收端时，主要是通过 Serial.read() 方法来获取串口数据的，该方法每次读取到的都是一个整型 ASCII 编码的数值，所以程序必须遵循某种约定格式才能将串口数据还原为真实信息。本例中以 '\r' 对应的 ASCII 码数值 13 作为分隔符来暂存收到的信息，示例代码如下（本例中 Arduino 仅仅是简单地将收到的信息通过串口再次发送给个人电脑端的 Node.js 程序）：

```
String tempStr;
void setup() {
    Serial.begin(9600);
}
void loop() {
    if(Serial.available()>0){
        int receive = Serial.read();
        if(receive == 13){
            String out = "Arduino receive:" + tempStr;
            Serial.println(out);
            tempStr = "";
        }else{
            tempStr += char(receive);
        }
    }
```

```
    delay(5);
}
```

运行程序并在终端输入一些信息后就可以看到 Arduino 将同样的信息返回给了 Node.js 程序，本章的示例代码都已经上传到了代码仓库中。

通过上面的示例我们不难发现，在 serialport 模块的帮助下，Node.js 和 Arduino 板卡之间的双向通信已经变得非常容易了，但 serialport 模块实现的仅仅是底层的通信功能，并不适合直接在应用层开发中广泛使用。

31.3　使用 Johnny-Five 进行嵌入式开发

本节中我们来看看如何使用 Johnny-Five 模块来实现 JavaScript 对各种 IOT 平台的支持。

31.3.1　初识 Johnny-Five

Johnny-Five[⊖]平台是一个使用 JavaScript 进行机器人和 IOT 开发的辅助模块，事实上使用 JavaScript 来开发仅仅是它的特性之一，Johnny-Five 的主要目的是提高 IOT 控制程序的可扩展性和跨平台移植性。在前面的章节中我们已经了解到，开发板的种类是非常多的，且不同开发板使用的语言并不完全相同，这不仅给开发者带来了新的学习成本，也使得已经编写好的程序很难高效地实现跨平台移植，Johnny-Five 正是针对这样的现状提供解决方案的。它采用分层模型实现，最上层的应用逻辑层使用 Board 类作为总控制器，同时将常见的物理元件以名称封装为类，这就使得开发者在控制逻辑编写时能够使用 Button、Accelerometer、Led、Light、Servo 等与物理元件相对应的术语来获得更加清晰的语义。中间的 I/O 插件层则可以将上层的抽象逻辑映射为不同硬件平台的通信消息，例如 Arduino 开发板使用的 Firmata 通信协议，在 I/O 层就可以使用 firmata.js（内部使用 firmata-io）模块来实现，在与其他硬件平台进行通信时可能还需要使用不同的通信协议，因而也就还需要其他的 I/O 插件。Johnny-Five 内置了对数十种常用开发板的 I/O 协议的支持[⊜]，因此我们可以在程序中初始化 Board 对象时通过参数来指定需要使用的 I/O 插件，也可以依据 Johnny-Five 提供的 I/O 插件接口规范[⊜]来为自己的硬件平台定制专属的 I/O 层扩展，它的本质就是客户（Client）端和服务（Server）端同时实现对于某个通信协议的解析方法，这样的设计使得即使更换了板卡和 I/O 插件层，应用层的抽象逻辑也依然可以复用，Johnny-Five 就是通过这样的方式来实现跨平台能力的。在底层通信的实现上，Johnny-Five 仍然是使用 serialport 模块来完成与其他控制器之间的串口通信的。这样的模式与前端开发领域引入虚拟 DOM 来管

　　⊖　http://johnny-five.io/。

　　⊜　https://github.com/rwaldron/johnny-five/wiki/Board。

　　⊜　https://github.com/rwaldron/io-plugins。

理页面状态，而将真实 DOM 的操作工作委托给底层框架是类似的，当你想实现服务端渲染时，只需要更换渲染引擎即可。使用 Johnny-Five 后的 Arduino 通信方式如图 31-9 所示。

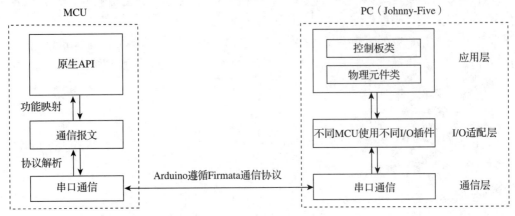

图 31-9　基于 Johnny-Five 模块的 Arduino 通信方式

Arduino UNO R3 的开发实验并不能很好地展示出 Johnny-Five 的优势，反而容易让开发者觉得这种方式使得原本可以独立运行在嵌入式系统上的程序，现在却不得不一直连着 USB 线，以便通过个人电脑来进行控制，整个运行过程显得更加冗长了。然而这仅仅是入门级的硬件实验，Johnny-Five 并不是针对 Arduino 提供的 JavaScript 版本的定制解决方案。在真实的开发场景中，可以使用类似于树莓派[一]、Ruff[二]、Intel Galileo 这类能够提供 JavaScript 运行时支持的硬件，这样依赖 Johnny-Five 而编写的控制程序就可以直接运行在微控制器上了。另一方面，扩展性的提升是需要付出代价的，相较于原生语言开发，JavaScript 语言的解释执行和 I/O 插件层的指令映射必然会造成一定的性能损失，这就使得 Johnny-Five 很难应对一些对软件系统实时性要求较高的场合，例如飞行器控制或是实时图像传输等场景，对于实验室中以原型设计为目的的开发，Johnny-Five 是完全可以胜任的。

31.3.2　Firmata.js 源码导读

Firmata.js[三]是 Johnny-Five 平台与 Arduino 硬件通信时使用的 I/O 插件，所以它也遵循前文中提及的 I/O 插件规范，按照规范中的方法名，我们可以在 Firmata.js 的相关源码中找到对应方法的实现。本节就以模拟量写入函数 analogWrite() 为例，来看看 Johnny-Five 如何将指令转换为消息并发送给 Arduino。Firmata.js 的入口函数逻辑较为简单，代码如下：

```
"use strict";
module.exports = require("firmata-io")(require("./com"));
```

㊀　https://www.raspberrypi.org/。

㊁　https://ruff.io。

㊂　https://github.com/firmata/firmata.js。

同目录下的 com.js 导入了 serialport 串口通信模块，而 firmata-io 模块则是对 I/O 插件规范的实现，在其中搜索 analogWrite 就可以找到下面的代码：

```
//...
Firmata.prototype.analogWrite = Firmata.prototype.pwmWrite;
//...
pwmWrite(pin, value) {
    let data;

    this.pins[pin].value = value;

    if (pin > 15) {
        data = [
            START_SYSEX,
            EXTENDED_ANALOG,
            pin,
            value & 0x7F,
            (value >> 7) & 0x7F,
        ];

        if (value > 0x00004000) {
            data[data.length] = (value >> 14) & 0x7F;
        }

        if (value > 0x00200000) {
            data[data.length] = (value >> 21) & 0x7F;
        }

        if (value > 0x10000000) {
            data[data.length] = (value >> 28) & 0x7F;
        }

        data[data.length] = END_SYSEX;
    } else {
        data = [
            ANALOG_MESSAGE | pin,
            value & 0x7F,
            (value >> 7) & 0x7F
        ];
    }

    writeToTransport(this, data);
}
//...
```

在 Arduino 实验的环节中我们已经学习过，模拟量输出是在支持 PWM 的 Digital I/O 引脚实现的，所以 analogWrite 和 pwmWrite 指向同一个方法也就不难理解了，而 pwmWrite 方法的主要工作就是组装消息体。Firmata 协议使用二进制消息，消息的类型信息占 8 位，源码在开头处定义了大量的消息类型常量，它们与协议中的描述是相对应的，例如模拟量消息对应的类型就是 0xE0；消息类型后面紧跟着的是数值信息，每 7 位为一字节，代码中可以看到传入参数的 value 值会先与 0x7F（也就是二进制的 01111111）进行与操作，也就是取出最低的 7 位编码作为一个"数据字节"（下文中均使用"数据字节"这一术语，以便与常见的 8 位字节进行区分），然后将数值每次向右移动 7 位，再用同样的方式获得一个"数据字节"。在 Arduino UNO R3 中，支持 PWM 的引脚接收的最大设定值为 255（即 2^8-1），所以普通的模拟量消息的数据部分使用两个"数据字节"就可以了。Arduino UNO R3 的 Digital I/O 引脚只有 14 个，但其他微控制器上的数量可能很多，当操作的引脚编号大于 15 时需要根据协议将消息编码为"扩展模拟量消息"（extended analog message，类型编号为 0x6F）来进行发送。源码的 data 数组中存放的编码结果完全是对协议描述的复现，其中的条件分支语句是因为无法确定数值需要占用的"数据字节"的个数而进行的判断，用十六进制表示数值时每个数位代表了 4 个二进制位，所以条件分支中的 0x00004000、0x00200000 和 0x10000000 可以用来区分十进制数值用二进制表示后需要几个字节。例如 0x00004000 转换为二进制后为 0100 0000 0000 0000，它的右边有 14 个 0，所以当数值大于 0x00004000 时，必然需要通过第三个"数据字节"来编码第 14～20 位的值（第一个"数据字节"存储第 0～6 位共 7 个数据位，第二个"数据字节"存储第 7～13 位共 7 个数据位），其他分界点也是同样的道理，最后加上 END_SYSEX 标记后就组成了完整的消息体，最后通过 writeToTransport 方法来发送消息体。该方法的实现代码具体如下：

```
function writeToTransport(board, data) {
    board.pending++;
    board.transport.write(Buffer.from(data), () => board.pending--);
}
```

board.transport 就指向了串口通信模块 serialport，回顾一下前文中的串口通信实验，这里的消息发送逻辑就一目了然了，大家可以按照同样的方式来自行了解其他的接口方法以及其他硬件平台的 I/O 接口层代码。

31.3.3　舵机风扇实验

本章的最后，我们使用 Johnny-Five 和 Arduino 实现一个舵机风扇实验，从而了解如何使用微控制器让元件运动起来。图 31-10 所示的是直流电机和舵机的实物图。

电机　　　　　　　舵机

图 31-10　直流电机和舵机实物图

实验中我们会用到简易的舵机和直流电机（购买的 Arduino 开发套件中通常都会包含），电机是将电能持续转化为旋转动能的装置，通过调整流过电机的电量就可以控制其转速，它通常是机电系统的动力来源。一般情况下，电机的转速很高，在实际应用中我们可以使用变速箱将速度降低到需要的水平，也可以配合减速器来降低速度，同时增大扭矩从而驱动更大型的机械或电气结构。舵机的作用是利用电能实现相对精确的角度转动，普通舵机的旋转范围是 180°。相对复杂的机器人系统可能会使用多个电机和舵机，这时就需要通过增加驱动扩展板来实现了，我们所购买的微控制器通常会提供一些比较成熟的扩展方案。

　　风扇的原理非常简单，将一个带有叶片的可以调速的电机安装在一个可以来回旋转的舵机上就可以了。在使用直流电机时需要将电机上的两个引脚一端接高电平，另一端接地，这样它就可以持续旋转了。需要注意的是，如果电压过低，电机也可能会无法启动，这与它需要驱动的负载大小有直接关系。实验中我们将高电平一侧接在 PWM 数字接口上，就可以通过输出不同的电压来控制电机的转速快慢，从而控制风扇的风力大小。普通舵机通常会有红色、橙色和棕色三根不同颜色的线，红色需要连接 5V 来供电，棕色连接 GND，橙色是信号线，可以连接在支持 PWM 的数字接口上，并通过输出不同的电压值来使得舵机旋转到一定的角度，如果通电后的舵机在转动后发出"咔咔"的声音，则其很可能是试图到达一个范围之外的位置，这时就需要调整舵机底部的螺丝来将它恢复到正确的初始位置。

　　接下来我们使用 6 号和 9 号这两个支持 PWM 的数字引脚来分别为电机和舵机供电，连线示意图如图 31-11 所示。

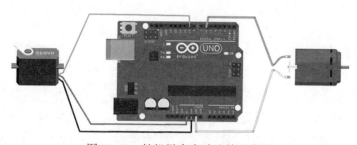

图 31-11　舵机风扇实验连接示意图

示例代码如下：

```javascript
const J5 = require('johnny-five');
let board = new J5.Board();
let motor, servo;

board.on('ready', function () {
    motor = new J5.Motor({ pin: 6 });
    servo = new J5.Servo({
        pin: 9,
        range: [0, 120], //限制舵机的旋转角度范围
        center: true
    });

    //电机满速旋转
    motor.start(255);

    //舵机运动4秒，停2秒，然后返回
    let state = true;
    this.loop(6000, () => {
```

```
        state = !state;
        servo.to(state ? 120 : 0, 4000);
    })
});

board.on('exit', function () {
    motor.stop();
})
```

在本章的代码仓库中可以找到实验演示的小视频，不难看出，相较于原生开发，使用 Johnny-Five 编写的控制逻辑更加简洁清晰，语义化也更好。

31.4　小结

Arduino 套件中通常还有非常多的配套扩展芯片和物理元件，它们可以实现液晶屏显示、点阵屏显示、超声波测距、水泵抽水、红外遥控，甚至是无人车、无人机等非常有趣的实验，感兴趣的读者可以自己动手尝试。在平时的工作里，你可能很少有机会用 JavaScript 来编写嵌入式程序。笔者认为 Johnny-Five 和开源硬件带给开发者最重要的是独立设计产品以解决问题的机会，它是一种很好的超越"技术思维"的训练。软件并不仅仅是一种虚拟化的商务业务载体，也可以是切切实实存在的工业控制系统。在日常生活、工业或是农业场景中，利用"传感器→分析程序→控制程序→物理系统"的模型可以实现非常多的自动化系统。如果你了解基本嵌入式开发的原理，那么你就有能力独立完成设计开发。好的产品并不一定是建立在复杂技术之上的，但一定是能解决真实痛点的。而能够解决真实痛点的产品，对你而言可能就意味着"码农翻身"的机会，不是吗？